Pegoraro · Der Waldrapp

Sammlung Vogelkunde im AULA-Verlag

Bereits erschienen

Der Turmfalke
Renate Kostrzewa/Achim Kostrzewa

Der Buchfink
Hans-Heiner Bergmann

Die Schleiereule
Thomas Brandt/Christian Seebaß

Titel in Vorbereitung

Der Hausrotschwanz
Armin Landmann

Das Braunkehlchen
Hans-Valentin Bastian

Der Großbrachvogel
Martin Boschert/Manfred Kipp/
Frank Oberbrodhage/Robert Tüllinghoff

Der Wasserpieper
Christiane Böhm

Die Goldhähnchen
Ellen Thaler

Weitere Titel in Planung

Kiebitz, Lachmöwe, Blaukehlchen,Rotkehlchen, Sperlinge, Brandente, Pirole, Kuckuck, Orpheus- und Gelbspötter, Wachtelkönig, Alkenvögel des Nordatlantik, Graugans u.a.

Die Reihe wird fortgesetzt

Karin Pegoraro

Der Waldrapp

Mit 55 Abbildungen und 12 Farbfotos

Vom Ibis, den man für einen Raben hielt

AULA-Verlag Wiesbaden

Dr. Karin Pegoraro
Institut für Zoologie
der Universität Innsbruck
Technikerstr. 25
A-6020 Innsbruck

Die Deutsche Bibliothek - CIP-Einheitsaufnahme

Pegoraro, Karin:
Der Waldrapp : vom Ibis, den man für einen Raben hielt /
Karin Pegoraro. - Wiesbaden : AULA-Verl., 1996
(Sammlung Vogelkunde im AULA-Verlag)
ISBN 3-89104-548-4

Fotos: K.Pegoraro und M.Föger
Zeichungen: F.Weick und K.Pegoraro
Umschlag: Klaus Neumann, Wiesbaden
Gesamtherstellung: PDC, Paderborner Druck Centrum
Printed in Germany/Imprimé en Allemagne

ISBN 3-89104-548-4

Inhalt

Vorwort

Seit Stunden sitze ich auf einem windgepeitschten Felsvorsprung. Frierend warte ich auf die abendliche Rückkehr der Waldrappe. Und plötzlich sind sie da. In einer großen Schleife nähern sie sich dem Brutfelsen. Im Licht der untergehenden Sonne leuchtet ihr Gefieder. Behende gleiten die 40 schwarzen Vögel durch die Luft. Und wieder bin ich hingerissen von ihrem eleganten Flug. Und wieder wird mir schmerzlich bewußt, daß vielleicht schon bald niemand mehr dieses unvergeßliche Erlebnis mit nach Hause nehmen wird. Weil es dann keine freilebenden Waldrappe mehr geben wird. Denn nur wenige von ihnen sind übriggeblieben. Und auch diese wenigen sind immer noch durch menschliche Einflüsse, durch die voranschreitende Umweltzerstörung in ihrem letzten Brutgebiet stark bedroht.

Aus diesem Grund bilden die historische Bestandsentwicklung, die Ursachen für den Rückgang der Art und die vielfältigen Schutzbestrebungen einen Schwerpunkt dieses Buches. Dazu sind Ergebnisse aus 13 Jahren Verhaltensstudien zusammengefaßt. Viele oder die meisten der Beobachtungen stammen aus dem Alpenzoo und aus der Aufzucht von acht Jungvögeln – teilweise daheim im Wohnzimmer. Denn: Einerseits lassen sich viele Verhaltensweisen nur in engem Kontakt zum Vogel beobachten. Andererseits kann man viele Freilanduntersuchungen bei einer derart akut vom Aussterben bedrohten Tierart nicht mehr guten Gewissens durchführen. So müssen auch einige Fragen zur Biologie des Waldrapps offen bleiben.

Informationen zu den ökologischen Ansprüchen der Art konnte ich während sieben Untersuchungsperioden (1984-1994) in der Türkei und in Marokko gewinnnen. Zu den ökologischen Bedingungen in den Überwinterungsgebieten der ehemaligen türkischen Kolonie kann ich nur wenig sagen, weil ich diese Gebiete nicht kenne und es kaum Literatur dazu gibt. Ich hoffe, daß es mir trotz einiger Lücken gelungen ist, ein wenig von der Faszination, die diese Vogelart immer auf mich ausgeübt hat, auf den Leser zu übertragen.

Danksagung

Bei meiner Arbeit mit den Waldrappen haben mir viele Menschen geholfen. Ihnen allen möchte ich meinen aufrichtigen Dank sagen. An erster Stelle sei E. THALER genannt. Sie hat meine Liebe zu diesem Vogel geweckt und stand mir mit konstruktiven Ideen und liebevoller Kritik zur Seite. Herzlich danke ich H. PECHLANER, dem ehemaliger Direktor des Alpenzoos Innsbruck/Tirol, und seinem Nachfolger M. MARTYS für ihre ständige Hilfsbereitschaft. Dem Pflegepersonal und den Sekretärinnen des Alpenzoos sei für ihre tatkräftige, immer freundliche Unterstützung gedankt. A. KARMOUNI, Ministerialdirektor der „Administration des Eaux et Forêts et de la Conservation des Sols", hat die Beobachtungen in Marokko ermöglicht. M. RIBI, Direktor des Nationalparks Massa, danke ich für die große menschliche und fachliche Hilfe bei der Arbeit an den Atlantikkolonien. Auch das Nationalparkpersonal stand mir stets hilfreich zur Seite. In diesem Zusammenhang danke ich C. SCHMIDT, Direktor des Zoologischen Gartens Frankfurt, für sein Engagement. R. SAHIN, Diarbakir, bin ich für wertvolle Diskussionen und ganz besonders für seine Hilfe und Gastfreundschaft beim Besuch der türkischen Waldrappstation in Bireçik dankbar. Bei I. und S. ÖZBAY war ich mit meiner Familie bestens untergebracht. D. RÜEDI, H. SÄGESSER, P. WEILENMANN (Direktoren der zoologischen Gärten in Basel, Bern und Zürich) gebührt mein Dank für die Beobachtungsmöglichkeit weiterer Waldrapp-Gruppen. Für finanzielle Unterstützungen danke ich der Sparkasse Tirol, der Fa. GEBRO, der Fa. Swarovski, der Messerli-Stiftung (Schweiz), der Forschungskommission der Deutschen Ornithologen-Gesellschaft, der „Stiftung Europäisches Naturerbe" (SEN), und dem Forschungsinstitut Alpenzoo Innsbruck/Tirol. Mein Dank gilt G. THIELCKE und B. LEISLER, Max-Planck-Institut Möggingen, die mir die sonagraphische Auswertung meiner Tonbandaufnahmen ermöglichten. In den Mitarbeitern dieses Institutes, allen voran H.-G. BAUER und R. ROST habe ich hilfreiche, liebe Freunde gefunden. P. BERTHOLD und R. SCHLENKER bin ich für die Erlaubnis dankbar, die Bibliothek der Vogelwarte Radolfzell nutzen zu können. U. HÜCKLER hat mich immer wieder mit Literatur versorgt. Für die Bestimmung der Käfer bin ich I. SCHATZ sehr dankbar. Mit D. und H. SCHRATTER führte ich interessante Diskussionen über die Waldrapphaltung. An die gemeinsame Arbeitszeit mit S. KÖNIG, G. MALIN, R. MASSANÉS und S. STABINGER denke ich mit Freude zurück. M. FÖGER danke ich für die Hilfe bei der Grafiken und die erste Durchsicht des Manuskripts, besonders aber für seine persönliche Anteilnahme an meiner Arbeit. I. BRÜCHLE-ULMER und allen meinen Kollegen und Kolleginnen bin ich für ihr freundschaftliches Engagement sehr verbunden. Ohne die Hilfe meiner Mutter, besonders bei der Betreuung meines Sohnes, wäre diese Arbeit kaum möglich gewesen. Mein Sohn Dominik, der die Waldrappe sofort in sein Herz schloß, bewies all die Jahre viel Geduld mit mir und half freudig bei verschiedenen Versuchen mit. Schließlich möchte ich noch H.-H. BERGMANN, E. BEZZEL sowie B. TEN THOREN für die freundlichen redaktionellen Anmerkungen und I. MEISSL, Aula-Verlag, für die konstruktiven Gespräche während der Entstehung dieses Buches danken.

1 Der Waldrapp kurz vorgestellt

1.1 Systematische Stellung

Der Waldrapp *Geronticus eremita* (L., 1758) gehört in der Ordnung der Schreitvögel (Ciconiiformes) zur Unterordnung der Ciconiae (Störche). Zu der Ordnung der Schreitvögel zählen außerdem die Unterordnungen der Reiher (Ardeae) und der Schattenvögel (Scopi). Die Unterordnung der Ciconiae wird in die Familien der Störche (Ciconiidae), der Schuhschnäbel (Balaenicipitidae) und der Ibisse (Threskiornithidae) geteilt. In der Familie der Threskiornithidae lassen sich zwei Gruppen unterscheiden, die häufig als Unterfamilien behandelt werden. Die Unterfamilie der Löffler (Plataleinae) umfaßt sechs Arten, jene der Ibisse (Threskiornithinae), der auch der Waldrapp angehört, 25 bis 26. Die Gattung *Geronticus* umfaßt zwei Arten. Der Waldrapp und der südafrikanische Glattnackenrapp *Geronticus calvus* (Bodd., 1783) zeigen als gemeinsames Merkmal eine ähnliche Habitatpräferenz. Sie bevorzugen trockenere Gebiete als die anderen Ibisse. Beide Arten brüten in Kolonien vorwiegend an steilen Felswänden, die Nahrungssuche erfolgt in Trupps, und abends finden sich größere Gruppen an den Schlafplätzen zusammen.

1.2 Allgemeine Charakterisierung

Die Größe adulter Waldrappe beträgt im Mittel etwa 75 cm. Ihr Gefieder ist schwarz mit metallisch grünem und purpurfarbenem Glanz. An den Flügeln sind große purpurfarbene bis violett-bläuliche Spiegel ausgebildet.

Abb. 1.1: Waldrapp, Erregungslaute (Gruh-Rufe) ausstoßend (Foto K. PEGORARO).

Die Flügel sind zwischen 390 und 421 mm lang (KLEINSCHMIDT 1899, CHABOT 1923, MEINERTZHAGEN 1930, SAFRIEL 1980). Der abgerundete Schwanz mißt 187 bis 210 mm (KLEINSCHMIDT 1899, SAFRIEL 1980).

Kopf und Kehle sind unbefiedert. Die Nackenfedern sind lanzettförmig und extrem verlängert (bis auf 90 mm; REICHENAU, in KLEINSCHMIDT 1899). Der stark verhornte, warzige Oberkopf zeigt eine graue bis schwarze, individuell variable Zeichnung, die sich nur in jungen Jahren stärker verändert und daher nicht zur Altersbestimmung taugt (PEGORARO & MALIN 1990). Auffällig sind die Augen mit der orangeroten, zur Pupille hin heller werdenden Iris. Der Augenlidrand leuchtet kirschrot. Die unbefiederten, von kleinen Falten und Runzeln durchzogenen Teile des Gesichts und die Kehle sind hautfarben bis korallenrot und färben sich, ebenso wie die Beine, zur Brutzeit kräftig blutrot.

Der lange sanft nach unten gebogene, lederartig weiche Schnabel ist korallenrot. Das schlitzförmige Nasenloch liegt in einer zur stumpfen Schnabelspitze laufenden Rille. Dieser Schnabel ist ideal dazu geeignet, Beutestücke im Sand aufzuspüren oder sie unter Steinen, zwischen Pflanzenwurzeln und aus Erdspalten hervorzustochern. SIEGFRIED (1972) vermaß die Schnäbel von 28 Individuen der West- und 13 der Ostpopulation. Neben der geschlechtsspezifischen Differenz fand er auch signifikante Unterschiede zwischen den Individuen aus Kleinasien bzw. NE-Afrika und NW-Afrika: Die Schnäbel der westlichen Individuen ergaben Mittelwerte von 141,1 ± 5,5 mm (Männchen) und 133,5 ± 4,6mm (Weibchen). Jene der östlichen waren mit Durchschnittswerten von 129,0 ± 2,3 mm (Männchen) und 123,6 ± 2,4 mm (Weibchen) deutlich kürzer. Aus diesen Schnabelmessungen und der disjunkten Verbreitung des Waldrapps ergaben sich Diskussionen über die Differenzierung zweier Unterarten. Genetische Untersuchungen zu diesem Problem sind derzeit im Gange. Allererste Ergebnisse deuten auf eine größere genetische Variation der türkischen Vögel hin (TOMLINSON 1994).

Die relativ kurzen, kräftigen Beine und die Füße sind schmutzigrot, die Sohle ist eher grau. Der Lauf ist bienenwabenartig von kleinen Hornschildern bedeckt, die im Bereich der Zehen in schmale Quertafeln übergehen. Die Zehen sind auf etwa ein Viertel ihrer Länge durch Zehenzwischenhäute verbunden. Der Lauf mißt 66 bis 80 mm (KLEINSCHMIDT 1899, CHABOT 1923, SAFRIEL 1980).

Männchen und Weibchen zeigen keine äußerlich erkennbaren Unterschiede. Die Weibchen sind im allgemeinen etwas kleiner und zarter gebaut und haben kürzere Schnäbel, wie es auch für andere Ibisse typisch ist (DE TARSO ZUQUIM ANTAS 1979). Flügellängen zwischen 403 und 420 mm wurden für Männchen, zwischen 390 und 408 für Weibchen ermittelt (KUMERLOEVE 1960; HARTERT 1911-21, in BAUER & GLUTZ 1966).

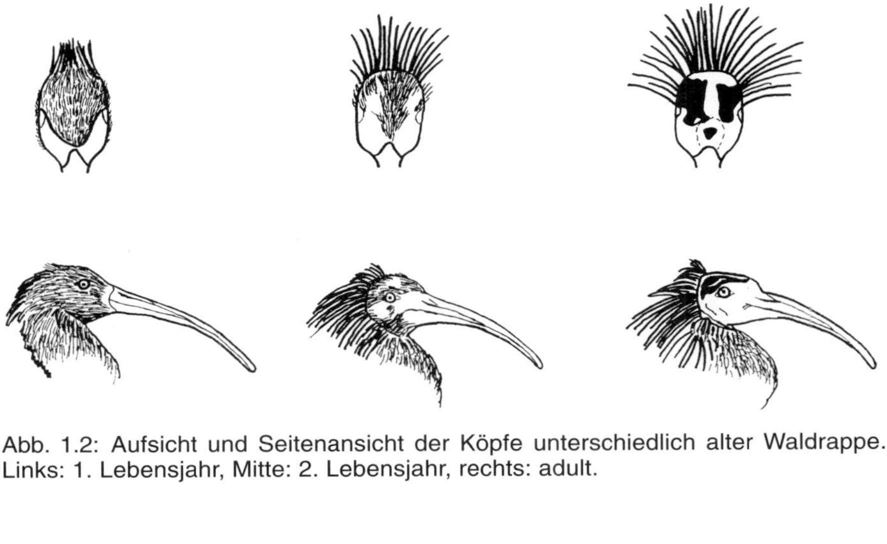

Abb. 1.2: Aufsicht und Seitenansicht der Köpfe unterschiedlich alter Waldrappe. Links: 1. Lebensjahr, Mitte: 2. Lebensjahr, rechts: adult.

Im Jugendkleid sind Kopf und Kehle befiedert (Abb. 1.2). Die Federn, die den Kopf bedecken, sind anfangs bräunlich-cremeweiß gestreift, später einfarbig dunkel grünlich grau. Der Schopf ist viel weniger ausgeprägt als bei den Altvögeln und der purpurfarbene Flügelspiegel fehlt. Im zweiten und dritten Lebensjahr verlieren junge Waldrappe die Federn an Kopf und Kehle während einer individuell verschiedenen Zeitspanne.

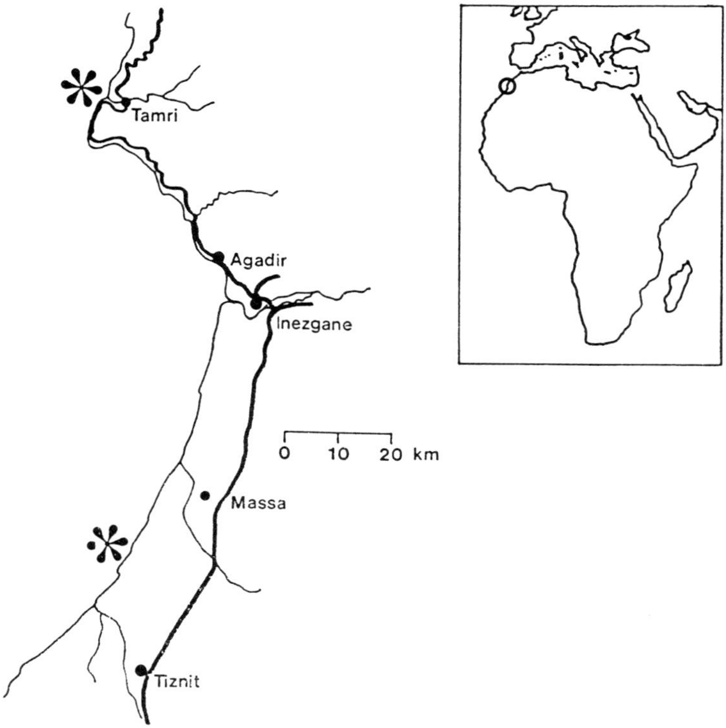

Abb. 2.1: Geographische Lage der drei Atlantikkolonien südlich Agadir und des Brutplatzes bei Tamri.

2 Die letzten ihrer Art: Der Bestand des Waldrapps

Der Waldrapp ist eine der weltweit meistgefährdeten Vogelarten. 1989 erlosch das letzte Brutvorkommen in der Türkei; im selben Jahr wurden im Nordjemen noch neun Individuen gesichtet. 1991 wurden in Saudiarabien kleine Gruppen von Waldrappen gesehen (SCHULZ & SCHULZ 1992). Heute ist Marokko sein letztes Refugium.

2.1 Westliches Verbreitungsgebiet

2.1.1 Bestandsentwicklung in Marokko

Waren 1940 in Marokko noch etwa 38 Brutplätze besetzt, sank die Zahl bis 1975 auf etwa 15, bis 1989 auf drei ab. 1988 wurde als letzer Inlandbrutplatz die einst berühmte Kolonie bei Aoulouz aufgegeben. Jedoch werden außerhalb der Brutsaison immer wieder einzelne Vögel aus dem Landesinneren gemeldet. HEIM DE BALSAC (1964) bezeichnet zwei der Kolonien an der Atlantikküste nahe der Massa-Mündung südlich Agadir als südlichstes Brutvorkommen des Waldrapps in Marokko. Bereits 1962/63 wurde ein Brutplatz bei Tamri nördlich Agadir erwähnt. Dort brüten an einer Klippe wieder seit mehreren Jahren bis zu zehn Paare, 1994 war die Kolonie gar auf 16 Brutpaare angewachsen. An einer zweiten Stelle schreiten unregelmäßig ein bis zwei Paare zur Brut.

Tab. 1 zeigt die Anzahl der Brutpaare in den vier marokkanischen Kolonien. Während sich die Anzahl der brütenden Vögel in den letzten Jahren kaum verringerte, gab es 1994 eine massive Reduktion der erfolgreichen Paare im Massa-Gebiet. Wahrscheinlich als Folge der schlechten Umwelt-

Tab. 1: Aktueller Waldrappbestand in Marokko, JV = Jungvögel (Ribi, mündl. Mitteilung und eigene Daten).

	nördliche Kolonie	mittlere Kolonie	südliche Kolonie	Kolonie von Tamri
1989	7 Brutp./15 JV	8 Brutp./16 JV	28 Brutp./57 JV	?
1990	7 Brutp.	8 Brutp.	27 Brutp.	8 Brutp.
1991	4 Brutp.	8 Brutp.	27 Brutp.	?
1992	3 Brutp.	8 Brutp.	27 Brutp.	9 Brutp.
1993	3 Brutp.	9 Brutp.	27 Brutp.	10 Brutp.
1994	5 Brutp./9 JV	8 Brutp./4 JV	28 Brutp./22 JV	16 Brutp./28 JV

situation in dieser Region konnten in der südlichen Kolonie von 28 Paaren nur 18 ihre insgesamt 22 Jungen aufziehen. Ganz anders sieht es bei Tamri aus. Wegen des reichhaltigen Nahrungsangebotes und der wenigen Störungen an den Brutplätzen vergrößert sich die Kolonie zusehends. In 16 Nestern befanden sich Anfang Mai 1994 28 Jungvögel.

2.1.2 Ehemalige Brutplätze

In Marokko gab es höchstwahrscheinlich 38 verschiedene Brutplätze (Tab. A1 im Anhang des Buches zeigt alle erloschenen marokkanischen Kolonien). „Höchstwahrscheinlich verschieden" deshalb, weil die geographische Lage in den Literaturquellen häufig ungenau formuliert ist, und dieselben Kolonien unterschiedlich benannt worden sind.

2.1.3 Algerien

Ein einziges bedeutendes ehemaliges Brutvorkommen ist bekannt. Es lag bei Ain Sba südlich Ksar El Boukhari (= Boghari), etwa 120 km südlich Algier. Diese Kolonie wurde seit 1860 von Ornithologen besucht (Kumerloeve 1984) und war bis in die fünfziger Jahre unseres Jahrhunderts unregelmäßig besetzt (vgl. Scherf 1980). Etwa 200 km südlich von Algier soll es eine sehr kleine Kolonie gegeben haben (Tristram 1882, Rothschild et al. 1897). Ein Nachweis aus der Provinz Bône in Ost-Algerien scheint nach Collar & Stuart (1985) den ältesten und östlichsten Brutnachweis für Nordafrika in historischer Zeit darzustellen. 1974 wurde die Kolonie von Djebel Amour nahe El Bayadh entdeckt. Dort brüteten bis zu zwölf Paare. Im Juni 1983 und im Mai 1984 wurden jeweils sieben Individuen gezählt (Collar & Stuart 1985). Seit einigen Jahren ist die Kolonie nicht mehr besetzt.

2.1.4 Ehemaliges Vorkommen in Ägypten

Die ersten Hinweise auf den Waldrapp in Ägypten sind etwa 5000 Jahre alt. Mumien wurden nicht gefunden; auf Schmuckstücken, in Abbildungen und Hieroglyphentexten ist er jedoch vertreten. Die Hieroglyphen können nach KUMERLOEVE (1983) als Metapher der mystischen Verklärtheit im Bild des Toten gedeutet werden, nach SCHUNCK (1986 briefl. Mitt.) als Seelen Verstorbener. Auf den irisierenden Gefiederglanz weisen Beschreibungen mit Begriffen wie glänzend, verklärt, großartig, leuchtend, erhaben, wirksam, wohltätig, auch „mit Geisteskraft ausgestattet" hin (KUMERLOEVE 1983, GÜRTLER 1989).

Aus unserem Jahrhundert sind nur wenige Feststellungen bekannt. 1921 wurden acht Waldrappe bei den Pyramiden von Gizeh gesichtet (MEINERTZHAGEN 1930). Ende März 1962 beobachtete KYLLINGSTAD (1986) auf dem Sinai einen einzelnen Vogel bei der Nahrungssuche.

2.1.5 Winteraufenthalte der nordafrikanischen Waldrappe

Anders als die türkischen Waldrappe sind die marokkanischen keine Zugvögel. Der Großteil der Vögel überwintert von jeher im Land. Die Individuen der Kolonien in den Bergregionen verließen jedoch im Winter die Brutgebiete. Überwinternde Waldrappe wurden in den fünfziger und frühen sechziger Jahren in Mauretanien und Spanisch-Sahara gesichtet (SMITH 1970, COLLAR & STUART 1985).

Auch in Algerien verweilten die Vögel im Land nahe den Brutplätzen (COLLAR & STUART 1985).

2.2 Ostpopulation

2.2.1 Bireçik: Untergang der türkischen Kolonie

1879 wies DANFORD die Kolonie von Bireçik nach (DANFORD 1880). Eventuell hatte RÜPPEL sie schon 1845 beschrieben (KUMERLOEVE 1984). Bereits aus dieser Zeit existieren keine weiteren Nachweise aus der Türkei (TRISTRAM 1882). ROTSCHILD et al. (1897) erkannten durch Balguntersuchungen im Bireçiker Vogel den GESNERschen Waldrapp (s. Kap. 3.6). Erste Zahlenangaben kamen von WEIGOLD (1912/13), der ungefähr 1000 Individuen schätzte. Die Anzahl blieb wahrscheinlich bis 1954 etwa konstant. 1953 brüteten die Waldrappe nach KUMERLOEVE (1978, 1984) in langen Reihen, die sich weithin über ein Felsband unterhalb der alten Zitadelle erstreckten. Kleinere Gruppen nisteten an Klippen unterhalb der Stadtmauern. Durch verschiedene schwerwiegende Ereignisse (vgl. Kap. 10.1) sank die Anzahl rapide ab. So wurden Mitte der sechziger Jahre etwa 70 Brutpaare gezählt (KUMERLOEVE 1967), Ende der siebziger Jahre 11-13. Ab spätestens 1962 brüteten die

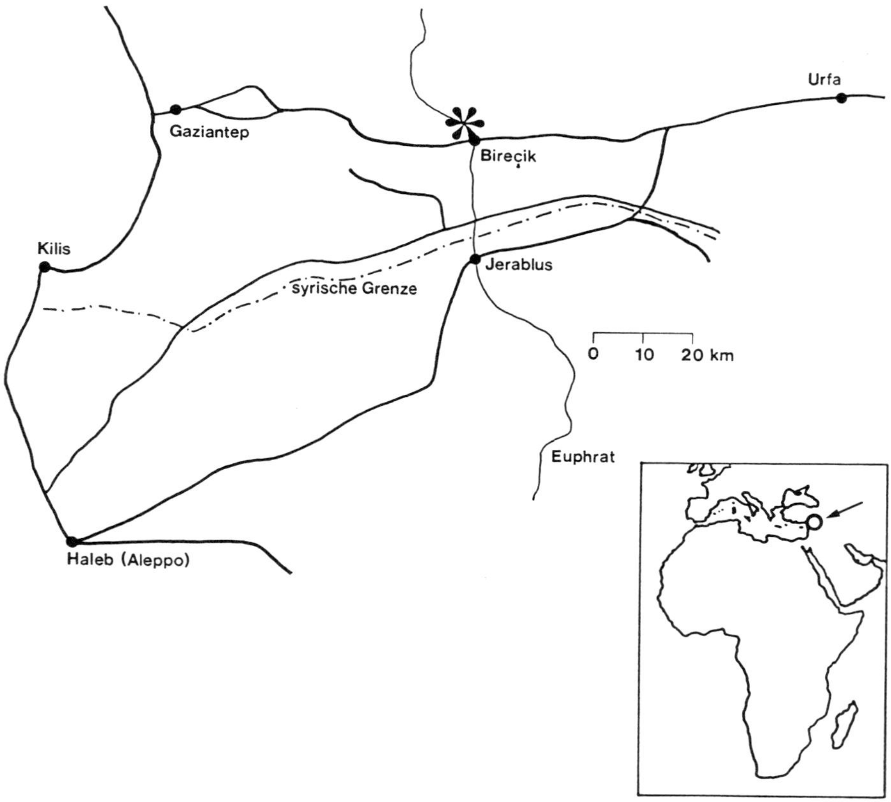

Abb. 2.2: Geographische Lage der türkischen Waldrappstation.

verbliebenen Waldrappe nur noch an einer Felswand im Stadtkern (KUMERLOEVE 1965). Ein 1976 vom türkischen „General Directorate of National Parks and Wildlife" initiiertes Projekt (vgl. Kap. 11.1.), für das der WWF ein Schutzprogramm ausarbeitete, brachte nicht die erhoffte Rettung. Aus dem Winterquartier kehrten 1989 nur noch drei Waldrappe zurück. Zwei davon kamen um, einer verließ das Gebiet und kam nicht mehr wieder. Die einst großartige osttürkische Kolonie ist somit erloschen.

Tab. A2 (Anhang) dokumentiert den Rückgang der Kolonie von Bireçik. In der Literatur finden sich manchmal für dasselbe Jahr unterschiedliche Zahlenangaben. Mit Beginn der erfolglosen Auswilderungen aus den Zuchtvolieren Anfang der achtziger Jahre werden exakte Angaben schwierig.

2.2.2 Ehemaliges Vorkommen in Syrien

Nach Interpretation eines Textes von RAUWOLF aus dem Jahre 1573 vermutet KUMERLOEVE (1962) ein historisches Vorkommen bei Selebi im 16. Jahrhundert.

HELFER entdeckte im Mai 1836 die Kolonie von Raqqa am Euphrat. Dort sollen die Waldrappe zu Tausenden gebrütet haben (DANFORD 1880, KUMERLOEVE 1962). 1911 waren in Syrien fünf Brutplätze bekannt (AHARONI 1911, SCHERF 1980). Einer davon war von 50 Paaren besetzt, ein anderer wies 300 Individuen auf (AHARONI 1943, in SAFRIEL 1980). 1928 war nur noch eine einzige Kolonie besetzt, die aber bald darauf geplündert wurde (AHARONI 1929).

Bei der Nahrungssuche rund um Bireçik und auf dem Zugweg zwischen Brutgebiet und Winterquartier flogen Waldrappe auch später noch in Syrien ein.

2.2.3 Winterquartiere der östlichen Population

Äthiopien: Von hier stammen die meisten winterlichen Nachweise. Die Beobachtungsmaxima fallen in die frühen fünfziger Jahre. Von Dezember bis Februar konnten Flüge bis zu 400 Individuen beobachtet werden. Einzelne Gruppen waren bis 2438 m Meereshöhe anzutreffen. Im Februar verließen die Waldrappe die Überwinterungsgebiete. Kleine Gruppen wurden auch später im Jahr gesichtet, was auf eine Übersommerung von Nichtbrütern schließen läßt. Mit dem plötzlichen Rückgang der Bireçiker Kolonie werden auch die Nachweise in Äthiopien spärlicher (COLLAR & STUART 1985).

Irak: Im Irak wurden zu Beginn des 20. Jahrhunders vereinzelt Waldrappe gesichtet bzw. erlegt (ALLOUSE 1953).

Jemen: Im Jemen gab es seit den fünfziger Jahren (Meinertzhagen 1954) immer wieder Beobachtungen von einzelnen Individuen und kleinen Gruppen. Ausreichende Informationen existieren seit 1985 aus dem Gebiet um Ta'izz. So hielten sich dort in einem Sumpfgebiet im Oktober/November 1985 zwölf adulte und zwei juvenile Tier auf (Brooks et al. 1987). Auch in den folgenden Jahren wurden immer wieder Waldrappe beobachtet (Bezzel & Wartmann 1990, Blösch et al. 1990). 1989 sollen neun Vögel dort überwintert haben. Einzelne Individuen verbrachten auch die Sommer in dieser Region.

Saudi-Arabien: Hemprich & Ehrenberg „sammelten" an der Küste des Roten Meeres 1825 zwei Individuen (Kumerloeve 1984). Dies bedeutete zugleich die Wiederentdeckung dieser Vogelart! In der ersten Hälfte unseres Jahrhunderts wurden in diesem Gebiet ab und zu einzelne Individuen gesehen. Nach Meinertzhagen (1954) hielten sich im März 1950 24 Waldrappe wenig nördlich Djidda auf. Ein einzelner Vogel konnte im März 1976 nahe der jordanischen Grenze beobachtet werden (Hirsch 1980). Zwischen März und Juli 1991 wurden nahe Taif viermal Waldrappe in Gruppen – die größte bestand aus 15 Individuen – gesichtet (Schulz & Schulz 1992).

Somalia: Nach Smith (1970) wurde zweimal je ein Individuum in Somalia gesichtet.

Sudan: Flower (in Meinertzhagen 1930) berichtet von mehreren hundert Waldrappen, die 1922 am Blauen Nil umherstreiften. Des weiteren sollen sich Waldrappe bei Suakin am Roten Meer aufgehalten haben (Smith 1970).

2.3 Der Waldrapp als Irrgast

Nach Géroudet (1965), Smith (1970) und Collar & Stuart (1985) wurden einzelne Individuen 1898 auf Boa Vista, Kap Verde-Inseln, beobachtet, einzelne in einem Februar vor 1905 - die genaue Jahreszahl ist nicht bekannt - auf São Miguel, Azoren. Valverde (in Collar & Stuart 1985), fing im Juli 1958 einen verwundeten Waldrapp in den Marismas des Guadalquivir bei El Juncal, Spanien.

3 Der Waldrapp in Europa

Relativ gesicherte Nachweise von ehemaligen Waldrappvorkommen bestehen für:

- die Schweiz (Balm bei Günsberg im Kanton Solothurn, Alt-Wartburg bei Olten im Kanton Aargau, Bad Pfäfers im Kanton St. Gallen, Mariastein südlich Basel, Zürich)
- Deutschland (Breisach am Rhein, Passau und Kelheim an der Donau, Überlingen am Bodensee, Sponeck bei Jechtingen am Kaiserstuhl)
- Österreich (Salzburg Stadt, St. Jakob südlich Salzburg, Graz)

Ein mögliches Vorkommen in Illyrien (Länder der westlichen Balkanhalbinsel) erwähnt ALDROVANDUS 1603 (in SCHENKER 1977). Hinweise auf Lothringen und Oberitalien (GESNER 1557), Ungarn (HERMAN 1903, 1907) und andere Gebiete, wie etwa Polen und Spanien, konnten bislang nicht gesichert werden.

3.1 Der Waldrapp, ein „Schweizer Vogel“

Die ältesten Hinweise auf das Vorkommen des Waldrapps stammen möglicherweise aus den Schweizer Alpen. Nahe der Ruine Balm bei Günsberg im Kanton Solothurn wurden 1941 unter zahlreichen mittelsteinzeitlichen Knochenfunden (TRATZ 1960/61) einige Waldrappknochen entdeckt. Eventuell haben Dachse diese erst nachträglich in die ursprüngliche Kulturschicht eingebracht (vgl. SCHENKER 1977).

Bis zum Mittelalter fehlen hier, wie auch in den anderen Teilen des Verbreitungsgebiets, weitere Hinweise auf den Waldrapp. Einer Sage nach, die sich vermutlich auf die Zeit FRIEDRICHS II (1194-1250) bezieht, soll die Heilquelle von Pfäfers bei der Suche nach Waldrappen entdeckt worden sein (LAUTERBORN 1912, STROHL 1917).

Ein zweiter Schweizer Knochenfund von der Ruine Alt-Wartburg bei Olten im Kanton Aargau (HÖLZINGER 1988) kann auf die Zeit um 1400 datiert werden.

Die meisten Nachweise stammen aus dem 16. Jahrhundert. Sehr viele von ihnen und vor allem die berühmte Beschreibung von CONRAD GESNER beziehen sich auf die Schweiz. Darum wurde der Waldrapp damals als Schweizer Vogel betrachtet. 1535 fand er Eingang in die Zürcher Rats- und Richtbücher: JAKOB SCHWYTZER, THOMAS ZIEGLERS Knecht, wurde zu einer Geldstrafe verurteilt, weil er „Felixem von Jonen einen Waldrappen one ursach zu tod geschlagen hatt...“. Diese Textstelle läßt, wie später auch GESNER (1557) berichtet, auf eine Gefangenschaftshaltung schließen.

Der englische Theologe und Arzt WILLIAM TURNER gibt 1544 eine vage Beschreibung des „Helvetiorum Vualtrapus“, kann sich jedoch nicht mehr in allen Einzelheiten auf dessen Aussehen besinnen (vgl. STROHL 1917).

In JOHANN STUMPFS „Gemeiner loblicher Eydgenossenschaft Stetten Landen und Völcker Chronik werdig thaaten beschreybung“, einem zu seiner Zeit sehr bekanntem Buch, ist der Waldrapp kurz beschrieben (STROHL 1917). Dieser Bericht ist offenbar sehr viel als Vorlage benützt worden. Zudem ist in diesem Werk ein Ibis abgebildet, der angeblich einen Waldrapp darstellen soll. Träfe dies zu, wäre dies die älteste, bisher bekannte Abbildung. Obwohl die Beschreibung stark hinter derjenigen von GESNER zurücksteht, liegt ihre Bedeutung darin, daß sie völlig unabhängig davon entstanden ist.

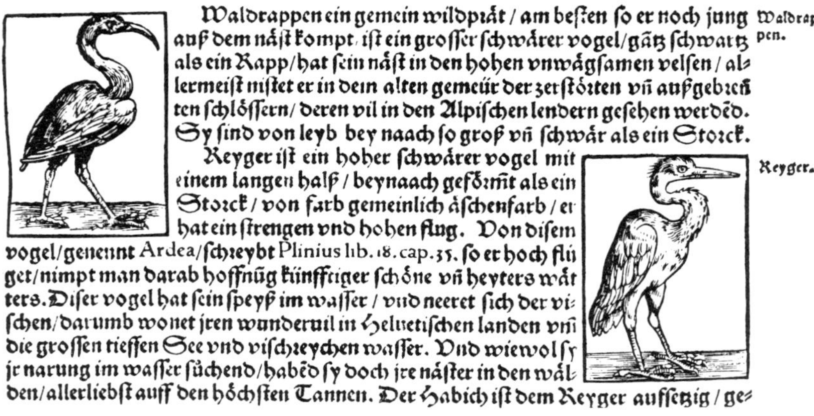
Waldrappen ein gemein wildprät / am besten so er noch jung auß dem näst kompt, ist ein grosser schwärer vogel/gātz schwartz als ein Rapp/hat sein näst in den hohen vnwägsamen velsen / allermeist nistet er in dem alten gemeür der zerstörten vñ außgebrochten schlössern/ deren vil in den Alpischen lendern gesehen werdē. Sy sind von leyb bey naach so groß vñ schwär als ein Storck. (Waldrappen.)

Reyger ist ein hoher schwärer vogel mit einem langen halß / beynaach geförmt als ein Storck / von farb gemeinlich äschenfarb / er hat ein strengen vnd hohen flug. Von disem vogel/genennt Ardea/schreybt Plinius lib. 18. cap. 35. so er hoch flüget/nimpt man darab hoffnūg künfftiger schöne vñ heyters wätters. Diser vogel hat sein speyß im wasser / vnd neeret sich der vischen/darumb wonet jren wunderuil in Helvetischen landen vñ die grossen tieffen See vnd vischreychen wasser. Vnd wiewol sy jr narung im wasser süchend/habēd sy doch jre näster in den wälden/allerliebst auff den höchsten Tannen. Der Habich ist dem Reyger auffsetzig / ge- (Reyger.)

Abb. 3.1: STUMPFS angeblicher Waldrapp (aus KUMERRLOEVE 1978).

GESNER stellt in seinem Vogelbuch, das 1555 in lateinischer Sprache als „Historiae animalium liber III, qui est de avium natura“ (STROHL 1917) erschienen ist, den Waldrapp als „Corvus sylvaticus“ vor. Die wohl am häufigsten zitierten Beschreibungen aus dieser Zeit entstammen der ersten deutschsprachigen Ausgabe (1557) und den später folgenden deutschen Übersetzungen (z.B. 1600, 1606). GESNER gelingt eine ausgezeichnete Charakterisierung des Waldrapps, eine detaillierte Schilderung seines Verhaltens, und er geht anhand einer Magenuntersuchung sogar auf das Nahrungsspektrum ein. In einer der 1557 erschienen Ausgaben klingt der Text wie folgt.

„ Der Vogel / welches Figur hie verzeichnet stadt / wirt von den unsern gmeinlich ein Waldrapp genennt / darumb dass er inn einöden wälden wonet: da er dann in hohen schrofen / oder alten einöden thürnen und schlössern nistet / dannenhär er auch ein Steinrapp genennt wirt / und anderschwo in Bayern und Steürmark ein Klaussrapp von den velsen und engen Klausen / darin dann er sein näst macht. In Lutringen und bei dem Paffyersee wirt er ein Meerrapp genennt. An andern Orten ein Waldrapp / als in Italien: da er dann etwan von einem menschen / so an einem seil hinabgelassen / aussgenommen und für einen schläck gehalten wirt / wie er auch bei uns in etlichen hohen schroffen bey dem bad Pfäfers gefunden wirt / da sich auch etliche weidleut hinab gelassen habend. Von seiner stimm wirt er auch ein Scheller geheissen. Etliche haltend den für den Phalacrocoracem : dann er von grösse und farb schier dem Rappen ähnlich ist: er gwünt auch einen glatz in seinem alter / als ich gesehen hab. Turnerus haltet den Wasserrappen Aristotelis und Phalacrocoracem Plinii / und unsern Waldrappen für einen vogel / aber nit recht / dieweyl er derselbigen vöglen

Abb. 3.2: Darstellung des Waldrapps in GESNERS Vogelbuch (Icones Avium1666).

> beschreybung nit änlich ist: dann er nit breitfüssig ist / und darzu kein Wasservogel / sunder er sucht in grünen gärten und massächten orten sein narung. Unserer Waldrapp ist in der grösse einer Hennen / gantz schwarz gfarbt wenn du in von weytnuss anschauwest: besichst du aber in an der nähe / fürauss gegen der Sonnen / bedunckt er einen mit grün vermischt seyn. Seine füss sind auch garnach als der Hennen / länger unnd zerspalten, der schwantz ist nit lang / und hat auff seinem Kopff ein streüsslin hindersich gricht: nit weiss ich ob diss an allen / und allzeyt gesehen wirt. Der Schnabel ist rotlecht / lang / und komlich im erdtrich zu graben / und in die engen Klufften der mauren / boeumen und velsen zu stossen / damit er die verborgnen würmlin und käferlin härauss ziehe. Er hat lange tunckle rote bein. Sy gläbend der Höuwschräcken / Gryllen / Fischlinen und kleinen Fröschlinen. Merteils nistet er auff alten und hohen mauren der zerbrochenen schlösseren: welcher dann im Schweytzerland seer vil gefunden werdend. Als ich diss vogels magen zerschnitten / hab ich über andere unzifer auch vil deren thierlinen gefunden / so den wurtzen der früchten schaden thund / fürauss dem hirss / welche die unseren Twären nennend. Sy ässend auch würm / darauss Meyenkäfer werdend. Dise vögel fliegend seer hoch. Die legend zwey oder dreü eyer. Sy fliegend zum ersten auss allen vöglen hinweg / on zweyfel umb den Anfang dess brachmonats. Ire jungen etliche tag vorhin ee denn sy fluck worden auss dem näst genommen / mögend leychtlich auferzogen und gezämpt werden / also / dass sy in die äcker hinauss fliegend und schnäll wiederumb heim kommend. Ire jungen werdend auch zur speyss gelobt / und für einen schläck gehalten: denn sy habend ein lieblich fleisch unnd weich gebein. Die sy aber aus irem näst nemmend / die lassend in einem jetlichen eins ligen / damit sy am nachgenden jar dester liber widerkommend."

In Gesners Vogelbilderbuch, den „Icones Avium" (1555) findet sich dieselbe Abbildung wie in der „Naturgeschichte". Anstelle eines beschreibenden Textes werden die verschiedenen Namen des abgebildeten Vogels angeführt. Die deutschen Bezeichnungen lauten Waldrapp, Steinrapp oder Claussrapp.

In einer St. Gallener Handschrift (Pergamentkodex „Introitus ad missas", 1562) ist auf einem der reich mit Vogelornamenten verzierten Blätter offenbar ein Waldrapp dargestellt. Im Original sind die Beine bräunlich; dem schwarzen Gefieder fehlt der metallische Glanz. Der Schnabel ist prächtig rot, und am Kopf ist wohl eine beginnende kahle Stelle angedeutet.

In seinem Tagebuch erwähnt der Basler Arzt Felix Platter, daß ihm am 26. Mai 1564 bei der Burg Angenstein im Bristal ein Waldrapp zum Essen angeboten wurde (vgl. Schenker 1977, Kumerloeve 1978). Da der Vogel durch den Biß eines tollwütigen Hundes ums Leben gekommen war, verweigerte der Gast diese Mahlzeit (Schenker 1975).

In einer Chronik, die 1573 fertiggestellt wurde, gedachte der Reformator Ulrich Campbell aus Graubünden des Waldrapps. Nach Strohl (1917) kann die Schilderung nicht auf eigenen Beobachtungen oder lokalen Nachrichtenquellen basieren, weil sie sich zu stark an frühere Autoren (Plinius, Gesner, Stumpf) anlehnt.

Abb. 3.3: Der Waldrapp in der St. Gallener Handschrift (aus Kumerloeve 1978).

3.2 Nachweise aus Deutschland

Bei Ausgrabungen einer spätrömischen Befestigung auf dem Burgberg Sponeck bei Jechtingen am Kaiserstuhl traten Reste von zwei Waldrappknochen eines Individuums zutage (Hölzinger 1988). Zum überwiegenden Teil handelt es sich bei den dort gefundenen Tierknochen dem Erhaltungszustand und der Zusammensetzung des Materials zufolge um Siedlungs- und vor allem Speiseabfälle. Die Funde stammen aus dem 4. Jahrhundert n. Chr.

Dieser Knochenfund stützt die älteste schriftliche Quelle von Plinius d. Ä. (23-79 n.Chr.). Plinius berichtet in seiner „Historia naturalis“ von seinem Präfekten Egnatius Calvinus, der in den Alpen einen in Ägypten heimischen Ibis gesehen haben will: „... Visam in Alpibus ab se peculiarem Aegypti et ibim

Egnatius Praefectus eorum prodidit ..." (in LAUTERBORN 1912). Dieser Literaturquelle wurde später wenig Vertrauen geschenkt. Für die Annahme, daß es sich bei diesem Vogel um den Waldrapp gehandelt hat, sprechen indessen folgende Tatsachen: Nach der Beschreibung kommt der Sichler als Sumpfbewohner nicht in Betracht. An einer anderen Stelle wird ausdrücklich erwähnt, daß in Pelusium in Ägypten der Ibis schwarz sei.

Auf eine mögliche Waldrappdarstellung, die wahrscheinlich im letzten Drittel des 12. Jahrhunderts entstand, machte mich PECHLANER aufmerksam (PECHLANER 1994). In der Wartburg bei Eisenach, Thüringen, sind auf einem Säulenkapitell neben Adlern und Pfauen zwei weitere Vögel abgebildet, bei denen es sich um Waldrappe handeln könnte. Die langen Hälse der Vögel, die kahlen Köpfe mit den Federschöpfen sprechen sehr dafür. Die Schnäbel sind gebogen und schmaler als jene der Pfauen, jedoch für Waldrappe zu kurz geraten. Da über dieses Relief nichts weiter bekannt ist, bleibt die Frage, ob es sich wirklich um diese Vogelart handelt, ungeklärt.

In einer Chronik des Überlinger Bürgermeisters LIENHARD WINTERSULGER (in KUMERLOEVE 1978) wird folgendes berichtet: Nach einem von gewaltigen Schneemassen begleiteten Kälterückfall im März 1481 konnte man neben zahlreichen anderen geschwächten Vögeln auch Waldrappe, die bereits aus dem Winterquartier zurückgekehrt waren, mit der Hand fangen.

Der Arzt VALERIUS CORDUS (gest. 1544) erwähnt in seinen gesammelten Werken Felswände und Steinbrüche des Donautales bei Passau und Kelheim als Nistorte (LAUTERBORN 1912). Um den Waldrapp dürfte es sich auch bei dem „Uttenschwalb" im Wappen der Herren von CLOSEN handeln (VON HEFNER 1856, GOLDNER & BAHNMÜLLNER 1985). Dieses Adelsgeschlecht war hauptsächlich zwischen Isar und Inn begütert, WOLFGANG VON CLOSEN war in der zweiten Hälfte des 16. Jahrhunderts Fürstbischof von Passau.

In einem Reisebericht von LADISLAUS WELENUS BARON VON ZIEROTIN aus dem Jahr 1593 wird ein mittelalterlicher Wohnturm des Schlosses in Breisach am Rhein als Brutort beschrieben (SCHENKER 1975, 1977, HÖLZINGER 1987).

3.3 Vorkommen in Österreich

Weitere Nachweise aus dem 16. Jahrhundert stammen aus Österreich. Die älteste Nachricht aus Salzburg geht auf ein Mandat des Erzbischofs LEONHARD aus dem Jahr 1504 zurück (vgl. MEYER 1952). Der Erzbischof stellte das Schießen von jungen Reihern und Claußrappen unter Strafe. Fürst MATHEUS untersagte zum Schutz der Claußrappen 1530 das Büchsenschießen aus den Häusern in jenen Gassen, die in der Nähe der Brutplätze lagen (Moewes 1929, Klein 1958). Dieses Verbot wurde in den Jahren 1544, 1558, 1578 und 1584 erneuert. Aus dem Mandat vom 28. März 1578 geht hervor, daß in den Häusern der Getreide- und Kirchgasse nicht nur das Scheibenschießen beliebt war, sondern daß direkt „auf Klausraben und Storchen" am Mönchsberg geschossen wurde.

Klein (1958) weist nach, daß in Österreich Waldrappe als Leckerbissen galten. So liegt eine Rechnung des Salzburger Hofes vor, die zu Beginn des 16. Jahrhunderts ausgestellt wurde. Darin heißt es: „... Pro apsumptione Corvorum Clawsraben ... s. 10, d. 12 ..." (Salzburger Landesarchiv). Die Bezahlung bezieht sich, ebenso wie drei Posten der Abteirechnung des Stiftes St. Peter (Stiftsarchiv) in Salzburg auf Trinkgelder für das Ausnehmen von Waldrappnestern.

Als sich Anna, die Gemahlin Herzog Albrechts von Bayern, im Juni 1571 zur Kur in Badgastein aufhielt, sandte ihr der Landesherr anläßlich des Besuchs ihres Bruders Carl von Österreich ein großes Geschenk an Lebensmitteln zu. Darunter wurden „... Copaun und Claußraben ..." besonders hervorgehoben (Salzburger Landesarchiv).

Daß Waldrappe nicht nur gejagt, sondern auch lebend gefangen und als zahmes Hausgeflügel zur Vertilgung von Ungeziefer gehalten worden sind, wird aus Salzburg-Stadt (Ostermanns Vokabular 1591, in Strohl 1917) und aus St. Jakob am Thurn, etwa 10 km südlich von Salzburg (Klein 1958), berichtet. Im Urbar der Herrschaft Thurn (1561) werden Falkenbeize und Waldrapphaltung erlaubt: „... Mer ruegen wir den herrn von Thuern auf irn Gruntten als Federspill, und Claußraben mugen sy fahen lassen ..." (Salzburger Landesarchiv).

Belege für ein weiteres österreichisches Waldrappvorkommen stammen aus Graz. So wird berichtet, daß Maximilian I (1459-1519) dem steirischen Vizedom befahl, einen Garten „... bei unserem Huebhaus zu Grätz under der Stainwandt, da die Klawsraben ausziehen ..." zu kaufen. In die Felswände unterhalb des heutigen Herbersteingartens sollten künstliche Nischen gehauen werden, um den Waldrappen mehr Platz („... sovil der die Notturfft erfordert ...") zu bieten (vgl. Hable 1994).

König Ferdinand überschrieb bei einem Besuch in Graz am 1. Januar 1528 dem Freiherrrn Sigmund von Dietrichstein das landesfürstliche Hubamtshaus in der Stadt mit der besonderen Auflage, die am Schloßberg nistenden Klausraben zu hegen und zu schützen.

Nach Tratz (1960/1961) soll der Waldrapp 1560 im Wappen des Stadtpfarrers von Graz Andreas Gigler in Erscheinung getreten sein (vgl. Hable 1983).

Erzherzog Karl erteilte 1566 seinem Fischmeister die Auflage, die Waldrappe zu hegen sowie Abschüsse und Störungen zu verhindern. Die Instruktion wurde letztmalig im Jahr 1621 erneuert, was aber nicht bedeuten muß, daß der Waldrapp zu jener Zeit in Mitteleuropa noch heimisch war. Derartige

Mandate wurden vielmehr solange erneuert, bis der Vogel in Vergessenheit geriet. In der erweiterten Ausgabe von 1638 wird der Waldrapp nicht mehr erwähnt.

Der Idee, der Waldrapp sei einst in Tirol heimisch gewesen, wird immer wieder Ausdruck verliehen. Als mögliche Brutplätze werden die Leoganger Steinberge an der Grenze zu Salzburg (SAURWEIN 1953 unpubl., JANETSCHEK 1960, GSTADER 1987) und Klammen im Karwendel westlich von Innsbruck (GAMS 1936, PSENNER 1970) erwähnt. Mir ist es trotz intensiver Nachforschungen in schriftlichen Quellen verschiedenster Sachgebiete nicht gelungen, einen Nachweis zu erbringen (PEGORARO 1992). Werke mit jagdgeschichtlichem Inhalt, zoologische Literatur , Lexika, Wörterbücher, Kochbücher und mittelalterliche Dokumente, wie etwa Rechnungen und Verordnungen, wurden durchforstet. Die Verfechter eines ehemaligen Waldrappvorkommens in Tirol (z.B. WALDE 1933, GAMS 1936, PSENNER 1970) beziehen sich vor allem auf eine Abbildung des holländischen Malers J. G. HOEFNAGEL, die zwischen 1582 und 1590 entstand. In einer Miniatur (Pergamentblatt 124, Sonntag Sexagesima) stellt er neben verschiedenen ausschließlich einheimischen Tieren (z.B. Elster, Alpenkrähe) einen auf einem breiten Gartenweg stochernden Waldrapp von 17 mm Länge dar (vgl. STROHL 1917, KUMERLOEVE 1978, STAUDINGER 1990). Die Fehlinterpretation, HOEFNAGEL hätte sich während der Arbeit am Meßbuch in Innsbruck aufgehalten, führte zu der Ansicht, er könnte dort den Waldrapp beobachtet haben. Tatsächlich arbeitete der Künstler zwar im Auftrag Erzherzog FERDINANDS VON TIROL an dem Missale (Wiener Hofbibliothek), hielt sich jedoch in München auf.

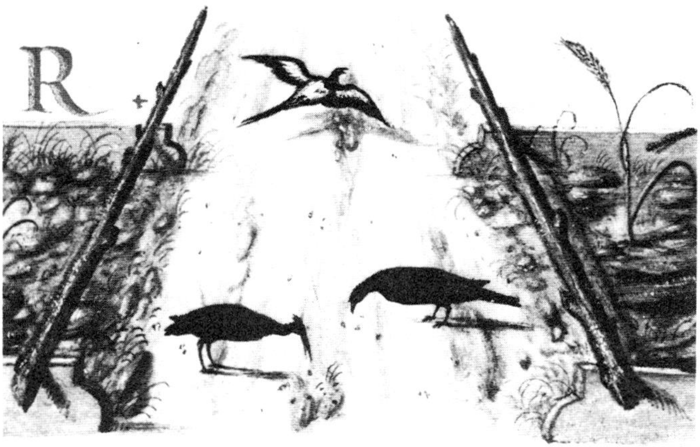

Abb. 3.4: HOEFNAGELS Waldrapp im Missale romanum (aus KUMERLOEVE 1978).

Staudinger (1990) präsentiert ein weiteres bis dato unveröffentlichtes, kleines Bild (143 x 184 mm) desselben Künstlers (Washington, National Gallery of Art). Es entstand vor 1590. Neben sieben weiteren Vögeln ist ein Waldrapp abgebildet. Es handelt sich dabei um dieselbe, allerdings farbige Darstellung, die Gesner (1555) als Stich veröffentlichte (vgl. Abb. 3.2).

Abb. 3.5: Abbildung des Waldrapps von Hoefnagel aus der National Gallery of Art, Washington. Der hier dargestellte Waldrapp ist offensichtlich dem von Gesner (s. Abb. 3.2, S. 23) nachgezeichnet (aus Staudinger 1990).

3.4 Belege aus weiteren europäischen Ländern

Im ausgehenden 16. Jahrhundert beschreibt Ulysses Aldrovandus den Waldrapp in seiner „Ornithologia" (vgl. Kumerloeve 1978) und bildet ihn dort auch ab (Abb. 3.6). Er betont, den Vogel nicht aus eigener Anschauung zu kennen. Sein Stich entstand nach einem Vorbild aus Illyrien. Aldrovandus sah den dargestellten Vogel als verwandt oder identisch mit dem *Phalacrocorax* an und unterschied ihn vom Waldrapp!

Abb. 3.6: Waldrappdarstellung von ALDROVANDRUS (aus KUMERLOEVE 1978).

In Prag entstand im letzten Jahrzehnt des 16. Jahrhunderts ein Waldrappbild (Wien, Österreichische Nationalbibliothek). Der Künstler konnte bisher nicht eindeutig identifiziert werden, das Werk ist jedoch nicht, wie KUMERLOEVE (1978, 1984) meint, HOEFNAGEL zuzuschreiben (STAUDINGER 1990).

3.5 Der Waldrapp wird vergessen...

Einige Autoren des 17. Jahrhunders (z.B. SCHWENCKFELD 1603, JONSTON 1617, in STROHL 1917) erwähnen den Waldrapp in ihren Werken, kennen ihn jedoch nicht mehr aus eigener Erfahrung. SCHWENCKFELD etwa bezieht die Waldrappbeschreibung auf die weit verbreitete Alpenkrähe *Pyrrhocorax pyrrhocorax*. In J. J. WAGNERS „Historia Naturalis Helvetica curiosa“ (1680, in STROHL 1917) ist ein Exzerpt aus GESNERS Werk zu lesen. Dem Waldrapp konnte keine Stellung in der Vogelsystematik zugeordnet werden. JOHN RAY (1667, in STROHL 1917) stellte ihn bei der Herausgabe der Ornithologie seines Freundes WILLUGHBY in den Anhang, der unbekannte Vögel aufzählt.

Abb. 3.7: oben: ALBINS „Wood Crow from Switzerland" (1736); links unten: Waldrappbild von BOROWSKI (1781); rechts unten: von BUFFON und MONTBEILLARD (1783) (alle aus KUMERLOEVE 1978).

Während des 18. Jahrhunderts wurde der Waldrapp in der Systematik bald hierhin, bald dorthin geschoben. Von den Krähen wanderte er zu den Wiedehopfen und wieder zu den Brachvögeln. Erwähnenswert ist das Werk von ELEAZAR ALBIN „Natural History of Birds, vol. III“ (1738, in ROTHSCHILD 1902). Am Schluß einer völlig auf GESNER beruhenden Beschreibung der „Wood-crow from Switzerland“ findet sich eine bemerkenswerte Notiz: „...This bird I had out of the collection of Sir THOMAS LOWTHER ...“ (vgl. SCHMIEDEKNECHT 1910). Nicht zu klären ist die Herkunft dieses präparierten Vogels. Die genannte Sammlung ist anscheinend verbrannt (KUMERLOEVE 1978). Das Werk enthält eine farbige Waldrappabbildung, auf die nach HILDEBRANDT (1927 a) Autoren des ausgehenden 18. Jahrhunderts, etwa BECHSTEIN (1791), zurückgriffen.

Die Unsicherheit über das Wesen des Waldrapps führte schließlich zu der Annahme, diese Art habe nie existiert. BECHSTEIN etwa korrigiert in einer späteren Auflage (1805, in STROHL 1917) seine Ansichten über den Waldrapp und bezweifelt die Existenz eines solchen Vogels. MEISNER (1820, in STROHL 1917) meint in seinem „Museum der Naturgeschichte Helvetiens“, GESNER habe ein durch üble Behandlung, angehende Verwesung oder Mauser beschädigtes Exemplar der Alpenkrähe vor sich gehabt. Auch im „Alten NAUMANN“ (in KILLERMANN 1911) wird die These vertreten, es habe sich um eine Verwechslung mit der Alpenkrähe gehandelt: Ein halb in Verwesung übergegangenes Tier hätte die Befiederung des Kopfes verloren; oder die Halsfedern seien durch ungeschicktes Einpacken in Unordnung geraten, sodaß sie kammartig in die Höhe standen.

Dieser Deutung schloß sich auch der Pfarrer DANIEL SPRÜNGLI an, in dessen vielgerühmter Vogelsammlung in Bern Reisende noch Ende des 18. Jahrhunderts nach diesem Vogel suchten. Er und verschiedene andere Autoren kamen zu der Ansicht, der Waldrapp müsse aus der Systematik gestrichen werden (vgl. STROHL 1917) und wiesen sämtliche für den Waldrapp in der Literatur genannten Namen ohne Bedenken der Alpenkrähe zu (HILDEBRANDT 1927 b). FRIDERICH kam noch 1891 in seiner „Naturgeschichte der deutschen Vögel“ zu dem Schluß, bei dem „Waldraben“ hätte es sich um ein künstlich verunstaltetes, aus verschiedenen Vögeln zusammengesetztes Stopfpräparat gehandelt. Diesem Unsinn sei sogar LINNÉ aufgesessen (KUMERLOEVE 1978). Zu diesem Zeitpunkt war allerdings der Waldrapp bereits in Nordafrika wiederentdeckt worden!

Bei all diesen Verwechslungsthesen vergaß man völlig die genauen Beschreibungen in GESNERS Text, z.B. die Magenuntersuchung. Nur wenige Kritiker wie JOHN RAY (1676, in STROHL 1917), der auf die Größe des beschriebenen Federschopfes hinwies, traten aufgrund der exakten Beschreibungen GESNERS den Zweiflern entgegen. Jene Autoren, die ihre romantische Meinung über ein Weiterexistieren des Waldrapps nicht aufgeben wollten, schrieben ihm eine versteckte, streng nächtliche Lebensweise zu.

3.6 ... und wiederentdeckt

Die große Wende war erreicht, als KLEINSCHMIDT, ROTHSCHILD und HARTERT in der Waldrappabbildung BECHSTEINS den in DRESSERS 1880 erschienenen Buch „A History of the birds of Europe" abgebildeten *Ibis comata* erkannten. Als Heimat dieses bei deutschsprachigen Ornithologen unter dem Namen Schopf- oder Mähnenibis inzwischen bereits wohlbekannten Vogels waren jedoch „N-Afrika, Abessinien und Arabien" angegeben. Als diese Erkenntnis von ihren Entdeckern (ROTHSCHILD et al. 1897, ROTHSCHILD 1902) veröffentlicht wurde, erregte sie in Ornithologenkreisen großes Aufsehen (vgl. GUGGISBERG 1955). Und damit wurde der Waldrapp äußerst populär. Viele Veröffentlichungen zu diesem Thema (z.B. HOPF 1907, VON BURG 1910, KILLERMANN 1911) entstanden. Anfangs bezweifelten kritische Stimmen immer noch das ehemalige Vorkommen des Waldrapps in Europa. Allerdings geht etwa FATIO (1906) von der irrigen Meinung KLEINSCHMIDTS (1904, in FATIO 1906) aus, der Waldrapp hätte bis zum Ende des 18. Jahrhunderts in der Schweiz gebrütet, zu einer Zeit, in der verschiedene Autoren bereits die Existenz eines solchen Vogels abstritten.

In der Folge begab man sich vermehrt auf die Suche nach Beweisen für das einstige Vorkommen des Waldrapps in Europa. So veröffentlichte FISCHER-SIGWART 1911 einen Aufruf an verschiedene Zeitungen der Kantone St. Gallen und Graubünden, an die Bad- und Kuranstalt Ragaz Pfäfers und die Gemeindebehörde Pfäfers, um Anhaltspunkte über diesen in Europa ausgestorbenen Vogel zu erhalten (FISCHER-SIGWART 1914). Außer der in Kap. 3.1 bereits erwähnten Sage über die Entdeckung der Heilquelle erfuhr er allerlei sonderbare Behauptungen. So wollte jemand den Waldrapp vor nicht allzu langer Zeit lebend in Tirol gesehen haben.

Ornithologen verschiedener Länder suchten nach Hinweisen für ein ehemaliges Vorkommen in ihrer Heimat (z.B: HERMAN 1903 und 1907 für Ungarn). Zudem entstanden sprachgeschichtliche Arbeiten über die alten Benennungen des Waldrapps. In diesem Zusammenhang seien HERMAN (1903), SUOLAHTI (1909) und HILDEBRANDT (1927 b) genannt. Jene Ornithologen, die in Ländern lebten, in denen der Waldrapp einst gebrütet hatte, zeigten sich sehr stolz. So nannte ihn KLEINSCHMIDT (1908) trotz geringer Nachweise den „großen deutschen Ibis". Die ornithologische Zeitschrift des Österreichers TRATZ, die ab 1921 erschien, erhielt den Namen „Der Waldrapp".

Aber auch die Gier nach Bälgen und Eiern wurde geweckt (AHARONI 1932). Sie führte zu einer gnadenlosen Verfolgung dieser Vogelart in den verbliebenen Teilen des Verbreitungsgebiets.

3.7 Entstehung des wissenschaftlichen Namens

Über die Entwicklung der wissenschaftlichen Nomenklatur geben ROTHSCHILD et al. (1897), KLEINSCHMIDT (1899), HERMAN (1903) und KUMERLOEVE (1978) Auskunft. Die folgenden Zitate stammen aus ihren Werken: Zwischen 1828 und 1832 nannte EHRENBERG die vermeintlich neue Art zu Ehren seines verstorbenen Forscherkollegens und Freundes HEMPRICH „*Ibis hemprichii*". Da das Werk nicht veröffentlicht wurde, verlor der Name seine Gültigkeit. Anstelle des Artnamens „*hemprichii*" ist „*comata*" getreten, eine Bezeichnung, die auf RÜPPELL (1845) zurückgeht. Der Gattungsname „*Geronticus*", der Greisenhafte, wurde von WAGLER (1932, „*Geronticus spec. nov.*") eingeführt. Neben der daraufhin verbindlichen Benennung „*Geronticus comatus*" (*comatus* = langhaarig, gekämmt, gut frisiert) verwendete REICHENBACH (1849) synonym die Bezeichnung „*Comatibis comata*". Die Artbenennung „*eremita*" (zurückgezogen lebend, einsiedlerisch) geht auf LINNÉ zurück. Dieser ordnete den Waldrapp anfangs den Wiedehopfen („*Upupa eremita*", 1758), später den Raben („*Corvus eremita*", 1766) zu. Während ROTHSCHILD et al. (1897) noch vom „*Comatibis eremita*" und SHARPE (1898) vom „*Comatibis comata*" gesprochen hatten, nannte KLEINSCHMIDT (1899) den Waldrapp bereit „*Geronticus eremita*". Dieser Name ist noch heute gültig.

3.8 Warum verschwand der Waldrapp aus Europa?

Die Gründe für das Aussterben der Art in Europa spätestens zu Beginn des 17. Jahrhunderts dürften in erster Linie in der Verfolgung durch den Menschen zu suchen sein. Wie bereits bei STUMPF (1547/48, in STROHL 1917), GESNER (1557) und CORDUS (1561, in LAUTERBORN 1912) zu lesen ist, sollen Waldrappnestlinge ausgezeichnet schmecken. Sie wurden zu Speisezwecken ausgehorstet, ältere Jungvögel durch die Jagd dezimiert. Die Beliebtheit an den Tafeln weltlicher und geistlicher Würdenträger dokumentieren die zahlreichen, in Kap. 3.3 besprochenen Erlässe zum Schutz der Waldrappe in Salzburg und Graz. Die Hege diente einzig der Bewirtschaftung und zögerte das Verschwinden der Art höchstens hinaus, konnte es jedoch keinesfalls verhindern. Der teilweise geltende Brauch, einen der Jungvögel im Nest zu belassen (GESNER 1557), dürfte wohl zur Erhaltung einer Teilpopulation nicht ausgereicht haben.

Einzelereignisse können – wie wir es bei den kürzlich ausgelöschten Kolonien in der Türkei und in N-Afrika gesehen haben – zu starker Reduktion oder zum Verschwinden einer Kolonie führen. So macht KEPKA (1971) die Neubefestigung des Schloßberges in Graz für die Vertreibung der dort ansässigen Brutvögel verantwortlich.

STROHL (1917) führt auch die Verdrängung durch den Menschen auf. Die wärmeren Täler, an deren Wänden die Waldrappe brüteten, wurden zunehmend besiedelt. Man darf bei der Diskussion nicht vergessen, daß die europäischen Waldrapp-Populationen nur auf wenige Gebiete beschränkt und die Kolonien an bestimmte traditionelle Brutplätze gebunden waren. Diese Beobachtungen kann man heute noch in Marokko nachvollziehen.

Als zusätzliche Ursache könnte eine ab Mitte des 16. Jahrhunderts einsetzende, langanhaltende Klimaverschlechterung eine Rolle gespielt haben (SCHENKER 1977).

4 Waldrappe lieben es trocken: die Lebensräume

4.1 Lebensraum im Brutgebiet

Anders als die meisten Ibisse bevorzugt der Waldrapp zur Fortpflanzungszeit aride Gegenden. Bireçik liegt entsprechend seiner geographischen Breite eigentlich im warmgemäßigten Regengürtel (Etesienklima) Asiens. Die Region ist jedoch dem Tragantklima zuzuordnen, einem subtropischen Steppenklima, wie es auch in großen Teilen Syriens herrscht. Charakteristisch sind spärliche Niederschläge in den kalten Wintermonaten und heiße, regenlose Sommer. Dem rauhen Winter wichen die Waldrappe jedoch aus, indem sie im Spätsommer in klimatisch günstigere südliche Gebiete abzogen.

Das Trockensteppengebiet um Bireçik wird großteils extensiv landwirtschaftlich genutzt. Der Landbau hängt von künstlicher Bewässerung aus Flüssen und Bächen ab, deren Wasser aus den regen- und schneereichen Gebirgen stammt. Eine der Charakterpflanzen dieser kleinasiatischen Steppen ist der Tragant (*Astragalus sp.*). Auf den Hochplateaus findet sich niedrige Vegetation, Busch- und Baumbewuchs fehlen meist. Am Euphrat dominieren Weiden und Tamarisken.

Zwischen der Küste und dem Landesinneren von Marokko bestehen große klimatische Unterschiede. Zentralebene und Gebirge werden von kontinentalem Klima bestimmt. Die Temperaturmaxima und -minima liegen dementsprechend weit auseinander. Im Winter können in den Gebirgen die Tiefsttemperaturen unter -20°C absinken; ergiebige, manchmal wochenlang anhaltende Schneefälle kommen vor.

An den Küsten herrscht ausgeglichenes maritimes Klima. Sowohl die täglichen als auch die jahreszeitlichen Temperaturschwankungen sind gering; warme Sommer wechseln mit milden Wintern. Die Region vom Senegal bis Casablanca – also auch das Gebiet der letzten Waldrappkolonien – steht unter dem Einfluß einer kühlen Meeresströmung, des Kanarenstroms.

Der Atlantik bewirkt besonders im Sommer eine Sättigung der untersten Luftschicht mit Wasserdampf und als Folge Taubildung oder Nebel; Regen kommt jedoch nicht zustande. Der Gluthitze und Lufttrockenheit des Sommers sowie den großen Tagesschwankungen der Temperatur, wie sie im Hinterland herrschen, stehen an der Küste feuchte, besonders zu Mittag erheblich kühlere Luft und geringe Temperaturschwankungen gegenüber. Eine Eigentümlichkeit, welche die marokkanische Atlantikküste mit derjenigen Südafrikas teilt, ist die Verspätung des jährlichen Temperaturgangs: der September ist der wärmste Monat.

Die salzigen Böden im unmittelbaren Küstenbereich vermögen nur halophile Pflanzen zu besiedeln. Bei fortschreitender Aussüßung schließt an die Salzstrauchheide eine offene Garigue an. Diese Pflanzengemeinschaft ist für die nordafrikanische Atlantikküste charakteristisch und herrscht auch in den Nahrungsgründen des Massagebiets und an der Tamrimündung vor. Die Zwergstrauch-Wuchsform der Hauhechel (*Ononis natrix angustissima*) bestimmt in vom Menschen unberührten Gebieten das Bild.

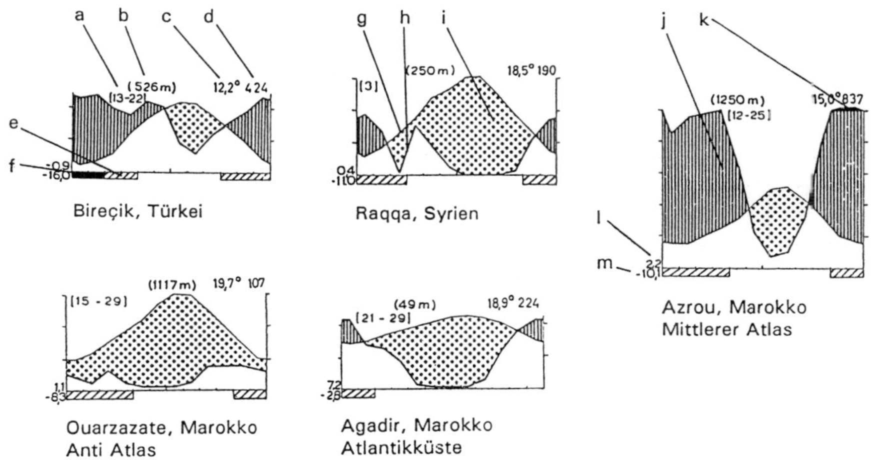

Abb. 4.1: Klimadiagramme von Lebensräumen des Waldrapps aus WALTER & LIETH 1967: a) Zahl der Beobachtungsjahre; b) Meereshöhe; c) mittlere Jahrestemperatur; d) mittlere jährliche Niederschlagsmenge; e) Monate mit absolutem Minimum unter 0°C (schräg schraffiert); f) Monate mit mittlerem Tagesminimum unter 0°C (schwarz); g) Kurve der mittleren Monatstemparaturen (ein Skalenteil = 10°C); h) Kurve der mittleren monatlichen Niederschläge (ein Skalenteil = 20 mm); i) Dürrezeit (punktiert); j) humide Jahreszeit (vertikal schraffiert); k) mittlere monatliche Niederschläge, die 100 mm übersteigen (schwarze Fläche, Maßstab auf 1 : 10 reduziert); l) mittleres tägliches Minimum des kältesten Monats; m) absolutes Minimum.

4.2 Neststandorte

Waldrappe brüten in Kolonien, die sich in früheren Zeiten, als die Art noch in ursprünglichen Größenordnungen auftrat, aus wenigen bis etwa 1000 Brutpaaren zusammensetzten. Sie schreiten in unmittelbarer Nähe anderer Vogelarten zur Brut. Solche Begleitarten waren in den Atlaskolonien z.B. Schwarzmilan (*Milvus migrans*), Turmfalke (*Falco tinnunculus*), Felsentaube (*Columba livia*), Steinsperling (*Petronia petronia*), Blaumerle (*Monticola solitarius*), Alpenkrähe (*Pyrrhocorax pyrrhocorax*) und Kolkrabe (*Corvus corax*). Von Berberaffen (*Macaca sylvanus*) an den Brutfelsen wird ebenfalls berichtet (Géroudet 1965). Bei den Atlantikkolonien nisten u.a. Krähenscharbe (*Phalacrocorax aristotelis*), Kormoran (*Ph. carbo*), Turm-, Rötel- und Wüstenfalke (*Falco naumanni, F. pelegrinoides*), Felsentaube, Wüsten- (*Corvus ruficollis*) und Kolkrabe.

Wie der südafrikanische Glattnackenrapp (Manry 1985 a), legen Waldrappe ihre Nester in relativ unzugänglichen, schroffen Felswänden an. Dafür eignen sich Plateauabbrüche, Felswände isolierter Bergkegel, Felsen in

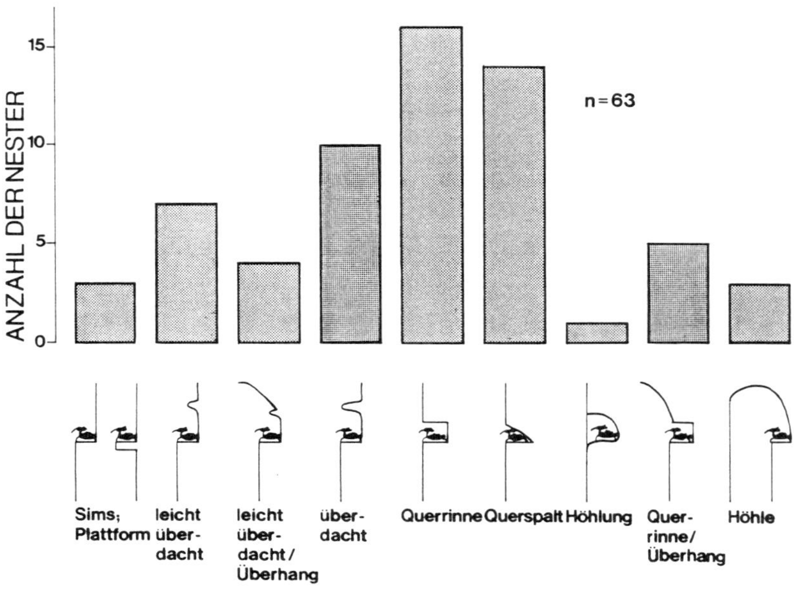

Abb. 4.2: Beschaffenheit der Neststandorte in marokkanischen Kolonien.

Gebirgen und Küstenklippen. Waldrappe nisten auf Felsvorsprüngen, schmalen Simsen, Plattformen, die oft überdacht sind, in Felskuhlen, Nischen, engen Spalten, Querrinnen und in teilweise recht tiefen Höhlungen und Höhlen. Einzelne Nester können auch in der Deckung von Pflanzen angelegt sein (MARÇAIS 1935).

In Abb. 4.2 sind die Niststandorte der Kolonien an der Atlantikküste und nahe Aoulouz nach Nutzung der verschiedenen Felsformationen aufgeschlüsselt. 38 % liegen auf Simsen bzw. Plattformen, meist – wahrscheinlich als Schutz vor herabfallendem Gesteinsmaterial – leicht überdacht. Die restlichen 62 % befinden sich in Querrinnen und -spalten, in Höhlungen und Höhlen. Nach GÉROUDET (1965) und RENCUREL (1974) waren die Nester der Atlaskolonien in tieferen Nischen, Spalten und Höhlen angelegt. Kolonien wie etwa jene nahe Timhadite fanden sich in Höhenlagen bis 2300 m (RUTHKE 1966). In diesen Regionen bieten tiefe Höhlungen auch Schutz vor Schneefällen, nächtlicher Kälte und Stürmen, später im Jahr auch vor Regen und Hitze.

Zusätzlich sind die Brutplätze, wie jene des Glattnackenrapps (ALLAN 1985) so ausgerichtet, daß starke Sonneneinstrahlung vermieden wird. Abb. 4.3 zeigt die Exposition einiger marokkanischer Waldrappkolonien (vgl. RENCUREL 1974). Die Kolonie im Stadtzentrum von Bireçik war nach W bis WSW ausgerichtet (KUMERLOEVE 1965).

Die Kolonien in den semiariden Inlandsgebieten befanden sich bis auf wenige Ausnahmen in unmittelbarer Nähe eines Flusses oder einer Süßwasserquelle. So war das kleine Flußtal, in dem die Kolonie von Aoulouz lag, im Gegensatz zu den angrenzenden ariden Gebieten sehr fruchtbar. Weiden, Tamarisken, üppig blühende Oleanderbestände und bunte Gärten bestimmten das Bild.

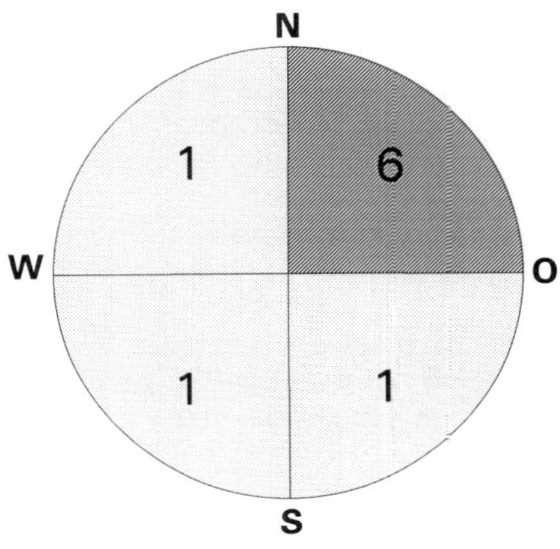

Abb. 4.3: Ausrichtung einiger marokkanischer Waldrappkolonien (nach Literatur und eigenen Beobachtungen).

Am Atlantik nisten die Waldrappe an nahezu senkrechten Felswänden direkt über der Brandungszone. Durch die Küstennebel herrschen höhere Luftfeuchtigkeit und geringere Sonneneinstrahlung, die sich bereits durch die günstige Ausrichtung auf wenige Stunden am Tag beschränkt. Die Felswände, an denen bekannte Inlandkolonien lagen, waren 30-150 m hoch (RUTHKE 1966, RENCUREL 1974). Die Küstenklippen sind bis zu 100 m hoch, die Nester liegen 10-20 m über dem Meeresspiegel. Der Abstand zum Wasser wird vermutlich durch das Spritzwasser bestimmt, das auch zur Befeuchtung der Nester beiträgt. Diese sind zum Teil von Algen überzogen.

Die Klippen bestehen aus brüchigem Sandstein, wodurch immer wieder Nistsimse abrutschen. So waren einige Horste der nördlichen Kolonie im Massa-Gebiet, die ich 1986 noch besichtigen konnte, 1989 nicht mehr vorhanden.

KUMERLOEVE (1965) gab als minimalen Nestabstand in der Bireçiker Kolonie 70 cm an. In Marokko sind einzelne Simse so dicht besetzt, daß die Nester einander berühren. Sowohl in der Türkei als auch in Marokko gab es einzelne abseits von der übrigen Kolonie gelegene Brutplätze. Die begehrtesten Nistplätze – die isolierten Neststandorte gehören sicher nicht dazu – werden von alten erfahrenen Vögeln besetzt. Aber auch im Zentrum der Kolonie gibt es verschiedentlich weniger attraktive Plätze mit suboptimalen Bedingungen, die von Paaren niederen Ranges belegt werden.

Ehemalige Brutplätze in Europa: Steile Felswände, wie etwa in Salzburg und Graz, und Burgruinen (GESNER 1557, MOEWES 1929, KLEIN 1958) stellten die Brutplätze der mitteleuropäischen Waldrappe dar. So wird in einem Reisebericht aus dem Jahre 1593 ein mittelalterlicher Wohnturm des Schlosses in Breisach am Rhein als Brutort beschrieben (SCHENKER 1975, 1977, HÖLZINGER 1987). Auch Steinbrüche wurden als Brutplätze genützt (LAUTERBORN 1912).

Die türkische Kolonie: In Bireçik legten die meisten Waldrappe ihre Nester in langen Reihen in den Felswänden unter der alten Zitadelle an. Kleinere Gruppen schritten an Klippen innerhalb der Stadtmauern zur Brut (KUMERLOEVE 1984). Nachdem die Kolonie in das Gelände der Waldrappstation übersiedelt war, nisteten einzelne Paare in einer fast senkrechten Felswand an der Hauptstraße am Euphrat.

Der Brutplatz bei Aoulouz: Nahe Aoulouz brüteten die Waldrappe in einer fast senkrechten, nach SE gerichteten Felswand. Die Nester waren auf Felsvorsprüngen und in horizontalen Felsspalten und -höhlen angelegt. Die Nistplätze lagen in ungefähr 30-40 m Höhe, die Entfernung von der oberen Felskante betrug ca. 10 m. Einige Meter unterhalb der Waldrappnester wurde in einer flachgründigen Höhle eine Ziegelmauer (für einen Stall) errichtet. Die

Anzahl der einsehbaren Horste betrug 1986 fünf. Ein einzelnes Nest war in gleicher Höhe etwa 50 m weiter abseits angelegt.

Die Atlantikkolonien: Drei Brutkolonien existieren noch an der marokkanischen Atlantikküste im 1991 gegründeten Massa-Nationalpark. Zwischen diesen Kolonien brüten an einer Stelle unregelmäßig ein bis zwei Paare. Wind und Spritzwasser sorgen an den Küstenkolonien für Feuchtigkeit und Abkühlung (Ricklefs & Hainsworth 1968).

Die Nester bestehen aus „schlampig" aufgehäuftem Nistmaterial. In verschiedenen Horsten aller drei Kolonien findet man auch Abfälle der menschlichen Zivilisation wie Kunststoffstreifen, Stoffstücke und Plastiktüten. Die Horste sind weiß vom Kot und besonders in der nördlichen und der mittleren Kolonie stark veralgt.

Die nördliche Kolonie liegt direkt über dem Atlantik mit oft sehr starker Brandung. 1986 zählte ich 14 Nester. Sie waren unter einem überhängenden Felsen ungefähr 15 m über dem Wasserspiegel errichtet: vier auf einem Vorsprung, die restlichen zehn in einer etwa zwölf m langen gekrümmten Querrinne. Besetzt waren in jenem Jahr nur sieben Horste. 1989 waren acht intakte und drei unbenützte Nester vorhanden; der oben erwähnte Vorsprung war abgebrochen. 1994 waren fünf bis sechs Nester besetzt. Der Brutfels ist im Mittel etwa 10° nach NNE gerichtet. Durch die Ausrichtung und die Anlage der Nester in der tiefen Rinne ist die Kolonie ganztägig im Schatten.

Die mittlere Kolonie besteht aus zwei Brutbereichen, die sich etwa 60 m voneinander entfernt in einer Bucht befinden. Der nördliche Brutbereich ist vollständig überdacht. Von vier angelegten Nestern waren 1989 drei, 1994 alle vier besetzt. Sie sind 2,5 bis 3 Meter unter dem Überhang angelegt und etwa 250° nach WSW ausgerichtet.

Im südlichen Brutbereich zählte ich 1986 neun Nester. 1989 waren sechs, 1994 vier davon besetzt. Drei Nester sind auf offenen Felsvorsprüngen angelegt, die restlichen auf einem überdachten Sims. Teilweise liegen sie auf einer gemeinsamen Plattform und bieten daher den Nestlingen die Möglichkeit, sich zusammenzuschließen (vgl. Kap. 7.3.6). Dieser Teil der Kolonie weist 20° nach NNE, liegt also die meiste Zeit im Schatten. Unter dem Brutsims tost die schwere Brandung des Atlantiks.

Die dritte, südlichste Kolonie liegt in einer eingebuchteten Felswand auf einem an einer Stelle durchbrochenen Band. Von 29 Horsten waren 1989 28 von Brutpaaren besetzt; 1994 brüteten von 28 nur 18 Paare erfolgreich. Die Nester sind durch den natürlichen Abbruch in zwei etwa gleich große Gruppen aufgeteilt. Einige liegen auf Felsvorsprüngen, andere in einer niedrigen Rinne. Die restlichen sind in höheren, weniger tiefen Rinnen bzw. auf überdachten Felsvorsprüngen angelegt. Drei Nester bilden eine untere Reihe. Bis einschließlich 1990 brüteten über vierzig Kormoranpaare einige Meter oberhalb der Waldrappkolonie. Die Nester der südlichen Kolonie liegen, im

Abb. 4.4: Waldrappe in Felsspalten des südlichen Brutbereiches der mittleren Kolonie (Foto K. PEGORARO).

Abb. 4.5: Kolonie von Tamri, Brutfelsen am Meer (Foto K. PEGORARO).

Gegensatz zu den beiden anderen Brutplätzen, nicht direkt über dem Wasser; am Fuß der Felswand befindet sich ein kleiner „Sandstrand“. Die Kolonie ist 285 bis 325° nach NW orientiert.

Der Brutplatz nahe Tamri ist dreigeteilt. Auf einer großen überdachten Plattform waren 1994 zehn von zwölf Nestern mit Jungvögeln besetzt. Die beiden anderen Bereiche liegen etwas entfernt auf Simsen und wiesen jeweils drei besetzte Nester auf. Während die Jungen im größten Brutbereich Anfang Mai gerade flügge wurden, waren jene in den beiden kleinen Teilen noch winzig.

4.3 Wo wird die Nahrung gesucht?

Ausschlaggebend für die Nutzung der Nahrungsgebiete sind die Beutedichte sowie die Beschaffenheit von Vegetation und Boden. Gebiete mit intensiver landwirtschaftlicher Nutzung fallen als Nahrungsgründe aus. Dichte Vegetation über 25 cm Höhe wird ebenfalls nicht genutzt (vgl. PEGORARO & THALER 1994).

Die Waldrappe suchen zum Beuteerwerb immer dieselben Gebiete auf; die Nahrungsgründe können aber saisonal wechseln. Sie hängen von Häufigkeit und Entwicklungsstadien der Beutetiere, Pflanzenwachstum und dem artspezifischen Jahreszyklus des Waldrapps ab. Fällt eine Region durch Veränderung – etwa extreme Trockenheit oder landwirtschaftliche Erschließung – aus, wechseln die Vögel unter Umständen zu anderen Nahrungsgebieten über. Auch völlig neue Nahrungsquellen können erschlossen werden. Die Abb. 4.6 und 4.7 zeigen bevorzugte Habitatkriterien anhand von 22 Beispielen: Wie der südafrikanische Glattnackenrapp (VINCENT & SYMONS 1948, MANRY 1982, 1985 a, ALLAN 1985) bevorzugt der Waldrapp relativ trokkene Gebiete, sandiges Substrat, geringe Vegetationsdichte und -höhe. Einzelne aufragende Strukturen können vorhanden sein.

Nahrungsgründe der ehemaligen Kolonie von Bireçik: Während die aus den Volieren freigelassenen Waldrappe vor allem in den trockenen, vegetationsarmen, sandigen und steinigen Bereichen der Waldrappstation nach Nahrung stocherten, bevorzugten die Rückkehrer aus dem Winterquartier Gärten, Weizenfelder und Baumschule der Gemeinde am etwa 6 km entfernten südlichen Stadtrand. Besonders in den Aufzuchtbeeten, die künst-

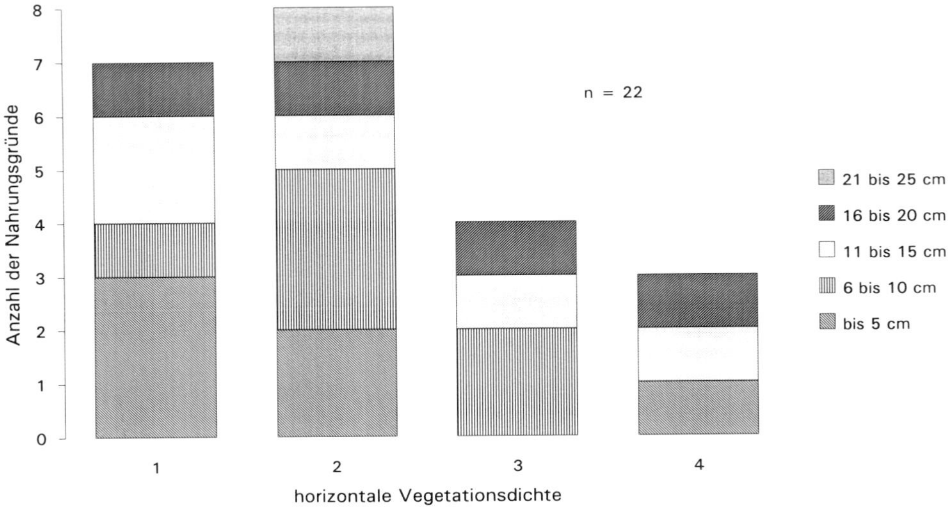

Abb. 4.6: Vegetationskriterien in 22 Nahrungsgebieten (Türkei, Marokko); die unterschiedliche Vegetationshöhe wurde durch unterschiedliche Schraffuren dargestellt (s. Legende); Abszisse: Vegetationsdichte von fast vegetationslos (1) bis dichte Vegetation (4). Auf der Ordinate wurde die Häufigkeit des Vorkommens der verschiedenen Vegetationsdichten aufgetragen.

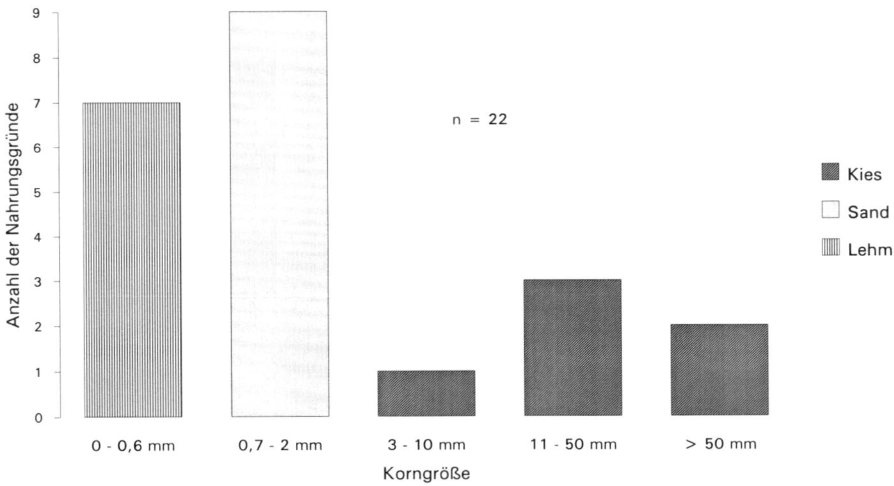

Abb. 4.7: Substratkriterium „Korngröße" in 22 Nahrungsgründen (Türkei, Marokko).

lich bewässert und ohne Pestizide bewirtschaftet wurden, herrschte ein reiches Nahrungsangebot. Außerdem suchten die Vögel die trockenen, windgepeitschten Hochebenen im Gebiet der Felsentäler östlich der Station auf.

Auf einer der Waldrappstation vorgelagerten Euphratinsel bevorzugten die Waldrappe den nahezu vegetationslosen Bereich. Dort konnte ich sie regelmäßig beim Stochern in Schotter und Sand sowie beim Trinken (vgl. Kumerloeve 1965) beobachten.

Nahrungsgebiete marokkanischer Waldrappe: Die Waldrappe der Kolonie bei Aoulouz suchten ihre Nahrung am Sous im fast vegetationslosen, lehmig-sandigen Uferbereich. Hier tranken sie auch. Außerdem begaben sie sich zur Nahrungssuche auf die trockenen Hochplateaus nördlich des Brutfelsens oder in die flußabwärts gelegenen Felder (Lynes 1925, Géroudet 1965).

Während der Jungenaufzucht kann man die Waldrappe der Atlantikkolonien besonders in den immer spärlicher werdenden Bereichen der *Ononis natrix*-Pflanzengesellschaft nahe den Brutplätzen bei der Nahrungsaufnahme beobachten. Diese offene Garigue ist für die Vögel in verschiedener Hinsicht bedeutend. Trotz guter Überschaubarkeit bietet sie wirkungsvolle Deckung. Die Waldrappe sind mit ihrem grünschillernden Gefieder zwischen den dunkelgrünen Zwergsträuchern – ganz besonders in der flirrenden Hitze – gut getarnt. Auch halten sich die bevorzugten Beutetiere in diesem Bereich auf: Schnecken haften an den Blattunterseiten, Eidechsen verkriechen sich im Wurzelbereich. Stürmische Winde, wie sie an der Küste häufig

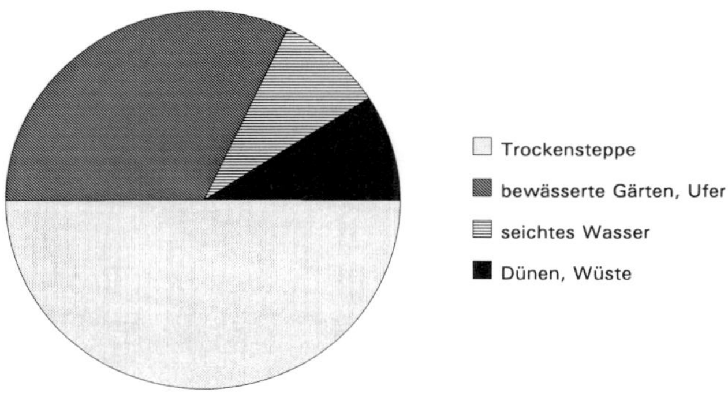

Abb. 4.8: Die verschiedenen Nahrungshabitate und ihre Bevorzugung durch die Waldrappe.

Abb. 4.9: Typischer Nahrungsgrund marokkanischer Waldrappe, aufgenommen bei Tamri (Foto K. PEGORARO).

herrschen, halten die Waldrappe nicht von der Nahrungssuche ab. In der Salzstrauchheide im unmittelbaren Brutbereich suchen sie nur selten, etwa mit den frischflüggen Jungen, nach Nahrung. Außerhalb der Brutsaison nutzen sie auch viel weiter entfernte Nahrungsgebiete. Im Frühling halten sie sich häufig in der Nähe von Schafherden auf, um dort Dungkäfer zu erbeuten. Ab und zu kommen sie bis an die Siedlungsränder und können sogar in Hausgärten, manchmal mitten zwischen Hühnern, beobachtet werden (RIBI, MALIN, mündl. Mitt.).

Besonders nahe Tamri suchen sie zwischen den locker eingesäten jungen Pflanzen der Weizenfelder nach Beute. Zum Trinken und Baden fliegen die Waldrappe dieses Gebiets täglich zur Flußmündung.

4.4 Rast- und Schlafplätze

Die Schlafplätze von Tamri liegen etwa 120 km nördlich der Massa-Kolonien. Adulte Vögel, die in dem Gebiet nisten, und immature Individuen nächtigen auf Klippen, die ähnlich den Brutfelsen schroff zum Atlantik abfallen. Die Entfernung zur Küstenstraße beträgt maximal 100 m. In unmittelbarer Nähe liegen die Nahrungsgründe. Die Waldrappe nächtigen gemeinsam mit Kormoranen, wobei zwischen den Vertretern der beiden Arten ein Abstand von mindestens 1,5 m eingehalten wird. Die stark frequentierten Plätze sind von den Exkrementen weiß bekalkt. Man kann einzelne Spielnester immaturer Vögel entdecken.

Während Brut und Jungenaufzucht verbringen die Brutvögel die Nächte an den Horsten. An allen drei Kolonien im Massa-Gebiet stellen sich abends immature Vögel ein. Einzelne übernachten zwischen den Nestern, die meisten halten sich an den Kolonierändern, auf Simsdächern und Felsvorsprüngen bis einige Meter oberhalb der Brutplätze auf.

Tab. 2: An den Massa-Kolonien nächtigende Waldrappe. Verteilung der Altersklassen.

	Kolonie SÜD	Kolonie MITTE	Kolonie NORD
Brutsaison 1989	56 Adulte	16 Adulte	14 Adulte
	57 Nestlinge	16 Nestlinge	15 Nestlinge
	11 Vorjährige	3 Vorjährige	1 Vorjähriger
	12 Zweijährige	2 Zweijährige	1 Zweijähriger
Januar 1990	53 Adulte	12 Adulte	14 Adulte
	2 Vorjährige	-	1 Vorjähriger
	1 Zweijähriger	-	-
Feb./März 1992	64 Adulte	19 Adulte	8 Adulte
	19 Vorjährige	-	-
	18 Zweijährige	-	-
Sept./Okt. 1993	-	-	-
	-	-	-
	-	-	-

Schlafplätze subadulter Waldrappe wurden auch immer wieder südlich der Massa-Kolonien gemeldet. So kannte Rencurel (1974) Nächtigungsplätze bis zum nördlichen Sahararand. Ruthke (1977) entdeckte im Mai den Schlafplatz eines aus 40-50 Individuen bestehenden Jugendtrupps etwa 10 km südwestlich Goulimine. Die Vögel nächtigten dort auf einem Betonstaudamm über einem ausgetrockneten Flußbett in der freien Steinwüste. Die starke Verschmutzung des Staudamms und einiger aus dem Flußbett aufragender Felsen sowie die große Menge an Gewöllen ließen auf eine längere Nutzung schließen.

Im Mittleren Atlas beobachtete Rencurel (1974) Ende Mai bis Juli bei Timhadite nächtigende Nichtbrütertrupps an Felsen nahe der Brutplätze der achtköpfigen Kolonie. Brüter und Nichtbrüter schliefen getrennt.

Die Schlafplätze der Kolonie von Bireçik, wie etwa ein Felsen nahe der syrischen Grenze, waren bei Ornithologen schon früh bekannt (vgl. Tristram 1882, Hirsch 1979 a, b). Dort nächtigten die Waldrappe während der ersten Zeit nach der Rückkehr aus den Winterquartieren, bevor sie die Brutplätze besetzten. Später im Jahr sammelten sich einige Vögel auf Hausdächern, viele am alten Kastell und noch mehr entlang der höher gelegenen Felswände zur Nachtruhe (Tristram 1882). In der Waldrappstation verbrachten die Altvögel die Nächte außerhalb der Nester, sobald die Jungen nicht mehr gewärmt wurden. 1984 schliefen die Vögel mit Sichtkontakt zu den Nestlingen auf dem Dachgitter der Brutvoliere. Wahrscheinlich wurden sie von den Volierenvögeln angezogen, mit denen es, soweit möglich, auch zu Interaktionen kam. So herrschte auch bei den freifliegenden Waldrappen große Aufregung, die sich durch Ausstoßen einer Unzahl von Erregungslauten äußerte, als ein Junges in der Voliere aus dem Nest stürzte.

Anders als in der Türkei und in Marokko wurden in Äthiopien überwinternde Waldrappe auf Bäumen rastend beobachtet. So befand sich nach Smith (1955, 1970) der Schlafplatz eines Trupps in einem Jujube-Baum (*Zizyphus sp.*) in einem Wohnhausgarten. Waldrappe nächtigten auch in den Küstenmangroven. Schulz & Schulz (1992) entdeckten in Saudi-Arabien rastende Waldrappe in Akazien (*Acacia iraquensis*).

5 Waldrappe sind Kleintierfresser

5.1 Beutespektrum

Unser Wissen über das Nahrungsspektrum des Waldrapps beziehen wir aus Direktbeobachtungen, Gewölleuntersuchungen und Analysen des Mageninhalts, die in früheren Jahren mehrmals durchgeführt wurden. Die von mir beobachteten Waldrappe ernährten sich von Schnecken, Skorpionen, Heuschrecken, Käfern und deren Larven sowie Larven anderer Insekten. Eidechsen vervollständigten ihren Speisezettel. Türkische und marokkanische Vögel unterschieden sich nicht wesentlich in ihrer Nahrungswahl (Tab. 3 und 4). Literaturquellen erweitern das Beutespektrum um Regenwürmer (RENCUREL 1974), Hundertfüßer (MEADE-WALDO 1903, AKÇAKAYA 1990), Ohrwürmer und Asseln (CRAMP & SIMMONS 1977). Auch Schlangen werden erwähnt (MEINERTZHAGEN 1940, 1954, SMITH 1970): So sollen die syrischen Waldrappe u.a. junge Hornvipern (*Vipera ammodytes*) erbeutet haben (AHARONI 1928). Schließlich werden noch Vögel wie Haubenlerchenküken und kleine Nagetiere (RENCUREL 1974) angeführt. Durch die unterschiedlichen Nahrungshabitate ist das Angebot breiter gefächert. In feuchten Gebieten und an Flußufern fraßen die Waldrappe kleine Fische (CRAMP & SIMMONS 1977) und vermehrt Amphibien (BAUER & GLUTZ 1966, HIRSCH & SCHENKER 1977). Vegetabile Elemente wie zarte Rhizome aquatischer Pflanzen, junge Triebe, Schößlinge und Beeren von Landpflanzen runden das Nahrungsspektrum ab (vgl. RENCUREL 1974). Als Verdauungshilfe werden Steinchen geschluckt.

Abb. 5.1: Die Schnecke *Theba pisana* ist eine bevorzugte Nahrung der Waldrappe (Foto M Föger).

Tab. 3: Einige wichtige Beutetiere der türkischen Waldrappe nach Parslow (1973) und eigenen Beobachtungen.

STYLOMMATOPHORA (Landlungenschnecken)

ARANAE (Webspinnen)

CRUSTACEA (Krebse)

SALTATORIA (Heuschrecken)
Tettigoniidae (Laubheuschrecken)
Gryllotalpidae (Maulwurfsgrillen)
  Gryllotalpa gryllotalpa (L.)
Acrididae (Feldheuschrecken)
  Calliptamus italicus (L.)
  Dociostaurus sp.

HYMENOPTERA (Hautflügler)
Formicidae (Ameisen)
  Camponotus sp.
  Messor sp.

COLEOPTERA (Käfer)
Carabidae (Laufkäfer)
  Scarites sp.
  Zabrus rotundicollis (Men.)
Buprestidae (Prachtkäfer)
  Julodis onopordi (F.)
Scarabaeidae (Laubkäfer)
  Copris hispanus L.
  Scarabaeus sp.
Cantharidae (Weichkäfer)
Tenebrionidae (Schwarz- oder Dunkelkäfer)
  Adesmia procera Mill.
  Pimelia bajula Klug
Curculionidae (Rüsselkäfer)

SQUAMATA (Schuppenkriechtiere)
Lacertidae (Echte Eidechsen)
  Acanthodactylus boscianus
  Lacerta cappadocica

Abb. 5.2: Waldrappe bei der Nahrungssuche (Foto M. Föger).

Tab.4: Einige wichtige Beutetiere der marokkanischen Waldrappe zur Zeit der Brut und Jungenaufzucht nach Malin (1990) und eigenen Beobachtungen.

STYLOMMATOPHORA (Landlungenschnecken)
Helicidae (Eigentliche Schnirkelschnecken)
Theba pisana (O. F. Müller)

SCORPIONES (Scorpione)
Buthidae (Feld-Scorpione)
Buthus sp.

SALTATORIA (Heuschrecken)
Acrididae (Feldheuschrecken)

COLEOPTERA (Käfer)
Carabidae (Laufkäfer)
Scarites buparius (Forster)
Scarabaeidae (Laubkäfer)
Scarabaeus sacer L.
Tenebrionidae (Schwarz- oder Dunkelkäfer)
Blaps sp.
Pimelia angulata
Chrysomelidae (Blattkäfer)
Timarcha sp.

SQUAMATA (Schuppenkriechtiere)
Lacertidae (Echte Eidechsen)
Acanthodactylus boscianus
Acanthodactylus pardalis
Acanthodactylus erythrurus
Acanthodactylus inornatus
Gekkonidae
Gekkonia chazaliae

5.2 Wie sie Beute machen

Die Nahrung wird von den Waldrappen größtenteils aus dem Boden hervorgestochert. Da die Bodentiere im lockeren Sand ziemlich regelmäßig anzutreffen sind, suchen die Vögel mehr oder weniger die gesamte Fläche ab. Sie führen die Schnäbel „knabbernd" die Substratoberfläche entlang oder durchpflügen das Erdreich mit zur Seite geneigtem Kopf und leicht geöffnetem Schnabel etwas tiefer. Unter heftigen, ruckartigen Kopfbewegungen bohren sie tiefe Löcher. Insektenlarven, Skorpione und nachtaktive Käfer werden auf diese Weise erbeutet. Die Waldrappe betreten nur Flächen mit niedriger Vegetation. Von dort aus suchen sie gezielt den Wurzelbereich von Sträuchern, Erdspalten sowie Ritzen unter Steinen ab und stochern bis zur Schnabelwurzel – z.T. mit verdrehtem Hals – nach Eidechsen oder anderen Beutetieren. Beim Stochern im seichten Uferbereich von Fließgewässern und Pfützen entdecken sie aquatische Larven.

Waldrappe sammeln geschickt verschiedene Käfer auf, die auf den Weideflächen der Schafe und Ziegen und auf den von Lasttieren frequentierten Sandpisten reichlich vorkommen. Seltener zupfen sie Beutetiere, wie etwa die zahlreichen Schnirkelschnecken, von Pflanzen ab. Wendigere Tiere, z.B. ein kleines Nagetier oder Reptil, werden aktiv gejagt. Flach geduckt und mit weit vorgerecktem Hals rast der Vogel mit unerwarteter Geschwindigkeit los und verfolgt die begehrte Beute.

Größere Tiere werden manchmal unter ruckartigen, schleudernden seitlichen Kopfbewegungen bei geschlossener Nickhaut unbeweglich gemacht (Aharoni 1929). Zwischen den einzelnen Kopfbewegungen läßt der Vogel

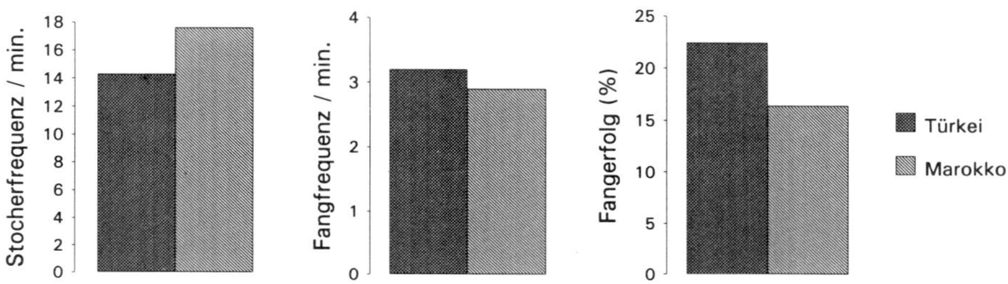

Abb. 5.3: Einsatz und Erfolg beim Beuteerwerb der türkischen und marokkanischen Waldrappe (vgl. Malin 1990).

die Beute immer wieder fallen. Anschließend packt er sie mit der Schnabelspitze, wirft den Kopf in den Nacken, öffnet den Schnabel und stößt ihn zugleich etwas nach vorne. Dadurch rutscht die Nahrung tiefer in den Schlund. Größere Beute wird stets mit dem Kopf zuerst verschluckt, was den flüggen Jungvögeln bei den ersten Freßversuchen große Schwierigkeiten bereitet.

Zum Trinken fliegen die Waldrappe täglich zum Süßwasser, meist zu nahegelegenen Flüssen. Beutetiere mit hohem Wasseranteil, wie etwa Schnekken, decken einen großen Teil des Flüssigkeitsbedarfs. Beim Trinken zieht der Waldrapp mit zur Seite geneigtem Kopf seinen Schnabel bis zur Wurzel durch das Wasser und führt „knabbernde" Schöpfbewegungen aus. Mit hochaufgerichtetem Kopf läßt er es anschließend in den Schlund rinnen und schluckt. Meist baden die Tiere dabei ausgiebig.

Waldrappe begeben sich in Gruppen, selten auch einzeln auf Nahrungssuche. Letzteres ist während der Brutzeit zu beobachten, wenn sich die Vögel in unmittelbarer Nähe der Nistplätze aufhalten. Die Nahrungstrupps bestehen heute aus zwei bis etwa 50 Individuen. Früher wurden häufig größere Gruppen gesichtet (vgl. SMITH 1955). Sie setzen sich entweder nur aus adulten Individuen oder aus Tieren verschiedener Altersstufen zusammen.

In lockerem Verband, meist in Keilformation, durchstreifen die Waldrappe geruhsam die Nahrungsgründe. Immer wieder strömen die Vögel auseinander, um dann wieder in ihre Formation „zurückzufließen". Sie bewegen sich in Kurven und Schleifen fort, bleiben oft stochernd kurz stehen. Sie suchen den Grund mit leicht gesenktem Kopf ab, nähern den Schnabel immer wieder dem Boden und berühren ihn leicht. Schneller und lebhafter werden die Schritte, wenn eine Eidechse oder Heuschrecke aufgespürt und verfolgt wird.

Die Nahrungssuche wird durch sicherndes Aufblicken unterbrochen. Wenn die Vögel ungestört sind, geschieht dies relativ selten. Im Schutz der Aufmerksamkeit anderer Gruppenmitglieder verschwinden einzelne Individuen ab und zu zwischen dichten Büschen. Beim Erfassen einer drohenden Gefahr bleiben die Vögel starr aufgerichtet stehen, fixieren sie mit einem Auge und stoßen Erregungslaute aus. Sie reagieren auch auf Warnrufe anderer Arten, z.B. des Turmfalken. Schließlich ergreifen sie die Flucht – seltener laufend, meist indem sie auffliegen.

Für verschiedene Verhaltensweisen wird die Nahrungssuche durch Pausen unterbrochen. Gefiederpflegehandlungen und Reinigen des von Erde bedeckten Schnabels durch Kopfschütteln und Kratzbewegungen sind zu beobachten; ebenso wärmebedingtes Verhalten, wie Aufrichten des Schulter- und Rückengefieders, Hecheln und Schopfsträuben. Soziale Interaktionen wie Grüßen, Balzbewegungen und Drohimponieren treten ebenfalls auf.

Die Nahrungstrupps zeigen sich gegenüber gewohnten Störfaktoren wenig scheu. Wenn ich im Auto saß, näherten sich die Vögel bis auf etwa 7 m. Im Tamri-Gebiet halten sie sich während der Nahrungssuche teilweise nur wenige Meter vom Straßenrand entfernt auf. Die Fluchtdistanz gegenüber

Menschen, an die sie gewöhnt waren, betrug 15-20 m. Waldrappe suchten sowohl in der Türkei als auch in Marokko in Menschennähe ihre Nahrung. Bauern, Fischer usw., welche die Nahrungsgründe, die oft in der Nähe ihrer Häuser liegen, durchstreifen, rufen wenig Unruhe hervor. In Marokko suchen Waldrappe, wie einst in Äthiopien (SMITH 1970), ihre Beute zwischen grasenden Hausrindern, in den Hausgärten manchmal gemeinsam mit Haushühnern (RIBI 1986 mündl. Mitt., MALIN 1990). Von nahe vorbeiziehenden Schaf- und Ziegenherden lassen sie sich wenig beirren.

Abb. 5.4: Waldrappe beim Baden und Trinken bei Tamri.

6 Das Waldrapp-Jahr

6.1 Die türkischen Waldrappe kehren zurück

In früheren Jahren kehrten die ersten türkischen Waldrappe Mitte Februar aus dem Winterquartieren zurück (vgl. DANFORD 1880, KUMERLOEVE 1958, 1965, HIRSCH & SCHENKER 1977, HIRSCH 1979 a). Zuerst flogen einzelne Individuen oder Paare, von den Einheimischen als "Vorposten" bezeichnet, in das Koloniegebiet ein (SAHIN 1982 c). Wenige Tage später folgte die erste große Gruppe. Nach SAHIN wurden die Brutplätze in den ersten Tagen nur auf dem Weg zu und von den Nahrungsgründen überflogen. Nachdem die Waldrappe ihren Brutfelsen zwei bis drei Tage kreisend inspiziert hatten, begannen einige allmählich für kurze Zeit dort zu landen und später zu übernachten. Anfang März war die Brutpopulation meist vollständig. SMITH berichtete 1970, daß die Vögel die afrikanischen Überwinterungsgebiete normalerweise in der ersten Februarwoche verließen. Nach Ende des Monats wurden dort niemals mehr Waldrappe entdeckt. Der Zeitpunkt der Rückkehr verschob sich im Lauf der Jahre: 1983 und 1984 kamen die Vögel erst Mitte März in Bireçik an (PETER 1990). Über die Hälfte von ihnen war beim Eintreffen im Brutgebiet fest verpaart, und bereits während der ersten Übernachtungen am Brutfelsen fanden Kopulationen statt (SAHIN 1982 c).

6.2 Jahresbeginn in Marokko

Die marokkanischen Küstenkolonien werden im Winter von den Brutpaaren als Schlafplätze genutzt. Zu dieser Zeit halten sich nur wenige immature

Waldrappe dort auf. 1990 besuchte ich diese Kolonien im Januar. Nach dem Verhalten im Paarkontakt wie Grüßen, soziale Gefiederpflege und Nistplatzaufforderungen zu urteilen, schien es sich in einigen Fällen bereits zu diesem Zeitpunkt um gut aufeinander eingespielte, erfahrene Paare zu handeln. In einigen Nestern war neues Nistmaterial aufgehäuft. Kopulationen fanden statt. Deutlich unsicherer verhielten sich sichtlich frisch verpaarte Individuen.

Die Vögel der Atlaskolonien überwinterten aus klimatischen Gründen nicht im unmittelbaren Brutbereich. So kehrten die Individuen von Aoulouz spätestens im April an die Brutplätze zurück. RENCUREL berichtete 1974, daß sich die Waldrappe der marokkanischen Inlandkolonien ab Februar/März in derselben Weise wie jene von Bireçik den Brutfelsen annäherten.

6.3 Die Partner lernen einander kennen

Der Beginn der Fortpflanzungsperiode ist durch einen starken Anstieg sozialer Verhaltensweisen gekennzeichnet. Als erstes nehmen die Begrüßungen zu.

Die Grußbewegung der Waldrappe ist eine ritualisierte Verhaltensweise. Dabei bewegen sie den Kopf ruckartig nach oben-rückwärts und senken ihn nach kurzem Innehalten energisch nach vorne-unten. In dieser Stellung verharren sie kurz, bevor sie den Kopf in die Ausgangslage zurücknehmen. Die Bewegungsabfolge kann aber auch mit der abwärts gerichteten Kopfbewegung eingeleitet werden. Die Hauptkomponente liegt in der schleudernden Abwärtsbewegung, wodurch die dunkle Oberkopfzeichnung als optisches Erkennungsmerkmal präsentiert wird. Außerdem bedeutet der gesenkte Schnabel eine beschwichtigende Komponente. Schopf und Vorderrückengefieder sind während des Grüßens mehr oder minder aufgerichtet. Meist folgen mehrere Grußbewegungen aufeinander. In der Regel stößt der Vogel bei jeder Abwärtsbewegung mit halb geöffnetem Schnabel einen "Chrup"-Ruf aus (Kap. 8.1). Manchmal entsteht beim Zurücknehmen und Vorschleudern des Kopfes ein Doppellaut. Selten wird lautlos gegrüßt.

Grüßen ist eine der häufigsten sozialen Verhaltensweisen, die das ganze Jahr hindurch auftritt. Begrüßungen spielen eine besondere Rolle beim Paar-, Familien- und Gruppenkontakt. Letzterer wird oft durch ausladende, übertrieben wirkende Bewegungen und laute Rufe, die auf Fernwirkung ausgerichtet sind, ausgedrückt. Männchen grüßen einander häufiger als Weibchen (PEGORARO 1983). Partner zeigen dieses Verhalten bei allen Annäherungen, Ablösungen am Horst, sozialer Gefiederpflege und Präsentation von

Nistmaterial. In diesem Kontext kann wohl eine paarstimulierende und -bindende Funktion angenommen werden. Meist beginnt einer der Partner zu grüßen, worauf der andere einstimmt. Diese “Duette” führen wohl zu einer Gleichstimmung der Paare. Zugleich geht hievon eine außerordentlich ansteckende Wirkung auf die anderen Koloniemitglieder aus, was wiederum die Gruppensynchronisation fördert. Paarungswillige Männchen verfolgen oft grüßend, minutenlang weniger geneigte, fliehende Weibchen.

6.4 Besetzung der Brutplätze

Die Horste werden meist von den Männchen besetzt. Wie die Vertreter anderer Ibisarten (Stumpf 1978) führen auch Waldrappe Nistplatzaufforderungen aus. Meist sind es die Männchen, die sich am Brutplatz niederkauern und, sich um ihre Körperachse drehend, leicht zu scharren beginnen. Dabei zeigen sich die Vögel oft erregt: Sie plustern ihr Gefieder; Nickhautblinkern (Thaler et al. 1981), ein erregungsbedingter, langsamer Nickhautschlag, und Übersprungbewegungen (Immelmann 1982), oft aus dem Funktionskreis der Gefiederpflege, können beobachtet werden. In der Regel wird dieses Verhalten von Grüßen, Imponierbewegungen und ritualisiertem Nestbau begleitet. Die Nistplatzaufforderungen sind meist an bestimmte andersgeschlechtige Indiviuen gerichtet. Die so angesprochenen fliegen den Horst an oder reagieren zumindest mit interessiertem Blickkontakt.

Abb. 6.1: Nistplatzzeigen (Zeichnung F. Weick nach Skizze der Autorin).

Nähert sich ein Weibchen erstmals einem frischbestzten Horst, kann das Männchen aggressiv reagieren, indem es mit dem Schnabel nach dem Weibchen hackt. Dieses nimmt daraufhin eine Beschwichtigungshaltung ein. Zuerst duckt es sich mit geplustertem Gefieder und leicht angezogenem Hals. Dauern die Attacken an, richtet es sich starr auf, senkt den Kopf und steckt den Schnabel ins Gefieder der nach vorne gedrückten Brust. Beim Angreifer kann daraufhin eine allmähliche Verhaltensveränderung eintreten: Der Vogel beginnt zu grüßen, und die Schnabelschläge gehen in Kraulbewegungen über. Besonders erstbrütende Weibchen führen in erhöhtem Maße solche beschwichtigende Verhaltensweisen aus. Dies ist auch nötig, denn sie stellen sich bei den Annäherungen an die Männchen anfänglich oft sehr ungeschickt an. So trippelte ein junges Weibchen auf den angestrebten Partner zu, brachte ohne einleitende Begrüßung in heftiger, ungeschickter sozialer Gefiederpflege dessen Gefieder in Unordnung und lief anschließend davon, verfolgt vom "erbosten" Männchen. Aber auch ältere Weibchen zeigen vor allem bei den ersten Annäherungen beschwichtigende Verhaltensweisen, wie etwa „Wegschauen“. Altbekannte Partner begegnen einander an den Horsten bereits zu Beginn der Brutsaison meist sehr friedfertig.

Ist ein Nistplatz „in fester Hand“, so wird er gegen Konkurrenten heftig verteidigt. Der Vogel, meist das Männchen, nähert sich dem Eindringling drohimponierend. Nickhautblinkernd, mit gesträubtem Gefieder beugt er den

Abb. 6.2: Beschwichtigungshaltung (Zeichnung F. WEICK nach Skizze der Autorin).

Kopf langsam nach vorne unten, verharrt kurz in dieser Stellung und richtet sich anschließend wieder auf. Die Schnabelspitze weist am Ende des Bewegungsablaufs mehr oder weniger nach oben. Meist wird das Verhalten von einem „Chrup“-Ruf (vgl. Kap. 8.1) begleitet. Der Bewegungsablauf wird häufig mehrmals hintereinander ausgeführt und kann durch verschiedene Übersprung- und umorientierte Bewegungen, wie etwa ein aggressives Zerren an Ästen, unterbrochen werden. Ergreift der Gegner nicht die Flucht, kommt es zu Schnabelgefechten. Beschädigungskämpfe sind äußerst selten, zumal der weiche, gummiartige Schnabel keine besonders gefährliche Waffe darstellt. Häufig wird bei den Angriffen der Gegner mit dem Schnabel kaum oder gar nicht berührt. Diese ritualisierten Bewegungen werden von SCHENKER (1979) als „Lufthacken“ bezeichnet.

Bereits zu dieser Zeit, vermehrt jedoch während Brut und Jungenaufzucht, zeigen beide Paarpartner zur Verteidigung ihres Horstes defensives Drohen. Dieses gilt, weil Waldrappe ihre Nester nah beieinander anlegen, vor allem den nächsten Nachbarn. Wenn sich benachbarte Artgenossen dem Horst nähern, um ihn neugierig zu beäugen oder Nistmaterial zu stehlen, zeigen die Besitzer dieses weitgehend ritualisierte Verhalten mit Gefiedersträuben, besonders der Rückenflur und der Hinterhauptsfedern, Lufthacken und Schnabelklappern.

6.5 Nestbau

Die Brutsimse der Waldrappe sind mit Kot auffällig weiß bekalkt. Die Nester wirken unordentlich, locker aufgehäuft. Vor dem Neubau entfernen die Vögel teilweise altes Nistmaterial. Anschließend beginnen beide Partner mit dem Eintragen frischer Baustoffe. Für den Grobbau dienen größere Zweige, Wurzeln, Reisig (etwa von *Ononis natrix*) und kleine Stauden, die die Vögel meist mit dem Schnabel vom Boden auflesen. Seltener brechen sie selbst Pflanzenteile ab. So sammelten die Waldrappe nahe den Brutplätzen an der marokkanischen Atlantikküste verdorrte Zweige von *Salsola tetragona*, *Sedum album*, *Halocnemum strobilaceum* und *Frankenia thymifolia*. Auch vertrocknete Teile der endemischen *Euphorbia echinus* werden benützt. Als Feinmaterial werden gebündelte getrocknete krautige Pflanzen und kompakte, frische Grasbüschel mit Wurzeln und Erde eingebaut. Ausreichend beladen fliegt der Vogel, oft über Umwege mit mehreren Zwischenlandungen, den Horst an.

Die Paarpartner lösen einander häufig beim Nestbau ab. Der mit Nistmaterial kommende Vogel wird von seinem im Horst sitzenden Gatten schon von ferne erkannt (vgl. Hirsch 1979 b). Wenn er sich dem Brutfelsen nähert, wird der Partner im Nest unruhig, zeigt Erregungsäußerungen, beginnt zu grüßen oder führt Nistplatzaufforderungen aus. Der Ankömmling legt das eingetragene Material unter schleudernden Kopfbewegungen im Horst ab oder überhäuft damit seinen Partner. Besonders dicke Zweige oder andere optisch eindrucksvolle Nistmaterialien werden mit hocherhobenem Kopf, von Imponierbewegungen begleitet, präsentiert, was den Partner zum Nestbau motiviert. Zugleich wird wohl auch die Gruppe stimuliert und die Bautätigkeit koordiniert. Anschließend wird das Material schlampig aufgehäuft und dann zu einem kompakten Gebilde „eingezittert", d.h. unter vibrierenden Kopfbewegungen in das Nestgerüst eingefügt (Thaler et al. 1981, Sahin 1982 c). Die ritualisierte Bewegungsabfolge des Luftschüttelns dürfte der Aggressionsableitung dienen. Dabei führen meist beide Partner mit Nistmaterial im Schnabel gemeinsam hektisch wirkende Einzitterbewegungen im Leerlauf aus. Häufig wird mit diesem Verhalten eine Kopulation eingeleitet. Gröbere Materialien werden von dem im Nestzentrum sitzenden Vogel durch ausladendes Wegschieben und Heranziehen im Gefüge verankert. Zuletzt wird das Nest ausgemuldet. Dabei hockt der Vogel auf den Fersen, Kopf und Schnabel liegen meist dem Nestboden auf. In dieser Stellung schiebt er seinen Körper vor und zurück, führt rhythmische Auf- und Abbewegungen durch und scharrt mit den Beinen.

Abb. 6.3: Nestausmulden mit seitlich gedrehtem Kopf (Zeichnung F. Weick nach Skizze der Autorin).

6.6 Paarbindung

Besonders die soziale Gefiederpflege kann als Verhalten im Dienste der Paarbildung und -bindung gewertet werden (THALER et al. 1981). Waldrappe bearbeiten hingebungsvoll das gesamte Gefieder ihres Kraulpartners, also nicht nur Körperstellen, die für diesen unerreichbar sind. Sogar Beine und Zehen werden zart beknabbert. Um zur sozialen Gefiederpflege aufzufordern, stellt sich der Waldrapp, der gekrault werden möchte, in leicht kauernder Position neben den ausgewählten Partner. Schwanz und Flügel hängen etwas herab. Der Kopf wird unter den Bauch gesenkt, der Schopf heftig gesträubt.

Im Laufe der Anpaarungsphase wird die soziale Gefiederpflege zunehmend intensiver. Weitere paarsynchronisierende Verhaltensweisen treten auf. Dazu gehören die bereits erwähnten Nestbaubewegungen, wie gemeinsames Luftschütteln und Einzittern, und ein ritualisiertes Hälseverschränken unter rhythmischen Kopfbewegungen. Kopulationsaufforderungen sind bereits einige Tage vor den ersten Kopulationen zu beobachten. Die Partner umfassen jeweils den Schnabel des anderen und vollführen seitliche Zitterbewegungen, die sich in Amplitude und Frequenz steigern. Dabei erzeugen die aneinanderreibenden Schnäbel klappernde Geräusche. All dies geschieht meist im Nest, vorzugsweise dann, wenn einer der Partner mit Nistmaterial ankommt.

Abb. 6.4: Aufforderung zur sozialen Gefiederpflege (Zeichnung F. WEICK nach Skizze der Autorin).

Abb. 6.5: Kopulationsaufforderung (Zeichnung F. WEICK nach Skizze der Autorin).

6.7 Paarung

Die ersten Paarungen sind bereits einige Wochen vor der Eiablage zu beobachten. Kurze Zeit vor dem ersten Ei nimmt ihre Anzahl stark zu, um im allgemeinen erst nach der letzten Eiablage wieder rasch abzuklingen. Ihren Minimalwert erreicht die Kopulationshäufigkeit um die Schlüpfzeit. Nachdem die Jungen ausgeflogen sind, nimmt sie wieder etwas zu und erlischt endlich während der Vollmauser (vgl. OLIVER et al. 1979, SAHIN 1983 a). Der frühe Beginn der Begattungen dürfte der Feinabstimmung zwischen den Partnern und gleichzeitig der Gruppensynchronisation dienen.

Fast alle Kopulae werde am Brutfelsen und dort vor allem im Horst ausgeführt. Sie finden meist zwischen den Brutpartnern statt, kommen jedoch auch zwischen nichtverpaarten Individuen vor. Als Zeichen der Bereitschaft duckt sich das Weibchen ein wenig. Das Männchen besteigt dessen Rükken und versucht, die Flügel lüftend, mit seinen Füßen dort Halt zu finden. Sodann umfaßt er die Schnabelbasis des Weibchens und zieht ihren Kopf in

Abb. 6.6: Kopulation (Zeichnung F. WEICK nach Skizze der Autorin).

die Höhe. Beide vollführen zitternde, seitliche Schnabelbewegungen. Neben den Schnabelgeräuschen sind von beiden Serien von "Chrup"-Rufen zu hören. Beide, vor allem jedoch das Männchen, führen seitliche bis kreisende Schwanzbewegungen aus. Sobald das Weibchen seinen Schwanz seitlich anhebt, senkt das Männchen den seinen nach unten, um seine Kloake auf die der Partnerin zu pressen. Beim Kloakenkontakt richtet sich das Weibchen etwas auf, das Männchen öffnet meist seine Flügel. Nach der Begattung gibt das Männchen den Schnabel des Weibchens frei und rutscht nach rückwärts ab, wobei es manchmal mit den Flügeln schlägt. Die einzelnen Begattungen dauern 20-70, im Mittel 36 Sekunden (n = 55).

Es gibt bei den Waldrappen kein ritualisiertes Paarungsvorspiel. Doch können soziale Gefiederpflege, gemeinsame Nestbauhandlungen oder seltener Kopulationsaufforderungen auftreten. Dagegen scheint das der Kopula folgende Nachimponieren ein ritualisiertes Paarungsnachspiel darzustellen (vgl. THALER et al. 1981). Beide Vögel richten sich synchron mit hocherhobenem Schnabel kerzengerade auf. Die Bewegung wird oft von auffälligem Nickhautblinkern, Schnabelklappern und Schopfsträuben begleitet. Manchmal bewegen sie sich mit Seitwärts-Trippelschritten im Kreis oder schütteln ihr Gefieder. Junge Vögel, besonders erstbrütende Weibchen ersetzen das Nachimponieren durch die Beschwichtigungshaltung.

Abb. 6.7: Nachimponieren (Zeichnung F. WEICK nach Skizze der Autorin).

Bei Scheinkopulationen (THALER et al. 1981) besteigt das Weibchen sein Männchen, und beide vollführen alle Bewegungen der Kopula, meist jedoch ohne Kloakenkontakt. Wahrscheinlich dient auch dieses Verhalten der Feinabstimmung der Paare, ist vielleicht auch Ausdruck zunehmender Weibchen-Dominanz vor der Eiablage (Kap. 6.9).

6.8 Treu oder nicht?

Da individuell gekennzeichnete Tiere fehlen, ist über die Eheform der Waldrappe aus dem Freiland nichts bekannt. Nach SAHIN (1982 b) sprechen Indizien dafür, daß die Bireçiker Waldrappe in einer lockeren, saisonalen Monogamie lebten. WACKERNAGEL (1964) bescheinigt den in Volieren gehaltenen marokkanischen Waldrappen im Zoologischen Garten Basel Monogamie und ein über Jahre anhaltendes Zusammenleben. SCHENKER (1979) hingegen berichtet – ebenfalls aus dem Basler Zoo – von einem fast jährlichen Partnerwechsel bei einer Mehrzahl der Vögel (vgl. OLIVER et al. 1979). Im Alpenzoo Innsbruck hielten von 39 Paarbindungen 61,5 % nur ein Jahr, 19,2 % zwei, 15,4 drei und 3,9 % vier Jahre. Länger andauerende Bindungen traten im Zeitraum von 1982 bis 1994 nicht auf. Tod und äußere Trennung von einem Partner (z.B. durch Abgabe an einen anderen Zoo) bleiben dabei unberücksichtigt.

Eine genetische Untersuchung an 39 Waldrappen im Zoo Zürich spricht für ein – zumindest saisonal – monogames Paarbindungssystem. Bei keinem der Weibchen kam es zu einer Fremdbefruchtung durch andere Gruppenmitglieder. Auch “egg dumping” (d.h. ein Weibchen legt sein Ei in ein fremdes Nest) konnte nicht nachgewiesen werden (SIGNER et al. 1994). Bei einer weiteren genetischen Studie in den zoologischen Gärten Chester und Jersey zeigte sich, daß nur in einem von 43 Fällen der bei der Jungenaufzucht beobachtete nicht der genetische Vater war. Der Prozentsatz, in dem beide Eltern nicht korrekt zugeordnet waren (vier Paare), war mit 9% sehr hoch und läßt eher auf Beobachtungsfehler oder Ringverluste als auf “egg dumping” schließen. Diese Ergebnisse müssen also noch überprüft werden (TOMLINSON 1994). Im Alpenzoo Innsbruck kopulieren besonders während der Phase der Eiablage manchmal auch gut verpaarte Männchen mit unverpaarten Weibchen (THALER & PEGORARO 1992). Dies geschieht also zu einem Zeitpunkt, wenn die Kopulationen mit der Partnerin, deren Eier bereits befruchtet sind, für diese nicht mehr nötig und für das Männchen wahrscheinlich uninteressanter sind (BIRKHEAD & MØLLER 1993). Am stärksten zeigte dieses Verhalten 1991 ein erstverpaartes Männchen, was auch durch den zu diesem Zeitpunkt herrschenden Weibchenüberschuß zu erklären ist. Normalerweise widerstehen verpaarte Weibchen Kopulationsversuchen fremder Männchen. Selten suchen aber auch sie solche "extra-pair copulations". Zwei Weibchen der Alpenzookolonie paarten sich häufig mit anderen Gruppenmitgliedern. Die beiden brüteten jedoch mit ihren festen Partnern fast immer erfolglos oder verließen ihr Gelege (zum allgemeinen Konfliktpotential von "extra-pair copulations" in der Reproduktion von Vögeln siehe LIFJELD et al. 1994).

6.9 Eiablage und Gelegegröße

Die Eier des Waldrapps sind etwas größer als Hühnereier, spitzoval, grünlich-blau und spärlich mit grünlichbraunen bis bronzefarbenen Sprenkeln, zarten Spritzern, Flecken und Wischern besetzt. Häufig fällt eine starke Ähnlichkeit unter den Eiern eines Geleges auf.

Die von verschiedenen Autoren ermittelten durchschnittlichen Frischeimassen schwanken zwischen 58,3 und 68,0 g; die mittleren Schalenmassen liegen zwischen 5,98 und 6,75 g (WACKERNAGEL 1963, BAUER & GLUTZ 1966, OLIVER et al. 1979, WITTMANN & RUPPERT 1984).

Die Gelege sowohl der östlichen als auch der westlichen Waldrappe enthalten meist drei bis vier Eier. Kleinere Gelege kommen vor; selten werden fünf bis sechs Eier gelegt (vgl. AHARONI 1928, 1929, OLIVER et al. 1979, SCHENKER 1979, MICHELMORE & OLIVER 1982, SAHIN 1983 b). Nachgelege fallen im allgemeinen kleiner aus. Waldrappe brüten nur einmal im Jahr.

Tab. 5: Eigrößen

n	Mittelwerte (mm)	Minima (mm)	Maxima (mm)	Autoren
7	66,6/45,4	63,1/43,0	69,5/47,0	HEIM DE BALSAC (1931)
13	63,3/42,3	59,4/40,2	71,0/43,8	WACKERNAGEL (1964)
46	63,4/44,2	60,6/42,0	69,0/46,2	BAUER & GLUTZ (1966)
2	62,5/42,6	60,0/40,2	65,0/45,0	RUTHKE (1966)
15	-	59,0/41,0	64,0/45,0	HÜÉ & ECHECOPAR (1970)
29	63,3/42,6	59,0/39,6	67,0/44,1	OLIVER et al. (1979)
9	64,7/44,2	60,2/43,0	68,1/46,4	SAHIN (1983 b)*
13	64,0/43,7	56,3/39,8	70,4/43,5	WITTMANN & RUPPERT (1984)
5	64,8/44,6	61,8/43,2	67,5/45,2	PEGORARO (unpubl.)

* Individuen der Ostpopulation

Die türkischen Vögel legten ihre Eier im letzten Märzdrittel. In den marokkanischen Küstenkolonien erfolgt die Eiablage ab Mitte Februar. Die Brutplätze im Gebirge waren zu dieser Zeit noch nicht einmal besetzt. Bei Aoulouz im Antiatlas lag der Brutbeginn, wie jener der Volierenvögel im Alpenzoo Innsbruck, Ende März/Anfang April. Als letztes schritten die Kolonien in den höchsten Lagen des Mittleren Atlas zur Brut. So berichtete Ruthke (1966) vom Legebeginn einer Kolonie in 2300 m Höhe um den 6. Mai. Der späte Brutbeginn ist nicht verwunderlich, weil in diesen Höhen v. a. die Nächte im Frühling noch sehr kalt sind und bis in den April mit heftigen Schneefällen zu rechnen ist (Géroudet 1965). Vereinzelte späte Eiablagen treten bzw. traten auch in den anderen Gebieten auf, weil verlorene Bruten bisweilen durch Nachgelege ersetzt werden.

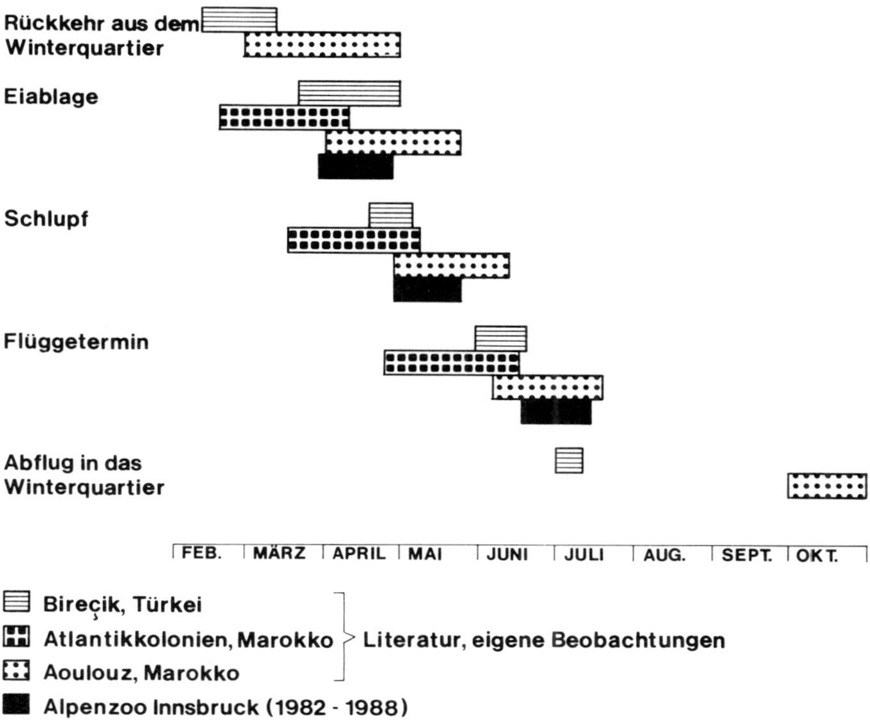

Abb. 6.8: Vergleich der Jahresperiodik der Wildpopulationen und der Kolonie im Alpenzoo Innsbruck.

Die Eier werden unter Hochheben der vorderen Körperhälfte mit gesenktem Kopf und gleichzeitigem Absenken der Kloakenregion abgelegt. Dabei treten zuckende Bewegungen der Kloake auf. Anschließend erhebt sich das Weibchen, berührt mit dem Schnabel das Ei und zeigt Nestbaubewegungen. Oft treten auch Erregungsäußerungen auf. Danach hockt sich der Vogel mit aufgeplustertem Gefieder unter Hin- und Herrücken des Körpers auf das Ei. Zur Zeit der Eiablage sind die Weibchen horstdominant. Dies zeigt sich an den häufiger auftretenden Scheinkopulationen (Kap. 6.7). Außerdem übernehmen sie vermehrt die Verteidigung der Nester, die sie nur noch selten verlassen, gegenüber fremden Koloniemitgliedern.

6.10 Brut

Die Brutzeit beträgt etwa 28 Tage. Die Bebrütung beginnt sogleich mit der Ablage des ersten Eies (vgl. Wackernagel 1963, Oliver et al. 1979, Sahin 1983 b). Auf den Fersen sitzend, plustert der Vogel leicht sein Gefieder und bedeckt die Eier. Er erhebt sich öfters kurz vom Gelege, um die Eier mit Hilfe des Schnabels zu wenden. Die Bebrütung wird auch immer wieder durch Nestbau- und Nestreinigungshandlungen unterbrochen. Der Horst wird durch Nestbodenrütteln (Deckert 1964) gereinigt, wobei Verunreinigungen unter rüttelnden Kopfbewegungen mit leicht geöffnetem Schnabel in tiefere Nestschichten eingebracht werden. Seltener nimmt der Vogel Schmutzpartikel in den Schnabel und schleudert diese über den Horstrand. Der Jungenkot wird während der ersten Tage verschluckt.

Beide Eltern bedecken abwechselnd die Eier. Sie lösen sich in mehr oder weniger regelmäßigen Zeitabständen ab. Der ablösende Partner landet grüßend am Horst, häufig mit optisch auffälligem Nistmaterial im Schnabel, wie etwa großen Federn. Dieses präsentiert er erst dem brütenden Partner und überhäuft ihn dann damit; anschließend wird es gemeinsam eingezittert. Die Funktion dieses Verhaltens liegt wahrscheinlich in der Beschwichtigung des zumindest zu Beginn der Brutzeit leicht aggressiv gestimmten, auf den Eiern sitzenden Tieres. Nach intensiven sozialen Kontakten verweilt der abgelöste Vogel noch einige Zeit am Horstrand, pflegt sein Gefieder, gähnt, schüttelt und streckt sich. Der Ablösende setzt sich nach Ausmuldbewegungen, Nestreinigungshandlungen und Eierwenden nieder und schiebt sich mit bedächtigen Bewegungen in die geeignete Stellung. Die Gatten füttern sich nicht gegenseitig; in den Brutpausen versorgt sich jeder Vogel selbst. Bleibt der Partner in der Nähe des Brutplatzes, kann er bei Störungen vom brütenden Vogel an das Nest gerufen werden. Dabei beugt sich letzterer aus dem Horst und grüßt mit ausgeprägten Bewegungen und lauten Rufen, worauf der Partner sofort den Nistplatz anfliegt. Unsichere, erstbrütende Weibchen zeigen dieses Verhalten besonders häufig, etwa wenn neugierige Horstnachbarn zu nahe kommen.

Wahrscheinlich als Reaktion auf die piepsenden Laute der Küken im Ei werden die Waldrappe gegen Ende der Brutzeit unruhig und erheben sich öfter (vgl. OLIVER et al. 1979).

6.11 Jungenaufzucht

Die Nestgeschwister schlüpfen meist im Abstand von ein bis drei Tagen (vgl. SAHIN 1983 b). Der eigentliche Schlüpfvorgang, vom Durchbrechen bis zum vollständigen Befreien von Schalenresten dauert anderthalb bis zwei Tage (vgl. WACKERNAGEL 1964, OLIVER et al. 1979, WITTMANN & RUPPERT 1984).

Zum Zeitpunkt des Schlupfes sind die Eltern ruhelos und stark erregt. Sie brauchen einige Zeit, um sich vom Anblick des Eies auf den des Jungen umzustellen (TSCHANZ 1968). Der brütende Altvogel widersetzt sich der Ablösung durch den Partner (vgl. SAHIN 1983 b), oft halten sich beide am Nest auf. Bei wenig vertrauten Paaren kommt es zu heftigen Auseinandersetzungen. Die Eltern beknabbern zart die frischgeschlüpften Jungvögel. Dabei ergeben sich die ersten sozialen Kontakte, gleichzeitig werden auf diese Weise Schalen- und Eihautreste entfernt, die die Altvögel aus dem Nest schleudern. Echte Schlupfhilfe (GWINNER 1965, 1980) kommt, wie auch bei nah verwandten Arten (STUMPF 1978), nicht vor.

Während der ersten Woche füttern die Männchen mehr als die Weibchen, später gleichen sich die Unterschiede aus (OLIVER et al. 1979, THALER et al. 1981). Die Nahrung besteht aus vorverdautem, anfangs dünnflüssigem Brei, der mit zunehmendem Alter der Jungen festere Konsistenz annimmt und auch gröbere Bestandteile enthält. Nach CRAMP & SIMMONS (1977) erfolgt die erste Fütterung 10-15 Minuten nach dem Schlupf. Der Altvogel steht breitbeinig, etwa parallel ausgerichtet über dem Jungen und senkt seinen Kopf unter die Brust. Er nimmt den Schnabel des Jungvogels in den seinen und würgt unter zuckenden Bewegungen den vorverdauten Nahrungsbrei in dessen Schlund. Ab der zweiten Lebenswoche stecken die Nestlinge ihre Schnäbel selbständig in jene der fütternden Eltern, um an den Nahrungsbrei zu gelangen. Später übernehmen sie die Nahrungsballen direkt aus der Basis des geöffneten Schnabels des Altvogels. Bei jeder Fütterung kommt es zu ein bis über zehn Nahrungsübergaben, die im Mittel jeweils 2,8 Sekunden dauern (n = 210). Einen speziellen Fütterlaut gibt es nicht; manchmal stoßen die Eltern Grußlaute aus. Im Freiland sind Nahrungsübergaben vermehrt am Morgen und am späten Nachmittag zu beobachten. Am frühen Morgen vor dem Abflug in die Nahrungsgründe erhalten nur sehr junge Küken Futter; ältere werden nach der ersten Rückkehr versorgt. Nach Nahrung gierende Junge, die ihre Eltern heftig bedrängen, rufen bei diesen Konfliktverhalten wie Wegschauen und Scheinschlafen, seltener auch leicht aggressive Reaktionen oder Flucht hervor.

Die Jungen werden etwa zwei Wochen lang von den Eltern abwechselnd gehudert. Der am Horst verbleibende Altvogel beschäftigt sich intensiv mit

Abb. 6.9: Fütterung. Oben: Fütterung eines wenige Tage alten Jungvogels. Unten: Haltung eines älteren Nestlings bei der Fütterung.

den Jungen und betreibt ausgiebig soziale Gefiederpflege. Viel Zeit wird auch auf die Reinigung des Nestes verwendet.

In der darauffolgenden Nestlingsphase hält sich unter normalen Umständen weiterhin fast immer einer der Altvögel bei den Jungen auf, beschäftigt sich mit ihnen, füttert sie immer wieder und spendet ihnen Schatten. Ablösungen werden wie zuvor durchgeführt. Haben die Eltern jedoch Schwierigkeiten, genügend Nahrung heranzuschaffen, wie es etwa nach der Zerstörung von traditionellen Nahrungsgründen nahe den Nistplätzen der Fall ist, müssen die Vögel ihre Jungen unbeaufsichtigt zurücklassen. So waren die Nestlinge der türkischen Kolonie gegen Ende ihres Bestehens oft stundenlang allein. „Einzelkinder" verbrachten die meiste Zeit in fremden Nestern, eng an die neuen Nestgeschwister gekuschelt. Versorgt wurden sie weiter-

Abb. 6.10: Anflug eines Waldrapps auf ein Felsband zur Fütterung eines Jungvogels (Zeichnung F. Weick nach versch. Fotos von U. Hirsch).

hin von den eigenen Eltern. Bei deren Ankunft liefen sie ihnen entgegen oder zogen sich in die ursprünglichen Horste zurück. Wenigstens hielt sich häufig ein Elternvogel auf dem künstlichen Nistbrett auf. Dieser Trend zeichnet sich auch in der größten marokkanischen Kolonie ab (vgl. Kap. 10.2). 1994 konnte ich beobachten, daß ein Großteil der Jungen zeitweise ohne elterlichen Schutz ausharrte. Auch Angestellte des Nationalparks zeigten sich über diese Entwicklung beunruhigt. Die alleingelassenen Jungen sind verstärktem Feinddruck ausgesetzt. Sogar kleinere Nesträuber, wie Möwen, haben leichtes Spiel. Gegen größere Raubfeinde verteidigen Waldrappe ihre Brut zwar nicht, aber schon die Anwesenheit der Vögel schreckt manchen Räuber ab. 1984 nächtigten in der Türkei die Eltern nach einem Überfall durch einen Adlerbussard (*Buteo rufinus*) gegen Ende der Nestlingszeit nicht einmal mehr auf dem Nistbrett, sondern etwa 25 m entfernt auf dem Dach der Waldrappvoliere. Hirsch (1979 b) beobachtete bereits früher, daß die Adulten – anders als in Marokko – außer Reichweite ihrer Jungen übernachteten. Sind nichtbrütende, insbesondere immature Waldrappe anwesend, ziehen die Jungvögel auch deren Interesse auf sich. Diese Besucher (Pegoraro 1992) sind sehr erregt und zeigen ambivalentes Verhalten – von zarter sozialer Gefiederpflege bis zu heftigen Angriffen. Fütterungen konnte ich nie

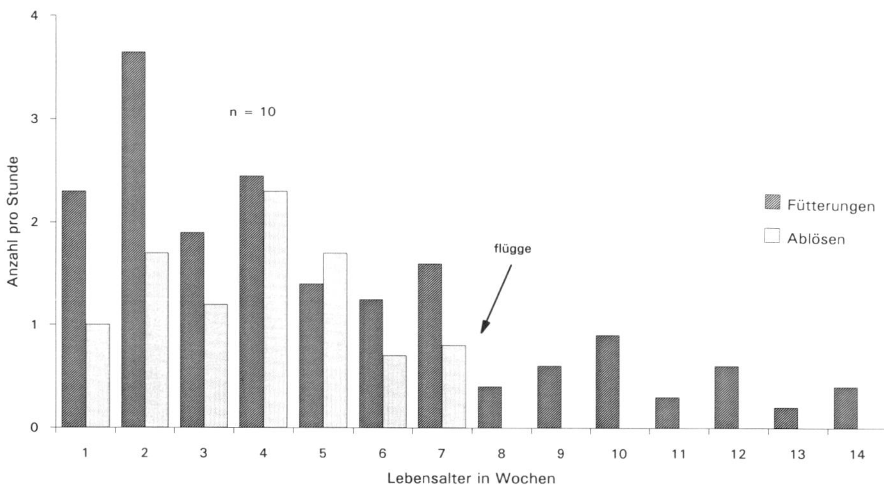

Abb. 6.11: Fütter- und Ablösefrequenz von zehn Paaren im Alpenzoo Innsbruck; Ordinate: Anzahl der Fütterungen (linke Säule) pro Jungvogel und Stunde (eine Fütterung besteht aus ein bis mehreren Futterabgaben), Anzahl der Ablösen (rechte Säule) pro Stunde.

beobachten. Die Nestlinge reagieren auf das Erscheinen der Besucher meist mit "Einfrieren" (Thaler 1979). Mit gesträubtem Gefieder liegen mehrere Junge bewegungslos eng aneinandergekuschelt. Werden sie freundlich behandelt, beginnen sie sich zu regen, aufzurichten und die Besucher mit Bettellauten zu begrüßen. Diese Bewegungen können die Situation schlagartig verändern, indem sie bei den Besuchern aggressives Verhalten auslöst. Die angegriffenen Jungen ducken sich in Beschwichtigungshaltung oder ergreifen, wenn möglich, panikartig die Flucht, was dazu führen kann, daß sie vom Brutsims abstürzen. Die Eltern vertreiben die Eindringlinge, sobald sie

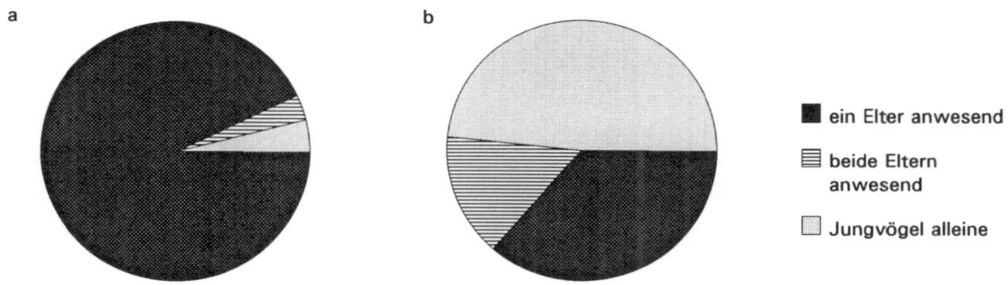

Abb. 6.12: Anwesenheit der Eltern am Nest (Nestlingszeit, die Jungvögel werden nicht meht gewärmt, Sonnenaufgang bis Sonnenuntergang): a) marokkanische Atlantikkolonien, n = 243 Einzelbeobachtungen; b) Kolonie von Bireçik, Türkei, n = 165 Einzelbeobachtungen.

diese erspähen. Das Phänomen der Besucher am Nest ist auch für andere Ibisarten nachgewiesen (Spil et al. 1985) und stellt im Normalfall keine Beeinträchtigung der Bruten dar. Es führt wahrscheinlich schon in frühen Stadien zu einem sozialen Lernprozeß. In der Türkei jedoch konnten sich die fremden, aus den Volieren ausgewilderten Vögel, welche die Waldrappstation kaum verließen, oft lange Zeit ungestört mit den Jungen beschäftigen.

Ab der dritten Lebenswoche laufen die Waldrappküken auf dem Nistsims ihren ankommenden Eltern entgegen (vgl. Sahin 1982 a), wobei sie diese bereits beim Anflug an den Brutfelsen erkennen. Die Altvögel landen meist lautlos auf dem Nistsims oder Horst, manchmal begrüßen sie die Jungen unter lauten „Chrup"-Rufen und ausladenden Kopfbewegungen. Das Erkennen der Eltern muß also vorzugsweise optisch erfolgen. Eine akustische Begleitung durch Begrüßungsrufe wirkt auf die Jungvögel durchaus stimulierend (vgl. Ingold 1973), sie reagieren dann aufgeregter und heftiger bettelnd auf das Erscheinen der Eltern. Auch die Eltern erkennen ihren Nachwuchs individuell (vgl. Oliver et al. 1979); bei ihnen scheint aber die akustische Komponente wichtig zu sein. So trillern (Kap. 7.6) die Jungen beim Kontakt mit den Eltern – auch noch nach dem Verlassen des Nestes – fast unentwegt. Die Eltern sind jedoch in der Lage, ihre Küken auch optisch zu erkennen. So wird manchmal beim Auseinanderjagen einer Schar von Jungvögeln das eigene verschont, auch wenn es – wie die anderen – bewegungslos in Demutshaltung verharrt. Oft dulden Altvögel Junge aus benachbarten Horsten nicht im eigenen Nestbereich (vgl. CRAMP & SIMMONS 1977).

Zwischen dem 42. und 51. Lebenstag werden die Waldrappe im allgemeinen flügge (BAUER & GLUTZ 1966, HIRSCH 1979 a, SCHENKER 1979, THALER et al. 1981, SAHIN 1982 a, WITTMANN & RUPPERT 1984). Nach dem Verlassen der Nester sind sie Angriffen und neugierigen Annäherungen fremder Altvögel, sowie aggressiven und spielerischen Handlungen älterer Immaturer ausgesetzt. Werden Jungvögel heftig attackiert, können ihre Eltern erregt eingreifen.

Bei den ersten Flügen, die sich im unmittelbaren Koloniebereich abspielen, werden die jungen Waldrappe von den Eltern meist begleitet bzw. geführt und überwacht (vgl. RENCUREL 1974). Eine beschützende Komponente läßt sich darin erkennen, daß der Altvogel in imponierenden Stelzschritten vor dem Jungen einherschreitet. Die Altvögel sind sehr erregt. Vor und nach den Flügen kommt es zu intensiver sozialer Gefiederpflege und Fütterungen. In den ersten Tagen nach dem Ausfliegen ist der Kontakt zwischen Eltern und Jungvögeln besonders eng. Die Jungen werden von den Eltern in die neue Umgebung eingeführt. Nahrungsquellen werden gemeinsam erschlossen. Einige Tage nach den ersten Flugversuchen brechen die Jungen mit ihren Eltern morgens in weiter entfernte Nahrungsgründe auf und kehren meist erst nachmittags zum Nest zurück.

Der Kontakt zu den Eltern bleibt weiterhin bestehen. Die bettelnden Jungvögel werden gefüttert, jedoch selterner und weniger intensiv. In der Voliere können Fütterungen mit rein sozialer Funktion bis zum Ende des ersten Lebensjahres beobachtet werden.

In der Türkei brachen die Jungvögel drei bis fünf Wochen nach dem Verlassen der Nester mit den Altvögeln in die Winterquartiere auf. Wenig später verließen im Mittleren Atlas die jungen Waldrappe mit ihren Eltern die Brutfelsen (RENCUREL 1974). Die Brutvögel von Aoulouz wanderten erst im Herbst ab.

7 Entwicklung der Jungvögel

7.1 Entwicklung der Körpermasse

Die Körpermasse beträgt beim Schlupf zwischen 33 und 52 g (vgl. Wackernagel 1964, Wittmann & Ruppert 1984). Der Waldrapp zeigt eine sigmoide Wachstumskurve, wie sie auch für Singvögel typisch ist (vgl. Bezzel 1977, Bezzel & Prinzinger 1990). Augenfällig ist eine deutliche Reduktion der Körper-

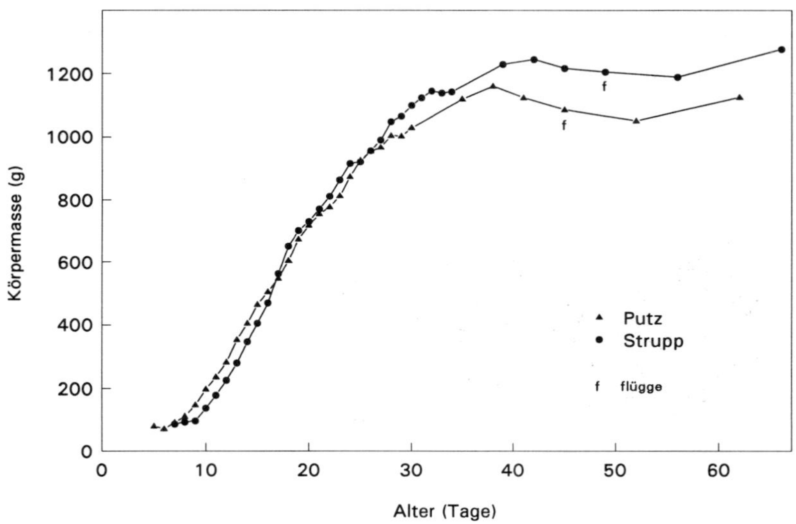

Abb. 7.1: Entwicklung der Körpermasse am Beispiel von zwei Waldrappnestlingen.

masse, die häufig bei Jungvögeln kurz vor dem Ausfliegen beschrieben worden ist (RICKLEFS 1968, BEZZEL 1977, STINSON 1977, BEZZEL & PRINZINGER 1990). Die Nestlingsmasse erreicht in der 6. Lebenswoche ihren Höchstwert. Sie betrug bei den beiden am genauesten beobachteten Vögeln Putz (P) und Strupp (S) 1160 bzw. 1228g (vgl. WACKERNAGEL 1964). Am Ende der 9. bzw. Anfang der 10. Woche erreichten sie mit 1125 bzw. 1275 g noch nicht den Adultwert, den HIRSCH & SCHENKER (1977) für Männchen mit 1370 g, für Weibchen mit 1330 g angeben.

7.2 Die körperlichen Merkmale verändern sich

Nachdem die jungen Waldrappe sich mit ihrem Eizahn mühsam den Weg in die Freiheit gebahnt haben, liegen sie erschöpft im Nest. Kurze Zeit später beginnen sich die inzwischen getrockneten, hübschen Federknäuel zu regen. Sie sind von einem grauen Neoptilflaum bedeckt, dessen Dunen Teile des Bauches und das Abdomen freilassen. Die nackten Stellen sind hellrosa und durchscheinend. Die rosa Füße dunkeln in der folgenden Zeit nach. Teile des Gesichts, Vorderstirn, Zügel, Augenumgebung (BAUER & GLUTZ 1966)

Abb. 7.2: Schlüpfender Waldrapp (Foto K. PEGORARO).

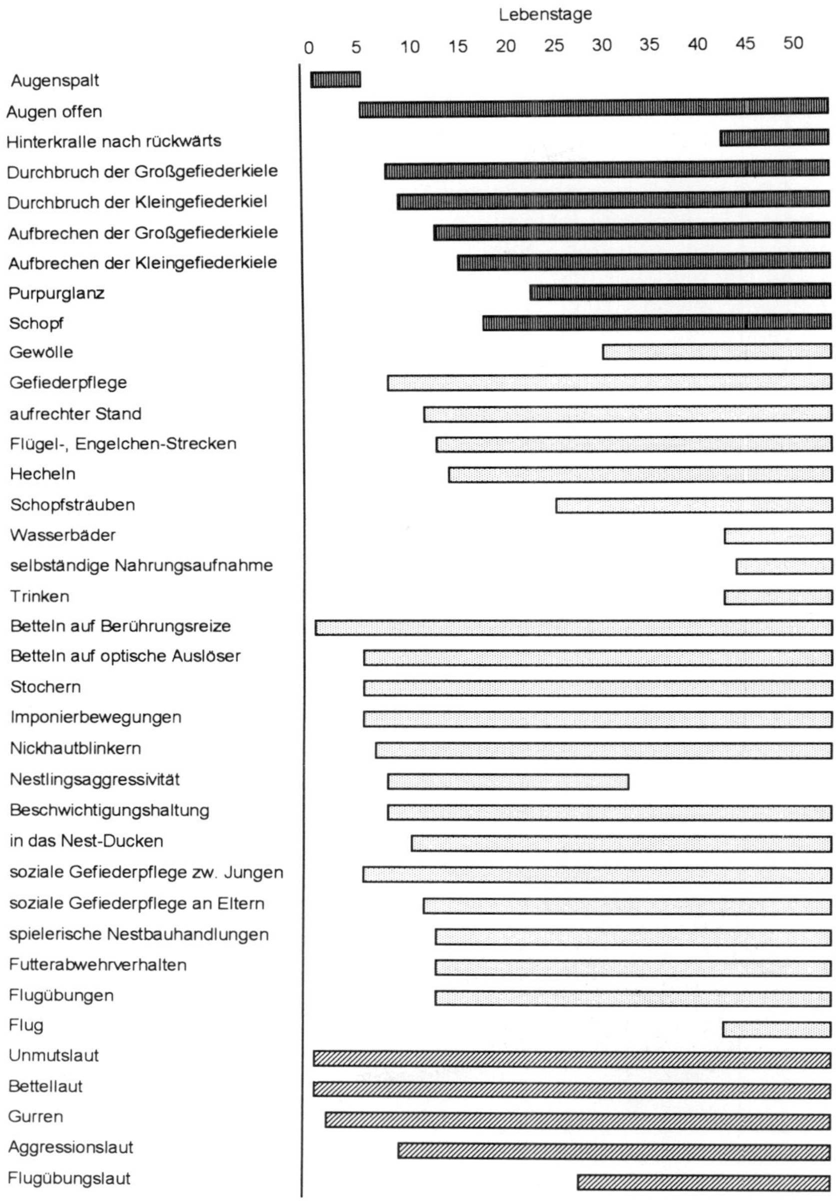

Abb. 7.3: Übersicht der Entwicklung von Körpermerkmalen und Verhaltensweisen zweier handaufgezogener Waldrappe. Ordinate: morphologische/ethologische Merkmale. Abszisse: Alter in Lebenstagen.

sind nackt, runzlig und blaugrau bis rosa gefärbt. Am Hinterkopf fällt ein schütter bedunter rundlicher Fleck auf. Der Schnabel ist kurz und kaum gebogen. Er ist an der Basis bläulichgrau, an der Spitze zartrosa. Der Schnabelspitze sitzt ein weißer Eizahn auf, der bis zum 12. Lebenstag abfällt. Der Unterschnabel ist in den ersten Lebenstagen geringfügig länger als der Oberschnabel (vgl. WITTMANN & RUPPERT 1984). Die Augen werden bereits am ersten Tag ab und zu einen kleinen Spalt, nach wenigen Tagen vollständig geöffnet. Die Nickhaut ist grau, milchig und durchscheinend. Nach einer Woche beginnt sich der Schnabel zu krümmen, starkes Wachstum setzt ein. Die Nasenlöcher und Schnabelrinnen der Nestlinge sind bis zur 6./7. Lebenswoche von Ausscheidungen der am Oberkopf sitzenden Salzdrüsen weiß verkrustet.

Gegen Ende der ersten Lebenswoche beginnt das Federwachstum; die Blutkiele der Handschwingen und ein wenig später jene der Armschwingen durchstoßen die Haut (vgl. MICHELMORE & OLIVER 1982, WITTMANN & RUPPERT 1984). Ab der zweiten Lebenswoche entwickelt sich das Kleingefieder vom Rücken her beginnend. Spätestens am Anfang der dritten Woche brechen die Blutkiele der Handschwingen auf.

Die Federspitzen schillern bereits in diesem Stadium grün. Ab der vierten Lebenswoche bildet sich ein kleiner Schopf aus. Die Federn des Jugendkleides sind schwarz mit metallisch grünem Glanz, nur an den Flügeln zeigt sich bereits ein leichter Purpurglanz. Die Federn des Gesichts und des Oberkopfs

Abb. 7.4: Links: Bettelhaltung eines Jungvogels; rechts: Bettelhaltung älterer Nestlinge (Zeichnung F. WEICK nach Skizze der Autorin).

sind grau mit weißem Rand. Der Schnabel wird jetzt insgesamt heller und bräunlich (vgl. MICHELMORE & OLIVER 1982); die rosafarbene Spitze vergrößert sich. Die Nickhaut hellt sich auf und erscheint weißlich grau. Die Augentrübung klingt allmählich ab. Bald darauf ist das Gefiederwachstum abgeschlossen. Die nackten Teile des Gesichts sind unterschiedlich grau. Die Iris ist blaugrau, bald gelblich-grau, um die Pupille zieht sich ein bräunlicher Ring. Die Umfärbung in Orange erfolgt kontinuierlich und ist erst im 3. Lebensjahr beendet. Der Schnabel ist in der 12. Lebenswoche leuchtend orange-rosa bis korallenrot mit bräunlichgrauer Basis. Der vordere Teil der Wachshaut an der Oberschnabelbasis löst sich und fällt ab. Die Beine verfärben sich zu dieser Zeit bei den einzelnen Individuen verschieden stark von grau nach rot.

7.3 Verhaltensentwicklung

7.3.1 Nahrungserwerb

Betteln: Waldrappjunge betteln bereits kurze Zeit nach dem Schlupf durch Strecken des Halses und Aufrichten des Kopfes, der unkontrolliert hin- und herpendelt. Berührung, Erschütterung und akustische Reize lösen Bettelverhalten aus. Am dritten Tag bewegen die Jungvögel den Kopf gezielt auf die Schnabelspitze des Elters oder auf ein Ersatzobjekt, wie etwa den menschlichen Finger, zu. Dabei richten sie sich auf und stützen sich z.T. bereits auf den Fersen ab.

Schon bald betteln sie mit der typischen wippenden (RAETHEL 1967), „hämmerchenförmigen" (WACKERNAGEL 1963, 1964) Kopfbewegung. Nach einer Woche werden optische Auslöser voll wirksam. Gegen Ende der zweiten Lebenswoche stecken die Nestlinge ihre Schnäbel selbständig in die der fütternden Eltern, um an den Nahrungsbrei zu gelangen. Dabei ist die Nickhaut über das Auge gezogen (vgl. CRAMP & SIMMONS 1977). Beim Verschlucken der Nahrungsballen legen die Jungvögel den Kopf zurück und zeigen ein Vibrieren oder heftiges Zucken und Schütteln (vgl. Wackernagel 1964). Die Bewegungen werden mit zunehmendem Alter immer intensiver. Die Jungvögel gebärden sich wie wild, bedrängen ihre Eltern auf das Heftigste, manchmal sogar flügelschlagend. Sie „umtanzen" die Altvögel mit trippelnden Schritten unter schrillen Bettellauten. Ab und zu hacken sie aggressiv nach Schnabel oder Hals des Elters. Dies löst jedoch beim Altvogel keine Angriffe aus. Doch sind Erregungsäußerungen festzustellen; Gefiederplustern und schütteln kommen vor. Die Jungen betteln unter intensiven trillernden Bettellauten, selten auch lautlos.

Bereits Ende des ersten Lebensmonats kommt zur Funktion, die elterlichen Fütterreaktion auszulösen (IMMELMANN 1979), jene des Grußes. Die Jungen begrüßen mit Bettelbewegung und -laut ihre Eltern, seltener ihre Geschwister oder andere Koloniemitglieder. Die Bewegung ist in diesem Fall jedoch nicht auf den Schnabel des Grußpartners gerichtet. Das Junge nähert sich auch nicht auf Körperkontakt. Aus diesem Bettelgrüßen entwikkelt sich kontinuierlich das Grußverhalten adulter Waldrappe.

Abb. 7.5: Futterabwerhaltung eines jungen Waldrapps (Zeichnung F. WEICK nach Skizze der Autorin).

Futterabwehr: Besonders handaufgezogene Jungvögel beginnen sich ab Ende der dritten Lebenswoche gegen die Fütterungen zu wehren (vgl. MICHELMORE & OLIVER 1982). Dabei wendet der Vogel Brust und Kopf ab, quietscht, weicht der fütternden Hand aus und führt ruckartige Kopfbewegungen aus. Er zuckt und wackelt mit den Flügeln. Er reißt den gespreizten, der fütternden Person zugewandten Flügel hoch und versteckt seinen gesenkten Kopf dahinter. Der leicht geöffnete Schnabel wird wiederholt heftig zwischen die Finger des Pflegers gestoßen und rasch wieder zurückgezogen. Der Blick erscheint starr; Nickhautblinkern ist zu beobachten. Das Gefieder wird gesträubt. Die Nestlinge sind sehr erregt und trippeln auf der Stelle. Immer wieder führen sie Übersprungbewegungen aus. Wahrscheinlich stellt diese Futterabwehr ein Konfliktverhalten dar. Es zeigt sich bei Handaufgezogenen ungleich öfter als unter natürlichen Bedingungen und fällt in eine Phase der Scheuheit gegenüber dem menschlichen Ersatzelter. Aus der Futterabwehr entwickelt sich kontinuierlich ein Spielverhalten. In diesem Kontext tritt sie auch in der Voliere und im Freiland häufiger auf.

Selbständige Nahrungaufnahme: Gegen Ende der ersten Lebenswoche stochern Waldrappjunge erstmals in typischer Weise nach Nahrung. Mit fortschreitendem Alter schlucken sie aus Ritzen Hervorgestochertes und vorverdauten Nahrungsbrei, der beim Füttern zuvor ins Nest gefallen ist (RENCUREL 1974).

Kurz nach dem Ausfliegen kommt es zu ersten spielerischen Versuchen, selbständig Beute zu machen (vgl. LORENZ 1935). Bei erfolglosen Freßversuchen zeigt der Vogel Gierwürgen, d. h. er senkt den Schnabel und würgt, unterbrochen von Schnabelknacken und Gefiederschütteln. Am Tag des Flüggewerdens trinken die jungen Waldrappe selbständig. Ihr Freßverhalten vervollkommnet sich bald.

7.3.2 Soziale Gefiederpflege

Auch während der Phase der Nestlingsaggressivität (Kap. 7.4) halten die Geschwister engen sozialen Kontakt. Sie ruhen und schlafen aneinandergekuschelt; soziale Gefiederpflege ist zu beobachten (vgl. WITTMANN & RUPPERT 1984). Mit etwa einer Woche beginnen die Küken einander zart zu beknabbern. Dies scheint eine beruhigende Wirkung zu haben, oft schlafen sie dabei ein. Bei den älteren Nestlingen kommt eine spielerische Komponente hinzu. So konnte ich mehrmals beobachten, daß dabei „übermütig" an Schwanzfedern gezupft, an Zehen gestochert, das Gefieder eines Geschwisters in Unordnung gebracht wurde. Wenige Tage nach der ersten sozialen Gefiederpflege zwischen den Nestgeschwistern kraulen die Jungvögel erstmals ihre Eltern, was sie in der Folgezeit häufig und intensiv tun.

7.3.3 Imponieren und Erregungsäußerungen

Etwa im Alter von einer Woche führen handaufgezogene Waldrappküken als erste Form des Imponierens eine schlingernde Kopfbewegung, ein ritualisiertes seitliches Abstreifen des Kopfes am Schultergefieder aus, das aus dem Funktionskreis der Gefiederpflege hervorgegangen ist. Nickhautblinkern tritt einen Tag später auf. In Konfliktsituationen kommt es zu Streß- und Scheinschlafen. Etwas später beginnen die Vögel in Schrecksituationen mit aufgesperrten Schnäbeln und heftigen Bewegungen des Kehlbodens bei stark geblähter Kehle zu hecheln. Übersprungbewegungen treten immer häufiger auf. Aggressiv gestimmt imponieren die jungen Waldrappe mit hocherhobenem Kopf unter Schnabelklappern. Mit der Ausbildung des Schopfes kommt es zum ersten Schopfsträuben, einem ritualisierten Verhalten im Funktionsbereich von Imponieren und Beschwichtigen. Dieses ist jedoch in diesem Alter immer mit dem Sträuben des Halsgefieders verbunden.

Am Ende der Nestlingszeit und beim Ausfliegen sind die Jungvögel sehr erregt. Dies äußert sich vor allem in extrem häufigem Kotabsetzen in winzigen Mengen. Heftiges erregungsbedingtes Gefiederschütteln tritt sehr oft auf. Dabei wird meist zuerst der Körper, dann der Kopf geschüttelt.

Sind sie flügge, zeigen die Jungvögel bald erstes ausgeprägtes Landeimponieren. Bei der Landung verharrt der Vogel kurzzeitig mit gesenktem Kopf, vorgestrecktem Hals und erhobenem, gespreiztem Schwanz. Auch das in Kap. 6.4 beschriebene Drohimponieren ist zu beobachten. Defensives Drohen, das bei adulten Waldrappen der Horstverteidigung dient (vgl. Sahin 1983 c), konnte ich erst bei fünf Monate alten Jungvögeln beobachten.

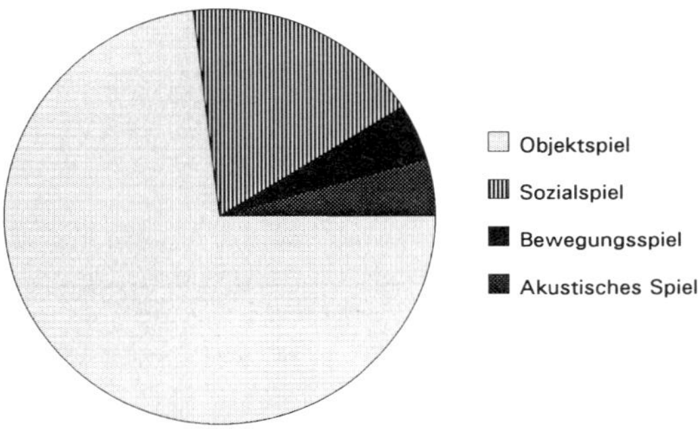

Abb. 7.6: Prozentueller Anteil einzelner Spielarten am Gesamtspielverhalten zweier flügger handaufgezogener Waldrappe.

7.3.4 Erkunden und Spiel

Gegen Ende der zweiten Lebenswoche werden die Küken besonders wach für Reize der Umgebung. Sie schauen und lauschen bewegungslos auf neue bzw. bis dahin noch nicht registrierte Umwelteindrücke. Oft spähen sie erkundend (Smith 1983) weit über den Nestrand gebeugt umher. Einige Jungen können, wenn es die Horstlage erlaubt, das Nest verlassen und die nähere Umgebung erforschen. In Form spielerischer Nestbauhandlungen wie Luftschütteln und Einzittern (Kap. 6.5) erkunden oft mehrere Geschwister gemeinsam das Nistmaterial.

Den Tagesablauf der flüggen Jungen bestimmen Neugierverhalten und übermütige Spiele (Ficken 1977). Objekt-, gefolgt von Sozialspiel dominiert. Außerdem kommen Bewegungs- und akustische Spiele vor. Das Spiel mit Objekten besteht beim Waldrapp vor allem aus Komponenten des Nahrungserwerbs, seltener des Nestbauverhaltens. Eine Form des sozialen Objektspiels stellt z.B. das gemeinsame Stochern an einem Gegenstand dar. Dabei berühren sich die leicht geöffneten Schnäbel oder greifen sogar ineinander; manchmal werden auch die Hälse verschlungen. Bei Verfolgungs- oder Kampfspielen fallen die Jungvögel übereinander her, indem sie sich gegenseitig anspringen und wild nacheinander schnappen. Die freilebenden Waldrappe zeigen auch Flugspiele mit wilden „Kapriolen“ (Bekoff & Byers 1982), Verfolgungsjagden, gegenseitigem Anfliegen und „Anpöbeln“. Dabei stößt der Verfolger kräftig mit den Füßen nach dem ausgewählten Artgenossen; manchmal nähert er sich von unten und wirft sich auf den Rücken während er nach dem anderen Jungvogel tritt. Aus dem Futterabwehrverhalten hat sich ein neues Spielverhalten herauskristallisiert, das neben dem sozialen vor allem lokomotorische Aspekte beinhaltet. Im Elternkontakt hüpfen und laufen die Jungvögel in Haltung der Futterabwehr „übermütig“ im Kreis, hüpfen in Zick-Zack-Linien und trippeln auf der Stelle. Oft stoßen sie dabei den typischen Spiellaut aus, ein langgezogenes Trillern. Bei den Handaufgezogenen kann man dieses überschwengliche „Tanzen“ (Wackernagel 1964) häufiger beobachten als in der Voliere und im Freiland. Wenn ältere Nestlinge Steinchen und andere Gegenstände über den Simsrand rollen und ihnen nachlauschen, kann man dies wohl als akustisches Spiel bezeichnen (vgl. Sauer 1956, Hartshorne 1973). Instrumentallaute werden beim übermütigen Umhertollen erzeugt, etwa beim kräftigen Aufstampfen auf dem Boden oder bei einer laut klatschenden Landung auf einem Ast.

Bemerkenswert ist, daß Waldrappe ein großes Repertoire an verschiedenen spielerischen Verhaltensweisen zeigen. Es gibt wohl nur wenige Vogelarten, wie z.B. einige Rabenvögel (Gwinner 1966), mit derartig vielseitigen Spielen. Eine relativ lange Kindheit unter elterlichem Schutz (Ficken 1977) ermöglicht jungen Waldrappen, daß die Erkundung der Umwelt auch im Freiland spielerisch stattfinden kann.

7.3.5 Körperpflege und stoffwechselbedingte Verhaltensweisen

Bereits Ende der ersten Lebenswoche beginnt die zunächst unbeholfene Pflege des Gefieders. Die anfänglich relativ geringe Anzahl von Körperpflegehandlungen steigert sich im Zusammenhang mit dem Federwachstum und dem Abschilfern der Blutkiele. Bald füllen die Jungen einen beträchtlichen Teil des Tages mit dem Ordnen des Gefieders, mit dem Reinigen von Flanken, Flügel, Brust und Bauch sowie dem Beknabbern der Zehen und der Reinigung des Schnabels aus. Dazwischen schauen sie immer wieder mit „verschlafenem“ Gesichtsausdruck auf. Unterbrechungen erfolgen auch durch heftiges Gefiederschütteln. Kurz nach dem ersten Auftreten der Gefiederpflege sind auch die ersten Kratzbewegungen zu beobachten. Waldrappe kratzen sich in allen Entwicklungsstadien vornherum, wobei der Kopf gegen den Kratzfuß gesenkt bzw. gewendet wird.

Mit dem aufrechten Stand kommt es zu Flügelstrecken nach unten, meist weit über den Nestrand herab. Beim Flügel-Fuß-Strecken stehen die Jungvögel auf einem Bein, strecken das andere waagrecht nach rückwärts, die Krallen durchstoßen die Schwingen. Beim beidseitigen Engelchen-Strek-

Abb 7.7: Präferenzen der Gefiederpflege bei Nestlingen, älteren Flügglingen und Altvögeln (Zeichnung K. PEGORARO).

Abb. 7.8: Streckbewegungen eines jungen Waldrapps (Zeichnung K. PEGORARO).

Abb. 7.9: Sonnenbadender Waldrapp (Foto K. PEGORARO).

ken werden die Flügel abgewinkelt nach oben gereckt, der Hals nach vorne unten gestreckt, der Schwanz weist nach oben.

In dieser „Engelchen"-Stellung schießen ältere Junge den Kot weit aus dem Horst. Bereits in den ersten Lebenstagen haben sie sich zur Kotabgabe, oft mit quietschenden Rufen, auf Fersen und Bauch rutschend rücklings gegen den Nestrand geschoben. Die Flügglinge gehen am Boden mindestens zwei bis drei kleine Schritte zurück, bevor sie knicksend Kot absetzen. Die Produktion der ersten Gewölle hängt stark vom Ballaststoffgehalt der Nahrung ab (KOENIG 1973) und geschieht zwischen der zweiten (MICHELMORE & OLIVER 1982, WITTMANN & RUPPERT 1984) und vierten Lebenswoche. Dabei verharrt der Vogel bewegungslos, hebt einen Flügel nach vorne hoch, senkt seinen Kopf, oft mit geschlossenen Augen, und öffnet den Schnabel. Mit meist nur einer heftigen seitlichen Kopfbewegung schleudert er das Gewölle von sich. Durchschnittlich wird pro Tag ein Gewölle, das unverdauliche Nahrungsreste wie etwa Chitinteile von Käfern enthält, hervorgewürgt. Auch die Salzausscheidung über die Nasenlöcher ist durch unterschiedliche Futterzusammensetzung bestimmt. Sie ist an der marokkanischen Küste durch teilweise salzhaltige Nahrung besonders wichtig.

Bereits am ersten Flüggetag baden die Jungen ausgiebig im Wasser. Sie sind überhaupt badefreudiger als die Altvögel, wohl weil sie sich dabei von Blutkielresten befreien. Sie suchen eine Stelle im Flachwasser aus, die gerade tief genug ist, daß Bauch und Brust benetzt werden. Mit stark geplustertem Gefieder schütteln sie sich und schaufeln durch seitlich alternierende Flügelschläge sie Wasser auf den Rücken. Dazwischen richten sie sich auf, ordnen ihr Gefieder, drehen sich um oder trinken. Danach steigen sie aus dem Wasser, schütteln sich sehr heftig, schlagen mit den Flügeln und flattern. Sonnenbaden in der typischen Haltung (Abb. 7.9) mit der Sonne zugewandten Flügelinnenseiten kommt bei entsprechendem Wetter häufig vor. Wenn ihnen zu warm wird, beginnen die Jungvögel zu hecheln.

7.3.6 Entwicklung der Fortbewegung

Bereits in den ersten Lebenstagen ist eine Fortbewegung im Nest durch Rutschen auf Fersen und Bauch möglich. Die Jungen stützen sich dabei mit den Zehen ab, oft werden die Flügelbüge zu Hilfe genommen. Mit etwa zwei Wochen vermögen die Küken aufrecht zu stehen. Zugleich kommt es zum ersten Erproben der Flügel. Die Jungen erkunden den Nistplatz: sie stolpern im Nest umher und stochern intensiv. Wenn möglich, verlassen sie ihr Nest und treffen auf dem Nistsims mit nestfremden Jungen zusammen, besuchen benachbarte Horste und laufen ihren Eltern entgegen (vgl. Sahin 1982 a). In Marokko ist allerdings nur ein Teil der Horste so angelegt, daß die Jungen mühelos dazwischen umherwandern können.

In der vierten Lebenswoche werden die jungen Waldrappe sehr aktiv. Die Häufigkeit der Flugübungen nimmt rasch zu. Der Jungvogel steht am Horstrand bzw. Brutsims und krallt sich fest. Befindet er sich auf einem Untergrund ohne Vorsprünge, sind die Zehen stark gespreizt und wirken verkrampft auf die Unterlage gepreßt. Die Fersengelenke sind mehr oder minder abgewinkelt. Um nicht abzustürzen, kehren die Jungen ihre Hinterseite dem Abgrund zu (vgl. Cullen 1957). Die leicht abgewinkelten bis gestreckten Flügel sind meist nach oben gerichtet; seltener werden sie in einem Bogen nach vorne unten geführt. Die Haltung des gefächerten Schwanzes reicht von leichtem Stelzen bis zum Abstemmen am Untergrund. Die Kehle ist gebläht. Der Blick wirkt starr. Dumpfe, quakende Flugübungslaute werden ausgestoßen. Danach werden die abgewinkelten Flügel in die richtige Position gebracht und bedächtig angelegt. In der Voliere konnte verschiedentlich beobachtet werden, daß Eltern anfangs eingriffen und die Jungvögel am Schwanz in den Horst zurückzogen.

Zur Zeit des Flüggewerdens ist die Aktivität allgemein groß. Vor dem endgültigen Ausfliegen zeigen die Jungvögel immer wieder Abflugintentionen und legen bereits kleinere Strecken flatternd zurück, etwa von einem Felsvorsprung zum andereren. Neugierig versuchen sie fremde Nester zu erreichen. Im Freiland, wo die Horste in großer Höhe oft direkt über dem Meer angelegt sind, gestaltet sich der erste Flug dramatischer als in der Voliere: Die Jungen zeigen sich anfangs recht ungeschickt und schlagen wild mit den abgewinkelten Flügeln. Der Schwanz wird gefächert, der Hals angezogen. Die – bei den Adulten im Flug über den Schwanz hinausragenden – Füße hängen herab. Die Vögel strampeln. In unruhigem Flug kämpfen sie gegen den Wind. Doch bereits kurze Zeit später nutzen sie die Aufwinde. Sie ziehen die Füße hoch, breiten die Schwingen aus und ziehen – begleitet von ihren Eltern – ruhiger ihre Kreise.

Abb. 7.10: Flugübung (Zeichnung F. WEICK nach Skizze der Autorin).

Bald nach dem Ausfliegen werden erhöhte Sitzplätze aufgesucht. Selten ist zu beobachten, daß flügge Junge in den ersten Tagen, abhängig von der Horstlage oder durch aggressive Nachbarn behindert, nicht in ihr Nest zurückkehren können. In diesem Fall werden sie auf erhöhten Sitzplätzen oder in unbesetzten Horsten von ihren Eltern versorgt.

Abb. 7.11: Erster Flug (Foto K. Pegoraro).

Abb. 7.12: Perfekter Waldrappflug (Foto K. Pegoraro).

7.3.7 Ruhe und Schlaf

In den ersten Lebenstagen ruhen und schlafen die Jungvögel eng aneinandergekuschelt, ihre Köpfe liegen häufig auf Körperteilen von Nestgeschwistern. Ab der dritten Lebenswoche ruhen sie zusätzlich auf den Tarsi hockend oder im Fersensitz. Sie schlafen mit dem Kopf nach rückwärts, den Schnabel auf der Schulter aufgelegt. Wenige Tage später wird der Schnabel und ein Teil des Gesichts wie bei den adulten Vögeln im Schulter- und Vorderrückengefieder versteckt. Ab der vierten Woche nehmen die Wachphasen untertags deutlich zu. Bei Regen jedoch verbringen auch die Flügglinge einen großen Teil des Tages schlafend oder dösend.

Abb. 7.13: Entwicklung der Schlafhaltung (Zeichnung K. Pegoraro).

7.4 Nestlingssterblichkeit

Passive Rivalität: Bei den Waldrappen, wie auch bei vielen anderen Vogelarten, übersteigt die ursprüngliche Gelegegröße sehr oft die Anzahl von Jungen, die erfolgreich ausfliegen (vgl. HOWE 1976). Ihre Nestlinge unterliegen vor allem in zwei Entwicklungsphasen erhöhter Mortalität (vgl. SCHENKER 1976). Die erste Phase betrifft den Schlupf und die darauffolgenden Tage. Da Waldrappe ihr Gelege vom ersten Tag an bebrüten, schlüpfen die Jungen eines Nests in Abständen von einem bis mehreren Tagen (vgl. SCHENKER 1976, OLIVER et al. 1979, THALER et al. 1981). SAHIN (1981, 1983 b) berichtet, daß die Schlupfintervalle in der türkischen Kolonie unter normalen Umständen ein bis vier, meist zwei bis drei Tage betrugen. Die Schlüpfzeit aller Jungen eines Geleges dauert jedoch insgesamt etwas kürzer als die Ablagezeit der Eier. Dies bedeutet, daß sich während der Bebrütung doch eine gewisse Synchronisation entwickelt (BERGMANN et al. in Vorb.). Durch den Altersunterschied ergibt sich vom Schlupf an eine Größen- und Gewichtshierarchie (FUJIOKA 1985 a, b), die zur Rivalität zwischen den Nestgeschwistern beiträgt, wie sie von vielen Vogelarten bekannt ist (z.B. NELSON 1966, BURKE & BROWN 1970, MILLER & BURGER 1978, STUMPF 1978, STINSON 1979, COOPER 1980, THALER 1981, MOCK 1984, FUJIOKA 1985 a, b, HAGAN 1986, THALER et al. 1986). Jüngere und schwächere Waldrappküken großer Bruten werden bereits in dieser Phase Opfer einer „passiven“ Nestlingsrivalität (MOCK 1984, FUJIOKA 1985 a). Ältere, stärkere Jungvögel haben gegenüber ihren bis zu mehreren Tagen jüngeren Nestgeschwistern einen gewaltigen Vorsprung. Sie sind größer, schwerer, ihre lokomotorische Entwicklung ist weiter fortgeschritten, und sie orientieren sich z.T. bereits optisch. Sie betteln heftiger und werden zuerst gefüttert (SAHIN 1981, POOLE 1982). Die jüngeren Nestlinge reagieren einerseits durch den Altersunterschied, andererseits durch beginnende Schwächung langsamer (LÖHRL 1968), werden nicht mehr gefüttert und verhungern schließlich. In den ersten beiden Lebenstagen wird der Vorsprung des Älteren durch das Piepsen, das die jungen Nestlinge fast ununterbrochen ausstoßen, kompensiert (vgl. KOENIG 1973). Dieser Laut dürfte die Eltern stimulieren (s. TRIVERS 1974), sich bevorzugt um den jüngsten Nachwuchs zu kümmern. So wird dieser auch ausgesprochen oft und lange von den Eltern gekrault.

Nestlingsaggressivität: Die zweite Verlustphase liegt in der zweiten bis vierten Lebenswoche. Sie ist durch die zu dieser Zeit auftretende Nestlingsaggressivität gekennzeichnet. Anders als beispielsweise bei verschiedenen Adlern (POOLE 1982, EDWARDS & COLLOPY 1983, HAGAN 1986), kommt diese beim Waldrapp in allen Populationen vor (s. etwa AHARONI 1929, SAHIN 1982 a). Allerdings ist sie - zumindest unter Zoobedingungen - nicht bei allen Bruten zu beobachten. Sie ist nicht an einen akuten Nahrungsmangel während der Aufzucht gebunden (vgl. STINSON 1979). So zeigt sich Nestlingsaggressivität auch bei den Handaufgezogenen, die ad libitum gefüttert werden (s. OLIVER et al. 1979, THALER et al. 1981, MOCK 1984). Das Nahrungsangebot ist jedoch ausschlaggebend, ob jüngere Nestlinge trotz der Einschüchterung durch die älteren überleben (vgl. OWEN 1960). Im Alpenzoo unterscheidet sich beim Waldrapp die Anzahl der Nestbesuche von Paaren mit einem, zwei oder drei Jungvögeln nicht signifikant. Die von den dominanten Jungvögeln eingeschüchterten Nestlinge werden gar nicht oder erst zum Schluß gefüttert (vgl. HUSSEL 1972, WERSCHKUL 1979). Im letzteren Fall ist die Magenfüllung des Altvogels allein für die Sättigung ausschlaggebend (OLIVER et al. 1979, SAHIN 1982 a). Wäre die Nahrung bei gleichmäßiger Verteilung des Futters knapp, kämen alle Jungen unterernährt zum Ausfliegen (LÖHRL 1968). So haben Untersuchungen an einigen Vogelarten ergeben, daß eine negative Korrelation zwischen der Anzahl der Nestlinge und dem Gewicht der Flügglinge besteht (vgl. STINSON 1977). Fliegt im Zoo nur ein junger Waldrapp einer Brut aus, so ist er besonders gut genährt und

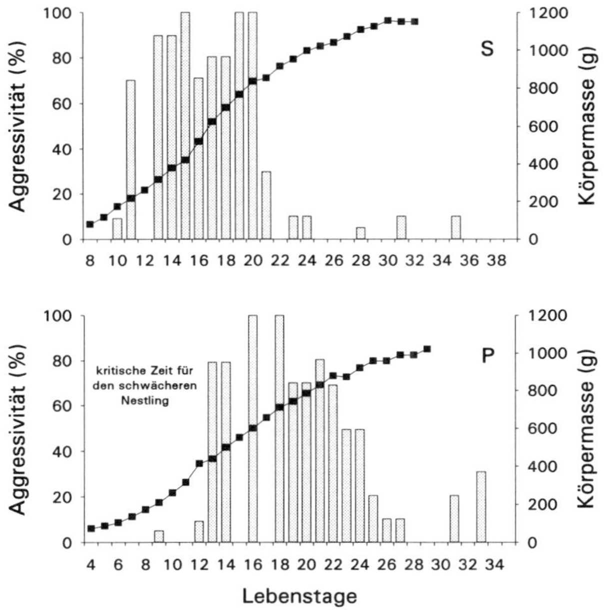

Abb. 7.14: Nestlingsaggressivität zweier handaufgezogener Waldrappnestlinge (P, S). Ordinate: Aggressivität in % (Säulen), Körpermasse in Gramm; Abszisse: Alter in Tagen.

kräftig, dies vielleicht über das nötige Maß hinaus (WERSCHKUL 1979, FUJIOKA 1985 b). Bei Jungen von Erstbrütern und aus späten Nachgelegen ist das kaum jemals der Fall. Eine gute körperliche Verfassung war besonders für die weit ziehende türkische Waldrapp-Population wichtig, weil die Vögel bald nach dem Ausfliegen der Jungen in das Winterquartier aufbrachen.

Die aggressive Phase fällt in die Zeit der maximalen Wachstumsrate (Abb. 7,14), in der der Nahrungsbedarf stark ansteigt (s. WENDLAND 1958, WITTMANN & RUPPERT 1984, HAGAN 1986). Sie ist mit der absoluten Körpermasse korreliert (s. THALER et al. 1981, PEGORARO & THALER 1993). Ein überlebendes jüngeres Nestgeschwister wird daher bei Überschreiten eines bestimmten Gewichts selbst aggressiv, obwohl es noch um einiges kleiner und leichter ist als das ältere (vgl. OLIVER et al. 1979, THALER et al. 1981, MICHELMORE & OLIVER 1982).

Abb. 7.15: Nestlingsaggressivität: Links: Angriffshaltung, rechts: Beschwichtigungshaltung (Zeichnung F. WEICK nach Skizze der Autorin).

Der Angreifer stürzt sich auf das Nestgeschwister. Die Flügel sind meist nach unten abgespreizt, zum Teil hochgezogen; Flügelschlagen kommt vor. Das Gefieder ist gesträubt, die Brust vorgestreckt. Bei heftigen Angriffen strecken die Vögel den Kopf in die Höhe und blähen die Kehle. Mit geöffnetem Schnabel hackt der Aggressor wild auf das Nestgeschwister ein. Dabei zielen die Schnabelhiebe größtenteils auf den Hinterkopf, der in Beschwichtigungshaltung dargeboten wird (vgl. SAHIN 1982 a). Der Angreifer packt das Geschwister auch am Hals oder zerrt es an den Flügeln. Entfernt man den unterlegenen Nestling, so hackt der Jungvogel umorientiert (IMMELMANN 1982) auf hervorstehende eigene Körperteile, wie Flügel, Füße oder die vorgestreckte Brust; auch Ersatzobjekte werden attackiert (vgl. BURKE & BROWN 1970, THALER et al. 1981). Der Angreifer stößt typische Aggressionslaute aus. Das angegriffene Küken drückt sich anfangs ins Nest, reagiert aber bald mit Demutshaltung (TINBERGEN 1959), Unmutslaute ausstoßend. Aus dieser Haltung erhebt es sich meist erst dann, wenn der Angreifer nicht mehr

Abb. 7.16: Adulttier und sein Junges (Foto K. PEGORARO).

bettelt. Da der Schnabel der Waldrappe gummiartig weich und biegsam ist, kommt es kaum zu Verletzungen (vgl. OLIVER et al. 1979, MICHELMORE & OLIVER 1982), obwohl sehr viele Einzelschläge auftreten (s. dagegen WITTMANN & RUPPERT 1984). Die Jungenverluste ergeben sich indirekt; dies entspricht auch bei wehrhaften Arten eher der Regel (vgl. MEYBURG 1974, POOLE 1982). Der attackierte Jungvogel wird durch die eingenommene Demutshaltung am Betteln gehindert. Dies kann dazu führen, daß jüngste Nestgeschwister, die zuvor meist einen gesunden Eindruck gemacht haben (vgl. WENDLAND 1958, SCHÜZ 1984), verhungern. Dieser Eindruck bestätigt sich, wenn man sie von Hand aufzieht. Bei Verlust dominanter Jungvögel durch Krankheit, Unfall oder Nestraub holen die unterlegenen Nestlinge schnell auf (vgl. LÖHRL 1968). Eine weitere Todesursache bei Auseinandersetzungen bietet im Freiland der Absturz von den Brutfelsen (vgl. WERSCHKUL 1979, SAHIN 1981, RIBI 1986 mündl. Mitt.). Dies war besonders auf dem inadäquaten, künstlichen Nistbrett in Bireçik der Fall. Abstürze treten jedoch auch auf, wenn Junge in Auseinandersetzungen Adulter geraten, sowie bei Flugübungen (vgl. SAHIN 1981).

Die Aggressivität der Nestlinge ist fast vollständig auf die Anwesenheitszeit der Eltern beschränkt und tritt gehäuft bei Ablösungen am Nest auf. Sie ist eng an die Fütterungen geknüpft, wobei jegliche Bewegung seitens des schwächeren Geschwisters, wie Aufrichten, Bettel- und Streckbewegungen, den Auslöser für die Angriffe des dominanten Jungvogels bildet (vgl. POOLE 1979). Bei den meisten Vogelarten mit Nestlingsaggressivität greifen Eltern nicht in das Geschehen ein (POOLE 1979, EDWARDS & COLLOPY 1983, JAMIESON et al. 1983, FUJIOKA 1985 a) oder scheinen es sogar zu unterstützen (INGRAM 1959). Waldrappeltern reagieren erregt auf die Raufereien ihrer Jungen. Dies drückt sich in Nickhautblinkern, Gefiedersträuben, Erregungschütteln und Übersprungbewegungen wie Schnabelknacken und schlingernden Kopfbewegungen aus (vgl. THALER et al. 1981, PEGORARO & THALER 1985). Die Altvögel setzen sich beim Hudern so, daß die beiden kämpfenden Jungvögel getrennt sind. Sie fahren auch imponierend mit lauten „Chrup"-Rufen (PEGORARO & THALER 1985) dazwischen. Außerdem zupfen und knabbern sie an den Jungen (vgl. SAHIN 1982 a) oder packen einen der Nestlinge und ziehen ihn – manchmal recht unsanft – in einen entfernteren Nestbereich und beschäftigen sich mit ihm. Oft kraulen sie ihn intensiv. Bei diesen Eingriffen sind lediglich Kurzzeiterfolge zu verzeichnen. Eine langfristige Strategie stellt die Aufteilung der Jungenfürsorge auf beide Altvögel dar (LACK 1954). Wenn beide Eltern füttern, kann zumindest bei zwei Nestlingen die Aggressivität stark verringert, häufig sogar weitgehend vermieden werden. Im Bireçik kamen oft beide Altvögel zugleich oder kurz nacheinander im Brutbereich an. Sie landeten dann in einiger Entfernung voneinander, meist links und rechts vom Horst, und versorgten je einen Jungvogel.

Etwa in der vierten Lebenswoche zeigt sich ein starker Abfall in der Aggressionshäufigkeit (s. Abb. 7.14). Ab dieser Zeit sind kaum mehr Auseinandersetzungen zu beobachten (vgl. WITTMANN & RUPPERT 1984). Ein solcher Aggressionsabfall scheint durchweg üblich zu sein. So leben z.B. Adlerjunge, falls beide überleben, nach den ersten Wochen kampflos zusammen (WENDLAND 1958, INGRAM 1959). Jetzt sind Rangordnungen etabliert, wenn ein Junges vor einem anderen Demutshaltung einnimmt, ohne attackiert zu werden.

Weitere Gefahren: Im Freiland fallen junge Waldrappe, unabhängig von den Phasen der Geschwisterkonkurrenz, nicht selten Nesträubern zum Opfer. In der Türkei stellte der Adlerbussard *(Buteo rufinus)*, der 1984 zwei der acht Nestlinge erbeutete, eine Gefahr dar. An der Küste Marokkos kommen hauptsächlich die in unmittelbarer Nähe brütenden Kolk- und Wüstenraben (*Corvus corax*, *C. ruficollis*; EDWARDS 1985 unpubl.), Weißkopfmöwen *(Larus cachinnans)* und Zwergadler (*Hieraaetus pennatus*; RIBI mündl. Mitt.) als Nesträuber in Frage. Die größte Gefahr stellt jedoch der Mensch dar (Kap. 10.).

Auf Abstürze von den Brutplätzen und Verluste durch Nesträuber reagieren die anwesenden Altvögel einer Kolonie mit erhöhter Erregung. Besonders häufig sind dann „Gruh“-Rufe, d.h. unspezifische Erregungslaute, zu hören. In der Türkei war dies etwa bei den Jungenverlusten durch den Adlerbussard zu beobachten. Sterbende Nestlinge werden von den Eltern nicht beachtet. Tote Junge schleudern sie aus dem Horst oder bringen sie unter Einzitter- bzw. Nestbodenrüttelbewegungen in das Nestgefüge ein.

7.5 Jugendphase

Sozialisierungsprozesse in der Kolonie: Die frischflüggen Waldrappe sind neugierigen Annäherungen und – besonders bei Mißachtung der Individualdistanz – Angriffen fremder Adulter ausgesetzt sowie aggressiven und spielerischen Handlungen älterer Immaturer. Dadurch lernen sie ihre Stellung in der Gruppe kennen (vgl. THALER et al. 1981). Werden sie heftig attackiert, kann es vorkommen, daß die Eltern erregt eingreifen. Ähnlich Reihern (MILSTEIN & SIEGFRIED 1970) schützen Waldrappeltern ihre Jungen teilweise auch vor Individuen anderer Arten, nicht jedoch vor Raubfeinden. So war etwa in Marokko ein leichtes Drohen gegen Kormorane *(Phalacrocorax carbo)* zu beobachten. Einen Warnruf gibt es nicht; bei Gefahr fliegen die Waldrappe auf, häufig nach Ausstoßen des Erregungsrufes. Die Jungen folgen meist unverzüglich. Die Eltern halten weiterhin engen Kontakt zu ihren Jungen, wobei im Mittel keine Unterschiede zwischen Männchen und Weibchen auffallen. Dasselbe gilt für die Jungvögel in den Beziehungen zu Vätern und Müttern. Geschwister weisen verschieden starke Bindungen zu den Eltern auf. Ab Herbst weichen die Eltern den Jungen immer mehr aus. Es kommt nur mehr zu wenigen Kontakten (vgl. TRIVERS 1974). Ein leichter Anstieg zeigt sich wieder zu Beginn des nächsten Jahres, bis in der Brutsaison das Interesse verlischt. In Marokko nächtigt jedoch ein Teil der Immaturen weiterhin an den Brutfelsen (vgl. PEGORARO & MALIN 1990).

Jugendtrupps: Spätestens nach dem Ausfliegen treffen alle Jungen einer Kolonie zusammen. Anfangs wird durch zahlreiche Raufereien und Imponierhandlungen mit drohendem Charakter die Rangordnung im Jugendtrupp festgelegt, wie es z.B. auch bei Graugänsen der Fall ist (KALAS 1977). Danach gehen die Jungen zunehmend Auseinandersetzungen aus dem Weg. Der Zusammenhalt im Jugendtrupp drückt sich durch gegenseitiges Betrachten, seltener durch Begrüßungen, die Wahl naher Aufenthaltsorte und die ansteckende Wirkung verschiedener Verhaltensweisen aus. Bis zum Erreichen der Geschlechtsreife bleiben diese Trupps mehr oder weniger lose bestehen. So konnte ich in Marokko Trupps von ein- und zweijährigen sowie wenigen adulten Vögeln bei der Nahrungssuche und an den Schlaffelsen beobachten.

Pubertäre Balz: Schon im Nest zeigen die Jungvögel bei den gemeinsamen Nestbauhandlungen, wie Einzittern und Luftschütteln, eine Kopf- über Kopf-Bewegung, ein Hälseverschränken, das einer ritualisierten Balzbewegung der adulten Waldrappe entspricht. Im 11./12. Lebensmonat be-

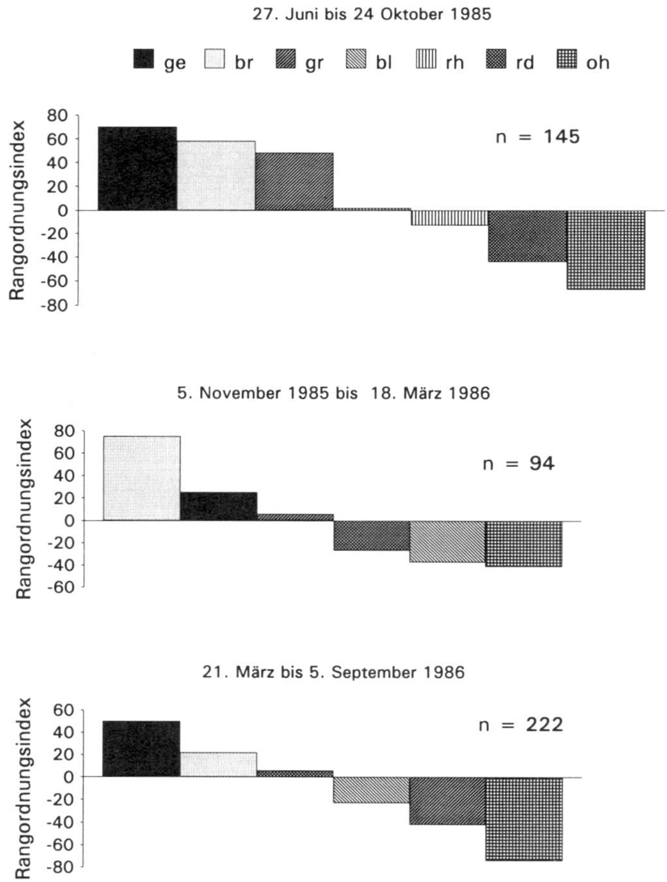

Abb. 7.17: Rangordnung im Jugendtrupp der sieben Jungvögel von 1985 im Alpenzoo Innsbruck; Rangordnungsindex: errechnet sich aus der Differenz der Anzahl der Angriffe und der Ausweichbewegungen; n = Anzahl der Beobachtungen.

ginnt dann eine pubertäre Balz; die Individualdistanz zwischen den Jungen wird generell verringert.

Paarbildende und -bindende Verhaltensweisen, oft sehr ungeschickt und übertrieben, von Begrüßungszeremonien bis hin zu Kopulationsaufforderungen (OLIVER et al. 1979, THALER et al. 1981, SAHIN 1982 c, 1983 a, PEGORARO & THALER 1985) treten auf. Manchmal endet, was als heftige Balz begonnen hat, in einer wüsten Rauferei. Bald kommt es zu einer länger anhaltenden Bevorzugung bestimmter Partner. Zumindest in der Voliere können die jugendlichen Partner auch gleichgeschlechtlich sein (s. NICOLAI 1956).

7.6 Lautentwicklung

Wie die Küken vieler Vogelarten, beginnen Waldrappe schon ein paar Tage vor dem Schlupf zu rufen, sobald ihr Schnabel in die Luftkammer vorstößt (WÜRDINGER 1970, NOTTEBOHM 1975).

Ein einsilbiges meist recht grelles Quietschen oder Piepsen (SCHENKER 1979) ist beim Schlupf und danach fast unentwegt zu hören. Anfangs tritt es als „Verlassenseins-Weinen" und in Situationen körperlichen Unbehagens, wie bei Kälte, beim plötzlichen Erwachen oder bei unsanften Stößen von Nestgeschwistern, auf. Später wird dieser Unmutslaut, der sich aus dem Eilaut entwickelt, besonders in Beschwichtigungshaltung gebraucht. In negativen sowie positiven Erregungssituationen und wenn die jungen Waldrappe übermütig wirken, ist er während der ersten Flüggewochen häufig zu vernehmen.

Auch der mehrsilbige Bettellaut tritt bereits am ersten Tag auf. Dieses „lib lib lib" (KUMERLOEVE 1967) oder „juk juk" (RAETHEL 1967) entwickelt sich bald zu einem heftigen Trillern („chirrupwhirring" nach MICHELMORE & OLIVER 1982). Die Bettellaute wirken stark stimmungsübertragend auf Jungvögel in benachbarten Nestern. In der Voliere sind die Trillerlaute der Jungen beinahe unentwegt zu hören. Ihnen kommt sicher auch Stimmfühlungs- (vgl. THALER et al. 1981) und spätestens gegen Ende der vierten Lebenswoche Grußfunktion zu (Kap. 7.3.1). Während der Ruf bei den Nestlingen hell und rein klingt, wird er im Laufe der Entwicklung tiefer und geräuschhafter. Das langgezogene, schrille Trillern, das die Jungen in hoher positiver Erregung und beim Spiel ertönen lassen, stellt eine Sonderform des Bettellautes dar.

Am zweiten Lebenstag kommt ein sehr leiser, gurrender Wohlbehagenslaut hinzu, der auch in späteren Phasen immer wieder zu hören ist. Dieses „Pugg" wird meist in sehr entspannten Situationen gebraucht, vor allem bei intensiver sozialer Gefiederpflege.

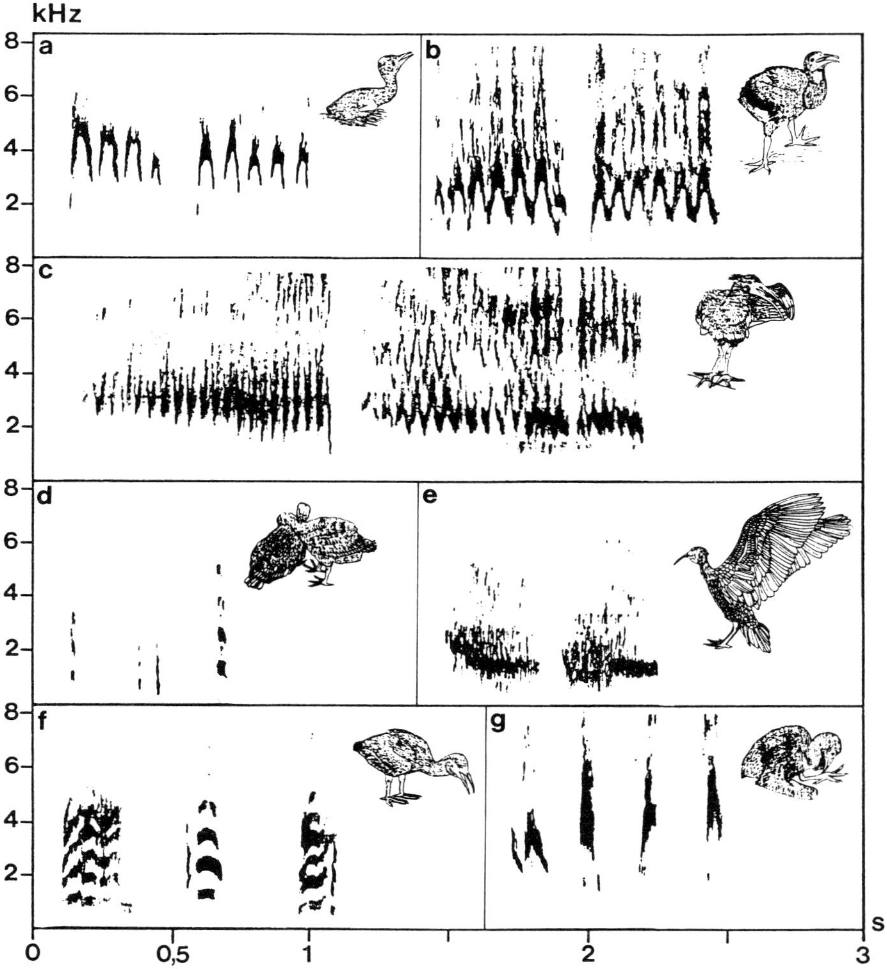

Abb. 7.18: Sonagramme der Jungenrufe: a) Bettellaute junger Nestlinge; b) Bettellaute älterer Nestlinge; c) langgezogenes Trillern positiver Erregung; d) Wohlbehagenslaut; e) Flugübungslaut; f) Aggressionslaut; g) Unmutsäußerung.

Zur Zeit der Nestlingsaggressivität ist der Aggressionslaut, ein dumpfes Quaken, zu hören. Der Laut ist immer mit Angriff oder Drohimponieren verbunden. Durch Dauer und Intensität dieses Rufes wird die Stärke der aggressiven Bereitschaft ausgedrückt.

In der vierten Lebenswoche stoßen die Jungen die ersten Flugübungslaute aus. Diese werden als dumpf, quakend, teilweise würgend empfunden. Ab dem dritten Lebensmonat sind sie mit Abnahme der Flugübungen immer seltener zu hören. Ab und zu werden sie aber auch von Adulten – beim Flügelschlagen nach Wasserbädern oder bei Landungen – gebraucht.

Übergänge und Zwischenformen (MEINERT & BERGMANN 1983, TEN THOREN & BERGMANN 1987) zwischen den einzelnen Lauten sind möglich. Daneben haben die jungen Waldrappe verschiedene Instrumentallaute in ihrem Repertoire. In Erregungssituationen, besonders bei heftiger Sekretion der Salzdrüsen gegen Ende der Nestlingszeit, erzeugen die Jungen durch Übereinanderschieben der Schnabelränder knackende Geräusche. Ein deutliches Schnabelklappern kann bei den Jungvögeln ebenso wie bei den Adulten Drohimponieren und Erregungsäußerungen begleiten. Ein weiteres Geräusch stellt das hörbare Luftausstoßen erregter oder aggressiver Vögel dar. Fluggeräusche und lautes spielerisches Aufschlagen der Zehen bei der Landung runden das Bild ab.

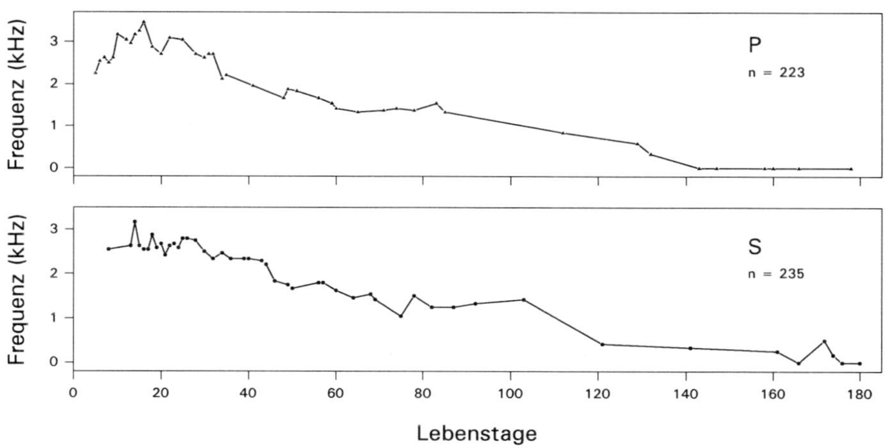

Abb. 7.19: Frequenzabfall der Bettellaute zweier handaufgezogener Jungvögel (P, S) während der Ontogenese; Ordinate: Frenquenzminimum des tiefsten Hauptbereiches.

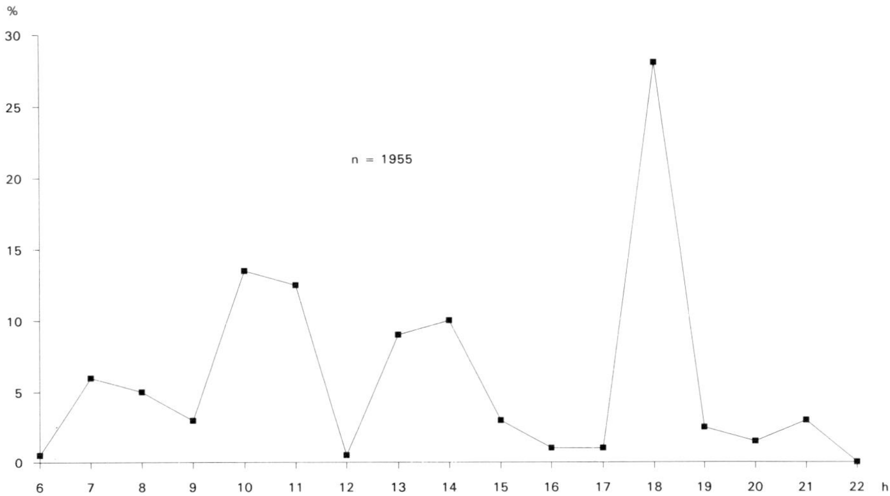

Abb. 7.20: Tageszeitlicher Verlauf der Bettellaute von P und S; Ordinate: Anzahl der Rufe in % des Gesamtwertes; Abszisse: Uhrzeit; n = Anzahl der Rufserien.

Erste „Gruh"-Rufe (unspezifischer Erregungslaut adulter Waldrappe) ertönen im 3. - 4. Lebensmonat, echte „Chrup"-Rufe, die im Sonagramm nicht mehr von den Grußlauten adulter Waldrappe zu unterscheiden sind, am Ende des 5. Monats. Zu dieser Zeit wird auch der Stimmbruch (Abs 1980) vom menschlichen Ohr deutlich erfaßt, die trillernden, jetzt aber tieferfrequenten Bettellaute sind weiterhin zu hören.

8 Lautrepertoire

Das Lautinventar adulter Waldrappe besteht vorwiegend aus einfachen Rufen, die ich in drei Hauptklassen einteile: „Chrup“- oder „Jup“-Ruf (THALER et al. 1981), „Gruh“-Ruf und Meckern. Hinzu kommen noch verschiedene untypische Laute, Geräusche und Instrumentallaute. Des weiteren hört man Mischformen und Übergänge zwischen „Chrup“ und „Gruh“, besonders aber zwischen „Chrup“ und Meckern. Alle Rufe werden von beiden Geschlechtern geäußert, die Verteilung ist aus Abb. 8.1 zu entnehmen

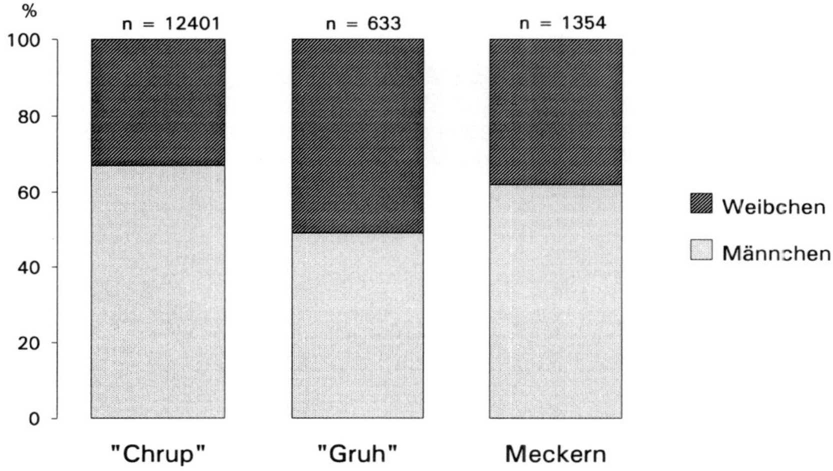

Abb. 8.1: Prozentueller Anteil von Männchen (n = 5) und Weibchen (n = 5) am Rufgeschehen der Waldrappkolonie im Alpenzoo Innsbruck.

8.1 Der „Chrup“-Ruf

Der „Chrup“-Ruf (Ettel 1979) wurde erstmals von Gesner erwähnt: *„... Vocem nec frequentem nec claram aedunt, sed fere* 'ka ka'*, vel* 'kae kae' ... “(Gesner 1617, in Lauterborn 1912). Ganz ähnliche lautmalerische Umschreibungen finden wir auch später in verschiedenen Literaturquellen. So wird er als „Chau“ (Weigold 1912/13), „kyow kyow (to rhyme with cow)“ (Smith 1955), „KéKé (Etchecopar & Hüé 1964) „jup“ oder „jum“ (Wackernagel 1964), „juk juk“ (Kumerloeve 1965), „Horrr...Horrr“ (Rencurel 1974), „hup hup“ (Hirsch 1979 b), „kyelp“ (Oliver et al. 1979), „dchiup“ (Schenker 1979), „korrahh korrahh“ (Sahin 1982 c) und „harr-harr“ (Soothill & Soothill 1989) beschrieben.

Der einsilbige Einzelruf kann aus mehreren Elementen bestehen und dauert beim Männchen mit 180,08 ± 58,03 ms im Mittel etwas länger als beim Weibchen. Im Sonagramm zeigt er meist einen raschen Anstieg mit anschließendem flacheren Abfall. Die Frequenzbänder der einzelnen Elemente sehen ganz unterschiedlich aus. So weisen sie etwa Balken-, Fahnen-, Schüssel-, Bogen- oder Dachformen auf. Schmale pulsartige Elemente kommen vor. Manchmal sind die Rufe so geräuschhaft, daß der verwischte Tonhöhenverlauf nur schwer zu erkennen ist. Handelt es sich jedoch um einen volltönenden Klang, sind sonagraphisch klare, ausgeprägte Frequenzbänder sichtbar.

Bei Begrüßungen, Nistplatzaufforderungen und Kopulationen werden meist mehrere „Chrup“-Rufe gereiht. Sie dauern dann etwa gleich lang und weisen im Sonagramm ähnliche Formen auf. Beim Gruß (Kap. 6.3) stößt der Waldrapp in der Regel bei jeder Abwärtsbewegung des Kopfes mit halb geöffnetem Schnabel einen Ruf aus. Wie sich den lautmalerischen Umschreibungen zu Beginn des Kapitels, etwa dem „harr-harr“ von Soothill & Soothill (1989) entnehmen läßt, äußern die Vögel auch einen Doppelruf, den ich mit „Chru-Chrup“ umschreibe. Er entsteht durch einen Laut beim Zurückneh-

Tab. 6: Rufe der adulten Waldrappe und dazugehörige Situationen.

„Chrup“-Ruf	Begrüßung im Paar- und Gruppenkontakt
	Nistplatzaufforderung
	Kopulation
	Imponiergrüßen
	Drohimponieren
„Gruh“-Ruf	Erregung
Meckern	intensiver Paarkontakt
	soziale Gefiederpflege
	Nistmaterialpräsentation

men des Kopfes und durch einen zweiten bei der Abwärtsbewegung. Kopulationen und Scheinkopulationen (PEGORARO 1983) werden von Serien gequetscht klingender „Chrup“-Rufe, selten von Erregungslauten oder Mekkern beider Geschlechter begleitet. Dabei zeigen sich große individuelle Unterschiede in der Ruffreudigkeit; manchmal verlaufen Begattungen auch lautlos. Ein echter Fütterlaut fehlt. Von heftig bettelnden Jungen bedrängte Altvögel lassen ab und zu laute „Chrup“-Rufe ertönen. Erhöhter Erregungszustand, etwa beim Flüggewerden der Jungvögel, führt zu einem Anstieg der Rufhäufigkeit. Wahrscheinlich motivieren die Eltern durch die vielen Rufe zum gemeinsamen Abflug. Beim Drohimponieren (Kap. 6.4) und beim Imponiergrüßen, einer Mischform zwischen Gruß und Drohimponieren (PEGORARO 1992), stoßen die Waldrappe bei jeder Aufwärtsbewegung des Kopfes einen deutlichen, meist recht lauten Ruf aus.

Zeitmuster der Rufaktivität: Die saisonale Verteilung der Rufhäufigkeit folgt dem Zeitmuster der begleitenden Verhaltensweisen (PEGORARO & THALER 1985). Maximalwerte ergeben sich während der Zeit der Paarbildung. Während der Brutzeit geht die Anzahl zurück und erreicht ihr Minimum, wenn die Jungen geschlüpft sind. Ein neuerlicher, geringer Anstieg ergibt sich im Rahmen der Herbstbalz im September (vgl. PEGORARO 1983, SAHIN 1990). Bei

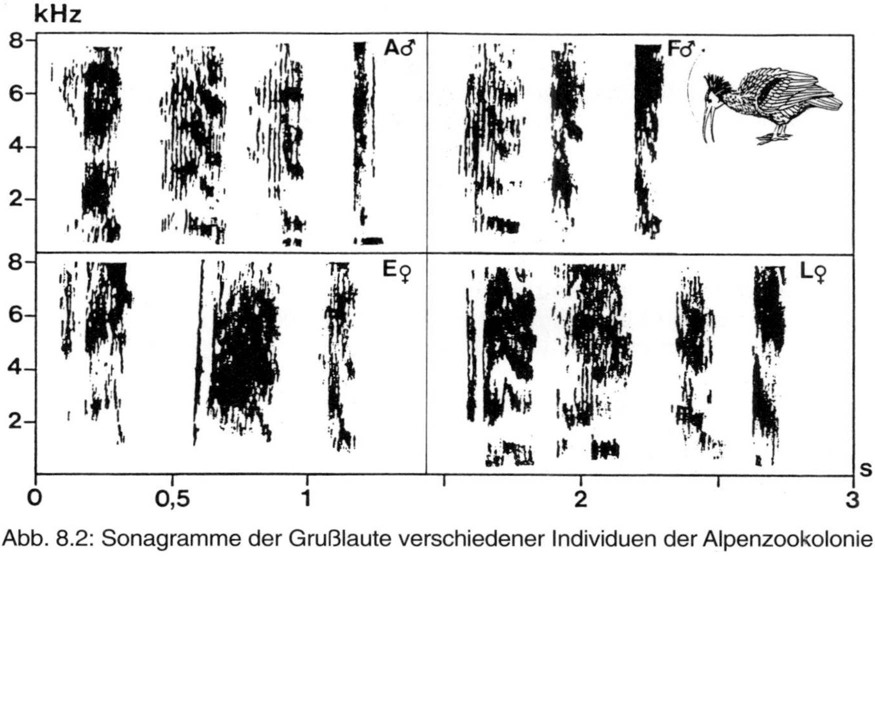

Abb. 8.2: Sonagramme der Grußlaute verschiedener Individuen der Alpenzookolonie.

kinderlosen Horstbesitzern dauern paarstimulierende Verhaltensweisen und somit auch die Ruffreudigkeit während Brut und Jungenaufzucht der anderen Koloniemitglieder unvermindert an. In der Gesamtzahl der Rufe zeigen sich deutliche individuelle Unterschiede. So war 1984 - 1986 das Männchen A mit insgesamt 2858 „Chrup"-Rufen am stärksten, das Weibchen N mit 580 am wenigsten aktiv. Männchen rufen im Mittel etwa doppelt soviel wie Weibchen.

Besonders im Freiland zeigt sich ein tageszeitlicher Rhythmus. So werden an den Brut- oder Schlaffelsen kurz nach Sonnenaufgang vor dem gemeinsamen Abflug in die Nahrungsgründe viele „Chrup"-Rufe ausgestoßen. Der morgendlichen Ruffreudigkeit dürfte stimulierende und synchronisierende Funktion zukommen (vgl. SAHIN 1990). Dasselbe zeigt sich nach der abendlichen Rückkehr. Untertags rufen die Tiere vor allem bei gemeinsamer Rast. Die Nahrungssuche verläuft größtenteils lautlos. Während Brut und Jungenaufzucht sind vornehmlich die Ablösungen am Nest von erhöhter Rufaktivität begleitet (vgl. KUMERLOEVE 1965).

Individuelle Variation: Heute wird individuelles Erkennen als weitverbreitetes Phänomen in Vogelgesellschaften angesehen. Persönliches Kennen der Partner anhand von Lauten ist vor allem für koloniebildende Arten nachgewiesen (s. EMLEN 1972, FALLS 1982, STODDARD & BEECHER 1983). Voraussetzung dafür sind die individuelle Variation und Konstanz der Signale. Die optischen oder akustischen Merkmale der Individuen müssen so voneinander abweichen, daß die Unterschiede vom Empfänger wahrgenommen werden können.

Mit dem Ohr können Vögel nach FALLS et al. (1982) feinere Unterschiede erkennen, als es dem Menschen möglich ist. Die in den letzten Jahren experimentell ermittelten Werte von Frequenz- und Zeitauflösungsvermögen entsprechen den besten, die bei Wirbeltieren, einschließlich dem Menschen, festgestellt wurden (BAUER 1989). Im Laufe meiner Untersuchungen wurde mir bewußt, daß sich der „Chrup"-Ruf am besten zum Partner-Erkennen eignet. Dieser Laut begleitet, wie eingangs beschrieben, verschiedene paarstimulierende und -bindende Verhaltensweisen und wird vorrangig im Paarkontakt verwendet. Welche Kriterien sprechen nun dafür, daß die Rufe individuell variieren und die Vögel einander daran erkennen? Erste Anhaltspunkte ergaben Ergebnisse von Klangattrappenversuchen, die an Jungvögeln im Alpenzoo Innsbruck durchgeführt wurden. Die sechs von den Eltern getrennten flüggen Jungen zeigten nur auf das Vorspielen der elterlichen Laute heftige Reaktionen; auf die Rufe der anderen Koloniemitglieder reagierten sie wenig bis gar nicht.

Den einfachsten subjektiven Hinweis stellt die Unterscheidungsfähigkeit im menschlichen Hörbereich dar. So war ich nach wenigen Monaten im Alpenzoo in der Lage, die „Chrup"-Rufe bestimmter Individuen aus der Gruppe

„herauszuhören". Das Weibchen B etwa klang sehr leise, tief und schnarrend. J_2, ein Männchen, fiel durch seine lauten, abrupt endenden Rufe auf. Auch die Gestalt der Sonagramme der einzelnen Individuen unterscheidet sich schon auf den ersten Blick. Bei einem Kontrollversuch mit einem ungeübten Beobachter wurden nach Ähnlichkeiten 36 von 38 Sonagrammen richtig zugeordnet. Die Vermessung und statistische Auswertung von 461 guten, klaren Sonagrammen (vgl. Bailey & Baker 1982, Mc Gregor & Krebs 1982, Sparling 1983, Zann 1984, Pfister 1988) ergab, daß sich die Laute – trotz großer intraindividueller Bandbreite – in den gewählten Frequenz- und Zeitparametern signifikant unterschieden. Dazu ist noch anzumerken, daß die Sonagramme Details zeigen, die weit unter dem Auflösungsvermögen der Vögel liegen (Brooks & Falls 1975). Dies bedeutet, daß uns in dieser Darstellungsform einiges an Information vorenthalten bleibt. Weitere Aufschlüsse können in Zukunft moderne computergestützt Analysen geben, wie sie z.B. von Chabot (1988) an Walen angewandt wurden.

Da menschliche optische Empfängerqualitäten jenen der Vögel ähneln, fiel es mir nicht schwer, die Waldrappe der Alpenzookolonie anhand ihrer individuellen Kopfzeichnung zu unterscheiden.

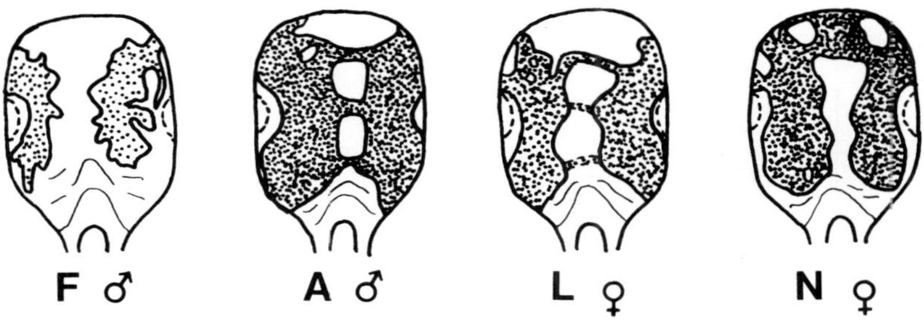

Abb. 8.3: Vier verschiedene Kopfzeichnungen adulter Waldrappe.

8.2 Der „Gruh"-Ruf

Der ebenfalls einsilbige „Gruh"-Ruf (Pegoraro 1983) wird in der Literatur weitaus seltener beschrieben. Aber auch für ihn konnte ich einige lautmalerische Umschreibungen finden, die wie folgt klingen: „gru" (Wackernagel 1964), „gä, grü, gr" (Bauer & Glutz 1966), „ouahh yooohhh" (Rencurel

1974), „ga, gr, gu“ (CRAMP & SIMMONS 1977), „hoop hoop“ (HIRSCH 1979 a), „Chruh-/Gruuh“ (THALER et al. 1981), „couahh, yooohhh“ (SOOTHILL & SOOTHILL 1989).

Der einfache Ruf besteht aus ein bis maximal drei Elementen. Er dauert im Mittel 193,52 ± 61,05 ms (n = 111). Im Sonagramm können die Frequenzbänder in verschiedenen Tonhöhen unterschiedlich geformt sein. Waagrechte bis leicht abfallende, seltener etwas ansteigende, leicht wellen- und verkehrt schüsselförmige Balken, die auch unterbrochen sein können, herrschen vor. Oft sind die mittleren Tonhöhen nur schwach vertreten oder fehlen ganz. Ein starkes Grundfrequenzband mit schwachen Obertönen stellt das häufigste Erscheinungsbild dar. Bei manchen Individuen, etwa beim Weibchen B, dominieren wiederum die Obertöne. Die intraindividuellen Unterschiede sind so groß, daß in einer Rufreihe jeder Laut vom menschlichen Gehör unterschiedlich wahrgenommen wird. In meinen Protokollen habe ich die Klangbilder als grunzend, dumpf, quakend über stöhnend, rauh, heiser bis hell, piepsend und sehr zart beschrieben.

Häufig werden mehrere Rufe unrhythmisch gereiht. Eine Art Duett entsteht, wenn zwei Vögel - meist sind es die Partner - abwechselnd rufen. Auch dieser Ruf tritt als Doppellaut („Gruh-huh“) auf.

Beim „Gruh“-Ruf handelt es sich um einen unspezifischen Erregungslaut; er drückt also Erregung aus, nicht aber die Art der Stimmung (TSCHANZ

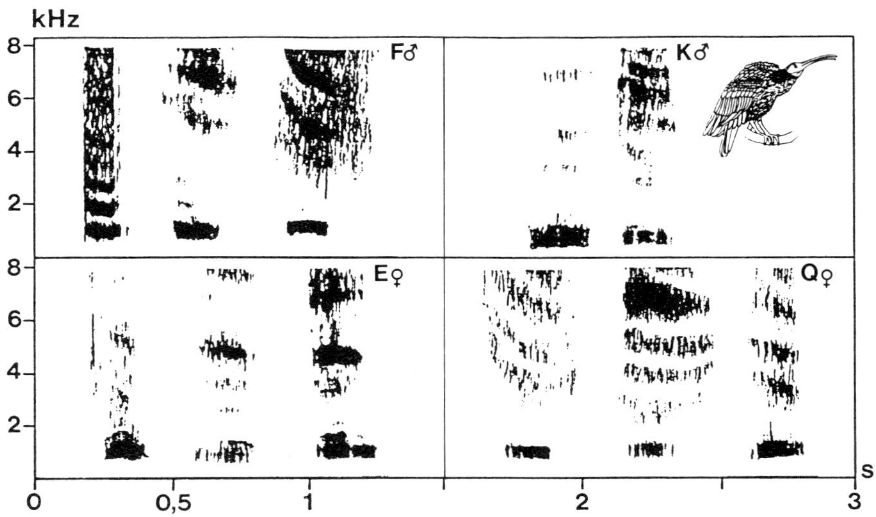

Abb. 8.4: Sonagramme der Erregungslaute (Gruh-Rufe) verschiedener Individuen der Alpenzookolonie.

1968). Darüber werden die Gruppenmitglieder durch die begleitenden Verhaltensweisen informiert. Der Erregungsgrad wird offensichtlich durch die Anzahl der Rufe und die Intensität des zugehörigen Verhaltens angezeigt.

Während des Rufens selbst verharren die Waldrappe unbeweglich mit erhobenem Kopf. Durch die geblähte rote Kehle wird zusätzlich ein optisches Signal gesetzt; die Zungenbeinhörner treten dabei deutlich hervor. Der Blick wirkt starr; Nickhautblinkern tritt auf. Das Gefieder ist angelegt, und die Flügel werden locker getragen. Männchen und Weibchen rufen etwa gleich häufig; es zeigen sich aber große individuelle Unterschiede. Auch der „Gruh"-Ruf dürfte trotz beträchtlicher intraindividueller Variation individuell verschieden sein. Wie bereits angeklungen (Abb. 8.4), lassen die Sonagramme darauf schließen. Es ist anzunehmen, daß die Partner einander an diesem Laut ebenfalls erkennen. Im Freiland reagieren sie auf den „Gruh"-Ruf aus großer Entfernung.

Dieser allgemeine Erregungsruf wird in verschiedensten Situationen eingesetzt. In Phasen erhöhter positiver Erregung, wie etwa bei der Balz, begleitet er paarbildende Verhaltensweisen; gut synchronisierte Paare sind in der Regel weniger ruffreudig. Die oben genannten „Duette" dürften bei paarungswilligen Individuen der Gleichstimmung dienen. Häufig drückt er auch Unentschlossenheit und Konflikt aus, etwa wenn ein Weibchen pausenlos von einem Männchen verfolgt wird. In diesem Kontext sind auch die gehäuften Rufe der „Besucher" (Kap. 6.11), wie sie in Bireçik zu hören waren, zu verstehen. Der „Gruh"-Ruf wirkt stark stimmungsübertragend und dürfte der Gruppensynchronisation dienen. Aufregende Ereignisse, wie der Schlupf, werden oft mit diesem Ruf kommentiert. Die Waldrappe verfügen über keinen echten Warnlaut. Im Freiland reagieren sie sofort auf die Rufe anderer Arten, z.B. des Turmfalken. Bei Störungen aller Art (vgl. Smith 1965) werden „Gruh"-Rufe ausgestoßen. Während ich sie in Marokko relativ selten hörte, nahm die Anzahl in Bireçik – auch im Verhältnis zu Volierenvögeln – riesige Dimensionen an. Dies läßt sich durch die vielen menschlichen Störeinflüsse und die Anwesenheit der zahmen Waldrappe, aber auch durch die ungewöhnlichen Lebensumstände in der Waldrappstation erklären. Am Abend, wenn sich die Adulten der Wildpopulation auf dem Volierendach sammelten, gruhten sowohl diese als auch die gekäfigten Vögel heftig. Die unnatürliche Trennungssituation schien allabendlich für Aufregung zu sorgen. Besonders viele Rufe wurden nach dem Raub zweier Jungvögel durch einen Adlerbussard ausgestoßen. Als die Eltern aus den Nahrungsgebieten zurückkehrten, war das Nest leer; das einzige überlebende Junge hatte sich in den Nachbarhorst gerettet. Ungefähr anderthalb Stunden gruhten die Eltern fast pausenlos, andere Altvögel stimmten immer wieder ein. Ähnlich reagierten Eltern auf den Absturz eines fast flüggen Nestlings vom Nistbrett. Hier scheint es sich um eine Art Nachrichtenübermittlung zu handeln: Der rufende Vogel stimmt andere auf ein ungewöhnliches, aufregendes, vielleicht beängstigendes Geschehen ein. Als ein Junges in der Aufzuchtvoliere aus dem Nest stürzte und jammernd am Boden umherirrte, reagierten nicht nur die freifliegenden, sondern auch die immaturen Vögel in der etwa 40 m entfernten Voliere mit Erregungsrufen.

Zeitmuster der Rufaktivität: Wie es auch für die „Chrup-Rufe" gilt, werden die meisten Erregungslaute während der Balz ausgestoßen. Schlupfbeginn und Ausfliegen der Jungen werden von geballtem „Gruhen" begleitet. Einige Individuen rufen nochmals verstärkt im Herbst.

In Bireçik war ein tageszeitlicher Rhythmus zu erkennen, der etwa jenem der „Chrup"-Rufe entsprach.

8.3 Meckern

Diesen Ruf habe ich nach dem Klang benannt; er klingt meckernd bis schnarrend und könnte lautmalerisch mit „ä-ä-ä" umschrieben werden. Meist wird er sehr leise gebracht, ist also an extremen Nahkontakt angepaßt. Er kann

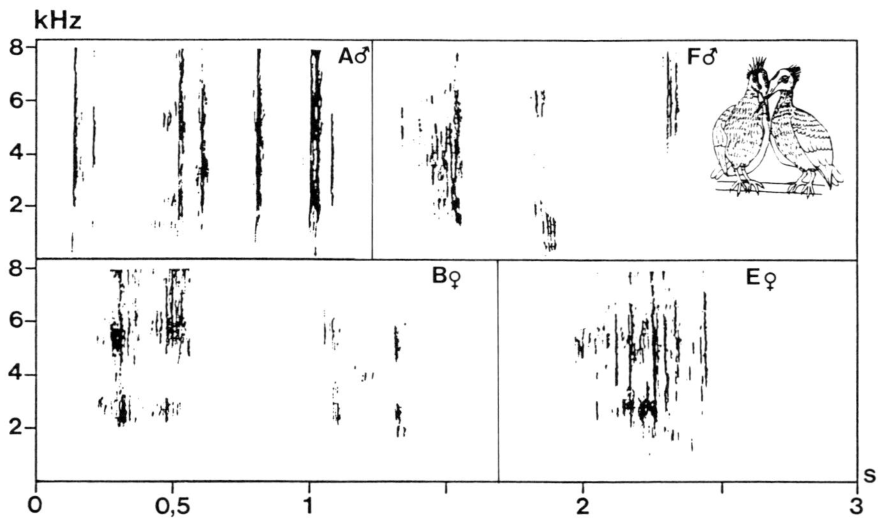

Abb. 8.5: Sonagramme der Meckerlaute verschiedener Individuen der Alpenzookolonie.

sich aber bei erhöhter Erregung zu größerer Intensität steigern. Er stellt ein kindliches Relikt dar, eine Fortführung des Bettellautes, und wirkt beschwichtigend. Meckern ist auf Situationen im engen Paarkontakt beschränkt, etwa im Horst bei Präsentation von Nistmaterial (Kap. 6.5), gemeinsamen Nestbauhandlungen, sozialer Gefiederpflege und Kopulationsaufforderungen. Männchen meckern etwas mehr als Weibchen; die individuellen Unterschiede sind wiederum sehr groß. Und es zeigt sich auch hier wieder, daß gut synchronisierte Paare weniger rufen.

Die Meckerlaute sind ein bis mehrsilbig und bestehen aus kurzen, oft pulsartigen Kurzelementen. Zwischen „Chrup“-Rufen und Meckern ist keine eindeutige Abgrenzung möglich; vielmehr zeigen sich fließende Übergänge.

Saisonaler Verlauf: Der jahreszeitliche Verlauf folgt in der Regel jenem der „Chrup“-Rufe; Maxima zeigen sich zur Zeit der Anpaarung. Während Brut und Jungenaufzucht wird insbesondere bei den Ablösungen viel gemeckert. Im Alpenzoo zeigt sich ab Mitte September wieder ein leichter Anstieg.

8.4 Sonstige Laute und Geräusche

Hält der Vogel Nistmaterial oder Futter im Schnabel, entstehen schnarrende Laute, die wie „grrr, grarr, gurr“ oder ähnlich klingen. Sie lassen sich als verzerrte Meckerlaute oder entstellte „Chrup“- bzw. „Gruh“-Rufe interpretieren. Der kindliche Flugübungslaut bleibt, wie bereits in Kap. 7.6 erwähnt, im Repertoire enthalten. Auch bei heftigen Angriffen tritt manchmal ein Quaken auf, das eher dem Aggressionslaut älterer Jungvögel als dem „Chrup“-Ruf entspricht. Außerdem treten Nies- und Hustgeräusche, Stöhnen, Jammerlaute und geräuschhaftes Gähnen auf. An Instrumentallauten sind Schnabelknacken, -knappen und -klappern zu erwähnen. Schnabelknacken ertönt beim Reinigen des Schnabels; Schnabelknappen taucht bei Erregung auf, begleitet von Nickhautblinkern und Übersprungbewegungen. Besonders häufig beobachtete ich es bei immaturen Waldrappen, die fremde Nester besuchten. Beim Nachimponieren, beim defensiven Drohen, manchmal auch beim Landeimponieren wird gereiht mit dem Schnabel geklappert. Schnabelgeräusche werden während Kopulation und Kopulationsaufforderung (Kap. 6.6) von den ineinandergreifenden Schnäbeln bei den zitternden Seitwärtsbewegungen erzeugt.

9 Tageszeitliche Aktivität

Waldrappe sind tagaktiv. Mit anbrechender Morgendämmerung beginnt die Kolonie zu erwachen. Die Vögel werden nach und nach munter, gähnen, strecken sich und widmen sich der Gefiederpflege. Sie begrüßen einander mit „Chrup"-Rufen, paarbindende Verhaltensweisen treten auf. Schließlich werden die Vögel zunehmend unruhig und beginnen umherzuflattern.

Wie bereits erwähnt, nächtigten die türkischen Waldrappe außerhalb des unmittelbaren Brutbereichs, sobald die Nestlinge nicht mehr gewärmt wurden. Bei Tagesanbruch flogen sie nach und nach auf das Nistbrett. Da Sichtkontakt zwischen Nestern und Schlafplatz herrschte, war bereits vorher eine gewisse Kommunikation zwischen Jungvögeln und Eltern möglich. So bettelgrüßten Junge etwa in Richtung Volierendach, wo die Gruppe der Altvögel die Nacht verbrachte. Am Nistbrett schliefen oder ruhten einige Altvögel noch etwas länger. Sie begrüßten und kraulten die Küken und ordneten die Nester, wie es auch in in den marokkanischen Kolonien bei Tagesanbruch üblich ist. Gefüttert wurde in beiden Gebieten nicht. Die Jungvögel bettelten, streckten sich ausgiebig und vollführten Flugübungen. In der folgenden Stunde verließen die Altvögel in kleinen Gruppen die Waldrappstation in Bireçik. Die Nestlinge blieben alleine zurück, schliefen oder ruhten, beschäftigten sich miteinander oder erkundeten gemeinsam das Nistbrett. Manchmal kehrten Eltern bald darauf kurzzeitig zu ersten Fütterungen zurück, meist jedoch erst mindestens drei Stunden später (vgl. Kumerloeve 1965). In Marokko bleibt normalerweise auch in der späten Nestlingsphase nach dem morgendlichen Abflug fast immer ein Altvogel am Horst. Bereits kurze Zeit danach kommen die ersten Vögel zu Ablösungen an die Brutfelsen zurück. Die letzten Gruppen fliegen erst ab, wenn andere schon längst wieder von den Nahrungsgründen zurückgekehrt sind.

Für die Nahrungssuche wird/wurde in beiden Gebieten viel Zeit investiert. Während der Nestlingszeit begeben sich die marokkanischen Vögel, wo es noch möglich ist (vgl. Kap. 6.11), nahe den Brutplätzen auf Nahrungssuche. In den wechselnden Nahrungsgründen kann man zu allen Zeiten ganztags

Waldrappe antreffen. Besonders mittags sind ausgedehntere Ruhepausen eingeschoben (vgl. Rencurel 1974). Während die Immaturen tagsüber großenteils den Kolonien fernbleiben, kehren die Brutvögel abwechselnd zu den Ablösungen an die Horste zurück. Auch Nichtbrüter trifft man untertags an den von ihnen besetzten Nestern an. Zu bestimmten Tageszeiten kann man die Vögel regelmäßig an Wasserstellen beobachten.

In Bireçik kehrten die Waldrappe während der heißesten Mittagsstunden in die Station zurück und ruhten im Schatten auf dem Volierendach. Die Jungen hingegen waren auf dem Nistbrett der prallen Sonne ausgesetzt, lagen meist hechelnd und bewegungslos mit geplustertem Gefieder in den Nestern. Nur selten flog ein Altvogel für kurze Zeit auf das Nistbrett, ab und zu etwas länger, um ein Sonnenbad zu nehmen. Sonst ruhten Eltern, die zur Jungenpflege aus den Nahrungsgründen zurückkehrten, untertags auch auf dem Nistbrett, manchmal im Nest liegend. In Abb. 9.1 sind, bedingt durch die unterschiedliche tageszeitliche Aktivitäten marokkanischer und türkischer Waldrappe, zeitversetzte Verläufe der Fütterfrequenz zu sehen.

Der abendliche Einflug der marokkanischen adulten und immaturen Waldrappe an die Brutfelsen bzw. zu den Schlafplätzen findet bei einbrechender Dämmerung statt . Anfangs fliegen nur einzelne bis wenige Individuen ein,

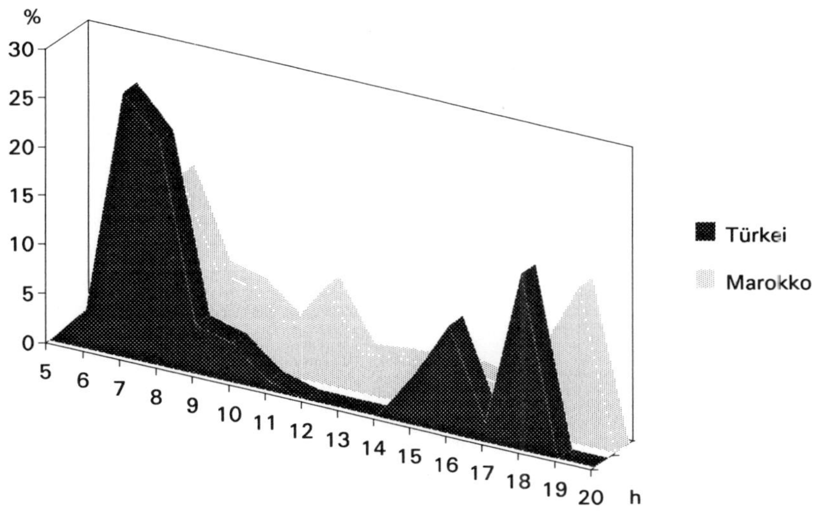

Abb. 9.1: Tageszeitlicher Verlauf der Fütterfrequenzen in der türkischen Kolonie und in den Atlantikkolonien (vgl. Malin 1990), Jungvögel werden nicht mehr gewärmt; Ordinate: relative Häufigkeit der Fütterungen. Abszisse: Ortszeit.

wenig später folgt meist ein großer Trupp. In der typischen Flugformation, die einem ungleichschenkligen V gleicht, nähern sich die Vögel, oft zwischendurch kreisend, der Felswand. Bei Bireçik fielen die Waldrappe abends jeweils zu zweit oder zu dritt, kurz aufeinanderfolgend in die Station ein.

Teilweise wird der Brut- bzw. Schlafbereich danach wieder kurzzeitig verlassen. Um diese Tageszeit sind besonders viele Ablösungen zu beobachten. Die Jungen werden versorgt; teilweise ruhen und schlafen die Eltern bereits am Nest. In der türkischen Kolonie sammelten sich die Altvögel anschließend während des raschen Einbruchs der Dunkelheit auf dem Volierendach. Anfänglich herrschte recht große Unruhe. Beim Landen einzelner Individuen flog die gesamte Gruppe auf. Als Ausdruck der allgemeinen Erregung waren Drohgesten, gruppenbezogene und paarbindende Verhaltensweisen (Thaler et al. 1981, Pegoraro 1983) häufig zu sehen. Die Vögel stießen viele „Chrup"- und „Gruh"-Rufe aus. Sie betrieben Körperpflege, ruhten und schliefen mit geringer Individualdistanz von maximal 50 cm. Ähnlich – wenngleich meist weniger hektisch – geht es am Abend auch an den marokkanischen Schlafplätzen zu.

10 Ursachen für den Rückgang der Art

10.1 Ostpopulation

„... Schon lange hatte ich gesehen, daß es auf der Insel das Kostbarste gab, was das Land ornithologisch bieten konnte: wohl 20 Mähnenibisse (*Geronticus eremita*) liefen dort umher wie die Truthühner. Wie gern hätte ich dazwischen geknallt. Aber ringsum waren ja eine Menge Araber und zwar nicht die besten! Und der Eingeborene dort hält den Ibis für heilig. So versuchte ich zunächst, die Vögel zu photographieren und kam auch auf vielleicht 30 Schritt heran. Sie wurden aber sehr bald scheu und als ich es schließlich bei einer Gelegenheit riskierte, mußte ich schon weiter schießen und konnte mit 5 Schüssen Nr. 4 keinen mehr zur Strecke bringen. Sie müssen sehr zähes, hartes Gefieder haben ...“ (WEIGOLD 1912/13)

Ähnliches berichtete bereits TRISTRAM (1882). Er wurde von seinem Gastgeber heimlich an einen Rastplatz des heiligen Vogels geführt, wo er ungesehen die gewünschte Anzahl abschießen konnte. Für DANFORD (1880) hatte gar der Gouverneur selbst zum Gewehr gegriffen. Der Verfasser zollte ihm ganz besondere Anerkennung für den erlegten Waldrapp, weil es sich um einen „halb-heiligen“ Vogel handelte. Nach WEIGOLD (1921) soll diese Tat den Beamten die Stellung gekostet haben. Aus diesen Zitaten sind wohl zwei Dinge zu ersehen: Zum ersten wird klar, daß der „Kelaynak“ (=türkisch: Waldrapp) für die Bewohner Bireçiks tabu war. Außerdem zeigt sich die damals wenig ruhmreiche Rolle der Ornithologen in Sachen Artenschutz (s. BUCHHEIM 1921). AHARONI, der sich über den Raubbau an den Waldrappkolonien heftigst beklagte, brachte bzw. versandte mehr als 100 Eier und fast ebensoviele Bälge und 30 lebende Jungvögel von der letzten syrischen Kolonie bei Palmyra nach Europa (WEIGOLD 1921, AHARONI 1932). So erhielten verschiedene Deutsche und Schweizer Zoologischen Gärten syrische Waldrappe. Von AHARONI wissen wir auch, daß der Waldrapp in Syrien keinesfalls tabu war. In seinen ideell verwerflichen Ausführungen von 1928 und 1929 führte er den Rückgang in Syrien allein auf die Jagd durch Beduinen zurück. So sollen diese in Scharen über die Kolonien hergefallen sein, alle Nestlinge geköpft und aus den Horsten geworfen haben.

Die großteils moslemische Bevölkerung Bireçiks glaubte, daß die Waldrappe die Seelen Verstorbener tragen. Einer Legende nach soll Noah neben einer Taube (Friedenssymbol) und einer Schwalbe (Symbol einer neuen Ära), auch „Abu Mengel", einen schwarzen Ibis, von der Arche entlassen haben. Letzterer wies Noah den Weg vom Berg Ararat zu einem kleinen Haus (Bir-evçik = türkisch: ein kleines Haus) in einer fruchtbaren Flußniederung (Hirsch 1979 a). Außerdem galt der Waldrapp infolge seines Aufbruchs in die südlichen Winterquartiere als Führer der Mekkapilger (Hirsch & Schenker 1977, Schreiber et al. 1987). Bis etwa 1958 wurde seine Ankunft in Bireçik als Frühlingsbeginn festlich begangen. Kähne und Flöße wurden am Euphratufer festgebunden und Opfertiere, vornehmlich fehlerlose Hammel, von der Stadtverwaltung geschlachtet und an die arme Bevölkerung verteilt. Durch die große Zahl der Zuwanderer aus dem Osten, die die Verehrung für den Waldrapp nicht teilten, und die Fertigstellung der Euphratbrücke 1959, als die Fährleute - Hauptträger des Festes - ihr Gewerbe aufgaben, geriet der Brauch in Vergessenheit (vgl. Porter 1973). Von Fang, Abschuß und Ausnehmen der Nester blieben die Waldrappe jedoch weiterhin verschont.

Der große Einbruch der osttürkischen Kolonie trat Ende der fünfziger Jahre ein. Der bereits erwähnte Brückenbau führte zu vermehrtem Verkehrsaufkommen; Bireçik lag fortan an einer wichtigen Verbindungsstraße vom Landesinneren zum Mittelmeer. Der damit einhergehende wirtschaftliche Aufschwung zog viele Bewohner ländlicher Gebiete an. Durch den großen Bevölkerungszuwachs wurde die Bautätigkeit im Umkreis der Zitadelle und in der Nachbarschaft der Brutplätze im Stadtkern angekurbelt (Kumerloeve 1965). Den vom Kastell überragten Brutfelsen sollen die Waldrappe jedoch bereits 1956/57 verlassen haben, weil es zu starken Abbrüchen des bröckligen Kreidegesteins kam. Die verbliebenen Vögel brüteten an einer Felswand im Stadtkern, in deren Umgebung heftig gebaut wurde. Der Brutsims lag bald in Höhe der gegenüberliegenden Hausdächer (Kumerloeve 1967, Raethel 1967) und versank zusehends in einem Meer von Fernsehantennen. Direkte menschliche Störungen nahmen zu. So wurden Bauschutt und Müll von den oberhalb der Kolonie erbauten Häusern über den Brutfelsen gekippt. Die schützenden Felsüberhänge brachen ab, der Sims neigte sich nach vorne. Eier fielen aus den Nestern in den Abgrund (Hirsch & Schenker 1977). Die Vögel gerieten durch Arbeiter in Nestnähe in Panik, flogen auch während des Brütens immer wieder auf. Noch nicht flügge Jungvögel stürzten in Schrecksituationen vom Nistplatz. Die Nester konzentrierten sich schließlich auf jenen Teil, der von menschlichen Eingriffen weitgehend verschont blieb. Dort machte den Vögeln in der Folge starke Raumnot zu schaffen. KUMERLOEVE (1974) beobachtete daß Kinder Steine nach den Waldrappen warfen und sie verjagten, ohne von den Eltern ermahnt zu werden. Er berichtete auch (KUMERLOEVE 1967) von wiederholten Zusammenstößen zwischen Waldrappen und Zuchttaubenschwärmen, die auf demselben Sims zur Brut schritten. All diese Vorkommnisse lassen sich auf schwindende Tabu-Vorstellungen der Bevölkerung und geringes Interesse der Behörden zurückführen.

Zunehmende Erschließung und Veränderung des Gebiets engten den Lebensraum der Waldrappe immer mehr ein. So haben die Trockenlegung von Uferbereichen und der Stau des Euphrat bei Keban den Hochwasser-Rhythmus beeinträchtigt und Grundlagen für die Intensivierung der Landwirtschaft geschaffen (GÜRTLER 1989, VAN DEN HOMBERGH 1989). Überall wuchsen Strommasten in die Höhe. Schließlich wurde einer der drei letzten Waldrappe das Opfer einer Hochspannungsleitung.

Bereits Anfang der fünfziger Jahre wurde mancherorts als Folge massiver ausländischer Werbung mit dem Einsatz von Pestiziden, insbesondere dem billigen DDT, begonnen. Zwischen 1956 und 1959 führten sowohl Landwirtschafts- als auch Gesundheitsministerium intensive Insektizid-Sprühaktionen gegen Wanderheuschreckenplagen bzw. Malariaepidemien durch. Nach AKÇAKAYA (1990) war die Konzentration von DDT und seinen Derivaten zeitweise so hoch, daß alles natürliche Leben in dem Gebiet weitgehend vernichtet wurde. Auch Haustiere fielen diesen Aktionen zum Opfer, viele Menschen erkrankten. Letzteres führten die Ministerien jedoch auf eine zweckentfremdete Nutzung von gebeiztem Saatgut zurück. 1957/58 wurden nach Mitteilung von ALKAN (in KUMERLOEVE 1962), einem Bireçiker Arzt, mindestens 200 tote Waldrappe gefunden und auch später waren verendete Vögel nicht selten. Nach HIRSCH (1980) waren es sogar 600 - 700 Kadaver, die zwischen 1958 und 1959 im Stadtgebiet eingesammelt wurden. Chemische Analysen von Eiern und Jungvögeln fanden erst viele Jahre später statt und ergaben lediglich bei älteren Jungvögeln erhöhte Werte von Insektizidrückständen.

Völlig ungeklärt ist, welchen Bedrohungen – sicher ebenfalls menschlicher Natur – die Waldrappe in den Wintergebieten ausgesetzt waren. Die Zahl der Vögel, die nicht aus den Überwinterungsgebieten zurückkehrten, soll jedenfalls zwischen 1979 und 1983 drastisch angestiegen sein (AKÇAKAYA 1990).

10.2 Marokko

Waldrappe wurden in Marokko stark bejagt, zugängliche Horste regelmäßig ausgenommen. Eine Kolonie im Anti-Atlas wurde noch 1974 geplündert (Kumerloeve 1978), eine weitere wenige Jahre später von einer Jagdgesellschaft leergeschossen (Collar & Stuart 1985). Die Vögel wurden in erster Linie von den Einheimischen verzehrt. Viele Individuen wurden für den Handel mit Tiergärten gefangen. So sind heute alle in Zoos gehaltenen Waldrappe marokkanischen Ursprungs.

Mit fortschreitendem wirtschaftlichem Aufschwung nahmen weitere anthropogene Einflüsse Gestalt an (vgl. Riss 1989). So ist, neben der ständigen Plünderung für zoologische Gärten, der Bau eines Staudamms für das Verschwinden der berühmten Kolonie von Aoulouz verantwortlich. Bereits während der Bauarbeiten war die Kolonie auf wenige Paare geschrumpft; heute steht der Brutfelsen inmitten eines Stausees.

Wie uns das Erlöschen eines Brutvorkommens im Mittleren Atlas zeigt, bedrohten der Ausbau des Straßennetzes, teilweise forciert durch die Suche nach Erdöl, und damit einhergehendes verstärktes Verkehrsaufkommen exponierte Brutplätze (Hamel 1975). In den Ebenen und im Atlas spielte die landwirtschaftliche Erschließung der Nahrungshabitate eine wesentliche Rolle. So wurde eine Inlandkolonie durch Trockenlegen eines Feuchtgebietes praktisch ausgelöscht. Im Gebirge florierte zunehmend der Abbau von Bodenschätzen. Insektizide wurden in den marokkanischen Brutgebieten in geringerem Maß benützt. Ende der siebziger/Anfang der achtziger Jahre wurde fallweise DDT gegen Wanderheuschrecken eingesetzt (Meitz 1982, van den Hombergh 1989). Auf den Feldern nahe den letzten Kolonien am Atlantik sollen bislang keine Insektizide verwendet worden sein (Ribi mündl. Mitt.). In diesem Gebiet stellen die Intensivierung der Landwirtschaft und die exzessive Zuwanderung von nomadisierenden Hirten aus den südlichen Trockengebieten die größten Probleme dar. Die Gebiete nahe den Brutfelsen wurden in den letzten Jahren insbesondere zur Anlage von Weizenfeldern radikal gerodet. Da es kaum Bäume gibt, finden die *Ononis natrix*-Zwergsträucher auch als Brenn- und Baumaterial Verwendung. Diese festigen einerseits den Boden, andererseits stellen sie eine Lebensgrundlage für Beutetiere des Waldrapps, wie Schnecken, verschiedene Insekten und Eidechsen dar. Durch den Verlust der natürlichen Vegetation und die zunehmende Bodenverdichtung durch die Bearbeitung mit landwirtschaftlichen Maschinen sind die ehemaligen Nahrungsgründe für den Waldrapp verloren (vgl. Kap. 4.3). Selbst während der Zeit der Jungenaufzucht müssen insbesondere die Brutvögel der südlichsten Kolonie auf weiter entfernte Nahrungsgründe ausweichen. Der akute Nahrungsmangel und der Zwang, ältere Jungvögel alleine am Horst zurückzulassen (Kap. 6.11), dürften auch den geringen Bruterfolg von 1994 verursacht haben: Von 28 Nestern waren am Ende der Nestlingszeit nur noch 18 mit insgesamt 22 Jungen besetzt. Die extensive Weidewirtschaft in ihrer traditionellen Form wirkte sich über das vermehrte Insektenangebot bis zu einem gewissen Grad positiv auf die Nahrungssituation aus. Seit einigen Jahren strömen immer mehr Hirten aus den Saharagebieten mit riesigen Schaf- und Ziegenherden in das Gebiet des Nationalparks ein. Diese Herden fressen alles kahl, sie machen nicht einmal vor dem Getreide der Einheimischen halt. Was von ihnen verschmäht wird, fällt den nunmehr zahlreichen Dromedaren zum Opfer. Diese Überweidung fördert zusätzlich die rasch voranschreitende Verwüstung.

Auch direkte menschliche Störungen sind am Atlantik zur Genüge vorhanden. Fischer legen ihre Höhlenwohnungen im Brutbereich an; sie halten sich auch direkt an den Klippen auf. 1989 war eine dieser Höhlen an Touristen vermietet. Eine zusätzliche Belastung stellt die zunehmende Motorisierung der Anwohner dar. Wenigstens zeigen sich die Waldrappe von gewohnten menschlichen Störungen kaum beeindruckt, auf ungewohnte Ereignisse reagieren sie jedoch sehr empfindlich. So werden die Vögel bei der Nahrungssuche und bei der Wasseraufnahme nördlich von Agadir häufig von Touristen beobachtet und für Fotoaufnahmen verfolgt. Nach meinen Erfahrungen vermögen die Vögel zwischen Einheimischen, die die Vögel ignorieren, und den Touristen sehr wohl zu unterscheiden (vgl. Ruthke 1977) und reagieren bei letzteren dementsprechend verschreckt.

Eine extreme Belastung für die sensiblen Tiere stellen sicher die durch die Nahrungsgründe führenden Lastwagen-, Geländewagen- und Motorradrallyes, oft mit Hubschrauberbegleitung, dar. So fanden 1989 während der Führungszeit der flüggen Waldrappe zwei derartige Veranstaltungen statt (vgl. Malin 1990).

Wo das Gleichgewicht bereits empfindlich gestört ist, gewinnen natürliche Faktoren zunehmend an Bedeutung. Brutfelsen, oder zumindest Teile davon, wurden durch Felsrutsche zerstört (Brosset & Petter 1966, Pegoraro 1992, Pegoraro & Föger 1994). Kleine Kolonien an alten Kasbahs (Befestigungen) waren wegen des raschen Zerfalls der Gebäude nur wenige Jahre besetzt (Kumerloeve 1974, Hirsch & Schenker 1977). Durch geringe Niederschlagsmengen ist der Bruterfolg mittelfristig nicht beeinträchtigt. Wahrscheinlich aber zeitigte große Trockenheit in klimatisch benachteiligten Gebieten, etwa in den Ebenen (Robin 1973), kurzfristige negative Auswirkungen, wie etwa Brutausfälle (vgl. Manry 1985 b). Daß die Trockenheit keinesfalls als Hauptfaktor für den Rückgang der Art eingestuft werden kann, zeigt der rapide Rückgang auch in sehr niederschlagsreichen Jahren.

11 Schutzmaßnahmen

11.1 Alles vergebens: Bemühungen zur Rettung der Ostpopulation

Wegen der unaufhaltsamen Verringerung des Waldrappbestands in Bireçik arbeiteten IUCN/WWF 1972 ein Projekt aus mit dem Ziel, das Überleben der letzten Kolonie im östlichen Verbreitungsgebiet zu sichern. Einige Programmpunkte, wie Belehrung der Bevölkerung und Ausbau der Brutplätze, wurden bald realisiert. Andere wichtige Ziele, etwa Baustopp oberhalb und Abriß der Häuser unterhalb des Brutfelsens, konnten aus rechtlichen und politischen Gründen nicht durchgesetzt werden (Hirsch 1980). Die Verbreiterung und Neugestaltung des Brutsimses brachten keinen Erfolg, die Kolonie erholte sich nicht. Daraufhin wurde 1976 ein Zucht- und Auswilderungsprogramm vom WWF initiiert und von der türkischen Regierung nach anfänglich ablehnender Haltung (Encke 1980 briefl. Mitt.) übernommen. Eine Waldrappstation nahe Bireçik entstand 1977 mit dem Baubeginn der ersten von zwei Volieren und dem Fang von elf Waldrappen. Insgesamt wurden mehr als 40 (!) Individuen gefangen, großenteils zwischen 1977 und 1979. Die Hauptziele der Volierenhaltung waren: (1) die Waldrappe – wie es in Zoos vorkommt – in geringerem Alter zum Brüten zu veranlassen, (2) die Wildpopulation durch in Gefangenschaft erbrütete Vögel zu verstärken und (3) die Kolonie durch die Volierenvögel vom Stadtkern fortzulocken (Hirsch 1980, Akçakaya 1990). Nur das letztgenannte Ziel wurde erreicht. Diese Übersiedlung der Waldrappe aus dem Stadtzentrum in die nahegelegene Waldrappstation trug, wie 1978 von Kumerloeve bereits befürchtet, nicht unerheblich zum Erlöschen der Kolonie bei. Allerdings wäre der Schutz des traditionellen Brutplatzes infolge der Armut der lokalen Bevölkerung kaum durchzusetzen gewesen.

Seit 1984 brütete die mittlerweile auf 13 Individuen reduzierte Kolonie nur mehr im Volierenbereich, großenteils auf einem hölzernen Nistbrett. Dies geht vermutlich auf persönliche Beziehungen zu den gekäfigten Wildfängen zurück. Das Nistbrett stellte jedoch eine unglückliche Lösung dar. Es brachte für die Nestlinge eine Sonnenbelastung ohne schattenspendende Strukturen mit sich und stellte eine Herausforderung für Nesträuber dar (vgl. Kap. 7.4).

Ende der Brutsaisonen 1981 und 1982 wurden Waldrappe aus der Voliere entlassen. Beide Versuche erwiesen sich als Fehlschläge: Mehrere Individuen starben, keines zog mit der Kolonie in den Süden. Da man die Er-

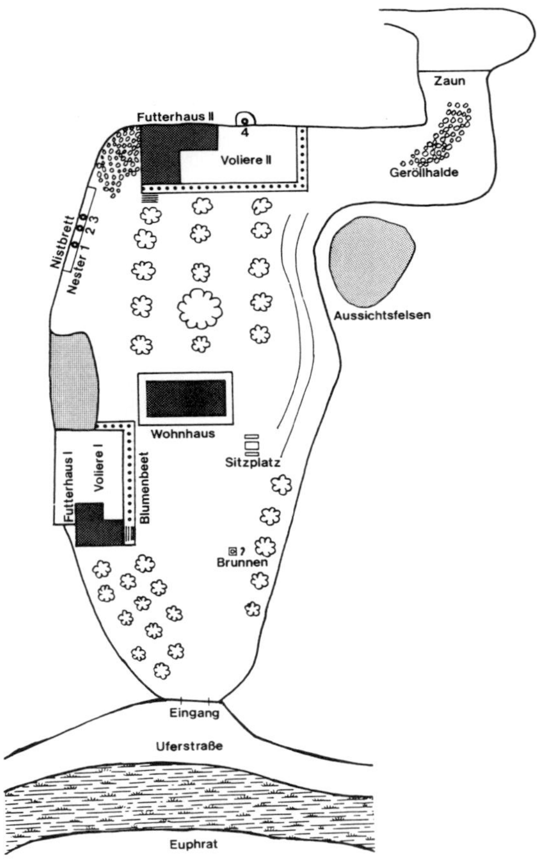

Abb. 11.1: Grundriß der Waldrappstation in Bireçik.

Abb. 11.2: Eine der beiden Volieren und Nistbrett seitlich oben am Felsen (Foto K. PEGORARO).

gebnisse auf den späten Freilassungstermin zurückführte (HIRSCH 1981 Rundbrief), wurde 1984 bereits im März eine erfolglose Auswilderungsaktion gestartet. Insgesamt wurden 67 Vögel in die Freiheit entlassen. Nur zwölf zogen mit der Kolonie in die Überwinterungsgebiete (AKÇAKAYA 1990), und bei diesen handelte es sich wahrscheinlich durchweg um ehemalige Wildfänge. Junge von ausgewilderten Vögeln zogen ohne ihre Eltern mit der Kolonie in das Winterquartier. Diese Jungvögel waren sicher im Nachteil, weil sie in diesem Lebensabschnitt noch viel von den Eltern lernen müssen. Die ausgewilderten Vögel waren nicht auf die Freilassung vorbereitet worden (etwa durch Anbieten von Lebendbeute). Sie scharten sich jeden Abend, gleich Haushühnern, um die fütternden Betreuer. Nur wenige ehemalige Volierenvögel überlebten die harten Winter in Bireçik; 1989 waren nur noch zwei von ihnen übrig (BARIS 1989). Auswilderungen subadulter und adulter Waldrappe sind nicht von Erfolg gekrönt. Dies zeigen auch mehrere Versuche mit unterschiedlicher Methodik, die in Israel durchgeführt worden sind (MENDELSSOHN 1994). Ältere Waldrappe sind in ihrem Verhalten zu starr und zu wenig lernfähig, um in der neuen Umwelt überleben zu können. Wie wir in einer Pilotstudie des Alpenzoos Innsbruck zeigen konnten, sind hingegen Projekte mit Jungvögeln, die unter menschlicher Obhut in den neuen Lebensraum eingeführt werden, erfolgversprechend (THALER et al. 1992,

Abb. 11.3: Nistbrett in der Waldrappstation (Foto K. PEGORARO).

PEGORARO & STABINGER 1992, THALER et al. 1993). Und wie ich in Kap. 3.1 gezeigt habe, sind die Grundzüge dieser Methodik bereits über 400 Jahre alt (GESNER 1557).

Trotz wiederholter Verbesserungsvorschläge von IUCN/WWF wurden die Volierenvögel mangels finanzieller Mittel schlecht gefüttert. Daran konnten auch die türkischen Betreuer, die die Vögel sehr in ihr Herz geschlossen hatten, nichts ändern. Die Volierenjungen starben (SAHIN 1981) oder kamen mit körperlichen Defekten, wie krummen Schnäbeln, Hängeflügeln und verkrüppelten Füßen zum Ausfliegen. Als 1986 wieder einmal keines überlebte, wurden alle sechs Nestlinge der Wildpopulation entnommen.

Die einheimische Bevölkerung war mittlerweile dank der Aktivitäten des WWF, wie Vorträge in Schulen, Verteilung von Postkarten und Ausrichtung des ehemals traditionellen Waldrappfestes, für den Niedergang der Waldrappe sensibilisiert. Außerdem profitierte sie von den Waldrapp-Touristen; an der Hauptstraße wurde sogar ein Hotel „KELAYNAK“ errichtet.

1988 kehrten nur vier Waldrappe aus dem Winterquartier zurück. Dennoch wurde Ende 1988 ein neues Programm ausgearbeitet. Es führte zu dem wohl verspäteten Beschluß, 1989 das Nistbrett zu zerstören und durch sechs hölzerne Nistkästen zu ersetzen (BARIS 1989). Vier freigelassene Paare schritten sogar in Nistkästen zur Brut, gaben diese jedoch bald wieder auf.

Auf zwei natürlichen Felssimsen hingegen wurden Junge aufgezogen. 1989 mußte man einsehen, daß das Schutzprogramm gescheitert war, und man beschloß, sich auf die Zucht einer gesunden Volierenpopulation zu konzentrieren (BARIS 1989). Im Sommer 1992 waren die Volieren erstaunlicherweise leer, die 39 Waldrappe (ALLCHURCH 1992) flogen frei umher (DATHE 1992 briefl. Mitt.). Dies ist die letzte Information, die ich erhalten habe. Wie es heute um die Bireçiker Waldrappe bestellt ist, weiß ich leider nicht.

11.2 Waldrappschutz in Marokko

Der Waldrapp, obgleich seit Beginn der zwanziger Jahre in Marokko gesetzlich geschützt, wurde weiterhin stark bejagt. 1964 verbot die marokkanische Regierung Handel und Ausfuhr von Waldrappen (MEITZ 1982). Zum Schutz der letzten verbliebenen Kolonien schlugen ausländische Organisationen ab Mitte der siebziger Jahre verschiedene Maßnahmen vor. Zum Teil wurden die zahlreichen Ideen ansatzweise verwirklicht, eine vollständige Realisierung war in keinem Fall möglich. So konnte das Staudammprojekt bei Aoulouz, durch welches auch große Greifvogelbrutvorkommen und der ausgedehnte Arganienbestand bedroht waren, nicht verhindert werden. Erschwert wurde die Arbeit der interessierten Organisationen durch ständig wechselnde Gesprächspartner in den marokkanischen Ministerien und Behörden. Manche Maßnahmen, wie etwa die Schaffung neuer Brutplätze duch das Anlegen nicht artgerechter Höhlen, waren zum Scheitern verurteilt.

Seit 1979 arbeiteten WWF/IUCN, die marokkanische Forstbehörde und das wissenschaftliche Institut der Universität Mohammed V, Rabat, an einem Waldrappschutzprogramm. Darin wurde neben bisher nicht verwirklichten Schutzideen ein Konzept für einen Nationalpark zwischen Agadir und Tiznit erarbeitet. Entwürfe für ein Naturschutz- und Nationalparkkonzept wurden eingereicht. Ein zentraler Bereich dieses Gebiets, die Mündung des Massa, war bereits 1962 vom Landwirtschaftsministerium zu einem „réserve biologique“ erklärt worden und stand seit damals unter Schutz. In den achtziger Jahren wurden die Brutplätze und Nahrungsgründe der Waldrappe südlich der Massa-Mündung in Form eines Naturreservats unter Schutz gestellt. Seit damals kontrollieren Mitarbeiter der Forstbehörde besonders zur Brutsaison die Kolonien. Leider fehlen jedoch die rechtlichen Grundlagen, um gegen die massive Umweltzerstörung in diesem Gebiet einzuschreiten. Die Kernzone des 1991 konstituierten Nationalpark Massa-Sous erstreckt sich über eine Fläche von etwa 33.800 ha; einschließlich der Pufferzone ergibt sich eine Gesamtfläche von 72.000 ha (WORLD CONSERVATION MONITORING

Centre 1992). Der Küstenstreifen südlich Agadir beherbergt nicht nur den Großteil der weltweit letzten Waldrappe. Zusätzliche internationale Bedeutung erhält er durch das Vorkommen anderer seltener Tier- und Pflanzenarten. Insgesamt wurden 32Amphibien- und Reptilien-, 265Vogel-, 31 Säuger- und über 100 Pflanzenarten für dieses Gebiet beschrieben (Ozenda 1983, Hirsch 1984, Mellado 1986 unpubl., Mellado & Dakki 1988, Mellado et al. 1988). Die Flußmündungen von Sous und Massa dienen vielen europäischen Brutvögeln, wie Kranich (*Grus grus*), Flamingo (*Phoenicopterus ruber*) und Löffler (*Platalea leucorodia*) als Rast- und Überwinterungsgebiete (vgl. Smith 1965). Schon bald sollen im menschenleeren nördlichen Teil des Gebiets die ehemals heimischen, im nationalen Zoo Temara, Rabat, nachgezüchteten Strauße (*Struthio camelus*), Dorcasgazellen (*Gazella dorcas*), Cuvier's Gazellen (*G. cuvieri)* und Mendes-Antilopen (*Addax nasomaculatus*) wieder angesiedelt werden (Ribi 1994 mündl. Mitt.). Ein erster Auswilderungsversuch von einigen Cuvier's Gazellen scheiterte jedoch: sie wurden von verwilderten Haushunden gerissen (Loggers et al. 1992). Während die in diesem Gebiet von Direktor M. Ribi in Angriff genommenen Maßnahmen zügig vorangehen, sind sie im besiedelten Süden mit großen Schwierigkeiten verbunden. Rasch voranschreitende Intensivierung der Landwirtschaft und Zusiedler aus den trockenen Saharagebieten mit ihren riesigen Schaf- und Ziegenherden stehen in krassem Widerspruch zu den Schutzbemühungen. Die jüngsten Maßnahmen im Rahmen des Waldrappschutzes wurden von Birdlife International durchgeführt. Im Winter 1993/94 wurden an der nördlichen Kolonie, von der ein Teil durch Erosion abgebrochen war (vgl. Kap. 4.2), neue Brutplätze aus dem Fels geschlagen, die in der folgenden Brutsaison jedoch nicht angenommen wurden. Zusätzlich wurde ein marokkanischer Wärter zum Schutz der brütenden Waldrappe finanziert. Die englische Royal Society for the Protection of Birds hat 1994 einen jungen amerikanischen Biologen in das Gebiet entsandt, um weitere Schutzmaßnahmen vorzuschlagen.

Ob die hochinteressante Vogelart Waldrapp als historisches europäisches Faunenelement und als heiliger Vogel des Orients in Zukunft erhalten bleiben wird, hängt letztlich vom guten Willen vieler Menschen und sicher auch von glücklichen Fügungen ab.

Literaturverzeichnis

ABS, M. (1980): Zur Bioakustik des Stimmbruchs bei Vögeln. Zool. Jb. Physiol. 84: 289-382.

AHARONI, J. (1911): An den Brutplätzen von *Comatibis comata*. Ehrbg. Z. Oologie (Stuttgart) 1 (2): 9-11.

AHARONI, J. (1928): Der Waldrapp - *Comatibis eremita* (L.). Orn. Beob. 26: 58-60.

AHARONI, J. (1929): Zur Brutbiologie von *Comatibis comata* Bp. (*Geronticus eremita L.*). Beitr. zur Fortpfl. Biol. Vögel 5: 17-19.

AHARONI, J. (1932): Bemerkungen und Ergänzungen zu R. MEINERTZHAGENS Werk „Nicoll's Birds of Egypt". J. Orn. 80: 416-420.

AKÇAKAYA, H.R. (1990): Bald Ibis *Geronticus eremita* population in Turkey: an evaluation of the captive breeding project for reintroduction. Biol. Cons. 51: 225-237.

ALLAN, D. (1985): The Bald Ibis - a false alarm? Fauna 42: 16-21.

ALLCHURCH, T. (1992): Census of Bald Ibis (*Geronticus eremita*) population and movements at Bireçik, Turkey. In: Waldrapp Ibis - population & habitat viability analysis. CBSG.

ALLOUSE, B.E. (1953): The avifauna of Iraq. Iraq Nat. Hist. Mus. Publ. 3: 12.

BAILEY, E.D. & J.A. BAKER (1982): Recognition characteristics in covey dialects of the Bobwhite Quail. Condor 84: 317-320.

BANNERMANN, D. & J. BANNERMANN (1953): A second journey to the Moroccan Sahara (in 1952) and over the Great Atlas. Ibis 95: 128-139.

BARIS, S. (1989): Final report on the Bald Ibis project. Dogal Hayati Koruma Dernegi. Bebek-Istanbul.

BAUER, H.-G. (1989): Funktionen der Gesangsvariationen beim Gartenbaumläufer (*Certhia brachydactyla* Brehm). Klangattrappenversuche und computergestützte Sonagrammauswertung. - Konstanzer Dissertationen 245.

BAUER, K.M. & U.N. GLUTZ VON BLOTZHEIM (1966): *Geronticus eremita* (Linné 1758) - Waldrapp. In: Handbuch der Vögel Mitteleuropas (NIETHAMMER, G. Hrsg.). Akademische Verlagsgesellschaft Frankfurt/M.: 448-454.

BEKOFF, M. & J.A. BYERS (1982): Kritische Neuanalyse der Ontogenese und Phylogenese des Spielverhaltens bei Säugern: ein ethologisches Wespennest. In: Verhaltensentwicklung bei Mensch und Tier. Parey Berlin Hamburg: 415 - 453.

BERGMANN, H.-H., H. DÜTTMANN, W. ENGLÄNDER & E. THALER (in Vorb.): Chapter 4. Behavior. In: Avian growth and development. Evolution within the altricial-precocial spectrum (STARCK, J.M. & R.E. RICKLEFS Hrsg.).

BEZZEL, E. (1964): Ornithologische Sommerbeobachtungen aus Kleinasien. Anz. Orn. Ges. Bayern 7: 106-120.

BEZZEL, E. (1977): Ornithologie. Ulmer Stuttgart.

BEZZEL, E. & R. PRINZINGER (1990): Ornithologie. Ulmer Stuttgart.

BEZZEL, E. & B. WARTMANN (1990): Neue Beobachtungen des Waldrapps (*Geronticus eremita*) im Jemen. J. Orn. 131: 456-457.

BIERMAN, W.H. (1959): Observations ornithologiques au Maroc. L'Oiseau et R.F.O. 29: 4-39, 99-128, 221-242.

BIRKHEAD, T.R. & A.P. MØLLER (1993): Why do male birds stop copulating while their partners are still fertile? Anim. Behav. 45: 105 - 118.

BLÖSCH, M., G. SCHURZ & B. WARTMANN (1990): Ornithologische Beobachtungen in Nordjemen. Gefied. Welt 114: 247-250.

BROOKS, D.J., M.I. EVANS, R.P. MARTINS & R.F. PORTER (1987): The status of birds in North Yemen and the records of OSME expedition in autumn 1985. Sandgrouse 9: 4-114.

BROOKS, R.J. & J.B. FALLS (1975): Individual recognition by song in White-throated Sparrows III. Song features used in individual recognition. Can. J. Zool. 53: 1749-1761.

BROSSET, A. (1961): Écologie des oiseaux du Maroc oriental. Bull. Soc. Sci. Nat. Phys. Maroc 36: 299-306.

BROSSET, A. & J.-J. PETTER (1966): Dynamique des populations d'oiseaux au Maroc oriental. Bull. Soc. Sci. Nat. Phys. Maroc 46: 399-405.

BUCHHEIM, G. (1921): Vom Memmert zum Ibis nach Mesopotamien. Der Waldrapp 3(2): 8-10.

BURKE, V.E.M. & L.H. BROWN (1970): Observations on the breeding of the Pink-backed Pelican *Pelecanus rufescens*. Ibis 112: 499-512.

CHABOT, D. (1988): A quantitative technique to compare and classify Humpback Whale (*Megaptera novaeangliae*) sounds. Ethology 77: 89-102.

CHABOT, M. (1923): Capture d'un Comatibis comata au Maroc. R.F.O. 8: 89-90.

COLLAR, N.J. & S.N. STUART (1985): Northern Bald Ibis *Geronticus eremita* (Linnaeus, 1758). In: Threatened birds of Africa and its related islands: The ICBP/IUCN Bird Red Data Book 1: 74-108.

COOPER, J. (1980): Fatal sibling aggression in pelicans - a review. Ostrich 51: 183-186.

CRAMP S. & K.E.L. SIMMONS (Hrsg. 1977): Handbook of the birds of Europe, the Middle East and North Africa. Vol. I. Oxford University Press Oxford London New York.

CULLEN, E. (1957): Adaptions in the Kittiwake to cliff nesting. Ibis 99: 275-302.

DANFORD, C.G. (1880): A further contribution to the ornithology of Asia Minor. Ibis (4) 4: 81-99.

DE TARSO ZUQUIM ANTAS, P. (1979): Breeding the Scarlet ibis *Eudocimus ruber* at the Rio de Janeiro Zoo. Int. Zoo Yearbook 19: 135-139.

DECKERT, G. (1964): Nestbau, Jungenaufzucht und postnatale Entwicklung bei der Kohlmeise (*Parus m. major* L.). Beitr. Vogelk. 10: 213-230.

DEETJEN, H. (1964): Nidification de Geronticus auprès de Ouarzazate. Alauda 32: 306-307.

DEETJEN, H. (1968): Notes du Moyen Atlas. Alauda 36: 287.

DUBOIS, P. (1979): Précision du statut de quelques espèces observées au Maroc.

Alauda 47: 43-45.
EDWARDS, T.C.JR. & M.W. COLLOPY (1983): Obligate and facultative brood reduction in eagles: an examination of factors that influence fratricide. Auk 100: 630-635.
EMLEN, S.T. (1972): An experimental analysis of the parameters of bird song eliciting species recognition. Behav. 41: 130-172.
ETCHÉCOPAR, R.D. & F. HÜE (1964): Les Oiseaux du Nord de l'Afrique. Boubée Paris.
ETTEL, E. (1979): Zur Ethologie des Waldrapps, *Geronticus eremita* (L.). Verhalten und Sozialstruktur außerhalb der Brutperiode (Beobachtungen an der Kolonie im Alpenzoo Innsbruck). Lehramtshausarbeit Univ. Innsbruck.
FALLS, J.B. (1982): Individual recognition by sounds in birds. In: Acoustic communication in birds II (KROODSMA, D.E. & E.H. MILLER Hrsg.). Academic Press New York London: 237-278.
FALLS, J.B., J.R. KREBS & P.K. MC GREGOR (1982): Song matching in the Great Tit (*Parus major*): The effect of similarity and familiarity. Anim. Behav. 30: 997 - 1009.
FATIO, V. (1906): Sur le Waldrapp „*Corvus sylvaticus*" de Gesner. Ibis (8) 6: 139-144.
FICKEN, M.S. (1977): Avian play. Auk 94: 573-582.
FISCHER-SIGWART, H. (1914): *Comatibis eremita* Linné oder *Geronticus eremita* L. Der Waldrapp. Orn. Beob. 11: 73-77.
FUJIOKA, M. (1985 a) Sibling competition and siblicide in asynchronously-hatching broods of the Cattle Egret *Bubulcus ibis*. Anim. Behav. 33: 1228 - 1242.
FUJIOKA, M. (1985 b): Food delivery and sibling competition in experimentally even-aged broods of the Cattle Egret. Behav. Ecol. Sociobiol. 17: 67 - 74.
GAMS, H. (1936): Tiroler Naturschutzgebiete. Tiroler Heimatblätter 7/8: 245-252.
GÉROUDET, P. (1965): Du „Waldrapp" de Gessner aux Ibis chauves du Maroc. Nos Oiseaux 28: 129-143.
GESNER, C. (1555): Icones Avium omnium quae in Historia Avium Conradi Gesneri describuntur ... Christoffel Froschouer Zürich.
GESNER, C. (1557): Vogelbuch. Christoffel Froschouer Zürich.
GESNER, C. (1600): Vogelbuch. Johann Sauern Frankfurt/M.
GESNER, C. (1606): Von dem Waldraben *Corvus sylvaticus*. In: Thierbuch. Lancelot Heidelberg.
GOLDNER, J. & W. BAHNMÜLLNER (1985): Frühe bayerische Adelsgeschlechter. Freilassing.
GSTADER, W. (1987): Rote Liste der gefährdeten Brutvogelarten Tirols. Vogelkundl. Berichte und Informationen aus Tirol 1.
GUGGISBERG, C.A.W. (1955): Der Waldrapp. In: Das Tierleben der Alpen. Hallwag Bern: 317-328.
GÜRTLER, W.-D. (1989): Zu Besuch beim Kelaynak - (k)ein Nachruf auf die türkischen Waldrappen. Zeitschr. Kölner Zoo 32: 149-156.
GWINNER, E. (1965): Beobachtungen über Nestbau und Brutpflege des Kolkraben (*Corvus corax*) in Gefangenschaft. J. Orn. 106: 145-178.
GWINNER, E. (1966): Über einige Bewegungsspiele des Kolkraben. Z. Tierpsychol. 23: 28 - 36.
GWINNER, E. (1980): Corvus corax (Corvidae) - Aufzucht der Jungen im Nest (1. - 42. Tag). Publ. zu wissenschaftl. Filmen, Sektion Biologie 13 (25): 3-10.
HABLE, E. (1983): Vermeintliches Phantasiegebilde brütete auch in Graz: Der Waldrapp nistete im Schloßberggefels. NZ, Steirisches Magazin 9: 7.
HABLE, E. (1994): Der Waldrapp *Geronticus eremita* einstmals Brutvogel am Grazer

Schloßberg. Monticola 7: 114-115.
HAGAN, J.M. (1986): Temporal patterns in pre-fledgling survival and brood reduction in an osprey colony. Condor 88: 200-205.
HAMEL, H.D. (1975): Ein Beitrag zur Populationsdynamik des Waldrapps *Geronticus eremita* (L., 1758). Vogelwelt 96: 213-221.
HARTSHORNE, C. (1973): Born to sing. Bloomington Indiana Univ. Press.
HEIM DE BALSAC, H. (1931): La persistence de l'Ibis chauve en Algérie. Alauda 3: 71-73.
HEIM DE BALSAC, H. & N. MAYAUD (1962): Genre Plegadis/ G. Geronticus/ G. Ibis. In: Les Oiseaux du Nord-Ouest de l'Afrique. Paris: 71-74.
HEINZE, J. & N. KROTT (1979): Beiträge zur Vogelwelt Marokkos (2). Vogelwelt 100: 225-227.
HEINZE, J., N. KROTT & H. MITTENDORF (1978): Zur Vogelwelt Marokkos. Vogelwelt 99: 132-137.
HERMAN, O. (1903): Der Kahlrabe (*Geronticus eremita*) sein Denkmal in Ungarn. Aquila 10: 35-65.
HERMAN, O. (1907): Noch einmal über den Kahlraben. Aquila 14: 33-41.
HILDEBRANDT, H. (1927 a): Wie entstand Bechsteins Waldrappbild? J. Orn. 75: 519-522.
HILDEBRANDT, H. (1927 b): Zur Benennung von Alpenkrähe und Waldrapp. Ornithol. Monatsschr. 52: 187-189.
HIRSCH, U. (1976): Beobachtungen am Waldrapp *Geronticus eremita* in Marokko und Versuch zur Bestimmung der Alterszusammensetzung von Brutkolonien. Orn. Beob. 73: 225-235.
HIRSCH, U. (1979 a): Studies of West Palearctic birds. 183 Bald Ibis. Brit. Birds 72: 313-325.
HIRSCH, U. (1979 b): Schopfibisse in der Türkei und in Marokko. Hilfe für den Waldrapp. Wir und die Vögel 11 (2): 12-15.
HIRSCH, U. (1980): Der Waldrapp *Geronticus eremita*, ein Beitrag zur Situation in seinem östlichen Verbreitungsgebiet. Vogelwelt 101: 219-236.
HIRSCH, U. (1984): Nationalpark für Waldrappen. WWF weltweit 3: 16-17.
HIRSCH, U. & A. SCHENKER (1977): Der Waldrapp (*Geronticus eremita*). Freilandbeobachtungen und Hinweise für eine artgemäße Haltung. Zeitschr. Kölner Zoo 20: 3-11.
HÖLZINGER, J. (1987): Die Vögel Baden-Württembergs. Bd. 1, Teil 2. Ulmer Stuttgart.
HÖLZINGER, J. (1988): Waldrapp (*Geronticus eremita*) - Knochenfunde aus der spätrömischen Befestigung Sponeck am Kaiserstuhl. Orn. Jh. Bad.-Württ. 4: 57-67.
HOPF, L. (1907): Der Waldrapp (*Comatibis eremita* HARTERT), ein verschollener europäischer Vogel. Jh. Ver. vaterl. Naturk., Württemberg: 273-278.
HOPPE, D. (1990): Nun ist der Waldrapp aus Eurasien endgültig verschwunden. Gefied. Welt 114: 36.
HOWE, H.F. (1976): Egg size, hatching asynchrony, sex, and brood reduction in the Common Grackle. Ecology 57: 1195-1207.
HUSSEL, D.J.T. (1972): Factors affecting clutch size in arctic passerines. Ecol. Monogr. 4: 317-364.
HÜE, F. (1953): Note sur l'Ibis noir *Geronticus eremita* (L.) au Maroc. Alauda 21: 194.
HÜE, F. & R.D. ECHÉCOPAR (1970): Les oiseaux du Proche et du Moyen Orient. Boubée Paris.
IMMELMANN, K. (1979): Einführung in die Verhaltensforschung. Parey Berlin Ham-

burg.
IMMELMANN, K. (1982): Wörterbuch der Verhaltensforschung. Parey Berlin Hamburg.
INGOLD, P. (1973): Zur lautlichen Beziehung des Elters zu seinem Kücken bei Tordalken (*Alca torda*). Behav. 45: 154-190.
INGRAM, C. (1959): The importance of juvenile cannibalism in the breeding biology of certain birds of prey. Auk 76: 218-226. JAMIESON, I.G., N.R. SEYMOUR, R.P. BANCROFT & R. SULLIVAN (1983): Sibling aggression in nestling ospreys in Nova Scotia. Can. J. Zool. 61: 466-469.
JANETSCHEK, H. (1960): Die Alpen von Zell a. See bis Bregenz. Exkursionsführer zum XI. Internationalen Entomologenkongreß, Wien: 117.
KALAS, S. (1977): Ontogenie und Funktion der Rangordnung innerhalb einer Geschwisterschar von Graugänsen (*Anser anser L.*). Z. Tierpsychol. 45: 174-198.
KEPKA, O. (1971): Die Fauna der Steiermark: 180-181.
KILLERMANN, S. (1911): Der Waldrapp Gesners (*Geronticus eremita* L.). Neue Zeugnisse für sein ehemaliges Vorkommen in Mitteleuropa. Zool. Ann. Würzburg 4: 268-279.
KLEIN, H. (1958): Neue Nachrichten zum Vorkommen des Klausraben (Waldrappen) in Salzburg. Festschr. Naturwiss. Arbeitsgem. Haus d. Natur in Salzburg: 62-64.
KLEINSCHMIDT, O. (1899): Der Waldrapp, *Geronticus eremita* (L.). In: Naumann, Naturgeschichte der Vögel Mitteleuropas Bd. VII. Gera: 199-202. (1908)
KOENIG, L. (1973): Das Aktionssystem der Zwergohreule *Otus scops scops* (Linné 1758). Fortschritte der Verhaltensforschung 13. Parey Berlin Hamburg.
KUMERLOEVE, H. (1958): Von der Kolonie des Waldrapps, *Geronticus eremita* (L.), bei Birecik am Euphrat. Beitr. Vogelk. 6: 189-202.
KUMERLOEVE, H. (1960): On some birds collected by Mr. Douglas Carruthers in the Syrian Desert. Alauda 28: 284-286.
KUMERLOEVE, H. (1962): Zur Geschichte der Waldrapp-Kolonie in Birecik am oberen Euphrat. J. Orn. 103: 389-398.
KUMERLOEVE, H. (1965): Zur Situation der Waldrappkolonie *Geronticus eremita* (L. 1758) in Birecik am Euphrat. Vogelwelt 86: 42-48.
KUMERLOEVE, H. (1967): Nouvelles données sur la situation de la colonie d'Ibis chevelus *Geronticus eremita* (L.) 1758 à Birecik sur l'Euphrate (Turquie). Alauda 35: 194-202.
KUMERLOEVE, H. (1969): Situation de la colonie d'Ibis chevelus *Geronticus eremita* à Birecik en 1968 et 1969. Alauda 37: 260-261.
KUMERLOEVE, H. (1974): Bemerkungen zur Situation von Waldrapp und Kahlkopfibis. Angew. Orn. 4: 114-116.
KUMERLOEVE, H. (1978): Waldrapp, *Geronticus eremita* (LINNAEUS, 1758), und Glattnackenrapp, *Geronticus calvus* (BODDAERT, 1783): Zur Geschichte ihrer Erforschung und zur gegenwärtigen Bestandssituation. Ann. Naturhist. Mus. Wien 81: 319-349.
KUMERLOEVE, H. (1983): Zur Kenntnis altägyptischer Ibis-Darstellungen unter besonderer Berücksichtigung des Waldrapps, *Geronticus eremita* (Linnaeus, 1758). Bonn. zool. Beitr. 34: 197-234.
KUMERLOEVE, H. (1984): The Waldrapp, *Geronticus eremita* (Linnaeus, 1758): historical review, taxonomic history, and present status. Biol. Cons. 30: 363-373.
KYLLINGSTAD, H.C. (1986): A record of Bald Ibis from the Sinai Mountains. OSME Bull. 17: 1-2.

LACK, D. (1954): The natural regulation of animal numbers. Oxford University Press.

LAUTERBORN, R. (1912): Über das frühere Vorkommen des Schopfibis (*Geronticus eremita* L.) Gesner's „Waldrapp“ in Mittel-Europa. Zool. Jb. Suppl. 15: 537-562.

LIFJELD, J.T., P.O. DUNN & D.F. WESTNEAT (1994): Sexual selection by sperm competition in birds: male-male competition or female choice? Journal Of Avian Biology 25: 244-250.

LOGGERS, C.O., M. THÉVENOT & S. AULAGNIER (1992): Status and distribution of Moroccan wild ungulates. Biol. Cons. 59: 9-18.

LÖHRL, H. (1968): Das Nesthäkchen als biologisches Problem. J. Orn. 109: 383-395.

LORENZ, K. (1935): Der Kumpan in der Umwelt des Vogels. J. Orn. 83: 137-213.

LYNES, H. (1920): Ornithology of the Maroccan „Middle-Atlas“. Ibis (11) 2: 206-301.

LYNES, H. (1925): Ornithology of the Sous Territory of southern Marocco. Mem. Soc. Sci. Nat. Maroc 12: 1-82.

MALIN, G. (1990): Brutbiologische Studien am Waldrapp (*Geronticus eremita*) in Marokko, Massa-NP. Diplomarbeit Univ. Innsbruck.

MANRY, D.E. (1982): Habitat use by foraging bald ibises *Geronticus calvus* in western Natal. S. Afr. J. Wildl. Res. 12: 85-93.

MANRY, D.E. (1985 a): Birds of fire. Is the bald ibis's affinity for burned grassland an acquired taste? or is it an ancient product of evolution? Nat. Hist. 94: 38-45.

MANRY, D.E. (1985 b): Distribution, abundance and conservation of the bald ibis *Geronticus calvus* in southern Africa. Biol. Cons. 33: 351-362.

MARÇAIS, J. (1935): Une colonie d'Ibis chauves *Comatibis eremita* (L.) au Maroc oriental. Alauda 7: 254-255.

MAYAUD, N.(1965): Contribution à l'ornithologie du nord-ouest de l'Afrique. Alauda 33: 34-50.

MC GREGOR, P.K. & J.R. KREBS (1982): Song types in a population of Great Tits (*Parus major*). Their distribution, abundance and acquisition by individuals. Behav. 79: 126-152.

MEADE-WALDO, E.G.B. (1903): Bird-notes from Morocco and the Great Atlas. Ibis (8) 3: 196-214.

MEINERT, U. & H.-H. BERGMANN (1983): Zur Jugendentwicklung der Lautäußerungen beim Birkhuhn (*Tetrao tetrix*). Behav. 85: 242-259.

MEINERTZHAGEN, R. (1930): Family Plegadidae. In: Nicoll's birds of Egypt Vol. II. London: 433-439.

MEINERTZHAGEN, R. (1940): Autumn in central Morocco. Ibis (14) 4: 187-235.

MEINERTZHAGEN, R. (1954): Hermit or Bald Ibis *Geronticus eremita*/ Glossy Ibis Palaearctic race *Plegadis falcinellus falcinellus*/ Spoonbill *Platalea leucorodia*. In: Birds of Arabia. Edinburgh London: 391-395.

MEITZ, P. (1982): Auf den Spuren des Waldrapp. Tierschutz Kalender 1982: 62-63.

MELLADO, J., A. ALLABOU & B. ALAOUI (1988): L'herpétofaune du projet de Parc National du Massa (Agadir, Maroc): un aperçu écologique et ses implications dans le dévelopment du plan d'aménagement. Acta OEcologica, OEcol. Aplic. 9 (1): 55-74.

MELLADO, J. & M. DAKKI (1988): Inventaire commenté des amphibiens et reptiles du Maroc. Bull. Inst. Sci. Rabat 1988 (12): 171-181.

MENDELSSOHN, H. (1994): Experimental releases of Waldrapp ibis *Geronticus eremita*: an unsuccessful trial. Int. Zoo Yb. 33: 79-85.

MEYBURG, B.-U. (1974): Sibling aggression and mortality among nestling eagles. Ibis

116: 224-228.
MEYER, H. (1952): Der Waldrapp oder Klausrabe. In: Kennst Du diese Tiere? Die Letzten ihrer Art. Perlen Reihe 107. Pechan Wien: 27-30.
MICHELMORE, F. & W.L.R. OLIVER (1982): Hand-rearing and development of Bare-faced Ibis chicks *Geronticus eremita* at the Jersey Wildlife Preservation Trust; with comparative observations of parent-rearing behaviour. Dodo 19: 51-69.
MILLER, L.M. & J. BURGER (1978): Factors affecting nesting success of the Glossy Ibis. Auk 95: 353-361.
MILSTEIN P.LE S. & W.R. SIEGFRIED (1970): Transvaal status of the Bald Ibis. Bokmakierie 22: 36-39.
MOCK, D.W. (1984): Siblicidal aggression and resource monopolization in birds. Science 225: 731-733.
MOEWES, F. (1929): Vom Klausraben. Jb. Vogelsch. 1929: 24-34.
NELSON, J.B. (1966): Population dynamics of the Gannet (*Sula bassana*) at the Bass Rock, with comparative information from other Sulidae. J. Anim. Ecology 35: 443-470.
NICOLAI, J. (1956): Zur Biologie und Ethologie des Gimpels. Z. Tierpsychol. 13: 93-132.
NOTTEBOHM, F. (1975): Vocal behaviour in birds. In: Avian Biology (FARNER, D.S., J.R. KING & K.C. PARKES Hrsg.) Vol. 5: 287-331.
OLIVER, W.L.R., M.M. MALLET, D.R. SINGLETON & J.S. ELLET (1979): Observations on the reproductive behaviour of a captive colony of Bare-faced Ibis *Geronticus eremita*. Dodo 16: 11-35.
OWEN, D.F. (1960): The nesting success of the Heron *Ardea cinerea* in relation to the availability of food. Proc. Zool. Soc. London 133: 597-617.
OZENDA, P. (1983): Flore du Sahara. Editions du Centre National de la Recherche Scientifique Paris.
PARSLOW, J.L.F. (1973): Organochlorine insecticide residues and food remains in a Bald Ibis *Geronticus eremita* chick from Bireçik, Turkey. Bull. Brit. Orn. Club 93: 163-166.
PECHLANER, H. (1994): Waldrapp: Für ihn gibt es kein zurück. JÖ 55 (1): 16-17.
PEGORARO, K. (1983): Weiteres zur Sozialstruktur des Waldrapps (*Geronticus eremita*). Beobachtungen aus dem Alpenzoo Innsbruck. Lehramtshausarbeit Univ. Innsbruck.
PEGORARO, K. (1992): Zur Ethologie des Waldrapps (*Geronticus eremita* L.). Beobachtungen in Volieren und im Freiland (Türkei, Marokko). Dissertation Univ. Innsbruck.
PEGORARO, K. & M. FÖGER (1994): Der Waldrapp - das Ende einer Vogelart? Biologie in unserer Zeit 24: 230-233.
PEGORARO, K. & G. MALIN (1990): Freilandbeobachtungen am Waldrapp (*Geronticus eremita*) in Marokko: Verhalten immaturer Individuen. J. Orn. 131: 453-456.
PEGORARO, K. & S. STABINGER (1992): Neue Hoffnung für den Waldrapp. Der Zoofreund 85: 14-16.
PEGORARO, K. & E. THALER (1985): Zum Verhalten erstbrütender Waldrapp-Weibchen im Alpenzoo. Zool. Garten N. F. Jena 55: 113-123.
PEGORARO, K. & E. THALER (1993): Postembryonalentwicklung und Jugendphase des Waldrapps (*Geronticus eremita* (L.). Ökol. Vögel (Ecol. Birds) 15: 155-192.
PEGORARO, K. & E. THALER (1994): Neue Hoffnung für den Waldrapp? Ber. nat.-med.

Verein Innsbruck 81: 209-215.
PETER, H. (1990): Waldrappdämmerung am Euphrat. Max Kasparek Heidelberg.
PFISTER, U. (1988): Zur Morphologie, Ontogenese und Funktion der Rufe von Kolkraben. Lizentiatsarbeit Univ. Bern.
POOLE, A. (1979): Sibling aggression among nestling Ospreys in Florida Bay. Auk 96: 415-417.
POOLE, A. (1982): Brood reduction in temperate and sub-tropical Ospreys. Oecologia (Berlin) 53: 111-119.
PORTER, R. (1973): The disappearing ibis. Birds 4: 227-228.
PSENNER, H. (1970): Seltenes Waldrappbild in Innsbruck gefunden. TT 29: 4.
RAETHEL, H.-S. (1967): Dem Waldrapp ins Nest geschaut. Vogel-Kosmos 4: 280-283.
RASSEL, P. (1986): Ornithologisches Reiseziel Türkei. Die Voliere 9: 266-269.
RENCUREL, P. (1974): L'Ibis chauve *Geronticus eremita* dans le Moyen-Atlas. Alauda 42: 143-158.
RICKLEFS, R.E. (1968): Patterns of growth in birds. Ibis 110: 419-451.
RICKLEFS, R.E. & F.R. HAINSWORTH (1968): Temperature dependent behavior of the Cactus Wren. Ecology 49: 227-233.
RISS, B. (1989): Die Verbreitung des Weidensperlings (*Passer hispaniolensis*) in Marokko. J. Orn. 130: 367-375.
ROBIN, DR. (1958): Ibis à tête chauve, *Comatibis eremita*, centre de nidification de Tasdrem. C. R. Soc. Sci. Nat. Phys. Maroc 24: 33 - 34.
ROBIN, P. (1973): Comportement des colonie de *Geronticus eremita* dans le sud marocain, lors des periodes de sécheresse. Bonn. Zool. Beitr. 24: 317-322.
ROTHSCHILD, W. (1902): *Comatibis eremita* (L.). Bull. Brit. Orn. Club 12: 56-57.
ROTHSCHILD, W., E. HARTERT & O. KLEINSCHMIDT (1897): *Comatibis eremita* (Linn.), a European bird. Novit. Zool. 4: 371-377.
RUTHKE, P. (1966): Beitrag zur Vogelfauna Marokkos. Bonn. Zool. Beitr. 17: 186-201.
RUTHKE, P. (1977): Beobachtungen an Jugendtrupps des Waldrapps (*Geronticus eremita*). Vogelwelt 98: 231-233.
SAFRIEL, U.N. (1980): Notes on the extinct population of the Bald Ibis *Geronticus eremita* in the Syrian Desert. Ibis 122: 82-88.
SAHIN, R. (1981): Zur Aufzucht der Waldrappen (*Geronticus eremita L.*) in Birecik, Türkei. Communications de la faculté des sciences de l'université d'Ankara 25: 37-44.
SAHIN, R. (1982 a): Eltern-Kind-Beziehungen der freilebenden Waldrappe (*Geronticus eremita L.*) in Birecik (Türkei). Ökol. Vögel 4: 1-7.
SAHIN, R. (1982 b): Zur Form der Ehe freilebender Waldrappen (*Geronticus eremita*) in Birecik (Türkei). Orn. Mitt. 34: 162-163.
SAHIN, R. (1982 c): Beitrag zum Fortpflanzungsverhalten der freilebenden Waldrappe (*Geronticus eremita* L.) in der Türkei. 1. Mitteilung: Ankunft, Paarbildung und Nisten. Ökol. Vögel 4: 181-190.
SAHIN, R. (1983 a): Beitrag zum Fortpflanzungsverhalten der freilebenden Waldrappe (*Geronticus eremita* L.) in der Türkei. 2. Mitteilung: Paarung. Ökol. Vögel 5: 63-72.
SAHIN, R. (1983 b): Beitrag zum Fortpflanzungsverhalten der freilebenden Waldrappe (*Geronticus eremita* L.) in der Türkei. 3. Mitteilung: Eiablage, Brüten und Schlüpfen. Ökol. Vögel 5: 255 - 262.

SAHIN, R. (1983 c): Beitrag zum Fortpflanzungsverhalten der freilebenden Waldrappe (*Geronticus eremita* L.) in der Türkei. 4. Mitteilung: Fortpflanzungskämpfe. Ökol. Vögel 5: 263 - 270.

SAHIN, R. (1990): Werdegang und Bedeutung des Kopfnickens beim Waldrapp (*Geronticus eremita*). J. Orn. 131: 445-451.

SAUER, F. (1956): Über das Verhalten junger Grasmücken (*Sylvia borin*). J. Orn. 97: 156-189.

SCHENKER, A. (1975): Breisach am Rhein als historischer Brutort des Waldrapps *Geronticus eremita*. Orn. Beob. 72: 37-43.

SCHENKER, A. (1976): Die Waldrappkolonie im Zoo Basel. Zolli 37: 9-13.

SCHENKER, A. (1977): Das ehemalige Verbreitungsgebiet des Waldrapps *Geronticus eremita* in Europa. Orn. Beob. 74: 13-30.

SCHENKER, A. (1979): Beobachtungen zur Brutbiologie des Waldrapps (*Geronticus eremita*) im Zoo Basel. Zool. Garten N. F. Jena 49: 104-116.

SCHERF, H. (1980): Erforschungsgeschichte und Bestandssituation von Waldrapp und Glattnackenrapp. Naturwiss. Rundschau 33 (2): 62-64.

SCHMIEDEKNECHT, O. (1910): Der Waldrapp. Kosmos 6: 231-233.

SCHREIBER, R.L., A.W. DIAMOND, H. STERN & G. THIELCKE (1987): Waldrapp: Chronik eines Niederganges: In: Rettet die Vogelwelt. Ravensburg Frankfurt/M.: 244-245.

SCHULZ, H. & M. SCHULZ (1992): New records of the Bald Ibis (*Geronticus eremita*) from Saudi Arabia. J. Orn. 133: 165-172.

SCHÜZ, E. (1984): Über Syngenophagie, besonders Kronismus. Ein Beitrag zur Ethologie speziell des Weißstorchs. Ökol. Vögel 6: 141-158.

SIEGFRIED, W.R. (1972): Descrete breeding and wintering areas of the Waldrapp *Geronticus eremita* (L.). Bull. Brit. Orn. Club 92: 102-103.

SIGNER, E.N., C.R. SCHMIDT & A.J. JEFFREYS (1994): DNA variability and parentage testing in captive Waldrapp Ibises. Molecular Ecology 3: 291 - 300.

SMITH, K.D. (1955): Recent records from Eritrea. Ibis 97: 65-80.

SMITH, K.D. (1965): On the birds of Morocco. Ibis 107: 493-526.

SMITH, K.D. (1970): The Waldrapp *Geronticus eremita* (L.). Bull. Brit. Orn. Club 90: 18-24.

SMITH, S.M. (1983): The ontogeny of avian behaviour. In: Avian Biology (FARNER, D. S., J. R. KING, & K. C: PARKES Hrsg.) Vol 7. Academic Press New York London.

SNOW, D.W. (1952): A contribution to the ornithology of North-west Africa. Ibis 94: 473-498.

SOOTHILL, E. & R. SOOTHILL (1989): Wading Birds of the world. Blanford Press London.

SPARLING, D.W. (1983): Quantitative analysis of Prairie Grouse vocalizations. Condor 85: 30-42.

SPIL R.E., M.W. VAN WALSTIJN & H. ALBRECHT (1985): Observations on the behaviour of the Scarlet Ibis, *Eudocimus ruber*, in Artis Zoo, Amsterdam. Bijdragen tot de Dierkunde 55: 219-232.

STAUDINGER, M. (1990): Études descriptives de zoologie historique. In: Le Bestiaire de Rodolphe II. Cod. min. 129 et 130 de la Bibliothèque nationale d'Autriche. Citadelles Paris.

STINSON, C.H. (1977) Growth and behaviour of young Ospreys *Pandion haliaetus*. Oikos 28: 299-303.

STINSON, C.H. (1979): On the selective advantage of fratricide in raptors. Evol. 33:

1219-1225.
STODDARD, P.K. & M.D. BEECHER (1983): Parental recognition of offspring in the Cliff Swallow. Auk 100: 795-799.
STROHL, J. (1917): Conrad Gesner's „Waldrapp". Versuch einer Ergänzung und textkritischen Ordnung des vorhandenen Materials. Viertelj.schr. naturf. Ges. Zürich 62: 501-538.
STUMPF, D. (1978): Zur Brutbiologie des Strohhalsibis (*Threskiornis spinicollis*). Gefied. Welt 102: 72-76.
SUOLAHTI, H. (1909): Die deutschen Vogelnamen. DuMont-Schauberg Straßburg.
TEN THOREN, A. & H.-H. BERGMANN (1987): Die Entwicklung der Lautäußerungen bei der Graugans (*Anser anser*). J. Orn. 128: 181-207.
THALER, E. (1979): Das Aktionssystem von Winter- und Sommergoldhähnchen (*Regulus regulus, R. ignicapillus*) und deren ethologische Differenzierung. Bonn. Zool. Monogr. 12.
THALER, E. (1981): Der Bartgeier (*Gypaetus barbatus*) im Alpenzoo Innsbruck: Methoden zur Verbesserung des Zuchterfolges. Zur Situation der Greifvögel in den Alpen. NP. Berchtesgaden, Forschungsber. 3: 45-46.
THALER, E., E. ETTEL & S. JOB (1981): Zur Sozialstruktur des Waldrapps *Geronticus eremita* - Beobachtungen an der Brutkolonie des Alpenzoos Innsbruck. J. Orn. 122: 109-128.
THALER, E., S. MASCHLER & V. STEINKELLNER (1986): Vergleichende Studien zur Postembryonalentwicklung dreier Altweltgeier: Bartgeier *Gypaetus barbatus aureus* (HABLIZL 1788), Schmutzgeier *Neophron percnopterus* (LINNÉ 1758) und Gänsegeier *Gyps fulvus* (HABLIZL 1783). Ann. Naturhist. Mus. Wien 88/89 B: 361-376.
THALER, E. & K. PEGORARO (1992): Europäisches Zuchtbuch für den Waldrapp *Geronticus eremita*. Alpenzoo Innsbruck/Tirol.
THALER E., K. PEGORARO & S. STABINGER (1992): Familienbindung und Auswilderung des Waldrapps *Geronticus eremita* - ein Pilotversuch. J. Orn. 133: 173-180.
THALER, E., K. PEGORARO & S. STABINGER (1993): Comeback des Waldrapp? Ein Pilotversuch zur Auswilderungsmethodik. Nationalpark 79: 26-29.
TINBERGEN, N. (1959): Einige Gedanken über „Beschwichtigungsgebärden". Z. Tierpsychol. 16: 651-665.
TOMLINSON, C. (1994): Re: DNA fingerprinting of Waldrapp Ibis. Report to Jersey Wildlife Preservation Trust.
TRATZ, E.P. (1960/61): Unsere gegenwärtige Kenntnis vom Waldrapp oder Klausrapp (*Geronticus eremita* (L.). Jubiläums-Jb. des Ö.A.F.W.: 84-91.
TRISTRAM, H.B. (1882): Ornithological notes of a journey through Syria, Mesopotamia, and southern Armenia in 1881. Ibis 6: 402-419.
TRIVERS, R.L. (1974): Parent-offspring conflict. Amer. Zool. 14: 249-264.
TSCHANZ, B. (1968): Trottellummen. Die Entstehung der persönlichen Beziehungen zwischen Jungvogel und Eltern. Z. Tierpsychol. Beih. 4 Parey Berlin Hamburg.
VAN DEN HOMBERGH, L. (1989): L'Ibis chauve: le dernier ermite de Bireçik. L'homme et l'oiseau 27: 94-98.
VERNON, J.D.R. (1973): Observations sur quelques oiseaux nicheurs du Maroc. Alauda 41: 101-109.
VINCENT, J. & G. SYMONS (1948): 4. Some notes on the Bald Ibis. *Geronticus calvus* (Boddaert). Ostrich 19. 58-62.
VON BURG, G. (1910): Gesners Waldrapp. Orn. Beob. 7: 85-86.

VON HEFNER, O.T. (1856): Der Adel des Königreichs Bayern. In: J. SIEBMACHERS Wappenbuch, Bd II. Nürnberg.

WACKERNAGEL, H. (1963): Vom Waldrapp. Zolli 11: 13 - 15.

WACKERNAGEL, H. (1964): Brutbiologische Beobachtungen am Waldrapp, *Geronticus eremita* (L.), im Zoologischen Garten Basel. Orn. Beob. 61: 49-56.

WALDE, K. (1933): Der rätselhafte Waldrapp. Innsbrucker Nachrichten 91: 5.

WALTER, H. & H. LIETH (1967): Klimadiagramm Weltatlas. Fischer Jena.

WARNCKE, K. (1965): Beitrag zur Vogelwelt der Türkei. Vogelwelt 86: 1-19.

WARNCKE, K. (1972): Beitrag zur Vogelwelt der Türkei im Bereich der Südgrenze. Vogelwelt 93: 23-26.

WEIGOLD, H. (1912/13): Ein Monat Ornithologie in den Wüsten und Kulturoasen Nordwestmesopotamiens und Innersyriens. J. Orn. 60: 249-297, 365-410; 61: 1-40.

WEIGOLD, H. (1921): Die ersten Lebendaufnahmen vom Waldrapp. Der Waldrapp 3 (2): 1-4.

WENDLAND, V. (1958): Zum Problem des vorzeitigen Sterbens von jungen Greifvögeln und Eulen. Vogelwarte 19: 186-191.

WERSCHKUL, D.F. (1979): Nestling mortality and the adaptive significance of early locomotion in the Little Blue Heron. Auk 96: 116-130.

WITTMANN, U. & H. RUPPERT (1984): Künstliche Erbrütung und Aufzucht des Waldrapp, *Geronticus eremita* (L., 1758). Zool. Garten N. F. Jena 54: 427-438.

WORLD CONSERVATION MONITORING CENTRE (1992): Selected protected areas of Morocco. In: Waldrapp Ibis - population & habitat viability analysis. CBSG.

WÜRDINGER, I. (1970): Erzeugung, Ontogenie und Funktion der Lautäußerungen bei vier Gänsearten (*Anser indicus*, *A. caerulescens*, *A. albifrons* und *Branta canadensis*). Z. Tierpsychol. 27: 257-302.

ZANN, R. (1984): Structural variation in the Zebra Finch distance call. Z. Tierpsychol. 66: 328-345.

Anhang

Tab. A1: Erloschene Kolonien in Marokko

Geographische Lage	Kolonien	Jahr	Brutpaare	Individuen	Quelle
Anti-Atlas und Hoher Atlas					
AOULOUZ	2	1924	>40	?	Lynes 1925
	(N,S)	1954	?	13	Biermann 1959
		1963	N 5	?	Smith 1965, 1970
			S 6	?	
		1965	N 8-10	?	Géroudet 1965
			S 10	?	
		1967	N 7	?	Vernon 1973
			S 3	?	
	1	1968	?	ca.50	Vernon 1973
	(N)	1971/72	ca.20	?	Kumerloeve 1978
		1974	10	?	Heinze et al. 1978
		1975	3	?	Kumerloeve 1978
		1977	4	?	Dubois 1979
		1978	5	?	Heinze et al. 1978
		1979	ca.15	30	Heinze & Krott 1979
		1986	0	6	Eigenbeobachtungen
		1987	1	?	Hirsch 1988, Rundbrief
		1988	0	0	
KSAR DE TASDREM (östl. Aoulouz)	1	1958	?	?	Robin 1958
		1967	ca.10	?	Hamel 1975
		1974	11		Hamel 1975
KSAR DE AIT BEN HAODDOU (nahe Quarzate)	1	1954	?	2	Biermann 1959
		1964	2	?	Deetjen 1964, Mayaud 1965
		1973	?	17	Vernon 1973
		1974	geplündert!		Kumerloeve 1978
SIDI IFNI	1	1957	?	?	Valverde in Collar & Stuart 1985

Fortsetzung Tab. A1: Erloschene Kolonien in Marokko

Geographische Lage	Kolonien	Jahr	Brutpaare	Individuen	Quelle
Mittlerer Atlas					
OUED OUM ER RBIA	1	1903	?	?	MAEDE-WALDO 1903
EL-HAJEB	1	1926	?	?	BÉDÉ in HEIM DE BALSAC & MAYAUD 1962
nahe AZROU	1	1925	?	?	HARTERT in COLLAR & STUART 1985
		1973	ca.10	?	RAIMOND in HAMEL 1975
CAUSSE D'ITO (westl. Azrou)	1	1952	?	?	HÜÉ 1953, HEIM DE BALSAC & MAYAUD 1962
		jährl.	?	15-20	HAMEL 1975
AIN LEUH	1	1951	0	0	SNOW 1952
FOUM KHENEG (südl. Timhadite)	1	1953	?	?	HÜÉ 1953
		1954	20-30	?	BIERMANN 1959
		1963	2	8	SMITH 1965, 1970
		1965	15-20	?	GÉROUDET 1965
		1966	6	?	VERNON 1973
		1967	?	27	VERNON 1973
		1968	?	10	VERNON 1973
			3	?	RENCUREL 1974
		1969	3	?	RENCUREL 1974
		1970	1	?	RENCUREL 1974
		1971	1	?	RENCUREL 1974
		1972	0	0	RENCUREL 1974
		1973	0	0	RENCUREL 1974
		1974	2	?	HAMEL 1975
JEBEL HEBBRI (nahe Timhadite)	1	1920	?	?	LYNES 1920
GORGE DE RECIFA (bei Boulmane)	1	1968	3	?	DEETJEN 1968
		1974	0	0	HAMEL 1975
TIMDIGHAS	1	1933	?	?	CARPENTIER in COLLAR & STUART 1985

Fortetzung Tab. A1: Erloschene Kolonien in Marokko

Geographische Lage	Kolonien	Jahr	Brutpaare	Individuen	Quelle
JORF ARHBALOU (nahe Timhadite)	1	1972	ca.15	?	Rencural 1974
JORF AIT M'HAND (nahe Timhadite)	1	1972	ca.20	?	Rencurel 1974
Massiv von MISCHLIFFEN	1	1971	4	?	Rencurel 1974
DJEBEL ZERHOUN	1	1967/68	?	ca.16	Trommer 1974 in
		1974	0	0	Hamel 1975
Atlantikküste					
DAR-BEN-AROUSI (nördl. Rabat)	1	1923	?	?	Hartert & Jourdain
		1926	0	0	Bédé, beide in Collar & Stuart 1985
SALÉ (nördl. Rabat)	1	1901	?	?	Maede Waldo 1903
		1920	0	0	Jourdain in Collar & Stuart 1985
		1934	0	0	Marçais 1935
		1962	0	0	Heim de Balsac & Mayaud 1962
CAP BLANC (nahe El Jadida)	1	1962	?	?	Heim de Balsac & Mayaud 1962
CAP CATIN	1	1952	?	10-15	Bannermann & Bannermann 1953
Klippen von HAHA (Mogador)	1	?	kleine Brutkolonie		Marçais 1935
CAP TEFETNEH (südl. Essaouira	1	1972	0	0	Collar & Stuart 1985
TALMESTE (zwischen Safi und Essaouira)	1	1963	?	40	Smith 1965
		1966	11	?	Vernon 1973
		1974	0	0	Hamel 1975
zwischen SAFI und OUED TENSIFT	2	1962/63	?	?	Smith in Collar & Stuart 1985

Fortsetzung Tab. A1: Erloschene Kolonien in Marokko

Geographische Lage	Kolonien	Jahr	Brutpaare	Individuen	Quelle
Tiefebene von Marrakech					
?	1	1977	0	0	MEITZ 1982
Ost-Marokko					
ZEKKARA-Massiv					
– OUED LEFRANNE	1	1955	13	?	BROSSET 1961
		1966	0	0	BROSSET & PETTER 1966
– GAADET BEN OUAL	2 (O,W)	1957	O 9	?	BROSSET & PETTER 1966
		1958	W 28	?	BROSSET & PETTER 1966
		1966	0	0	BROSSET & PETTER 1966
– DJEBEL BOU INANE	1	1957	20-30	?	BROSSET & PETTER 1966
		1966	0	0	BROSSET & PETTER 1966
GORGES DE LA MOULOYA (bei Mechra Hommadi)	1	1961	?	?	BROSSET 1961
GAADA DE DEBDOU	1	1961	?	?	BROSSET 1961
TRIFFA-Ebene	1	1940	0	0	HAMEL 1975
nördl. SAKA	1	1934	ca. 50	?	MARÇAIS 1935
östl. TAZA	1	1934	?	?	MARÇAIS 1935

Tab A2: Bestandsrückgang in der Kolonie von Bireçik. JV = Jungvögel, AV = Altvögel, A = aus der Zuchtvoliere ausgewilderter Waldrappe.

Jahr	Anzahl der Individuen	Brautpaare/ Nester	flügge JV	Quelle
1911	etwa 1.000			Weigold 1912/13
1912		1.000		Meinertzhagen 1954
1953	etwa 1.300 inkl.JV	530		Kumerloeve 1962/78
1954		600-800		Kumerloeve 1978
1961		etwa 200		Kumerloeve 1962
1962	max.250	<100		Kumerloeve 1978
		120		Hirsch 1979 a
1963		max.70		Bezzel 1964
1964	etwa 190 inkl.JV	etwa 65		Kumerloeve 1967
		etwa 100		Warncke 1965
1965	155 AV	65-70		Kumerloeve 1967
1967	114-117	45-50		Hamel 1975, Kumerloeve 1967/69/78
1968	96	45-46		Kumerloeve 1969, Hamel 1975
1969	78	37-39		Kumerloeve 1969/78
	46	35		Warncke 1972
1970		>30		Kumerloeve 1978
1971	72	etwa 33		Kumerloeve 1978
		12	11	Hirsch 1976
1972	56	23	8	Hirsch 1976, Kumerloeve 1978
1973	72	22	21	Hirsch 1976 Kumerloeve 1978
1974	60	25	64	Hirsch 1976, Kumerloeve 1978
1975	54	25	36	Hirsch 1976, Kumerloeve 1978
1976		13	17	Kumerloeve 1978
1977	30-35 AV	11-12	etwa 14	Kumerloeve 1978
1978	30	13	15	Hirsch 1979, Rundbrief
1979	27	12	21	Hirsch 1979, Rundbrief
1980	22	8	13-14	Hirsch 1981, Rundbrief
1981	17	7-8	8-12	Hirsch 1981, Rundbrief
1982	12	5	etwa 5	Hirsch 1982, Rundbrief
1983	13 +13-14 A	8	17	Hirsch 1984, Rundbrief
1984	8 +8 A	4	6	eigene Beobachtungen
1985	11	4	3	Hirsch 1985, Rundbrief
	11 +5 A	3		Rassel 1986
1986	9 +einige A	5	6	Hirsch 1987, Rundbrief
1988	3	4	7	Hirsch 1989, Rundbrief
1989		0	0	Hoppe 1990

Sachregister

Kathleen Freitag

WO HIMMEL UND MEER SICH BERÜHREN

Roman

HarperCollins

1. Auflage 2022
Originalausgabe

Gesetzt aus der Stempel Garamond und der Papyrus
von GGP Media GmbH, Pößneck
Druck und Bindung von CPI books GmbH, Leck
Printed in Germany
ISBN 978-3-7499-0369-6
www.harpercollins.de

Klimaneutral
Druckprodukt
ClimatePartner.com/15109-2009-1001

FSC
MIX
Papier
FSC® C083411

Für Elli und Erika.
Mit Bewunderung und großem Dank.

Edith

Ende Juni 1945

Vorsichtig setzte Edith einen Fuß vor den anderen. Durch die Lücken im Boden der nur notdürftig reparierten Ziegelgrabenbrücke, die in den letzten Kriegstagen von zerstörungswütigen Wehrmachtsoffizieren gesprengt worden war, konnte sie das Wasser sehen. Beinahe geruhsam floss es an den breiten Betonpfeilern des Rügendamms vorbei. Nur hin und wieder bäumte sich eine vorwitzige Welle auf, kräuselte kurz ihr Haupt, bevor sie mit einer bewundernswerten Selbstverständlichkeit ins tiefe Blau zurücktauchte, als wäre nichts gewesen. Dennoch flößte Edith der Anblick des Wassers unter ihren Füßen ein wenig Angst ein, konnte sie doch nicht schwimmen.

Obwohl die Sonne an diesem sommerlichen Tag hell schien, wurde es immer kühler, je weiter sie auf die beinahe endlos erscheinende Brücke trat. Ungeniert kroch der Wind unter Ediths Baumwollkleid, das befleckt und am Saum eingerissen nur noch wie ein alter Feudel an ihrem Körper hing. Kaum zu glauben, dass sie in diesem Kleid noch im letzten Jahr den Sonntagsgottesdienst besucht hatte. Doch den Glauben an Gott hatte sie längst verloren, genauso wie all ihre schönen Kleider, die sie so gemocht hatte. Lediglich einen kleinen Lederkoffer mit ein paar Fotos, Dokumenten, etwas Geld und wenigen Erinnerungsstücken, die sie und ihre Schwester Esther bei ihrem überstürzten Aufbruch in Groß Spiegel schnell noch zusammengepackt hatten, trug sie bei sich. An ein Stück Seife oder gar frische Unterwäsche hatte jedoch in der Eile keine von beiden gedacht, was Edith nun bitter bereute.

Sie sprang über ein besonders großes Loch im Boden. Dabei verlor sie beinahe ihren rechten Schuh, der ihr viel zu groß war. Die schwarzen, klobigen Stiefel hatte Edith noch in Hinterpommern einem Mann ausgezogen, der wie friedlich schlummernd am Straßenrand gelegen hatte, während der endlos wirkende Menschentreck an ihm vorbeigezogen war. Zumindest hatte sie sich eingeredet, dass der Mann sich nur mal eben kurz von der langen Reise ausruhte, als sie ihm das grobe Leder von den kalten Knöcheln gezogen hatte. Ihm waren die Schuhe ebenso zu groß gewesen. Vermutlich weil auch er die Stiefel nur jemandem von den Füßen geklaut hatte, der den Strapazen der Flucht zum Opfer gefallen war.

Jeder Meter, den sie sich in diesen Stiefeln von ihrer Heimat entfernt hatte, hatte nicht nur ihren Füßen Schmerzen bereitet, sondern auch ihrem Herzen. Wie viele Meter oder, besser gesagt, Kilometer es nun waren, konnte sie nicht mit Gewissheit sagen. Ihr Gefühl für Entfernungen hatte sie bereits kurz hinter der Kreisstadt Dramburg verloren.

Als sie die Hälfte der Brücke passiert hatte, drehte Edith sich noch einmal um. Stralsund war noch gut zu sehen, auch wenn die alte Hansestadt beinahe vollständig in Trümmern lag. Nur die Kirchtürme ragten wie Mahnmale eines an Barbarei seinesgleichen suchenden Krieges empor. Und obwohl so gut wie kein Ziegel mehr über dem anderen lag, platzte die Stadt aus allen Nähten. Flüchtende aus dem Osten, Frontrückkehrer, Überlebende der Konzentrationslager, von denen Edith gehört hatte, und Familien, die ihr Hab und Gut verloren hatten, strömten seit Wochen durch die sowjetisch besetzten Straßen auf der Suche nach einem neuen Zuhause oder wenigstens nach einem Stück Brot und einem halbwegs dichten Dach über dem Kopf.

Auch Edith hatte nach ihrem dreiwöchigen Fußmarsch dort ein paar Wochen in einem Aufnahmelager verbracht. Nun, nachdem sie offiziell als Vertriebene registriert, entlaust und etwas zu Kräften gekommen war, konnte sie weiterziehen. Weiter auf die Insel Rügen, wo sie nicht unbedingt auf einen Neuanfang hoffte. Aber vielleicht auf ein bisschen Frieden und ein kleines Wunder.

Sie wandte sich vom Festland ab und lief weiter, vorsichtig, um nicht doch noch zu stürzen. Am Horizont konnte sie bereits die ersten Häuser der Insel sehen.

Gut einen halben Tag lief Edith auf der Insel über schmale eichengesäumte Landstraßen, wurzeldurchzogene Waldwege und gepflasterte Dorfstraßen. Sie folgte der Wegbeschreibung, die man ihr im Lager auf einen kleinen Zettel gekritzelt hatte.

Während Edith jedoch beinahe stumpf einen Fuß vor den anderen setzte, begann die dicke Wundblase, die sie sich bei der Flucht zugezogen hatte und die im Lager fast verheilt gewesen war, wieder unangenehm unter ihrer linken Ferse zu pochen. Außerdem wurde sie immer hungriger. Die kleinen Pfifferlinge, die sie am Waldrand fand und die sie sich trotz ihres rohen Zustands sogleich hastig in ihren Mund steckte, vermochten das Loch in ihrem Bauch nicht zu stopfen.

Ohnehin wusste sie nicht mehr, wie sich ein gesättigter Magen anfühlte. Dass sie eine richtige Mahlzeit zu sich genommen hatte, war Monate her. Damals war ihre Mutter noch am Leben gewesen, hatte mit Rosinen gefüllte Tollatschen gemacht, die sie mit Buttermilchkartoffeln fast feierlich serviert hatte. Edith hatte die getrockneten Früchte aus den aus Mehl und Schweineblut geformten Klößen herausgepickt. Nun würde sie alles dafür geben, wenn sie wenigstens die klebrigsüßen Schrumpelerbsen, wie ihre Schwester die Rosinen immer genannt hatte, zum Naschen dabeihätte.

Die Sonne hatte ihren Zenit bereits weit überschritten, als sie Wrede an der östlichen Küste der Insel endlich erreichte. Sie war noch nie hier gewesen, und doch kam es ihr so vor, als kannte sie diesen Ort. Als Kind hatte ihre Mutter hier mehrere Sommer verbracht. Abends vor dem Zubettgehen hatte sie ihren Töchtern oft von ebendiesen Ferien erzählt. Und von der Insel. Von dem nach Sehnsucht duftenden Meer, den einfachen, aber freundlichen Menschen und der Landschaft, die so ebenmäßig und friedlich und doch gleichzeitig so rau, kantig und ungestüm war. Sie hatte immer versprochen, ihren Töchtern eines Tages den kleinen Küstenort sowie die Insel zu zeigen. Doch dann kam der Krieg und ohnehin alles anders.

Edith trat auf die grob gepflasterte Straße, die sich wie eine pulsierende Lebensader durch das Dorf zog. Sie war überrascht, wie belebt der kleine Ort war. Und wie unbeschwert die Menschen wirkten.

Auf den Gehweg waren mit weißer Kreide Hickelkästchen gemalt. Leichtfüßig hopsten Kinder von Feld zu Feld und lachten ausgelassen, wenn eines von ihnen auf einen Strich oder gar auf das zuvor mit einem Kieselstein markierte Feld trat. Ein paar Halbwüchsige kickten einen Lederball, der zwar nicht mehr ganz rund und prall war, aber dennoch mit Karacho quer über die Straße flog und beinahe eine Gruppe tratschender Frauen traf. Diese zogen wütend ihre mit Kopftüchern halb verdeckten Stirnen kraus und schimpften lautstark in Richtung der Flegel. Aus den Häusern lehnten sich die Alten auf den mit einem Kissen gepolsterten Fenstersimsen hinaus und schauten dem Treiben zu. Der ein oder andere paffte dabei sogar eine Pfeife, wie Edith verblüfft feststellte.

Der Krieg, dessen Ende gerade erst vor gut sieben Wochen durch die Kapitulation der Deutschen vor den vier Siegermächten besiegelt worden war, schien in Wrede kein allzu großes Unheil angerichtet zu haben. Zwar hatte der graubraune Putz an den Fassaden der Häuser sicherlich schon bessere Tage gesehen, die Auslage des kleinen Kaufmannsladens war mehr als spärlich bestückt, und es waren so gut wie keine jungen Männer unterwegs. Doch von den Narben der Bombenangriffe und Frontbewegungen, die die Städte und Gemeinden andernorts zutiefst erschüttert hatten, war hier nichts zu sehen. Hier schien die Welt noch in Ordnung zu sein. Zumindest auf den ersten Blick.

Edith sah sich aufmerksam um, während sie die Straße weiterging. Sie lief an einem Wirtshaus vorbei, einer Bäckerei, vor deren Tür einige Leute anstanden, einem Schusterladen und der kleinen Dorfschule, die noch geschlossen war. Edith passierte auch das Rathaus, aus dessen Fenstern die roten Sowjetfahnen mit dem Hammer, der Sichel und dem gelben Stern wehten.

Als Edith an einem kleinen gepflasterten Platz vorbeikam, fiel ihr Blick auf einen Springbrunnen, durch dessen entenförmigen Speier jedoch schon lange kein Wasser mehr gesprudelt war. Ein paar Kinder warfen Steine ins Wasserbecken, in dem nur noch eine grünlich getrübte Pfütze schwamm.

Auf den Stufen vor dem Brunnen saßen drei junge Frauen. Zwei von ihnen hatten blonde Haare, die dritte war dunkelhaarig und hatte auffällig grüne Augen. Ihre Kleider waren schlicht, aber sauber, die praktischen Flechtfrisuren ordentlich zurechtgemacht. Ihre Wangen hatten einen zarten roséfarbenen Ton.

Ediths Haut hingegen fühlte sich von der Sonne und vom Wetter ganz trocken an. In einen Spiegel hatte sie seit geraumer Zeit nicht mehr geblickt. Aber vermutlich wies sie keine so gesunde Gesichtsfarbe auf. Zudem waren die Hüften der Mädchen wesentlich properer als die ihrige. Ganz unwillkürlich strich Edith sich über ihr beschmutztes Kleid, das auch einmal enger gesessen hatte.

Sie spürte, wie die drei Augenpaare auf ihr ruhten, als sie am Brunnen vorbeiging. Das Gespräch verstummte kurz. Für einen Moment sah Edith auf. Die Blicke waren getränkt von Skepsis und Argwohn. Doch auch eine gewisse Spur schamlose Neugier war darin zu finden, was Edith als noch unangenehmer empfand.

Nur die Frau mit den grünen Augen wirkte irgendwie abwesend, folgte der Inaugenscheinnahme der Fremden nur halbherzig. Zügig ging Edith an ihnen vorbei, ohne sich noch einmal umzudrehen.

Edith verließ den Ort und folgte der Dorfstraße noch ein gutes Stück, als hinter einer schmalen Biegung ein Haus auftauchte, das größer war als alle anderen Gebäude in Wrede. Die Mauern waren weiß verputzt, dunkle Holzbalken umrahmten die Fenster. An der linken Ecke des Hauses kletterte der Efeu hinauf, streckte seine langen, immergrünen Zweige aus. Das Dach war reetgedeckt. Flechten und grünliche Moosbällchen hatten sich auf dem geschnürten Schilf abgesetzt und strahlten in satten Grüntönen in der Sonne. Wilde Rosen und Brombeersträucher umsäumten das Gebäude, das auf Edith eine gewisse Erhabenheit ausstrahlte. Es wirkte, als trotzte es seit mehr als einem Jahrhundert Wind, Wetter und anderweitigen Unwägbarkeiten.

Edith blickte sich etwas unsicher um, weit und breit war niemand zu sehen. Sie zog den kleinen Zettel mit der Wegbeschreibung aus ihrer Tasche. Die krakelige Schrift war nur schwer lesbar. War sie hier wirklich richtig? Nervös trat sie vor die Eingangstür und klopfte gegen das schwere Holz. Sie wartete einige Sekunden und lauschte. Doch weder Schritte noch Stimmen waren aus dem Inneren des Hauses zu hören. Edith klopfte erneut, doch niemand öffnete.

Schließlich ging sie vorsichtigen Schrittes an der Hauswand entlang. Durch ein großes offen stehendes Holztor, das in eine längs am Bauernhaus entlangführende Mauer eingefasst war, betrat sie den Hof, der trotz der groben Pflasterung mit lehmig-feuchter Erde überzogen war. Bei jedem Schritt sammelte sich dunkler Matsch unter ihren Stiefeln, der das Schuhwerk nur noch schwerer werden ließ.

Der Hof, in dessen Mitte ein alter, verknöcherter Walnussbaum emporragte, war nicht sonderlich groß. Das Bauernhaus und die Mauer wurden zu beiden Seiten von zwei niedrigeren, barackenähnlichen Gebäuden begrenzt, während sich die vierte Seite zu den Feldern hin öffnete. Die Baracken waren aus rotem Backstein, die Dächer mit einfachen schwarzen

Tonziegeln gedeckt. Nur ein kleiner Teil des linken Barackendaches hatte rote Ziegel, die erst vor wenigen Jahren erneuert worden zu sein schienen.

Edith vermutete, dass sich in den Baracken die Ställe befanden. Zumindest deuteten die Strohreste darauf hin, die noch vor den halb geöffneten Holztüren herumlagen, von denen es mehrere entlang der Baracken gab. Vorsichtig stieß Edith ein paar Türen auf. Die Ställe waren allesamt leer. Nur ein paar alte Milchkannen, die sich an einer Wand stapelten, leere Schweinetröge sowie Pferdegeschirre, die offensichtlich lange nicht mehr benutzt wurden, waren zu sehen. Zudem war der Boden mit einer Schicht Stroh bedeckt, das inzwischen etwas schmuddelig wirkte.

Etwas abseits hinter der rechten Baracke entdeckte Edith schließlich doch noch ein paar Tiere. Durch einen scheinbar schon oft geflickten Maschendrahtzaun eines Verschlags konnte Edith ein gutes Dutzend Hühner sowie einen Hahn zählen. Auf einer Wiese daneben grasten mit einem langen Seil an einem Holzpflock angeleint zwei Ziegen. Das Geschnatter von Gänsen konnte Edith ebenso vernehmen.

Gegenüber dem Hühnerstall auf der linken Seite des Hofes stand ein weiteres, höheres Gebäude, das nicht aus Backstein gebaut worden war, sondern gänzlich aus Holz. Es hatte ein großes Tor. Die schweren Flügeltüren standen weit offen und gaben den Blick in eine Halle frei, die wie leer geräumt wirkte. Lediglich ein Fahrrad sowie ein alter Leiterwagen, der per Hand oder Ochsen gezogen werden konnte, standen darin. An einigen Holzrädern des Wagens fehlten schon ein paar Speichen, die Ladefläche war mit kleinen Löchern durchzogen. Weder einen Traktor noch andere landwirtschaftliche

Gerätschaften wie Pflüge, Dresch- und Sämaschinen konnte Edith in der Scheune entdecken.

Edith trat wieder in die Mitte des Hofes und blickte noch einmal zum Bauernhaus. Neben einer weiteren Eingangstür, die auf den Hof führte, entdeckte sie auf einer Fensterbank etwas, das ihre Neugier weckte. Und ihren Hunger. Ein ganzes Blech Mohnkuchen stand dort, vermutlich zum Abkühlen. Der Dampf stieg noch aus dem Hefeteig und verströmte einen köstlichen Duft, als sie sich dem Kuchen näherte. Die feinen schwarzen Mohnperlen glitzerten in der Sonne. Wie auf Kommando knurrte Ediths Magen erneut laut auf. Er brüllte beinahe, zumindest kam es ihr so vor.

Edith versuchte sich noch gegen ihren Hunger zu wehren. Doch schließlich stürzte sie sich auf den Kuchen, riss mit den Händen ein gutes Stück aus dem heißen Gebäck heraus und stopfte es sich in den Mund. Beinahe ohne zu kauen, verschlang sie die großen Kuchenteile, die sie hastig abbiss.

»Jeronje, was machen Sie denn da?«, hörte sie hinter sich plötzlich aufgebracht rufen. Edith erschrak zutiefst und drehte sich ertappt um. Von dem herausgerissenen Kuchenstück waren nicht mehr als ein paar Krümel übrig geblieben, die nun zu Boden fielen, als sie sich ertappt ihre Hände am Kleid abwischte. Edith wäre am liebsten ebenso in der Erde versunken.

Eine Frau, vermutlich um die sechzig, kam von der offenen Seite des Hofes in schweren Galoschen auf sie zu gestiefelt. Ihr Haar war zu einem strengen Dutt hochgesteckt. Nicht eine graue Strähne fiel ihr ins Gesicht. Über ihrem weiten blauen Kleid trug sie eine Schürze, auf der ein paar frische Flecken zu sehen waren. Edith vermutete, dass sie vom Backen stammten. Ihr Rücken, den die Frau sich mit einer Hand hielt, war gekrümmt von der Arbeit. In der anderen Hand hielt sie einen Korb mit Eiern.

»Ich steh doch nicht den ganzen Tag in der Küche, damit du mir wie ein Schwein alles wegfutterst! Der Kuchen war für die Frau Katharina und das Fräulein Alma gedacht. Als Aufmunterung.«

Edith fiel es schwer, den brodelnden Worten der Frau zu folgen. Nicht nur, weil sich ihre Stimme vor Wut beinahe überschlug, sondern auch weil sie einen starken schlesischen Akzent sprach.

Wenige Meter vor Edith blieb die Frau dann plötzlich stehen und sah sie verdutzt an. »Madla, wer bist denn du überhaupt? Was suchst du hier?«, fragte sie, während sie den Eindringling forsch musterte.

Edith zögerte. Sie überlegte, ob sie einfach wegrennen sollte. In den letzten Monaten hatte sich ihr Fluchtreflex stark ausgeprägt und ihr ein ums andere Mal das Leben gerettet. Doch dieses Mal entschied sie sich, zu bleiben. Wohl auch deshalb, weil sie überhaupt nicht wusste, wohin sie stattdessen hätte gehen sollen.

Sie schluckte schließlich, zog aus ihrem Lederkoffer einen Briefumschlag und reichte ihn der Frau. Diese stellte ihren Korb vor sich auf dem Boden ab und nahm Edith das Kuvert aus der Hand. Mit wenig Fingerspitzengefühl riss sie den Umschlag auf und zog ein Stück Papier heraus. Aufmerksam las sie das offizielle Schreiben. Dann blickte sie wieder hoch. Edith glaubte dabei ein leises, genervtes Stöhnen zu hören.

»Soso! Also noch eine!«, sagte sie. Dann musterte sie die junge Fremde erneut. Ihr Blick blieb skeptisch.

»Normalerweise werden uns die Flüchtlinge von der sowjetischen Administration hier in Wrede zugeteilt«, sagte sie nun. »Die arbeiten mit Blatter, dem neuen Bürgermeister, zusammen. Den alten Gemeindevorsteher haben sie ja abgeholt. Genauso wie unseren Hausherren. Na jedenfalls weiß Blatter eigentlich, wo im Ort noch Platz für Flüchtlinge ist und welche Häuser schon vollkommen überfüllt sind.«

»Mein Großonkel hat in Wrede gelebt. Deshalb hab ich schon im Lager darum gebeten, mich hier unterzubringen«, erklärte Edith. Dass sie ihren Großonkel nie persönlich kennengelernt hatte, verschwieg sie jedoch lieber.

»Soso, warum bist du denn nicht bei deiner Verwandtschaft untergekommen?«

»Er hat keine Nachkommen hinterlassen.«

Die Frau hob die Augenbrauen.

»Es ist ja nur vorübergehend«, fügte Edith hinzu.

»Vorübergehend, ja? Das sagen sie alle!«, antwortete ihr Gegenüber jedoch nur.

»Ich bin allein …«, sagte Edith und fügte fast flüsternd hinzu, sodass die Frau es nicht hören konnte: »… zumindest noch!« Edith hielt kurz inne und sprach dann in normaler Lautstärke weiter. »Ich brauche also nur einen Schlafplatz, eine Beschäftigung und … etwas zu essen.«

»Scheint mir, als wenn du Letzteres wirklich gut gebrauchen könntest«, antwortete sie mit Blick auf den angeknabberten Blechkuchen auf der Fensterbank. »Hast du denn schon einmal in der Landwirtschaft gearbeitet?«

Edith zögerte kurz, schüttelte dann schließlich ehrlich den Kopf. »Aber ich lerne schnell. Und ich kann gut mit Tieren umgehen«, antwortete sie.

»Nutztiere haben wir hier nicht mehr viele. Die Schweine, Kühe und Pferde haben uns die Russen genommen. Aber auf dem Feld können wir jede helfende Hand gebrauchen.«

Edith nickte schnell. Sie würde alles tun, Hauptsache, es würde ihr fürs Erste ein Dach über dem Kopf und einen trockenen Schlafplatz bescheren und etwas Brot einbringen.

»Nun gut!«, fügte die Frau schließlich nach einer gefühlten Ewigkeit hinzu. Ihr Gesicht hellte sich langsam auf. Offenbar ahnte sie, dass sie den Neuankömmling ohnehin nicht loswerden würde. »Ich bin übrigens Magda. Ich zeige dir, wo du schlafen kannst.« Damit hob sie den Korb vom Boden auf und ging an den Ställen vorbei. Edith folgte ihr.

Vor einer Backsteinhütte, die etwas versteckt hinter der großen Scheune stand, blieben sie stehen. Die Hütte war wesentlich kleiner und verfallener als die übrigen Gebäude. Die schmalen Fenster unterhalb der Dachrinne waren mit Tüchern abgehängt, wohl um die frühsommerliche Hitze nicht allzu sehr hineinzulassen.

»Im Bauernhaus wohnen bereits zwei Großfamilien aus dem Sudetenland. Deshalb muss ich dich auch hier unterbringen. Deine neuen Mitbewohner sind gerade auf den Feldern arbeiten.«

Edith nickte verstehend.

»Aber komm erst mal rein in die gute Stube«, sagte Magda nun schon freundlicher und betrat das kleine Gebäude. Edith folgte ihr. Die Hütte bestand nur aus einem Raum. In der Mitte war ein kleiner Kohleofen als Kochstelle eingerichtet. Pfannen und Töpfe hingen an Haken von der Decke baumelnd über der kleinen Kochplatte. In einem Regal daneben standen Teller, Tassen und Schüsseln, die augenscheinlich zusammengesucht waren, passte doch keine Form und keine Keramikverzierung zur anderen. Ein kleiner Holztisch diente als Essbereich. Ein paar Schemel standen drum herum.

»Das Plumpsklo ist drüben auf der anderen Seite des Hofes. Frisches Wasser kannst du dir aus dem Brunnen holen. Strom gibt es nur im Haupthaus. Der wird aber auch ab sechs abgestellt«, erklärte Magda.

Edith nickte nur und ließ schweigend weiter ihren Blick schweifen. An Wäscheleinen unter der Decke befestigte Laken teilten an den Seiten des Raumes mehrere Schlafbereiche ab.

Im vorderen Bereich standen eine Wiege sowie ein schmales Bett, auf dem brav zugedeckt eine Puppe lag.

Magda deutete mit einem Kopfnicken auf die Betten. »Simone, das kleine Mädchen, ist sehr lieb. Manchmal etwas forsch.« Magda blickte Edith von der Seite an. »Ihr werdet euch sicher verstehen«, fügte sie schmunzelnd hinzu. Doch bevor Edith auf den kleinen, wohl nicht ganz ernst gemeinten Seitenhieb eingehen konnte, sprach Magda schon weiter. »Das Baby, Marie, ist keine sechs Monate alt. Die arme Hertha ist ganz allein mit den beiden Bälgern hergekommen. Ihr Mann war ein SS-Offizier aus Pommern und ist nun wohl unauffindbar.«

Edith nickte nur und blickte sich weiter um. Ein weiterer Schlafbereich lag gleich daneben. Hier gab es nicht einmal ein Bettgestell. Die Matratze lag auf dem nackten Betonfußboden. Dafür war unter dem Fenster ein hoher Bücherstapel zu sehen.

Magda schüttelte den Kopf, als auch sie auf die Bücher blickte. »Dass der die den ganzen Weg aus Westpreußen mitgeschleppt hat, verstehe ich bis heute nicht. Ne Geige hat er auch noch dabeigehabt.«

Edith ließ kurz ihren Blick schweifen. Einen Geigenkasten konnte sie in dem provisorischen Nachtquartier nicht entdecken. Dann blickte sie wieder zu Magda.

»Wer?«, fragte sie.

»Alfons. Aber nimm dich in Acht vor dem. Der hat nicht nur ein Holzbein, sondern auch nur Stroh im Kopf.«

Edith blickte Magda irritiert an. Sie hatte keine Ahnung, was die Ältere damit meinte, schließlich ließen die Bücher sowie die erwähnte Geige Edith doch das genaue Gegenteil vermuten. Doch auch darauf ging Magda nicht weiter ein und zeigte stattdessen auf einen Schlafbereich, der nicht einsehbar war. Die Laken waren vollständig zugezogen. »Hier wohnen die Koslowskis, ein älteres Ehepaar. Die beiden reden nicht viel und halten sich auch sonst aus allem raus. Aber sie sind fleißig und immer höflich.«

»Und wo kann ich schlafen?«, fragte Edith nun etwas vorsichtig, da sie kein weiteres Bett sah.

Magda hob den Kopf und deutete mit einem Nicken auf eine schmale Leiter, die auf den Dachboden führte. Vorsichtig nahm Edith eine Sprosse nach der anderen und steckte ihren Kopf durch die Luke. Der Dachboden war sehr niedrig. Ein kleines Fenster auf der Giebelseite ließ etwas Licht herein. Doch viel zu sehen gab es nicht. Lediglich eine Matratze lag auf dem staubigen Holzfußboden sowie ein kleiner Tisch, der mehr einem niedrigen Hocker glich.

»Ein frisch bezogenes Deckbett, Waschlappen, ein Stück Kernseife und Handtücher bringe ich dir nachher noch«, rief Magda ihr von unten zu. Edith blickte hinab. »Vielen Dank!«

»Geräumig ist es da oben nicht gerade. Aber fürs Erste wird es sicherlich gehen.«

»Es ist gut«, antwortete Edith schnell, während sie die Treppe wieder hinabstieg, und meinte es ehrlich. In den letzten Wochen hatte sie viel schlimmere Schlafplätze beziehen müssen.

Als Edith wieder am Fuß der Leiter stand, sah sie sich noch einmal unsicher um. Magda beobachtete sie dabei. Sie legte ihren Kopf schief und blickte die junge Frau mitfühlend an. »Anfangs ist es schwer. Das war es für jeden von uns. Aber du musst die Vergangenheit loslassen, wenn du neu anfangen willst.«

Edith blickte sie überrascht an. Die Vergangenheit loszulassen, war das Letzte, was sie wollte.

»Nun, Madla, ich muss wieder zurück, ruh du dich erst einmal etwas aus«, sagte Magda dann, ohne weiter auf ihre soeben ausgesprochenen Worte einzugehen, und fügte augenzwinkernd hinzu: »Ich muss ja nun noch einen zweiten Kuchen backen.«

Mit diesen Worten verließ sie die Hütte, während Edith zurück auf den Dachboden kletterte. Sie legte sich auf die Matratze, die einen seltsam muffigen Geruch verströmte, und schloss die Augen. Es dauerte nicht lange, und sie glitt müde und geschafft von dem langen Fußmarsch in einen unruhigen Schlaf.

Edith

Einige Monate zuvor

Edith spürte plötzlich eine nasse Kälte um ihre Wangen. Dumpf drang ein Lachen in ihre Ohren. Es war ausgelassen und fröhlich. Und beinahe ansteckend. Doch Edith bekam nicht einmal Luft. Reflexhaft zog sie ihren Kopf hoch, aus dem Wasser heraus. Als sie ihre Augen öffnete, sah sie Esther vor sich, die sich prustend den Bauch hielt. Edith selbst hockte vor einer Schüssel mit klarem Wasser, in dem ein grüner Apfel schwamm. Leichte Bissspuren waren auf der Schale zu sehen. Edith versuchte wieder zu Atem zu kommen, während ihre Schwester sich zu ihr vorbeugte.

»Schwesterchen, du nagst ja an dem Apfel wie eine Maus. Du musst herzhafter zubeißen. Wie eine Bärin, die ihr Junges verteidigt. Dann kriegst du ihn auch heraus«, erklärte sie noch lachend.

Sie saßen in ihrem Garten in Groß Spiegel. Das Laub der Obstbäume strahlte in satten Gelb- und Rottönen. Vereinzelt hingen noch ein paar Äpfel, Pflaumen und sogar Kirschen an den knorrigen Ästen, an denen sich die Stare nun satt aßen. Die Beete, die sich daneben erstreckten, waren bereits abgeerntet und für den Winter vorbereitet. Nur die Kartoffeln schlummerten noch unter der Erde. Ein paar Wildgänse flogen in Formation über ihre mit geflochtenen Zöpfen frisierten Köpfe hinweg gen Süden.

Die Sonne, die bald hinter dem kleinen Haus mit dem roten Dach und der blau gestrichenen Tür verschwand, vermochte nicht mehr so stark zu wärmen wie noch vor wenigen Wochen. Schon ein kleiner Windhauch genügte inzwischen, damit sich die feinen Härchen auf Ediths Haut aufstellten.

Mit ihrem Ärmel wischte sie sich übers Gesicht, um es zu trocknen. Ein paar Wassertropfen fielen dabei auf ihr Kleid und hinterließen kleine dunkle Flecke auf dem weiß geblümten Stoff.

Bevor Edith antworten konnte, hörten sie, wie sich die Gartenpforte öffnete. Ein Mann trat herein. Es war ihr Nachbar Doktor Ewald. Edith erkannte ihn sofort an seinem akkurat gestutzten Schnurrbart, in dem noch ein wenig Pomade klebte.

Im Vorbeigehen nickte er den Schwestern nur kurz zu, was Edith sofort stutzig machte. Normalerweise hatte er für die Nachbarsmädchen stets ein Wangenküsschen zur Begrüßung übrig. Esther hasste es. Sie wischte sich jedes Mal danach mit der Hand durchs Gesicht. Edith hingegen hatte nichts dagegen einzuwenden, sie mochte ihn. Nahm er sie doch hin und wieder mit zu seinen Patienten.

Ohne ein Wort zu viel verschwand er im Haus. Esther sprang auf und folgte ihm. Wie eine Detektivin aus einem der Romane, die Edith so gerne las, schlich ihre Schwester durch das hohe Gras zum Küchenfenster. Edith tat es ihr gleich, auch wenn sie nicht wusste, was die Geheimnistuerei sollte.

Durch das geschlossene Fenster sahen die Schwestern hinein. Dort saß ihre Mutter am Küchentisch. Ihren Blick hatte sie stur geradeaus gerichtet. Doktor Ewald stand vor ihr, mit den Händen in den Hüften leicht vorgebeugt. Edith musste sich konzentrieren und genau hinhören, um die Worte zu verstehen, die im Inneren des Hauses gewechselt wurden.

»Ihr müsst mitkommen!«, forderte Doktor Ewald seine Nachbarin auf.

»Und was ist mit Heinrich?«, fragte sie zurück

Doktor Ewald schwieg kurz, dann blickte er Ediths Mutter ernst an. »Wann hast du die letzte Feldpost von deinem Mann bekommen?«

»Vor zwei Jahren«, antwortete sie und schob schnell hinterher: »Aber das hat gar nichts zu bedeuten. Es herrscht zunehmend Chaos in diesem Krieg. Die rechte Hand weiß nicht mehr, was die linke tut. Das hast du mir letztens selbst erzählt.«

»Paris ist gefallen. Und auch im Osten rückt die Front immer näher. Wenn die Russen kommen, sind wir hier nicht mehr sicher. Ich hab' schreckliche Geschichten aus Ostpreußen gehört. Die Soldaten sollen dort geplündert haben, Frauen vergewaltigt, Männer getötet und ganze Dörfer in Brand gesetzt. Bitte, Liesel, sieh es ein. Heinrich ist vermutlich tot, und ich will nicht, dass ihr ihm ins Grab folgt. Kommt mit uns mit!«

Edith musste schlucken, auch wenn sie noch nicht einmal annähernd dazu bereit war, diesen schrecklichen Worten wirklich Glauben zu schenken. Sie blickte ihre Schwester an. Esther war ganz bleich geworden. Von der Fröhlichkeit, die sie eben beim Apfelspiel noch ausgestrahlt hatte, war nichts mehr zu sehen. Nun lief über ihre Wange eine kleine Träne.

Dann sah Edith wieder in die Küche hinein zu ihrer Mutter, die weiterhin wie angewurzelt dasaß und nichts tat, außer den Kopf zu schütteln. Erst ganz sachte und dann immer entschiedener.

Edith

Ende Juni 1945

Schweißgebadet erwachte Edith. Sie brauchte einen Moment, um sich zu orientieren. Dann sah sie das kleine Giebelfenster, durch das noch ausreichend Licht einfiel. Dem Stand der Sonne nach hatte sie nicht mehr als zwei Stunden geschlafen. Viel ausgeruhter fühlte sie sich jedoch nicht. Schon seit Wochen schlief sie schlecht, träumte immer wieder von den letzten Monaten in Groß Spiegel, von ihrer Schwester Esther und der übereilten Flucht. Wie lästige Gespenster hatten sich die Erinnerungen in ihrem Kopf eingenistet, versteckten sich bei Tag, huschten nur hin und wieder durch ihre Gedanken, um zu zeigen, dass sie noch da waren. Doch in der Nacht oder wenn sie schlief, krochen sie hervor und spukten und polterten durch all ihre Träume.

Langsam ließ Edith ihren Blick weiter über den kleinen Dachboden schweifen. Als sie zu der Luke sah, die hinabführte, erschrak sie kurz. Neben der Leiter saß ein Mädchen und wühlte in ihrem Koffer, den Edith neben dem Hocker abgestellt hatte. Die Kleine hielt die wenigen Fotos, die Edith in der Eile eingepackt hatte, in den Händen und sah sie sich neugierig an. Ganz oben war das Bild ihrer Schwester zu sehen. Edith erkannte den Blumenkranz in ihrem Haar, den sie Esther extra für den Termin mit dem Fotografen geflochten hatte.

Als Edith sich leise räusperte, blickte das Mädchen auf. Es blieb stumm, regte sich nicht und starrte Edith nur an. Erst als von unten ein kurzer Pfiff ertönte, ließ das Mädchen die Fotos fallen, kletterte flink die Leiter hinunter und verschwand aus Ediths Sichtfeld.

Edith stand nun ebenfalls auf, lief etwas gebückt zur Leiter und stieg ebenso hinab, nachdem sie die Fotos sorgsam wieder im Koffer verstaut und ihn zugeklappt hatte.

Die Hütte war leer, doch von draußen drangen Stimmen herein. Sie folgte den Geräuschen und trat durch die Tür vors Haus. Ein kleines Feuer brannte, drum herum saßen im Gras oder auf einer Bank eine Handvoll Menschen und unterhielten sich. Das Mädchen entdeckte sie auf dem Schoß einer jungen Frau, die nicht älter als ihre Schwester Esther zu sein schien. Beide trugen das gleiche Kopftuch. Doch während ein paar Blümchen aus weißer Spitze den Rock des Mädchens zierten, war das Kleid der Mutter schlicht gehalten und augenscheinlich schon viel getragen worden. Edith vermutete, dass dies die Mutter und ihre ältere Tochter waren, die laut Magda ebenso in der Hütte wohnten.

Edith blickte sich kurz suchend um. Etwas abseits des Feuers im Schatten einer jungen Kastanie entdeckte sie auf einer leicht verschlissenen Wolldecke nun auch das Baby. Trotz der noch warmen Temperaturen lag es dick eingemummelt da und schlief.

Neben der Frau und dem Mädchen saß ein junger Mann im Gras. Das eine Bein hatte er gerade ausgestreckt. Zwischen dem Hosensaum und dem Strumpfband lugte statt eines Knöchels etwas Hölzernes hervor. Das musste Alfons sein, von dem Magda nicht gerade in den höchsten Tönen gesprochen hatte. Das strohblonde Haar fiel ihm in sein schmales, markantes Gesicht. Spitzbübisch kitzelte er Simone, die deshalb auf dem Schoß ihrer Mutter hin und her zappelte. Doch trotz seines Lächelns, das er dabei auf den Lippen trug, lag in seinem Blick eine Nachdenklichkeit, die Edith sofort auffiel.

Das ältere Pärchen, das ebenso in der Hütte leben sollte, konnte Edith nicht in der Gruppe ausmachen. Dafür saßen zwei junge Mädchen auf der Bank. Edith vermutete, dass sie ebenso Vertriebene waren und zu den sudetendeutschen Familien gehörten, die im Haupthaus wohnten. Zu guter Letzt stand da noch ein Mann mittleren Alters vor dem Feuer. Mit einem großen Löffel wendete er in der Pfanne Fisch, der einen Duft nach Meer, Salz und knuspriger Mehlpanade verströmte.

Als die ums Feuer Sitzenden Edith entdeckten, verstummten sie kurz. Dann hellte sich Alfons' Gesicht auf.

»Na, von den Toten auferstanden?«, fragte er sie schelmisch grinsend. Er blickte sie dabei an, als würden sie sich schon ewig kennen, was Edith ein wenig irritierte. Doch augenscheinlich erwartete er gar keine Antwort, denn schon sprach er einfach weiter. »Edith, stimmts? Magda hat uns schon alles über dich verraten. Na ja, zumindest das, was sie wusste. Du bist aus Hinterpommern, nicht wahr?«

»Alfons«, unterbrach die Mutter. »Nun sabbel doch nicht so viel. Siehst du nicht, dass du sie ganz verschreckst?« Sie wandte sich Edith zu. »Ignoriere ihn einfach. Ich bin Hertha. Und das ist meine Tochter …«

»Simone. Wir haben schon Bekanntschaft gemacht«, unterbrach Edith. Das Kind guckte Edith ein wenig erschrocken an, nickte dann aber schnell, als sie ihr schließlich mit einem leichten Lächeln zuzwinkerte.

»Setz dich doch zu uns!«, sagte Hertha und deutete auf einen noch freien Platz. Edith zögerte, schließlich nahm sie etwas abseits des Feuers im hohen Gras Platz.

»Hast du Hunger?«, fragte Hertha. »Max brät gerade Fisch.«

»Blöde Frage, natürlich hat sie Hunger«, unterbrach Alfons sie. »Jeder, der 300 Kilometer gelaufen ist, hat Hunger.«

»Schon gut«, mischte Edith sich schließlich in den kleinen Zank ein. »Ich habe schon etwas gegessen. Mehr, als mir zustand«, fügte sie in Gedanken an den Mohnkuchen etwas reumütig hinzu.

Hertha nickte verstehend. Ohne weiter nachzuhaken, sagte sie nur: »Morgen nehme ich dich mit aufs Feld. Dann kannst du für dein Essen arbeiten und brauchst kein schlechtes Gewissen mehr zu haben.«

Edith nickte dankbar, während sie schweigend ins Feuer blickte.

Nach einer kurzen Weile stand Simone plötzlich vor ihr. Edith hatte nicht bemerkt, wie das Mädchen vom Schoß ihrer Mutter gehüpft und auf sie zugekommen war. Erst jetzt stellte Edith fest, wie klein sie doch noch war. Vier oder fünf Jahre alt, schätzte sie. Mit etwas Schwung ließ sich das Mädchen neben Edith ins Gras plumpsen. Sie pflückte einen Halm, steckte sich das eine Ende in den Mund und kaute darauf herum. Dabei ließ sie Edith nicht aus den Augen.

»Bist du allein?«, fragte sie dann unumwunden.

Edith erschrak kurz ob der direkten Frage, nickte dann aber.

»Wo sind deine Eltern?«, bohrte sie weiter nach.

Edith überlegte kurz, bevor sie antwortete. »Mein Vater hat in Stalingrad gekämpft. Er ist nicht zurückgekehrt.«

»So wie mein Onkel. Der ist jetzt im Himmel. Ist dein Papa dort jetzt auch?«

Edith schluckte, blickte sich kurz hilfesuchend um. Doch die anderen waren bereits wieder in ihre Gespräche vertieft. Hertha war aufgestanden, um nach Marie zu sehen.

Edith blickte wieder zu Simone und seufzte schließlich. »Vielleicht!«, antwortete sie knapp. Die Gedanken an den Himmel und die Hölle, an Gott und Versöhnung waren für Edith so weit weg wie ihre Heimat. Doch das allein war es nicht, was sie zögern ließ. Sie wusste einfach nicht, was mit ihrem Vater passiert war. Vielleicht war er tatsächlich gefallen. Möglich war es aber auch, dass er noch lebte und versuchte, nach Hause zu finden. Einem Zuhause, das jedoch nicht mehr existierte.

»Und deine Mama?«

»Sie war krank. Typhus. Kennst du das?«

Simone schüttelte den Kopf.

»Keine schöne Krankheit«, antwortete Edith.

»Gibt es denn schöne Krankheiten?«, fragte Simone etwas irritiert.

Edith musste ob der erfrischenden Unbedarftheit kurz schmunzeln. Dann antwortete sie: »Vermutlich nicht. Aber es gibt Krankheiten, die nicht ganz so schmerzhaft sind und an denen man nicht unbedingt stirbt.«

Simone nickte, obwohl Edith sich nicht sicher war, ob das Mädchen wirklich verstand, was sie meinte.

Dann sah Simone sie wieder an. Ihre Kinderaugen strahlten eine Unschuld aus, um die Edith sie ein wenig beneidete. »Und sonst hast du niemanden mehr?«, bohrte sie weiter nach.

Edith überlegte kurz, dann schüttelte sie den Kopf. Sie konnte nicht über Esther sprechen. Nicht mit Simone und auch sonst mit niemandem.

»Wie schade«, antwortete Simone da schon. »Ich hab ja noch meine Schwester. Obwohl die noch ein Baby ist. Mehr als schreien und pupsen kann sie noch nicht.«

Dann ließ sie ihren Grashalm plötzlich sinken und sah Edith an, als hätte sie die beste Idee seit Langem. »Wenn du willst, kann ich deine Freundin sein. Dann hast du mich.«

Ein kleines Lächeln huschte über Ediths Gesicht. »Ja, das wäre schön!«, antwortete sie dabei.

Simone lächelte zufrieden und steckte sich den Halm wieder in den Mund. Edith zupfte nun auch einen Grashalm ab und tat es ihrer neuen Freundin gleich.

Später am Tag, als die Sonne sich langsam dem Horizont zuneigte und die ersten Wipfel des Kiefernwaldes kitzelte, ließ sie das Bauernhaus und die Hütte hinter sich, um ein wenig spazieren zu gehen. Sie wollte noch etwas allein sein.

Während der Flucht waren immer Menschen um sie herum gewesen. Mit Dutzend anderen hatte sie in kleinen Scheunen geschlafen, sich das Strohbett mit Alt und Jung, Fremden und Bekannten geteilt. Als ihre Ferse angeschwollen war und jeder Schritt geschmerzt hatte, hatte sie sich zwischen Alten und Gebrechlichen auf einen Pferdewagen gequetscht. Und im Auffanglager in Stralsund hatte sie in einem ehemaligen Tanzsaal geschlafen, der bis aufs letzte Feldbett belegt gewesen war.

Auf der Flucht war es wichtig gewesen, zusammenzubleiben, sich gegenseitig Schutz zu bieten und aufeinander achtzugeben. Jetzt endlich konnte sie auch einmal allein sein. Und sie war froh um jede einsame Minute, auch wenn sie aufpassen musste, dass ihre Gedanken nicht allzu trübe wurden.

Edith ließ ihren Blick schweifen. Hinter dem Bauernhaus taten sich goldgelbe Getreidefelder auf, Äcker, deren Grün in der Sonne spross, sowie ein lang gezogenes Waldstück, aus dem das Klopfen der Spechte zu hören war. Noch am Feuer hatte Hertha ihr erzählt, dass die Ländereien – fast sechzig Hektar insgesamt – zum Gehöft gehörten und seit mehreren Generationen in Besitz der Familie Gerber waren.

Edith sog die frische spätabendliche Luft mit tiefen Atemzügen ein. Es roch nach Erde, Weizen, Kiefern und auch ein wenig nach Fisch, wie Edith überrascht feststellte. Das Meer konnte also nicht mehr weit sein. Sie nahm einen kleinen Pfad, der durch die Felder in den Wald hineinführte, und folgte ihrer Nase und dem Geschrei der Möwen, das aus einiger Entfernung schon zu hören war.

Nach ein paar Hundert Metern öffnete sich plötzlich der Wald und gab den Blick auf den wolkenlosen Horizont frei. Die Kiefern standen Spalier vor einem niedrigen Schutzwall, der aus heller Erde und einigen windverwehten Grasbüscheln und Sträuchern bestand. Ein kleiner Weg führte über die Dünen hinweg und endete in einem Meer aus feinstem Sand. Dahinter erstreckte sich das blaue Wasser, so weit Edith blicken konnte.

Im ersten Moment war sie von dem Anblick überwältigt. In ihrer Heimat gab es unzählige Flüsse und Bachläufe, die sich in den schönsten Blau- und Grüntönen mal reißend und mal geruhsam ihren Weg durch die pommerische Landschaft bahnten. Doch das Meer hatte sie noch nie zuvor gesehen. Die

Kraft, die es ausstrahlte, zog Edith an. Gleichzeitig flößte es ihr aber auch tiefen Respekt ein und stimmte sie melancholisch. Es schien unergründlich und vor allen Dingen unüberwindbar. Während die Gewässer ihrer Heimat im fortlaufenden Fluss waren, sie weitertrugen, Veränderung schafften, umschloss das Meer diese Insel wie eine Grenze. Eine Grenze, die Edith von ihrem früheren Leben trennte.

Einem Impuls folgend zog Edith ihre schweren Stiefel sowie die Strümpfe aus, steckte ihre nackten Füße in den noch warmen Sand und ging ein paar Schritte auf das Ufer zu. Sie setzte sich auf einen angeschwemmten Baumstamm, der von den Wellen ganz glatt geschliffen war, und blickte nachdenklich aufs Meer hinaus.

Da erspähte Edith plötzlich etwas im Wasser, das dort nicht hinzugehören schien. Etwas Dunkles, das im Takt der Wellen hin- und herschwappte. Dann tauchte es unter und war nicht mehr zu sehen. Edith sprang auf, suchte das unruhige Wasser ab. Doch es schien nicht mehr da zu sein. Sie lief den Strand entlang, näher zu der Stelle im Wasser, wo sie das dunkle, schwimmende Etwas gesehen hatte. Sie konzentrierte sich so sehr darauf, die Wasseroberfläche abzusuchen, dass sie beinahe über ein paar Schuhe und ein Kleid gestolpert wäre. Die Sachen lagen im Sand, achtlos hingeworfen, so als hätte die Trägerin sich ihrer in aller Eile entledigt. Das Muster des Kleides kam Edith irgendwie bekannt vor, auch wenn sie nicht wusste, woher.

Sie blieb stehen und starrte erneut aufs Wasser hinaus. Dann endlich sah sie wieder das Dunkle aufblitzen und erkannte nun auch, was es war: ein pudelnasser Haarschopf, der dem Spiel der Wellen ausgesetzt schien. Edith erschrak zutiefst und schrie gegen die brandenden Wellen: »Hallo! Brauchen Sie Hilfe?«

Doch die Person, die dort im Wasser trieb, hatte den Rücken zum Ufer gewandt und hörte Ediths Ruf nicht.

Edith drehte sich um, ihr Herz raste vor Aufregung. Hastig suchte sie den Strand ab, schaute nach links und rechts und ließ ihre Augen über die Dünen schweifen. Doch außer ein paar Möwen, die unbeeindruckt im Sand umherwatschelten, war weit und breit niemand zu sehen.

Da erfasste eine Welle den Haarschopf und zog die Person erneut unter Wasser. Edith konnte sie nicht mehr sehen. Panik stieg in ihr auf. Angestrengt versuchte sie einen klaren Gedanken zu fassen, überlegte, was sie nun tun sollte. Was in so einer Situation vernünftig und angemessen wäre. Doch in Ediths Kopf schwirrten die Gedanken wild durcheinander, überschlugen sich, bis sie schließlich einen vollkommen verrückten Entschluss fasste.

Sie stapfte ins Wasser, auf die Stelle zu, an der sie die Frau eben zuletzt gesehen hatte – dabei konnte sie doch nicht einmal schwimmen.

Die Wellen schlugen erst gegen ihre Knöchel, dann gegen die Waden und Schenkel. Ihr Kleid sog sich sofort mit Wasser voll und hinterließ an ihrem ganzen Körper eine Gänsehaut. Ihre Zähne begannen schon jetzt zu klappern. Doch sie riss sich zusammen und ging weiter durch das kühle Nass immer tiefer ins Meer hinein. Als ihr das Wasser bereits bis zur Brust stand, hatte sie Probleme, ihre Füße auf dem sandigen Boden zu behalten. Sie rutschte immer wieder weg, spürte, wie das Wasser ihr den Untergrund wegzog, tauchte beinahe unter, bevor sie wieder Halt fand. Mit ihren Armen versuchte sie das

Wasser beiseitezuschieben, obwohl sie doch wusste, dass das unnütz war.

Suchend ließ sie ihren Blick schweifen. »Hallo! Hallo! Wo sind Sie?«, rief sie erneut so laut und kräftig, wie sie konnte. Wellen schwappten ihr dabei immer wieder ins Gesicht. Ungewollt schluckte sie auch Wasser, das zu Ediths Überraschung salzig schmeckte und einen schier ekelhaften Geschmack auf der Zunge hinterließ. Sie hustete stark.

Plötzlich erfasste Edith eine große Welle und drückte sie vollständig unter Wasser. Gleichzeitig verlor sie den Boden unter den Füßen. Wie wild strampelte sie, versuchte an die Oberfläche zu kommen oder wenigstens wieder Fuß zu fassen. Doch das Wasser zog mit ungeahnter Kraft an ihrem Körper und riss sie mit der Welle mit.

Da spürte sie plötzlich einen Arm, der ihren Brustkorb umschloss und sie nach oben zog. Als sie wieder an der Oberfläche war, japste sie nach Luft. Sie spürte erneut den Boden unter ihren Füßen, brauchte aber noch eine Weile, um sich zu orientieren. Dann drehte sie sich um.

Zu ihrer Überraschung blickte sie in die grünen Augen der jungen Frau, die sie Stunden zuvor am Brunnen in Wrede gesehen hatte. Jetzt erkannte Edith auch, dass sie es gewesen war, die sie im Wasser gesehen hatte. Nun zog sie sie Richtung Land. Edith wusste nun, woher ihr das Kleid am Ufer bekannt vorgekommen war.

Stapfend und noch immer nach Luft ringend erreichten sie das Ufer und ließen sich kurz hinter dem Spülsaum mit dem Hintern in den Sand plumpsen.

»Was wolltest du im Wasser?«, fragte Edith schließlich noch etwas aus der Puste.

»Was wolltest du da?«, fragte die andere jedoch nur zurück.

»Dich retten!«

Die Frau fuhr sich durchs nasse Haar und antwortete trocken: »Sieht eher so aus, als hätte ich dich gerettet.«

»Du hast ausgesehen, als würdest du ertrinken!«, erwiderte Edith.

»Ich bin eine gute Schwimmerin. Im Gegensatz zu dir«, antwortete die junge Frau eine Spur zu schnippisch.

Edith schluckte, wie töricht und gefährlich ihr Handeln gewesen war, wurde ihr erst jetzt bewusst, und für einen kurzen Moment schwappte die Angst über ihr zusammen, wie eben das Wasser, und nahm ihr den Atem. Sie brauchte einige Sekunden, bis sie sich wieder gefasst hatte, dann sah sie der Frau direkt in die Augen.

»Und warum bist du dann nicht geschwommen?«, fragte sie trocken.

Ihr Gegenüber schluckte sichtlich. Sie antwortete nicht.

»Wolltest du dir etwa das Leben nehmen?«, hakte Edith mit einer Spur Unverständnis in der Stimme nach.

»Spinnst du! Wie kommst du denn darauf? Das ist eine Frechheit!«

Die Frau sprang auf, raffte ihr Kleid vom Boden. »Was glaubst du eigentlich, wer du bist, so etwas Unverschämtes zu behaupten!«, schob sie dabei hinterher. Sichtlich aufgebracht zog sie sich ihr Kleid über. Der Stoff klebte an ihrer noch immer nassen Haut. Ungeduldig zupfte sie am Stoff, bis das Kleid endlich saß. Dann griff sie nach ihren Schuhen. Edith hatte damit gerechnet, dass sie wortlos davonstapfen würde, doch sie drehte sich noch einmal zu ihr um, überlegte kurz und warf ihr schließlich einen entschiedenen Blick zu.

»Ich habe dich heute gesehen«, sagte sie. »Du bist eine dieser Flüchtlinge. Die kommen her und meinen, das Unglück gepachtet zu haben. Nur weil sie alles zurücklassen mussten. Aber ich sage dir mal was. Auch wir haben viel durchgemacht! Und so einiges verloren.« Den letzten Satz hatte sie leiser ausgesprochen, mit einem hörbaren Kloß im Hals.

Edith wusste nicht, was sie darauf antworten sollte. Doch da drehte sich die Fremde auch schon um und stiefelte nun wirklich zurück zu den Dünen. Edith blieb nichts weiter übrig, als ihr perplex hinterherzublicken. Den Brief, der aus der Tasche des Kleides der Frau lugte, übersah Edith dabei jedoch.

Alma

Ende Juni 1945

Alma stapfte durch die Dünen. Warum sie so wütend geworden war, konnte sie nicht mehr mit Bestimmtheit sagen. Und auch nicht, was sie im Wasser eigentlich gewollt hatte. Sich das Leben nehmen ganz sicher nicht. Oder etwa doch?

Der Tag hatte schon so furchtbar angefangen. Ihre Mutter hatte mal wieder nur an ihr herumgemäkelt, weshalb sie ihren Vater noch mehr vermisst hatte. Auf seine Rückkehr hatte sie wieder vollkommen umsonst gewartet. Und dann war auch noch dieser Brief gekommen. Sie schob schnell eine Hand in die Tasche ihres Kleides, das noch an ihrer feuchten Haut klebte. Sie fühlte das harte Papier des Umschlags. Der Brief war noch da, nicht unbedingt zu Almas Freude.

Zum Strand war sie gleich gegangen, nachdem sie aus Wrede zurückgekehrt war. Sie hatte eine Weile im Sand gesessen und aufs Meer hinausgesehen. Einer spontanen Eingebung folgend hatte sie sich schließlich plötzlich bis auf die Unterwäsche ausgezogen und war ins Wasser gegangen.

Es hatte sich kalt angefühlt. Und gut. Sie hatte ihren Körper bis zur letzten Zehenspitze gespürt, war immer weiter hinausgelaufen, bis die Wellen ihr schon ins Gesicht geschwappt waren. Sie hatte ihre Arme und Beine bewegt, wie es ihr Vater ihr als kleines Kind beigebracht hatte. Doch irgendwann hatte sie einfach innegehalten, hatte die trügerische Ruhe und die unendliche Weite des Meeres genossen, in dem sie sich auf eine erleichternde Art und Weise klein und unbedeutend gefühlt hatte. Genauso wie ihre Probleme und Gefühle, die ihr plötzlich gar nicht mehr so tragisch vorgekommen waren.

Dass Alma ihre Wut über den vermaledeiten Tag an der Fremden ausgelassen hatte, tat ihr nun leid. Insgeheim war sie ihr doch ein bisschen dankbar, dass sie zu ihr ins Wasser gekommen war. Allein hätte sie sich möglicherweise nicht besonnen.

Alma ließ die Dünen hinter sich und betrat den Wald. Die Sonne war schon beinahe untergegangen. Zwischen den geraden Baumstämmen war sie nicht mehr zu sehen. Ein kühler Wind ließ die Zweige, an denen sich die saftig grünen Nadeln lang und dünn abspreizten, hin und her schaukeln. Alma begann zu frösteln und lief schneller.

Als sie den Wald hinter sich gelassen hatte und an den Äckern und Feldern ihrer Familie vorbeiging, auf denen um diese Uhrzeit kein Arbeiter mehr zu sehen war, war das alte Bauernhaus mit seinem Reetdach und dem weißen Putz schon zu sehen. Mit einer vertrauten Selbstverständlichkeit lief sie dem Haus entgegen, in dem sie geboren worden war und das sie, außer für ein paar kurze Ausflüge nach Stralsund, noch nie wirklich verlassen hatte.

Kaum hatte sie die Türschwelle übertreten, suchte sie für ihre Schuhe einen Platz in der Garderobe. Sie hatte kaum bemerkt, dass sie den ganzen Weg barfuß zurückgelegt hatte, so sehr hatte sie ihren Gedanken nachgehangen. Unzählige Schuhpaare stapelten sich bereits in dem schmalen Regal, das einmal nur die ihrigen sowie die Arbeitsstiefel ihrer Eltern beherbergt hatte. Nun lagen dort kleine und große, alte und abgenutzte Schuhe, die Alma nur schwer zuordnen konnte.

Seit über einem Monat wohnten nun schon die zwei Flüchtlingsfamilien aus dem Sudetengebiet des ehemaligen Deutschen Reiches mit im Haus. Sie waren geflohen oder von den tschechoslowakischen Landsleuten vertrieben worden, wie Alma gehört hatte. Mit wenig Hab und Gut waren sie auf der Insel angekommen und ihnen von der Administration zur Unterbringung zugeteilt worden.

Mit den Vertriebenen hatte sie nicht viel zu tun, auch wenn neben den Großeltern und Eltern auch mehrere Töchter in ihrem Alter dabei waren. Ihre Mutter mochte es nicht, wenn tagsüber während der Arbeit auf dem Hof und den Feldern allzu viel geschwatzt wurde. Und nach Feierabend blieben die Familien unter sich. Manche von ihnen sprachen zudem einen so starken Dialekt, dass Alma sie gar nicht verstand. Nur zu Magda, die schon früh aus Schlesien geflüchtet war, hatte sie inzwischen ein gutes, beinahe liebevoll großmütterliches Verhältnis. Aber sie war ja auch schon so lange da, dass sie beinahe zum Haus dazugehörte.

Ihre Schuhe stopfte Alma schließlich mit ins unterste Fach hinein. Dann trat sie auf den Flur. Die Türen zu ihrer Linken und Rechten waren verschlossen. Leise Stimmen und Schritte waren aus den dahinter liegenden Wohn- und Schlafräumen zu hören. Von irgendwoher drang ein dumpfes Lachen zu ihr herüber, das sie kurz zusammenzucken ließ.

So belebt wie jetzt war das Haus noch nie gewesen. Alma war ein Einzelkind, genau wie auch ihre Mutter. Die Großeltern waren früh verstorben. Nur der Bruder ihres Vaters, ihr

Onkel Emil, hatte früher noch mit im Haus gelebt. Mit ihm zusammen hatte Almas Vater viele Jahre den Hof geführt. Er war jedoch ledig gewesen und in den Krieg gezogen, von dem er nie zurückgekehrt war. Die beiden Schwestern ihres Vaters, Hiltrud und Gerlinde, lebten hingegen in Berlin und hatten den Weg auf die Insel in der Vergangenheit allzu oft gescheut. Gegen Ende des Krieges waren sie überhaupt nicht mehr gekommen, obwohl es hier doch viel sicherer gewesen war als in der Reichshauptstadt, die ein ums andere Mal mit Bomben überschüttet worden war, wie Alma mit Schrecken im Radio gehört hatte. Alma wusste aber, dass ihrer Mutter die ausbleibenden Besuche ganz recht gewesen waren. Während sie Emil gemocht hatte, hatte sie sich mit ihren Schwägerinnen noch nie gut verstanden.

Auch die Tagelöhner, die ihre Familie seit jeher auf den Feldern beschäftigt hatte, hatten das Bauernhaus nur selten betreten. Entweder hatten sie im Dorf gewohnt oder in der alten Hütte am Rande des Hofes, wo jetzt ebenfalls Flüchtlinge untergekommen waren. Auch die Polen und Franzosen hatten dort gewohnt. Sie hatten während des Krieges hier gearbeitet, weil die deutschen Arbeiter verpflichtet worden waren, Pflug gegen Gewehr zu tauschen. Alma war das Haus deshalb früher immer ein wenig zu groß vorgekommen. Doch die neue Enge, die herrschte, seit sie mit den Vertriebenen unter einem Dach wohnten, war ebenso befremdlich.

Sie ging weiter den Flur entlang. Es roch zunehmend nach gebratenen Zwiebeln. Ob der süßlich-scharfe Geruch aus der großen Küche kam, die am Ende des Ganges lag und die sich die Vertriebenen teilten, oder aus der ehemaligen Waschküche, in der ihre Mutter nun kochte, konnte ihre Nase jedoch nicht richtig orten. Sie vermutete aber, dass ihre Mutter wieder Bratkartoffeln zubereitete, ein Gericht, das sie früher einmal gern gegessen hatte. Doch seit die Besatzer ihnen die Schweine und Kühe genommen hatten und es nur noch zu ganz besonderen Anlässen Fleisch gab, konnte sie das schlichte Kartoffelgericht nicht mehr sehen. Allerdings war es allemal besser als die Mehlsuppe, die es zumeist bei den Vertriebenen zum Abendessen gab.

Alma blieb an der Tür zur Waschküche stehen, die neben der großen Speisekammer lag. Sie atmete noch einmal kurz tief durch, bevor sie die Klinke hinunterdrückte und öffnete. Dann trat sie hinein. Wie erwartet stand ihre Mutter an dem kleinen Kohleherd und schwenkte in einer Pfanne die Kartoffeln in Butter.

Sie blickte nur kurz auf. »Deine Haare sind nass!«, sagte sie tonlos.

Erst jetzt bemerkte Alma, dass sich der am Morgen sorgsam geflochtene Zopf gelöst hatte. Wie ein undurchdringlicher Vorhang hingen ihre dunklen Haare auf ihren Schultern. Der Stoff ihres Kleides war deshalb bereits bis zum oberen Rücken durchnässt. Sie wischte sich schnell eine Strähne aus dem Gesicht, die an ihrer Stirn klebte.

»Ich war schwimmen«, erklärte sie schließlich beinahe entschuldigend.

»Hast du nichts Besseres zu tun?«, antwortete Katharina jedoch nur.

Alma schluckte kurz, verkniff sich jedoch jedwede Widerworte, obwohl sie ihre Tagesaufgaben alle erledigt hatte, bevor sie nach Wrede aufgebrochen war. Ihre Mutter erwartete augenscheinlich auch keine weiteren Erklärungen.

»Zieh dir wenigstens was an die Füße, sonst erkältest du dich noch«, sagte sie nur, während sie kurz auf Almas nackte Füße deutete.

Alma zog ihre Strümpfe von einer Leine, die in der Ecke über dem Waschzuber gespannt war. Am Morgen hatte sie sie zum Trocknen dort aufgehängt. Flink zog sie sie an.

Anschließend trat sie an die Vitrine, die ihr Vater aus der großen Küche hierhergeschleppt hatte, bevor die anderen Familien eingezogen waren. »Ich decke schon mal den Tisch«, sagte sie dabei und holte wie gewohnt drei Teller aus dem Schrank.

Erst als sie das Geschirr auf dem Tisch verteilte, bemerkte sie ihren Fehler. Sofort bildete sich ein Kloß in ihrem Hals.

Zu zweit waren die sowjetischen Soldaten vor genau sechzehn Tagen mit einem schlammgrünen Wagen auf den Hof gefahren. Mit quietschenden Reifen hatten sie gebremst, sodass Alma, die sich noch in ihrem Zimmer vor dem Spiegel die Haare gemacht hatte, sich richtig erschrocken hatte. Sie war zum Fenster gestürmt, das zum Hof zeigte, und hatte gesehen, wie die Russen aus dem Wagen gestiegen waren. Die grünen, schweren Uniformen hatten Alma eingeschüchtert. Ihre Mutter hingegen war mit verschränkten Armen aus dem Bauernhaus getreten und hatte sich vor den Soldaten aufgebaut. Ihr Vater hatte sich selbstbewusst neben seine Frau gestellt.

Im Befehlston hatte der eine Soldat auf ihre Eltern eingeredet. Doch trotz seiner Lautstärke hatte Alma nicht viel verstanden. Sein Deutsch war zu gebrochen gewesen. Um Internierung war es gegangen, und von der Suche nach irgendwelchen Nazis hatten sie geredet. So viel hatte Alma verstanden.

Während der eine gesprochen hatte, war der andere Soldat durch die Ställe gegangen. Offensichtlich hatte er nach etwas Verwertbarem zum Mitnehmen gesucht.

Schon kurz nach ihrem Einmarsch auf der Insel hatten die Soldaten das Gleiche getan. Das Nutzvieh hatten sie mitgenommen, ebenso die guten Gerätschaften, Landmaschinen und Vaters geliebten Traktor. Aber auch die Winterwäsche ihres Großvaters, die auf dem Dachboden in einer Kiste gelagert war, hatten sie damals eingesteckt. Genauso wie das Geschirrservice mit dem vergoldeten Rand, welches ihre Mutter aus ihrer Heimat Österreich mit in die Ehe gebracht hatte.

Doch dieses Mal hatte der Soldat außer ein paar Werkzeugen nichts gefunden.

Dann hatten sie plötzlich zu zweit ihren Vater gepackt und ihn grob zum Wagen gezerrt. Almas Mutter hatte noch versucht, sie aufzuhalten. Doch vergeblich. Bevor ihr Vater in den Wagen gestiegen war, hatte er noch einmal kurz zu ihrem Fenster hinaufgeblickt. Alma war jedoch starr vor Schreck gewesen. Sie hatte ihm zum Abschied nicht einmal zuwinken können.

Seufzend nahm Alma nun den überflüssigen Teller und trug ihn zur Vitrine zurück. »Hast du schon etwas von Papa gehört?«, fragte sie dabei ihre Mutter.

Katharina schüttelte den Kopf, während sie weiter beherrscht in der Pfanne rührte.

Alma drehte sich nun um und blickte ihre Mutter an. »Sie können ihn doch nicht so lange festhalten. Oder? Er hat doch nichts getan.«

Doch ihre Mutter blieb stumm, ihr Gesicht beinahe ausdruckslos. »In der Kammer müsste noch etwas Apfelmost sein«, antwortete sie nur. »Geh ihn doch bitte holen!«

Alma blickte ihre Mutter an und wusste, dass es zwecklos war, weiter nachzubohren. Stattdessen verließ sie stumm die Küche, um aus der Kammer den gewünschten Most zu holen. Es war seltsam, dass ihre Mutter ihr Unrechtsempfinden nicht teilte, überlegte sie auf dem Weg dorthin.

Kurze Zeit später saßen sie gemeinsam am Tisch. Alma stocherte lustlos auf ihrem Teller herum, auf dem die Kartoffelscheiben wie kleine Schollen im Fett schwammen. Ihre Mutter saß ihr gegenüber, mit geradem Rücken und manierlich akkurater Haltung. Sie aß zügig, kaute schnell und leise. Die Kartoffeln spülte sie mit verdünntem Apfelmost herunter, in dem noch trüb das Fruchtfleisch der selbst verarbeiteten Äpfel schwamm. Als ihr Teller leer war, legte sie ihr Besteck beiseite, sah Alma an und räusperte sich.

»Es wird sich einiges ändern müssen auf dem Hof«, begann sie ihre Ansprache. »Du musst mehr mit anpacken. Magda hat zwar berichtet, dass wir noch einem weiteren Flüchtling Unterkunft gewähren müssen. Aber ihren Worten nach wird sie uns auf dem Feld keine allzu große Hilfe sein.«

»Du meinst, Papa ist länger weg?«

»Ich weiß es nicht. Möglicherweise. Aber auch so. Wir haben keine Pferde mehr, nicht mal einen Ochsen, den wir vor den Karren spannen können. Wir müssen die Felder per Hand bestellen und ernten.«

Alma sackte kurz in sich zusammen. Nicht unbedingt, weil sie sich vor der vielen Arbeit fürchtete. Bei dem Gedanken, dass es wohl nie wieder so werden würde wie früher, wurde ihr schlecht.

»Alma«, redete ihre Mutter auf sie ein, der Almas Reaktion nicht entgangen war. »Wir müssen jetzt stark sein. Ich und auch du. Wir haben keine Zeit für Träumereien. Es wird kommen, wie es kommt, und wir können daran nichts ändern!«

Alma blickte ihre Mutter an. Sie überlegte, ob sie früher auch schon so pragmatisch gewesen war. Natürlich war sie nie besonders sensibel gewesen. Diesen Wesenszug hatte Alma eindeutig von ihrem Vater geerbt. Doch auch ihre Mutter war einmal anders gewesen, empfindsamer und zartfühlender, als sie es jetzt war.

Alma erinnerte sich daran, wie ihre Mutter ihr vorgelesen hatte, als sie noch ein kleines Mädchen gewesen war. Jeden Abend vor dem Zubettgehen hatten sie sich auf dem großen Sofa in der Stube unter die selbst gestrickte Decke gekuschelt. Den Kopf hatte Alma dabei auf den Schoß ihrer Mutter gelegt. Das Feuer hatte im Kamin geknistert und diese heimelige Atmosphäre geschaffen, die Alma so gern mochte.

Mit ruhiger und einfühlsamer Stimme hatte ihre Mutter dann Bücher über Piraten, Ritter, Prinzessinnen und Drachen vorgelesen. Den Bösewichten in den Geschichten hatte sie dabei immer eine etwas piepsige Stimme gegeben, damit Alma sich nicht allzu sehr fürchtete. Und während sie so dasaßen und ihre Mutter Seite um Seite vorlas, hatte sie Alma immerfort den Kopf gestreichelt, voller selbstverständlicher Liebe.

Alma überlegte, wann sie das letzte Mal so innig zusammengesessen hatten. Sie konnte sich nicht daran erinnern. Genauso wenig wusste sie, wann sie den Kamin das letzte Mal nicht nur zum Heizen der Wohnräume angefeuert, sondern gemütlich davor verweilt hatten.

Aus einem tiefen Bedürfnis heraus legte Alma nun ihre Hand auf die ihrer Mutter. Alma entging nicht, dass sie kurz zusammenzuckte. Ob aus Überraschung oder Irritation, konnte sie dabei nicht sagen, denn schon im nächsten Moment zog ihre Mutter ihre Hand bereits weg, um noch einen Schluck zu trinken.

Alma seufzte kurz, leise und kaum hörbar. Der Krieg hatte ihre Mutter verändert. Für eigene Gefühle oder gar für Zärtlichkeiten war wohl keine Zeit mehr, wenn man um Haus, Hof und Familie fürchten musste. Auch Alma nahm nun wieder ihre Gabel in die Hand.

Ein paar schweigsame Augenblicke später räusperte sich ihre Mutter plötzlich. »Hast du etwas von Friedrich gehört?«, fragte sie anschließend fast nebenbei.

Alma erstarrte für einen kurzen Moment. Nur ihre Hände begannen leicht zu zittern. Schnell legte sie die Gabel erneut beiseite, damit ihre Mutter die körperliche Reaktion auf die Frage nicht bemerkte. Sie schluckte und schüttelte schließlich kurz den Kopf. An ihrem Oberschenkel spürte sie jedoch klar und deutlich den Brief, der immer noch in der Kleidtasche steckte.

»Gut so! Keine Post bedeutet, keine schlechten Nachrichten«, sagte ihre Mutter und fügte dann hinzu: »Iss auf, Kind! Sonst fällst du mir noch vom Fleisch.«

Nur langsam aß Alma weiter. Der Appetit war ihr jedoch längst vergangen.

Obwohl die Tage zu jener Jahreszeit nie zu enden schienen, brach bereits die Dämmerung ein, als Alma endlich in ihrem kleinen Zimmer im Obergeschoss auf dem Bett lag. Sie hatte ihrer Mutter noch beim Abwasch geholfen und etwas Handarbeit gemacht. Die Strümpfe hatten mal wieder gestopft werden müssen. Im Haus war es nun ruhig geworden. Nur leises

Gemurmel kam aus den Nachbarräumen. Durch das geöffnete Fenster, das zur Hofseite zeigte, hörte sie die festen Schritte ihrer Mutter auf dem Pflaster. Auch im Halbschlaf hätte Alma sie zuordnen können. Vermutlich schloss sie gerade die Ställe und schaute noch einmal nach den Hühnern, wie sie es jeden Abend tat.

Alma starrte an die Decke, versuchte dabei an nichts zu denken. Und doch kehrten ihre Gedanken immer wieder zu dem Brief zurück, den sie noch in ihrer Tasche trug.

In den ersten Kriegsjahren hatte sie noch sehnsüchtig auf Feldpost von Friedrich gewartet. Nach dem Briefträger hatte sie jeden Morgen Ausschau gehalten, obwohl sie gewusst hatte, dass er nie vor dem Mittagsläuten kam. Schließlich führte ihn seine Route stets zuallererst durch Wrede, bevor er sich auf den Weg zum Bauernhaus machte.

Irgendwann jedoch, als die deutsche Front sich nicht mehr vorwärts, sondern rückwärts zu bewegen begann, hatte sie angefangen, die Besuche des Postboten zu scheuen. Zwar war es nicht er gewesen, der die Benachrichtigungen über die gefallenen Soldaten übermittelt hatte. Diese Aufgabe war dem NSDAP-Ortsgruppenleiter zugefallen, dessen Besuch Alma zweifellos noch mehr gefürchtet hatte. Doch auch der Postbote überbrachte hin und wieder schlechte Neuigkeiten an Familien, deren Söhne und Väter in den Krieg gezogen waren. Vermisstenmeldungen beispielsweise wurden von der Wehrmachtauskunftstelle für Kriegerverluste und Kriegsgefangene mit der Post verschickt.

Zum Schluss war sie überhaupt nicht mehr hinausgegangen, wenn der Zusteller oder gar ein Uniformierter der Wehrmacht den Hof betreten hatte. Dann hatte sie sich in ihrem Zimmer oder in einem der Ställe verkrochen und bang gehofft, dass ihre Mutter nicht über den ganzen Hof ihren Namen rufen würde.

Doch ausgerechnet heute Morgen war sie ganz arglos durch die Hintertür auf den Hof getreten. Sie hatte nach Wrede gewollt, um beim Schuster ein Paar Stiefel für ihre Mutter abzuholen. Als sie in Gedanken versunken durch das Tor gegangen war, hatte sie versehentlich einen Mann angerempelt, den sie ohne seine Uniform erst gar nicht erkannt hatte. Erst auf den zweiten Blick begriff sie, dass es der ehemalige Wehrmachtsoffizier gewesen war, der früher schon von Tür zu Tür gegangen war.

Vor Schreck war ihm ein Brief aus der Hand gefallen. Doch statt über Almas Unachtsamkeit verärgert zu sein, hatte er sie nur mitleidig angeblickt. Als sie zu ihren Füßen hinuntergeschaut hatte, hatte sie gewusst, warum. Der Brief war an sie adressiert gewesen.

Ganz langsam hatte sie sich gebückt und ihn aufgehoben. Dabei hatte sie gar nicht so recht gewusst, was sie fühlen sollte. Zu unwirklich war ihr die Situation vorgekommen. Und zu unerträglich. Wohl deshalb war sie auch plötzlich losgelaufen, bevor der Mann etwas hatte sagen können.

Wie aus einem kindlichen Reflex heraus war sie bis nach Wrede gerannt. Sie hatte die Begegnung am liebsten vergessen wollen. Ihren alten Schulfreundinnen, die sie am Brunnenplatz getroffen und überredet hatten, ihnen ein wenig Gesellschaft zu leisten, hatte sie deshalb ebenfalls nichts davon erzählt. Doch der Brief, den sie in ihre Tasche gestopft hatte, war wie ein Stachel gewesen, der schon viel zu tief in ihrer Haut steckte.

Nun endlich zog Alma den Umschlag aus ihrer Tasche heraus, drehte und wendete das immer noch verschlossene

Kuvert in den Händen. Mit den Fingern fuhr sie über das Adressfeld, auf dem in fein säuberlich mit Schreibmaschine getippten Buchstaben ihr Name stand. Daneben prangte ein großer, runder Stempel. Die Worte, die kreisförmig entlang der gedruckten Linien verliefen, konnte sie nicht entziffern. Alma vermutete, dass es Französisch war. Ganz sicher war sie sich jedoch nicht.

Worin sie sich aber sicher sein konnte, war, dass der Umschlag keine guten Nachrichten enthielt. Ihre Mutter hatte es beim Abendessen noch einmal bestätigt. Im Kuvert musste zwar nicht unbedingt die Benachrichtigung über Friedrichs Tod schlummern. Es konnte auch die Mitteilung sein, dass ihr Verlobter in Kriegsgefangenschaft geraten war. Doch da die letzten handgeschriebenen Zeilen, die sie von Friedrich von der Front bekommen hatte, über ein halbes Jahr zurücklagen, war die zweite und hoffnungsvollere Möglichkeit nicht unbedingt die wahrscheinlichere.

Alma seufzte, wusste nicht recht, was sie nun tun sollte. Da erinnerte sie sich plötzlich an den Wanderjahrmarkt, der früher regelmäßig auf der Insel seine Zelte aufgeschlagen hatte. Mit ihrem Vater war sie als Kind nur zu gerne hingegangen. Sie hatte sich immer ein Los für die Tombola kaufen dürfen und war jedes Mal ganz traurig gewesen, wenn sie eine Niete gezogen hatte. *Die Hoffnung stirbt zuletzt* hatte ihr Vater ihr dann immer zugeraunt und ihr noch ein Los gekauft und noch eins, bis sie schließlich eine Puppe, ein Holzspielzeug oder eine Stoffrose gewonnen hatte.

Alma beschloss in diesem Moment, sich an ebendiese Hoffnung, von der ihr Vater damals gesprochen hatte, so lange wie möglich zu klammern.

Sie setzte sich im Bett auf, beugte sich zu ihrem Nachttisch hinüber und zog die oberste Schublade auf. Zum Vorschein kamen unzählige Briefe, die in der kleinen Lade ordentlich gestapelt waren. Alle Umschläge waren an der schmalen Seite geöffnet. Unter dem Feldpoststempel der Wehrmacht stand ihr Name sowie ihre Anschrift in kleiner, geschwungener Schrift. Für eine männliche Handschrift schon beinahe zu geschwungen, wie Alma fand. Sie nahm das geschlossene Kuvert der Wehrmachtauskunftstelle und schob es unter den untersten Brief des Stapels. Dann nahm sie den Umschlag heraus, der obenauf lag. Er war ein wenig zerknittert, und man sah ihm an, dass er schon oft in die Hand genommen worden war. Alma zog das schmale Briefpapier heraus, ließ ihren Kopf wieder auf das Kissen fallen und begann die eng geschriebenen Zeilen zu lesen …

Für Alma

Einige Jahre zuvor

Meine liebste Alma,

ich vermisse dich schon jetzt. Dabei liegt unser Abschied erst fünf Tage zurück. Doch dadurch, dass sich die Welt hier so unwirklich anfühlt, kommt es mir so vor, als wäre es eine Ewigkeit her, dass ich mich in deinen grünen Augen verlieren durfte.

Vorgestern nun bin ich mit meinem Kommandeur an der französischen Grenze angekommen. Aber ich werde dir jetzt und auch später nicht schreiben, was ich hier erlebe, wie sich der Krieg wirklich anfühlt. Ich möchte dich nicht beunruhigen. Du sollst nur wissen, dass es mir gut geht. Das genügt. Und du sollst wissen, dass ich an dich denke. Jede freie Minute, die ich habe.

Letztens habe ich mich dabei an unsere erste Begegnung erinnert. Weißt du noch, an der alten Kate, die so versteckt hinter dem Wäldchen liegt? Der Mohn hat geblüht, und du hast so schön ausgesehen mit deinem Strohhut. Ich habe dich wirklich nicht erschrecken wollen. Du musst wer weiß was von mir gedacht haben, als du mich hinter dem Baum entdeckt hast. Schließlich habe ich dich regelrecht angestarrt. Und dann habe ich nur dummes Zeug geredet, als ich mich entschuldi-

gen wollte. Wie ein kleiner Junge bin ich mir vorgekommen.

Rückblickend war ich das ja auch. Noch ganz grün hinter den Ohren hatte ich geglaubt, die Welt aus meinen Studienbüchern zu kennen. Ich kann es dir also nicht verübeln, dass du mich damals hast einfach so stehen lassen, ohne ein Wort mit mir zu wechseln. Zum Glück haben sich unsere Wege schon bald darauf wieder gekreuzt.

Es tut mir gut, in solchen Erinnerungen zu schwelgen. Aber leider muss ich jetzt schon Schluss machen. Der Wachdienst ruft.

Doch einen Gedanken muss ich noch loswerden, sonst geht er mir nicht mehr aus dem Kopf: Ich habe deine Tränen gesehen, als ich in Putbus in den Zug gestiegen bin. Es tat mir im Herzen weh, dich so zurückzulassen. Bitte tue mir einen Gefallen. Weine nicht mehr um mich! Auch wenn ich diesen Wahnsinn hier nicht überleben sollte – und die Chancen dafür sind leider allzu gering –, möchte ich nicht, dass du meinetwegen noch eine zarte Träne vergeudest. Lächele stattdessen für mich, und erinnere dich an unsere vielen wunderbaren Augenblicke, die wir zusammen hatten.

In inniger Liebe, dein Friedrich

Edith

Einige Monate zuvor

Edith schreckte hoch. Eine Gänsehaut überzog ihren ganzen Körper. Doch es lag nicht an der Kälte des frostigen Februarmorgens. Nein, es waren diese Schritte, die sie schon wieder hörte. Schritte, die ihr durch Mark und Bein gingen und sie einfach nicht weiterschlafen lassen wollten.

Sie blickte sich um. Esther lag neben ihr. Unter der dicken, mit Daunenfedern gefüllten Decke spürte sie die warme und weiche Haut ihrer Schwester. Schon seit Kindertagen hatten sie sich das Bett geteilt. Nicht aus Platzmangel – jedes der Mädchen besaß im Haus ihrer Eltern ihr eigenes Zimmer. Vielmehr war es der Mangel an Vorstellung, auch allein in einen geruhsamen Schlaf finden zu können, der die Schwestern jeden Abend zusammen ins Bett gehen ließ.

Esthers Brustkorb hob und senkte sich gleichmäßig. Der Anblick beruhigte Edith ein wenig. Langsam schob sie die Decke beiseite und stand auf. Dabei achtete sie darauf, ihre ältere Schwester nicht zu wecken.

Edith nahm die grobe Wollstrickjacke vom Ankleidestuhl und warf sie sich über die Schultern. Dann ging sie zum Fenster. Die Glasscheiben waren beschlagen. Mit ihrem Handrücken wischte sie eine kleine Stelle frei. Ein Guckloch, durch das sie hinausschaute. Die Sonne versteckte sich noch hinter dem Horizont. Lediglich ein rötlicher Schimmer hatte sich über Groß Spiegel gelegt, um den Tag anzukündigen.

Edith blickte hinab zur Dorfstraße, die von Osten kommend am Haus vorbeiführte. Ein Tross aus Menschen schob sich auf dem gepflasterten Kopfstein entlang, direkt an ihrer Gartenpforte vorbei. Manche hatten einen Pferdewagen dabei, auf dem die Alten und Kinder saßen und sich die Möbel und das Gepäck zu türmen schienen. Einige hatten nur einen schwer bepackten Handwagen, den sie angestrengt hinter sich herzogen. Wiederum andere hatten nichts dabei außer dem Gepäck, das sie auf ihren eigenen Schultern tragen konnten.

Doch egal, wie viel oder wenig sie trugen, in ihrer Körpersprache unterschieden sie sich nicht im Geringsten. Ihre Rücken waren leicht vorgebeugt, die Schultern hingen hinab. Den Blick richteten sie zu Boden. Und ihre Schritte hallten beinahe im Gleichtakt auf dem Kopfstein nach, als wenn das gemeinsame Schicksal ihren Takt vorgab.

Plötzlich blickte ein Junge auf. Er saß auf einem Handwagen und sah sie direkt an. Edith erschrak, als sie sah, wie leer und glanzlos seine Augen waren. Die Unschuld seiner Kindheit hatte er scheinbar ebenso zurücklassen müssen wie seine Heimat.

Edith trat ein paar Schritte vom Fenster zurück. Sie überlegte, was sie nun tun sollte. Da hörte sie Geräusche, die von nebenan zu kommen schienen. Sie blickte zu ihrer Schwester, die immer noch tief und fest schlief. Dann verließ sie das Zimmer. Langsam ging sie über den kleinen Flur. Die Türen zu den Schlafstuben waren alle geöffnet, was um diese Jahreszeit merkwürdig war. Achtete ihre Mutter doch sonst penibel darauf, dass die Wärme der Öfen auch ja in den Zimmern blieb.

Im elterlichen Schlafzimmer entdeckte sie ihre Mutter. Sie hockte vor der Kommode. Eilig zog sie Kleider, Strümpfe und Nachthemden aus der Schublade und warf sie in einen Lederkoffer, der geöffnet neben ihr stand.

»Was machst du da?«, fragte Edith perplex.

Ohne aufzublicken, antwortete ihre Mutter: »Doktor Ewald hatte recht. Die Front kommt. Wir müssen weg von hier!«

»Jetzt?«, stieß Edith entgeistert aus.

Ihre Mutter hielt kurz inne und hob ihren Blick. In ihren Augen konnte Edith die gleiche Ernüchterung sehen wie zuvor bei dem Jungen auf dem Wagen. Edith schluckte, sie kannte die Antwort.

»Weck deine Schwester, und packt das Nötigste zusammen. Jeder ein Koffer. Mehr nicht!«, sagte ihre Mutter, während sie ihre Hände wieder tief in der Lade vergrub.

Wie in Trance verließ Edith das Zimmer und ging zurück. Der Gedanke, sich nun in diesen Menschentross einreihen zu müssen, ließ sie zum zweiten Mal an diesem Morgen eine Gänsehaut bekommen. Nur dieses Mal, das wusste Edith, würde sie sich nicht so schnell beruhigen können.

Edith

Ende Juni 1945

»He, träumst du?«, fragte eine Stimme, die dumpf in Ediths Ohren nachhallte. »Von allein kriechen die Kartoffeln nicht aus der Erde!«

Edith blickte auf. Die Sonne stand hoch am wolkenlosen Himmel und ließ die Luft über dem Acker flimmern. Ein leichter Wind wehte, sodass die Kronen der Kiefern, die hinter den Feldern aufragten, friedlich tänzelten. Ihnen gegenüber, auf der anderen Seite des beackerten Landstriches, stand das Bauerngehöft. Aus der Ferne wirkte es noch beschaulicher. Edith drehte sich weiter um. Hinter ihr stand Hertha mit verschränkten Armen und gekrauster Stirn.

»Entschuldige, ich war kurz abgelenkt«, antwortete Edith ausweichend, nachdem sie sich verlegen geräuspert hatte. Sie spürte, wie eine Schweißperle unter ihren zu einem schlichten Zopf gebundenen Haaren hervorkroch, ihre Schläfe hinabrann und schließlich auf den dunklen Boden fiel, der viel zu trocken war. Um weiteren Schweißperlen Einhalt zu gebieten, wischte sie sich mit dem Handrücken über die Stirn.

Herthas Gesichtszüge entspannten sich nun etwas. Sie legte den Kopf schief und sah Edith beinahe mitfühlend an. »Wenn du eine Pause brauchst, am Leiterwagen steht eine Feldflasche mit Wasser. Bedien dich ruhig!«

Edith sah zu dem alten Holzwagen hinüber, auf dem sich bereits ein Berg Frühkartoffeln stapelte. Die anderen, die seit den Morgenstunden ebenso wie Edith auf dem Acker schufteten, waren augenscheinlich weitaus fleißiger als sie.

Edith blickte wieder zu Hertha und schüttelte den Kopf. »Geht schon!«, antwortete sie und hob die Forke auf, die ihr vor lauter Tagträumerei aus der Hand gefallen war.

Hertha zögerte kurz, dann nahm sie ihr Tuch vom Kopf und riss es kurzerhand an der diagonalen Linie entzwei. Als Hertha ihr eine Hälfte davon reichte, blickte Edith sie überrascht an.

»Nimm es! Das schützt vor der Sonne. Und der Schweiß läuft dir nicht ständig ins Gesicht.«

Noch etwas zögerlich nahm Edith das Tuch und band es sich nun ebenso um den Kopf. »Danke!«, brachte sie dabei nur heraus.

Hertha nickte ihr zu und ging wieder zu Simone hinüber, die auf der bereits aufgelockerten Erde hockte und mit ihren kleinen Händen noch die letzten versteckten Knollen ausbuddelte.

Mit Schwung stach Edith die spitzen Zacken der Grabegabel in die Erde. Etwas ungelenk bewegte sie den schweren Holzstiel hin und her, um die Kartoffelpflanze im Boden zu lockern. Anschließend versuchte sie die Forke samt Pflanze anzuheben, um die mit den kostbaren Erdknollen bestückten Wurzeln aus dem Schoß von Mutter Erde zu lösen. Dann bückte sie sich und sammelte die Kartoffeln vom Boden auf. Die dicken Knollen legte sie in einen großen Korb, die kleinen sortierte sie gleich aus und warf sie in einen Eimer. Die sollten für die Aussaat im nächsten Jahr zurückgelegt werden, so hatte Hertha es ihr erklärt. Die Kartoffelpflanze warf sie auf einen separaten Haufen. Auch sie wurde weiterverarbeitet. Den strengen Geruch ihrer Matratze, die mit ebendiesem Kraut gefüllt war, wie sie erfahren hatte, hatte sie noch immer in der Nase.

Die Arbeit strengte Edith an. Sie spürte schon jetzt einen Muskelkater in Regionen ihres Körpers, wo sie nicht einmal geahnt hatte, überhaupt Muskeln zu besitzen. Ihr Rücken schmerzte vom ständigen Bücken, und an den Handballen hatten sich bereits die ersten Blasen gebildet. Sie war es nicht gewohnt, körperlich zu arbeiten, und doch konnte sie sich gerade nichts Befreienderes vorstellen. Zum ersten Mal seit Wochen hatte sie eine Aufgabe, die nicht darin bestand, einen Fuß vor den nächsten zu setzen.

Wieder stach sie die Forke in die Erde und lockerte den Boden um die nächste dickblättrige Pflanze herum. Langsam ging es ihr leichter von der Hand.

Nach gut einer Stunde machten sie Pause. Der Leiterwagen war voll beladen und wurde von Alfons und Max, dem sudetendeutschen Familienvater, der am Tag zuvor über dem Feuer Fisch gebraten hatte, zum Hof gezogen. Simone saß oben auf dem Knollenberg. Sie wollte beim Ausladen helfen. Nun tat sie so, als wäre sie ein Kutscher, und trieb das Gespann vor dem Wagen mit gespielter Strenge an. Alfons wieherte sogar einmal für das Mädchen. Edith musste darüber schmunzeln.

Sie beobachtete, wie die Männer den Wagen wegzogen. Obwohl Alfons nur ein Bein besaß, waren seine Bewegungen schneller und sicherer, als Edith gedacht hätte. Manchmal lief er etwas staksend, hin und wieder auch ungelenk. Aber ihm war anzumerken, dass er sich von seiner körperlichen Beeinträchtigung nicht beherrschen lassen wollte.

Die restlichen zurückgebliebenen Feldarbeiter sammelten sich derweil am Rande des Ackers im Schatten einer großen Eiche. Irgendjemand hatte einen Topf mit Erbensuppe gebracht, die nun mit einer großen Kelle gerecht auf mehrere Aluminiumschalen verteilt wurde. Dazu gab es für jeden ein Stück Brot. Auch Edith bekam eine Schale und eine Scheibe Brot in die Hand gedrückt und setzte sich anschließend auf einen umgekippten Baumstamm etwas abseits der Gruppe.

Die Suppe war tatsächlich noch heiß, wie Edith nach dem ersten Löffel feststellte. Und sie schmeckte ganz wunderbar. Magda hatte sie wohl zubereitet, wie Edith vermutete. Sie war nicht mit auf dem Feld, ebenso wie die Hausherrin und deren Tochter, denen sie noch nicht begegnet war.

Die anderen plauschten gesellig, während sie ihre Suppe aßen. Die Gruppe bestand vornehmlich aus Vertriebenen, die auf dem Hof und im Ort untergekommen waren, sowie ein paar Kriegsheimkehrern, die als Tagelöhner angeheuert hatten. Für eine warme Mahlzeit am Tag und für ein Bett oder ein paar Groschen halfen sie auf den Feldern und dem Hof mit. Ihre Stimmen schwebten durch die Luft, beschwingt und beinahe unbedarft, so als hätten sie die Schrecken des Krieges längst vergessen. Doch vermutlich hatten sie sie nur verdrängt, für den Augenblick weggeschlossen, um dem neuen Alltag wenigstens ein bisschen Leichtigkeit zurückzugeben. Doch Edith ahnte, dass auch sie in stillen Stunden von den Geistern der Vergangenheit heimgesucht wurden.

»Darf ich?«, fragte Hertha, die plötzlich vor ihr stand. Sie hatte Marie auf dem Arm, die den Vormittag in einem kleinen, mit einer Wolldecke ausgepolsterten Handwagen geschlummert hatte. Nun strampelte das Baby im Arm seiner Mutter und quiekte auf. Offensichtlich hatte es ebenfalls Hunger.

Edith nickte und rückte auf dem Baumstamm ein Stück beiseite. Hertha setzte sich und öffnete mit nur einer Hand die obersten Knöpfe ihrer Bluse. Dann gab sie ihrer Tochter die Brust, die sofort zu trinken begann. Edith konnte hören, wie die Kleine die Milch hastig hinunterschluckte.

Edith ließ ihren Blick über die Felder schweifen. »Was wird hier noch angebaut? Außer Frühkartoffeln«, fragte sie dabei.

»Weizen und Hafer, Mohn und Flachs. Daraus kann man Leinenstoff machen. Gemüse zur Selbstversorgung. Eine Streuobstwiese gibt es auch. Und Runkeln für die Tiere. Na ja, davon haben die Russen nicht viele hiergelassen. Aber Magda macht sie auch in den Eintopf. Schmecken ein bisschen wie Steckrüben. Sind nur nicht so bekömmlich. Musste aufpassen. Ich sortiere sie immer raus«, fügte Hertha augenzwinkernd hinzu. »Und dann natürlich Tabak.«

»Tabak?«, fragte Edith erstaunt.

Hertha nickte. »Dort drüben«, antwortete sie und zeigte auf ein großes Feld. »Für den Eigenbedarf des Bauern.«

»Ganz schön viel!«, staunte Edith.

Hertha wiegte den Kopf und beugte sich dann zu ihr herüber. »Na ja, geht wohl auch was auf dem Schwarzmarkt drauf«, gab sie halblaut zurück. »Tabak ist Mangelware und sehr begehrt, wie du dir vorstellen kannst.«

Edith nickte. Auch Doktor Ewald hatte geraucht. Als das Kraut während des Krieges immer teurer geworden war, hatte er sogar angefangen, aus Brennnesseln und Pfefferminzblättern seine Zigaretten selbst zu drehen. Der minzige Duft, der sie an Zahnpasta erinnert hatte, war oft bis in ihr Zimmer gezogen.

Edith fragte sich, was aus ihnen geworden war. Nachdem sie im Spätherbst letzten Jahres aufgebrochen waren, hatte sie nichts mehr von ihnen gehört.

»Die Feldarbeit ist nichts für dich!«, sagte Hertha plötzlich.

Edith blickte sie überrascht an. »Ich bemühe mich mehr, versprochen«, versuchte sie sich zu verteidigen.

»Schon gut. Das war kein Vorwurf«, besänftigte Hertha sie. »Nicht jeder ist für körperliche Arbeit geschaffen. Was hast du gemacht?«, fragte sie neugierig. »Ich meine, bevor wir alle vertrieben wurden?«

»Ich habe vor zwei Jahren mein Abitur gemacht. Eigentlich wollte ich zur Schwesternschule. Aber dazu ist es nicht mehr gekommen.«

Hertha sah beeindruckt auf, während sie ihre Tochter an die andere Brust legte. Das Baby trank nun schon ruhiger. »Krankenschwester, ja? Du musst einen klugen Kopf haben«, sagte Hertha dabei.

Edith wiegte den Kopf. »Nützt mir hier nur nicht viel«, antwortete sie, während sie ihren Blick über den Kartoffelacker wandern ließ. Erst einen Bruchteil der Kartoffelernte hatten sie eingefahren.

»Warts ab, unsere Zeit wird wiederkommen.«

Edith sah Hertha an. Obwohl sie mit zwei kleinen Kindern allein aus ihrer Heimat geflohen war und nicht die geringste Ahnung hatte, wo sich ihr Mann aufhielt, schien sie ihren Lebensmut nicht verloren zu haben. Edith wünschte sich, dass ebenjene zukunftsheischende Hoffnung ein wenig auf sie abfärben würde. Doch dann dachte sie an ihre Heimat, die sie hatte zurücklassen müssen. Sie dachte an das Haus mit der blauen Tür, das es nicht mehr gab, an ihren Vater, der in den Kriegswirren verloren gegangen war, und an ihre Mutter, die nicht mehr lebte. Und natürlich dachte sie auch an ihre Schwester, deren Lachen sie so sehr vermisste.

Edith wurde erneut aus ihren Gedanken gerissen, als sie Simones helle Stimme hörte. »Brrrrr, meine Pferdchen!«, rief sie fröhlich.

Auch Hertha sah auf. Gekonnt legte sie das Baby für ein Bäuerchen über die Schulter, während sie ihre Bluse zuknöpfte. Dann stand sie auf und ging zum nun wieder leeren Erntewagen hinüber. Edith folgte ihr einige Augenblicke später, froh darüber, die Gedanken an ihre Vergangenheit beiseiteschieben zu können.

Als sie den Leiterwagen zum zweiten Mal voll beladen hatten, meldete Edith sich freiwillig, mit zum Hof zurückzufahren, um beim Ausladen zu helfen. Sie wollte ihre vormittägliche Trödelei wiedergutmachen, auch wenn niemand sie ihr vorgeworfen hatte. Simone saß bereits auf dem Wagen und deutete auf den Platz neben sich.

Edith hob abwehrend ihre Hände. »Ich laufe lieber!«, antwortete sie. Den Männern, die den Erntewagen zogen, wollte sie keine zusätzliche Last sein.

»Ach, komm schon«, flehte Simone. Doch Edith schüttelte nur weiter den Kopf. Der Kartoffelberg war ohnehin hoch genug, und die Holzräder des Wagens schienen nicht mehr die stabilsten zu sein.

Doch ehe sie sich versah, spürte sie einen Druck an ihren Hüften. Alfons packte sie und hob sie auf die Ladefläche.

Überrascht und auch ein wenig verlegen quiekte Edith auf. Alfons quittierte ihre schamhafte Bescheidenheit jedoch lediglich mit einem schelmischen Grinsen. Und so nahm sie also doch neben Simone Platz, die sie zufrieden anlächelte.

Als der Wagen sich in Bewegung setzte, musste Edith sich gut festhalten. Durch die alten Räder und den unebenen Boden rumpelte und wackelte es gehörig. Doch schon nach ein paar Metern begann sie die Fahrt zu genießen. Es war schön, einfach nur mal dazusitzen und die Aussicht auf sich wirken zu lassen. Sie legte den Arm um Simone, die sich an ihre Schulter kuschelte. Und so konnten die beiden Männer nun den Wagen ziehen, ohne immerfort den Kutscherbefehlen des kleinen Mädchens ausgesetzt zu sein.

Auf dem Hof angekommen sprang Edith vom Wagen. Sie luden die Kartoffeln in einem der leeren Ställe ab. Später sollten sie abgeholt werden. Per Hand half Edith dabei, die Ladepritsche zu leeren. Auch diese Arbeit war schweißtreibend, auch wenn die Hitze in dem abgedunkelten Stall aushaltbarer war.

Da hörten sie plötzlich aufgeregte Stimmen aus Richtung des Hauses. Edith hielt in ihrer Arbeit inne und folgte der neugierigen Simone auf den Hof. Auch Alfons und Max lugten durch das Stalltor heraus.

Edith sah einen Mann auf den Hof kommen. Er war nicht mehr ganz jung, sie schätzte ihn auf Mitte vierzig. Sein dunkles, etwas ausgedünntes Haar trug er nach hinten gekämmt. Eine Schiebermütze lugte aus seiner rechten Gesäßtasche heraus. Die kantigen Wangen sowie sein markantes Kinn waren mit kurzen grau melierten Bartstoppeln übersät. Doch der schmale Schnauzbart, der seine Oberlippe zierte, zeugte davon, dass er normalerweise seinen Bart pflegte. Seine Kleidung war etwas schmutzig, er wirkte verschwitzt und erschöpft. Dennoch waren seine Augen, die Ediths Vermutung nach grün waren, hellwach und entschlossen. Nur kurz sah er zu Edith und Simone herüber, nickte ihnen zu.

Doch bevor Edith den Gruß erwidern konnte, kam eine junge Frau aus der Hintertür des Bauernhauses gelaufen, stürmte auf den Mann zu und fiel ihm allzu überschwänglich in die Arme. Bei dem Eifer, der ihm entgegenstürmte, hatte der Mann Schwierigkeiten, nicht hintenüberzufallen. Dann aber, als sich sein Stand gefestigt hatte, umarmte er die Frau ebenso innig, liebevoll und erleichtert.

Gemeinsam mit Magda kam nun eine weitere Frau aus dem Haus getreten. Während Magda an der Tür stehen blieb, ging die Frau ebenso auf den Mann zu. Ihr Rücken war dabei gerade durchgestreckt, ihre Schritte langsam und gefasst.

Alfons trat neben Edith. »Lutz ist wieder da!«, sagte er beinahe tonlos. Edith sah ihn an. Sie konnte nicht einordnen, ob er sich darüber freute oder nicht. Es klang eher wie eine Feststellung, die keiner weiteren Emotion bedurfte.

Edith blickte wieder zum Bauernhaus hinüber und schlussfolgerte nun, dass der Rückkehrer wohl der Hausherr sein musste, der von Frau und Tochter begrüßt wurde. Etwas wehmütig verfolgte sie die Familienzusammenführung.

Als die drei sich aufmachten, um ins Bauernhaus zu gehen, drehte sich das junge Mädchen kurz zum Stall um. Für einen Augenblick trafen sich die Blicke der jungen Frauen, und Edith erschrak. Sie erkannte in der Tochter des Bauern das Mädchen vom Strand.

Auch die andere schien für einen Moment irritiert. Sie kniff die Augen zusammen, ihr Blick verdichtete sich. Doch schon einen Augenblick später wandte sie sich wieder ihrem Vater zu, schenkte ihm einen Kuss auf die Wange und legte ihren Arm um seine breiten Schultern. Edith ging zur Scheune zurück, als die drei mit Magda im Bauernhaus verschwunden waren, und setzte ihre Arbeit gemeinsam mit Alfons und Simone fort.

Alma
Ende Juni 1945

Alma war so glücklich. Sie strahlte über das ganze Gesicht und konnte einfach nicht aufhören, ihren geliebten Vater anzusehen, der ihr in der Waschküche gegenübersaß. Endlich war er wieder da.

Im ersten Moment, als sie ihn vor dem Bauernhaus gesehen hatte, war sie ein wenig erschrocken gewesen. Er hatte ganz anders ausgesehen. Seine Kleidung war beschmutzt gewesen, sein Gesicht unrasiert. Sie hatte das Gefühl gehabt, dass er ein wenig gekrümmter dagestanden hatte und ihm das Lächeln schwergefallen war, als sie auf ihn zugelaufen war, um ihn zu begrüßen. Doch jetzt, nachdem er sich umgezogen, gewaschen und rasiert hatte, wirkte er schon wieder wie der stattliche Mann, zu dem sie seit Kindertagen aufschaute.

Gemeinsam aßen sie nun zu Abend. Vor Aufregung bekam Alma jedoch fast keinen Löffel der Erbsensuppe hinunter, die Magda ihnen aufgehoben hatte. Ihr Vater hingegen schien großen Hunger zu haben. Er verschlang die Suppe und fast einen halben Laib Brot, in dicke Scheiben geschnitten und mit ordentlich Butter beschmiert, als habe er die letzten Wochen nichts Vernünftiges zwischen die Zähne bekommen.

Ihre Mutter löffelte manierlich ihren Teller leer, als wäre nichts Besonderes vorgefallen. Zwischen ihren Happen erzählte sie ihrem Ehemann sachlich und ohne große Gemütsbewegungen, was in den beiden Wochen seiner Abwesenheit auf dem Hof passiert war.

»Einer von der Kreiskommission ist auch noch einmal hier gewesen. Wollte wohl kontrollieren, ob wir wirklich nicht mehr als sechzig Hektar Land besitzen. Ich habe ihn des Hofes verwiesen mit dem Hinweis, dass wir keine Junker sind«, erzählte sie dabei.

Ihr Vater nickte. »Gut«, antwortete er stumpf, während er weiteraß.

»Einige Reparaturarbeiten stehen an«, fuhr Katharina fort. »Du musst dir dringend den Leiterwagen ansehen. Der fällt wohl bald auseinander, meint Max. Und nach einem Pflug hat er auch gefragt. Einen, den man per Hand bedienen kann …«

Alma fiel es zunehmend schwer, den Erläuterungen ihrer Mutter zu folgen. Schließlich lagen ihr ganz andere Fragen auf der Seele. Wo hatte ihr Vater die letzten Wochen verbracht? Wie war es ihm in der Haft ergangen? Und warum wurde er entlassen? Doch darüber hatte er seit seiner Ankunft noch kein Sterbenswörtchen verloren. Und auch ihre Mutter machte offenbar keine Anstalten, sich danach zu erkundigen.

Alma sah von ihrer Suppe auf, überlegte noch kurz, welche dieser Fragen sie ihm zuerst stellen sollte. Doch bevor sie sich entschieden hatte, blickte ihr Vater sie plötzlich an.

»Und bei dir? Wie geht es dir?«, fragte er und kam seiner Tochter damit zuvor.

Alma schluckte etwas überrumpelt, vergaß ihre Fragen sofort. Stattdessen suchte sie fieberhaft nach einer Antwort. Doch wusste sie ja selbst nicht einmal, wie es ihr ging. Sie wollte ihm so vieles erzählen. Etwa, dass sie die ganze Nacht wach gelegen und alle Briefe, die Friedrich ihr in den letzten Jahren von der Front geschickt hatte, aus der Schublade geholt hatte. Jede einzelne eng beschriebene Zeile hatte sie erneut gelesen, manche Abschnitte sogar doppelt oder dreifach. Seine Worte und Beschreibungen hatten so lebendig geklungen, dass sie den Brief von der Wehrmachtauskunftstelle wenigstens für ein paar Stunden hatte vergessen können. Dieser lag immer noch verschlossen ganz tief unten in ihrem Nachttisch.

Auch von der Frau, die sie auf dem Hof gesehen hatte, wollte sie ihm erzählen. Es tat ihr so leid, dass sie am Strand so grässlich zu ihr gewesen war.

Während Alma noch überlegte, räusperte sich ihre Mutter bereits. »Alma geht es gut«, mischte sie sich ein. »Und von Friedrich gibt es auch immer noch keine Nachricht.«

Lutz sah Alma an. Doch sie brachte es nur fertig zu nicken.

»Bestimmt hörst du bald etwas von ihm«, versuchte er sie aufzumuntern. »Oder wer weiß, vielleicht steht er eines Tages plötzlich auf dem Hof. So wie ich«, fügte er hinzu und schenkte ihr ein zuversichtliches Lächeln.

Alma hob ihre Mundwinkel und hoffte, dass ihre Miene, die sich nur allzu heuchlerisch anfühlte, wenigstens entfernt an ein Lächeln erinnerte.

Ihre Mutter stand nun auf und räumte das Geschirr in die Spülschüssel. Alma erhob sich ebenso und nahm ihren Teller, um ihrer Mutter beim Abwasch zu helfen. Doch Katharina schüttelte den Kopf. »Lass nur. Dein Vater ist ja wieder da. Er kann mir helfen.« Nach kurzem Überlegen fügte sie hinzu: »Mach dich doch schon bettfertig.«

»Es ist noch früh am Abend, Mutter«, stutzte Alma.

Ihre Mutter sah sie nun eindringlich an. »Dann mach etwas anderes. Aber lass deinen Vater und mich jetzt bitte allein.«

Alma zögerte. Sie ahnte, dass ihre Mutter nun genau über jene Themen reden wollte, die auch sie so brennend interessierten. Sie blickte zu ihrem Vater, hoffte bei ihm die nötige Unterstützung zu finden, bleiben zu dürfen. Doch Lutz rührte sich nicht, starrte nur stur auf den Tisch, so als ob es gerade nichts Wichtigeres gäbe, als die Maserung des alten Holzes zu studieren.

Alma seufzte schließlich, stellte den Teller etwas zu laut auf den Tisch zurück und verließ die Küche. Mit Schwung schlug sie die Tür hinter sich zu.

Als sie auf dem Flur stand, atmete sie tief durch. Den Frust, der in ihr aufgestiegen war, versuchte sie hinunterzuschlucken. Um sie herum war es still, nur leises Gemurmel war aus den anderen Zimmern zu hören, deren Türen ebenso verschlossen waren. Unschlüssig blieb sie stehen.

Alma wollte noch nicht auf ihr Zimmer gehen. Dort war die Schublade mit den Briefen und der ungeöffneten Nachricht von der Wehrmachtauskunftstelle. Sie trat wieder einen Schritt auf die verschlossene Küchentür zu, hinter der ihr Vater vermutlich endlich erzählte, was passiert war. Alma hasste es, wenn sie von ihren Eltern ausgeschlossen wurde. Sie war kein kleines Mädchen mehr. Sogar verlobt. Zumindest hoffte sie, es noch zu sein.

Ganz langsam legte sie ihr Ohr an das massive Holz. Sie lauschte. Doch die Stimmen ihrer Eltern drangen nur als unverständliches Gemurmel an ihr Ohr. Nur ein paar dumpfe Geräuschfetzen konnte sie in ihrem Kopf zu Wörtern zusammensetzen. So verstand sie etwa *Verhör*, *nicht zu spaßen* und *alles verlieren*. Sie schienen nicht nur über die Haft zu sprechen, sondern auch noch über etwas anderes, was Alma stutzig machte.

Sie rückte noch ein Stück näher zur Tür, drückte ihr Ohr noch fester gegen das kalte Holz, als plötzlich die Diele unter ihren Füßen knarrte. Vor Schreck hielt sie die Luft an, wartete kurz ab und lauschte weiter. Im Inneren hörte sie nun Schritte, die näher zur Tür kamen. Hastig blickte Alma sich um und huschte schließlich keinen Augenblick zu spät hinter den Kleiderschrank, der neben der Küchentür im Flur stand.

Ihre Mutter öffnete die Tür und sah hinaus. Sie ließ ihren Blick prüfend nach links und rechts wandern. Als sie niemanden sah, drehte sie sich um und widmete sich wieder ihrem Gesprächspartner. Noch bevor die Tür sich schloss, konnte Alma ihre Mutter laut und deutlich hören. »Du musst es loswerden! So schnell wie möglich«, sagte sie mit einer Entschlossenheit in der Stimme, die Alma erschreckte.

Doch die Antwort ihres Vaters zu hören, blieb Alma verwehrt. Genauso wie die Bedeutung der ausgesprochenen Worte. Sie hatte keine Ahnung, um was es ging. Was ihr Vater so unbedingt loswerden sollte. Und vor allen Dingen, warum. Perplex, ratlos und auch ein wenig schockiert trat Alma hinter dem Schrank hervor. Nun hatte sie noch weniger Lust, sich allein auf ihr Zimmer zu verziehen.

Wenig später fand Alma sich deshalb auf dem Weg Richtung Wald wieder. Sie schritt über den sandigen Pfad, der sich wie eine Schneise durch die Felder zog. Die Erde auf dem Acker zu ihrer Rechten war frisch umgegraben, die Kartoffelpflanzen herausgezogen worden. Die Feldarbeiter hatten heute gute Arbeit geleistet, während Alma ihrer Mutter im Büro bei der Buchhaltung zur Hand gegangen war. Zum Glück hatte sie gegen Mittag ins Dorf gehen dürfen, um noch ein paar Besorgungen zu erledigen.

Trotzdem die Dämmerung langsam hereinbrach, hatte sich die Luft noch nicht sonderlich abgekühlt. Die Hitze des Tages klammerte sich an Mutter Erde wie ein Kind, das noch nicht zu Bett gehen wollte. Alma war froh über die laue Abendluft, hatte sie doch ganz vergessen, eine Strickjacke mitzunehmen.

Als sie den Wald erreichte, verließ sie linkerhand den Weg. Sie schritt über das weiche Moos, schlängelte sich durch die schmalen, mit grünem Efeu bewachsenen Stämme der Kiefern und stieg mit großen Schritten über am Waldgrund liegende Äste, Zweige und pilzbedeckte Baumstumpen. Sie liebte es, querfeldein zu gehen und den unebenen Waldboden unter ihren Füßen zu spüren. Die raue, unwegsame Ursprünglichkeit gab ihr das Gefühl, der Natur ganz nah zu sein.

Während sie immer tiefer in den Wald hineinging, dachte sie an Friedrich. Nachdem er sie an der alten Kate so erschreckt hatte, hatten sie sich keine zwei Tage später bereits wiedergesehen. Sie hatte den Pferdestall ausgemistet, eine schweißtreibende Arbeit, die sie nicht sonderlich gemocht hatte. Lieber hatte sie die beiden Stuten, die sie besessen hatten, gestriegelt und ausgeritten.

Jedenfalls hatten ihre Haare schon an ihrer Stirn geklebt, und sie hatte das Gefühl gehabt, beinahe genauso zu stinken wie der Dung, den sie hinter die Ställe auf den Misthaufen gebracht hatte. Als sie erneut einen Eimer mit Schwung ausgeleert hatte, hatte sie nicht genau hingesehen und Friedrich die Pferdeäpfel genau auf seine frisch polierten Stiefel geworfen. Am liebsten wäre sie sofort im Boden versunken, so unangenehm war ihr der Fauxpas. Sofort hatte sie ihr Taschentuch mit der hübschen Stickerei ihrer Großmutter aus der Tasche gezogen und es Friedrich gereicht. Doch er hatte es nicht genommen, hatte das schöne Stück Stoff nicht verschmutzen wollen.

Stattdessen hatte er sich einfach seine Schuhe an der Rückseite der Hosenbeine abgewischt. Alma war sich nicht sicher gewesen, ob das wirklich die bessere Idee gewesen war. Denn auch sein Anzug hatte noch recht neu gewirkt. Sie hatte ihn aber als Entschuldigung zu einem Glas Limonade unter dem Apfelbaum überreden können.

Und während die Bienen und Hummeln um sie herum gesummt hatten und die säuerliche Erfrischung ihre Kehlen hinuntergeronnen war, hatte er ihr erzählt, dass er als Lehrergehilfe eine Anstellung in der hiesigen Schule angenommen hatte und deshalb vor Kurzem nach Wrede gezogen war. Sie hatte schon damals zu ihm aufgesehen und seine Wortgewandtheit bewundert. Sie selbst hatte sich ihrer bäuerlichen Aufmachung geschämt. Und doch hatte er sie angesehen, als wäre sie etwas ganz Besonderes. Das hatte ihr sofort gefallen.

Alma seufzte, während sie an diese Begegnung zurückdachte. Der Himmel färbte sich hinter den Kiefern allmählich orange. Die Sonne neigte sich dem Horizont zu. Bald würde sie dahinter abtauchen. Alma drehte um und ging langsam zum Hof zurück. Nach Einbruch der Dunkelheit durfte sie nicht mehr draußen sein.

Edith

Einige Monate zuvor

Edith blickte sich um. Der Kellerraum war winzig, glich mehr einer Vorratskammer. Nur ein schmales Bett und ein Stuhl standen darin. Die Wände waren nicht einmal verputzt. Einen Ofen zum Heizen gab es nicht. Das halbrunde Fenster, das fast an der mit Wasserflecken übersäten Decke zu kleben schien, ließ nicht viel Licht rein. Als sie hindurchsah, konnte sie nur Schuhe erblicken, die eilig den gepflasterten Weg vor dem Mietshaus entlangliefen. Es roch modrig, nach Kohle, verfaulten Kartoffeln und abgestandener Luft.

Mit Schwung ließ Esther, die neben ihr stand, ihren Koffer auf den Boden plumpsen. Auch sie schien von dem Quartier, das man ihnen nach ihrer Ankunft in Dramburg zugewiesen hatte, alles andere als angetan zu sein.

»Ich hoffe, Mutter hat es besser getroffen«, sagte Edith schließlich.

»Wenn sie sie nicht in einen Pferdestall gesteckt haben, mit Sicherheit«, antwortete Esther nüchtern. »Ich werde mich beschweren und verlangen, dass man uns ein anderes Zimmer zuweist. Wir sind doch keine Ratten«, fügte Esther hinzu.

Doch dann gähnte sie laut und ungeniert. Sie ging zum Bett hinüber und ließ sich darauf fallen. »Aber erst morgen. Heute gehe ich keinen Schritt mehr«, entschied sie, während sie es gerade noch schaffte, sich ihre Schuhe abzustreifen. Ihren Wintermantel behielt sie an. Zu kalt war es in dem Kellerloch. »Die zwanzig Kilometer, die wir heute von Groß Spiegel bis hierher gelaufen sind, waren für meine Füße eindeutig zu viel«, fügte sie noch hinzu.

Edith betrat nun auch das Zimmer, wenn auch etwas zögerlicher. Sie legte ihren Koffer auf dem Stuhl ab. Viel war nicht darin, hatte ihre Mutter sie doch am Morgen immer wieder zur Eile ermahnt.

Die Front war nicht mehr weit weg gewesen. Als sie die ersten Detonationen gehört hatten, waren sie schließlich hektisch aus ihrem Haus gelaufen. Sie hatten sich dem Treck angeschlossen, der seit Tagen durch ihr Dorf zog. Ziel war die nächstgelegene Kreisstadt gewesen. Dort, so hatte man ihnen gesagt, waren sie sicher. Vorerst zumindest.

Edith setzte sich auf die Bettkante und blickte ihre Schwester an, die kaum die Augen offen halten konnte. »Ich verstehe nur nicht, warum wir nicht zusammenbleiben konnten. Mit Mutter, meine ich«, sagte Edith.

Esther richtete ihren Oberkörper noch einmal auf. Sie blickte sich kurz um. »Siehst du hier noch Platz für ein weiteres Bett?«, fragte sie dabei.

Auch Edith ließ noch einmal kurz ihren Blick schweifen. Dann schüttelte sie den Kopf.

Esther lehnte sich wieder zurück, grub ihren Körper noch tiefer in die weiche Matratze. Dabei machte sie sich auf dem Bett breiter, als sie eigentlich war. »Ich bin mir ja nicht mal sicher, ob du hier noch reinpasst«, sagte sie dabei ein wenig schelmisch.

Edith konnte dem kleinen Scherz nichts abgewinnen. Sie seufzte.

Esther sah ihre jüngere Schwester nun ernst an. »Unsere tapferen Soldaten werden die Russen bald zurückdrängen. Da bin ich mir sicher. Und dann können wir wieder nach Hause. Versprochen!«

Edith zögerte, schließlich nickte sie. Sie wollte ihrer Schwester glauben. Unbedingt.

Esther rückte nun ein Stück beiseite und klopfte mit ihrer Hand auf das Laken. Ein wenig Staub wirbelte dabei auf.

Edith zog ihre Schuhe aus, stellte sie ordentlich neben das Bett und ließ sich dann auch auf die Matratze sinken. Mit dem Rücken kuschelte sie sich an ihre Schwester heran, die den Arm um sie legte. Erst jetzt bemerkte Edith, wie müde auch sie war. Sie schloss die Augen und versuchte in den Schlaf zu finden.

Edith

Ende Juni 1945

Edith schreckte hoch. Sie brauchte einen Augenblick, bis ihre Augen sich an die Dunkelheit, die sie umhüllte, gewöhnt hatten. Denn nur schwach schien der Mond, der als schmale Sichel am Himmel stand, durch das kleine Giebelfenster des Dachbodens.

Obwohl es kühl geworden war, stand ihr der Schweiß auf der Stirn. Schweiß, der sie daran erinnerte, dass es nicht nur ein Traum gewesen war, der sie des Schlafes beraubt hatte.

Edith schlug die dünne Decke zurück und kroch vorsichtig zur Luke. Langsam stieg sie die Leiter hinab, bedacht darauf, so wenig Geräusche wie möglich zu machen. In der Hütte war es gespenstisch still. Edith hörte nur ein leises Schnarchen aus der Ecke der Koslowskis. Auch bei Alfons war das Kerzenlicht bereits gelöscht. Der zarte Geruch der ausgeblasenen Kerze lag noch in der Luft. Er schien wieder lange gelesen zu haben.

Edith schlich durch den dunklen Raum und öffnete vorsichtig die Tür. Ein wenig knarrte sie, sodass Edith kurz innehielt. Doch es blieb alles ruhig. Schnell schlüpfte sie hinaus, als sie die Tür einen Spalt breit geöffnet hatte.

Draußen schloss Edith ihre Augen und atmete tief ein. Sie spürte, wie die frische, nach Weizen und Meer duftende Luft ihre Lungenflügel durchströmte, sich anschließend in ihrem Körper ausbreitete und sanft ihre müden Lebensgeister weckte. Die verbrauchte Luft, die sie anschließend ausatmete, trug die traumhaften Erinnerungen an die übereilte Flucht aus Groß Spiegel, an den modrigen Kellerraum in Dramburg und an ihre noch vor Optimismus sprühende Schwester davon.

Als sie ihre Augen wieder öffnete, sah sie plötzlich einen Schatten unter dem Walnussbaum. Zuerst glaubte Edith, ein Tier zu sehen. Vielleicht ein Wildschwein, das vom Wald gekommen war und nach herabgefallenen Nüssen suchte. Oder ein streunender Hund, der sich auf dem Hof verlaufen hatte. Doch beim genaueren Hinsehen erkannte sie die Umrisse einer menschlichen Gestalt, die dort vor dem knorrigen Stamm stand. Sie war recht groß, breitschultrig und trug eine Schiebermütze auf dem Kopf. Zudem wirkten ihre Bewegungen grob und kraftvoll, weshalb Edith vermutete, dass es ein Mann war, der sich dort in der Einsamkeit der Nacht in Sicherheit wiegte.

Edith rührte sich nicht, blickte nur immerfort zu dieser Gestalt und hoffte, von ihr nicht entdeckt zu werden.

Sie beobachtete, wie der Mann einen Spaten zur Hand nahm und unter dem Baum ein Loch schaufelte. Anschließend holte er etwas aus seiner Jackentasche heraus, eine schmale Holzschachtel, wie Edith glaubte zu erkennen. Diese legte er in das Loch hinein, bevor er es wieder mit Erde füllte und feststampfte.

Plötzlich hörte Edith ein leises Räuspern hinter sich. Erschrocken fuhr sie herum. Alfons stand an der Tür und blickte sie etwas verschlafen an.

»Wie lange stehst du da schon?«, fragte Edith flüsternd, den Schreck noch in den Gliedern.

»Lange genug, um mich zu fragen, was du hier draußen machst«, antwortete er sich die Augen reibend. Dabei hielt er es nicht für nötig, seine Stimme zu senken.

Schnell blickte Edith zum Walnussbaum hinüber. Doch die Gestalt war verschwunden. Ob Alfons sie verjagt hatte oder sie ohnehin fertig gewesen war, konnte Edith nicht mit Bestimmtheit sagen. Sie blickte wieder zu Alfons, der ihrem Blick etwas irritiert gefolgt war.

»Ich kann nicht schlafen«, antwortete sie nun etwas ausweichend.

Alfons nickte verstehend. »Kenne ich. Früher konnte ich schlummern wie ein Bär im Winterschlaf. Aber nach den letzten Monaten …« Er sprach nicht weiter. Doch das brauchte er auch nicht. Edith wusste auch so genau, was er meinte, und nickte ebenfalls.

Für einen kurzen Moment standen sie schweigend nebeneinander und blickten in die Nacht hinein. Erst jetzt bemerkte Edith, dass der sichelförmige Mond am Himmel nicht allein war. Ein Heer aus Sternen stand ihm bei. Matt leuchteten sie durch einen zarten Wolkenschleier.

Plötzlich erhellte sich Alfons' Gesicht, sofern Edith es in der Dunkelheit sehen konnte. »Willst du eine rauchen?«, fragte er.

Edith stutzte, blickte ihn erstaunt an. »Du hast Zigaretten?«

Er lächelte verschmitzt und bedeutete ihr mit einer Kopfbewegung, ihm zu folgen. Edith zögerte, nicht nur, weil sie zuvor noch nie geraucht hatte. Ihre Mutter war strikt dagegen gewesen. Und sicherlich hätte sie es auch nicht gutgeheißen, wenn sie mitten in der Nacht mit einem jungen Mann herumstromerte. Doch dann dachte sie an Esther, die schon immer auf Benimmregeln für anständige Damen gepfiffen hatte. Und so nickte sie schließlich und folgte Alfons.

Sie gingen quer über den Hof, am Walnussbaum vorbei zu dem Teil des Stalls, der mit einem neuen Dach gedeckt war. Alfons nahm eine Leiter, die an der Mauer im Gras lag, und stellte sie auf. Die letzte Sprosse reichte bis zur Regenrinne.

Edith blickte ihn ungläubig an. »Du willst da rauf?«

Alfons nickte.

»Ich weiß nicht …«, zögerte Edith. Sie hatte zwar keine Angst vor der Höhe, jedoch war sie nie ein Kind gewesen, das gerne auf Bäume geklettert war. Im Gegensatz zu ihrer Schwester, der es nie hoch genug sein konnte.

»Du wirst es nicht bereuen«, überredete Alfons sie beinahe liebevoll.

Edith seufzte schließlich und stieg die Leiter hinauf. Alfons folgte ihr. Mit seinem Holzbein brauchte er etwas länger, um die Sprossen zu erklimmen.

»Wieso ist das Dach eigentlich neuer als die anderen?«, fragte sie dabei.

»In dem Stall gab es vor ein paar Jahren wohl mal einen Brand. Hat mir zumindest Magda erzählt«, rief Alfons ihr von unten zu.

»Ist jemand …?«, fragte Edith erschrocken. Im Augenwinkel sah sie, wie Alfons den Kopf schüttelte.

»Wohl nur alter Krimskrams ist verbrannt, der auf dem Dachboden lagerte.«

Edith nickte und nahm die letzten Sprossen. Das Dach war relativ flach, die neuen Ziegel lagen fest, weshalb sie gut Halt fand.

Alfons und Edith kletterten bis zum höchsten Punkt des Daches und setzten sich auf den First.

Edith ließ ihren Blick schweifen. Zuerst über den Hof, der so geruhsam im Schatten der Nacht lag, als wäre die Welt hier im Einklang mit sich selbst. Dann sah sie zu den Feldern und dem kleinen Wäldchen und war überrascht, in wie vielen Grau- und Schwarztönen die Landschaft vor ihr schimmerte. Während die frisch umgegrabenen Kartoffeläcker im schwachen Schein des Mondes graubraun aufleuchteten, erschienen die Weizen-, Flachs- und Mohnfelder in einem samtigen Aschgrau. Die Kiefern hingegen strahlten blauschwarz, während der Waldboden in ein sattes Tiefschwarz getaucht war. Edith musste zugeben, dass der Anblick wunderschön war.

Aus seiner Hosentasche zog Alfons eine zerknüllte Zigarettenschachtel heraus, in der lediglich zwei selbst gedrehte Zigaretten steckten. Die eine reichte er Edith, während er sich die andere zwischen seine Lippen klemmte.

Edith wartete, dass Alfons ihr Feuer gab. Doch er machte keine Anstalten, auch Streichhölzer hervorzuholen.

Etwas perplex blickte Edith ihn schließlich an.

Da schlug Alfons sich mit der Hand leicht gegen die Stirn. »Ach so! Ich Dummerchen!«, stieß er dabei aus. »Ich rauche immer ohne …«

Edith kräuselte irritiert ihre Stirn.

»Ohne Feuer!«, klärte er sie auf. »So hab ich länger was davon, wenn du verstehst, was ich meine.«

»Aber Lutz baut doch Tabak an.«

»Ja, für sich selbst und den Schwarzmarkt. Aber ganz sicher nicht für einen dahergelaufenen Flüchtling mit Holzbein.«

Edith sah ihn an. Trotz der Dunkelheit, die sie umgab, konnte sie die Verbitterung in seinen Augen erkennen. »Du bist nicht so gut auf Lutz zu sprechen, oder?«, fragte sie.

Alfons blickte geradeaus und zuckte mit den Schultern. »Der eine schießt den Hasen, der andere isst den Braten! So ist die Welt. Und wenn wir nichts dagegen tun, wird es immer so bleiben«, antwortete er vieldeutig.

Edith blickte ihn an. Doch bevor sie nachhaken konnte, drehte er sich wieder zu ihr um. Er sah sie auffordernd an und deutete auf die Zigarette in ihrer Hand.

»Probier's mal aus. Nutze deine Einbildungskraft. Du wirst überrascht sein, wozu sie alles fähig ist«, sagte er ein wenig jovial und machte es ihr vor. Er zog kräftig am filterlosen Mundstück und tat so, als würde er den Rauch genüsslich in sich aufsaugen. Dann blies er den imaginären Qualm langsam aus. Zum Schluss öffnete und schloss er seine Lippen ein paar Mal kurz hintereinander, als würde er kleine Ringe in die Luft pusten.

Edith musste ein wenig schmunzeln. Doch dann tat sie es ihm gleich. Sie führte die Zigarette an den Mund, atmete tief ein. Und tatsächlich hatte sie das Gefühl, den Geschmack von Tabak auf ihrer Zunge spüren zu können. Er schmeckte überraschend würzig, nach Kaminfeuer, deftiger Krautsuppe und Tannengrün, und war schon jetzt so intensiv, dass es ihr allemal genügte, die Zigarette auch ohne Feuer zu genießen.

So saßen sie eine ganze Weile nebeneinander, zogen immer wieder an ihren Zigaretten und stießen den nicht vorhandenen Qualm in den Himmel.

»Wirst du bleiben?«, fragte Alfons irgendwann in die Nacht hinein.

Edith schaute ihn überrascht an. Ihre Schwester kam ihr wieder kurz in den Sinn. »Fürs Erste kann ich hier nicht weg. Auch wenn die Vorstellung mir immer noch nicht ganz geheuer ist, auf einer Insel zu sein, umgeben von Wasser. Was später sein wird, weiß ich noch nicht«, antwortete sie vieldeutig.

Alfons musterte sie ob der doch etwas kryptischen Antwort. Doch Edith hatte nicht vor, näher darauf einzugehen. Stattdessen wandte sie sich mit der Frage nun an ihn. »Und du? Willst du bleiben?«

Er nickte sofort. »Ich will mir hier was aufbauen. Man munkelt, dass sie Land verschenken wollen.«

»Was für Land?«, fragte Edith interessiert.

Alfons deutete mit einem Kopfnicken zum Bauernhaus hinüber.

Edith stutzte. »Das Land von Lutz?«

»Nicht von ihm«, antwortete Alfons kopfschüttelnd. »Dafür hat er zu wenig Hektar. Aber von den Großgrundbesitzern. Sie wollen das Land gerecht an Neubauern verteilen.«

»Ist es denn auch gerecht, wenn es gestohlen ist?«

»Es ist nicht gestohlen!«, antwortete Alfons eine Spur zu scharf, wie Edith fand.

»Verstehe! Der Jäger will auch Braten essen«, gab sie zurück.

Alfons nickte. »Jetzt sind wir mal dran. Wir bauen das Land ganz neu auf, und all die Junker können sehen, wo sie bleiben«, antwortete er mit einer Überzeugung, der Edith nur schwer widersprechen konnte. Deshalb schwieg sie lieber.

»Du könntest dich auch um Land bemühen«, schlug er plötzlich vor.

Edith stutzte. »Als Frau?«

Alfons zuckte mit den Schultern. »Dir geben sie vielleicht eher was als mir«, antwortete er, während er sich aufs Holzbein klopfte. Es hallte dumpf wider.

»Wie ist es denn passiert?«, fragte Edith nach einer kurzen Weile vorsichtig nach.

»Ein Reitunfall, als ich zwölf war«, antwortete er trocken. »Ich wollte unbedingt den wilden Hengst zähmen, den mein Onkel gekauft hatte. Der Arzt meinte damals, ich hätte Glück gehabt, dass der Warmblüter nur meinen Unterschenkel zerquetscht hat.«

Edith schluckte. Wie schlimm musste es für ihn gewesen sein, so jung sein Bein zu verlieren.

Als hätte Alfons ihre Gedanken erraten, fuhr er fort: »Ich hatte mich schnell an meine Behinderung gewöhnt und mir ein dickes Fell zugelegt. Auch als die Nachbarskinder mich auf der Straße einen Krüppel schimpften, hat mich das nicht gejuckt. Aber als meine Schulkameraden und auch meine beiden Brüder in den Krieg gezogen sind, habe ich mich zum ersten Mal nutzlos gefühlt. Ein Gefühl, das ich nie wieder spüren will.«

Edith blickte ihn an und sah die ganze Enttäuschung in seinen Augen. Insgeheim war sie jedoch froh, dass er nicht in den Krieg gezogen war. Sonst würde er vermutlich jetzt nicht neben ihr sitzen. Doch diesen Gedanken behielt sie lieber für sich.

Schweigend und ein wenig gedankenverloren ließ sie ihren Blick wieder schweifen. Am Horizont war bereits ein heller

Schein zu sehen, der das Grau und Schwarz der Nacht in ein behagliches Blau tauchte.

»Vielleicht können wir das mal wieder machen«, sagte Alfons plötzlich in die Stille hinein. Er klang dabei so hoffnungsvoll, dass Edith sich ein wenig erschrak.

»Ich habe ein Motorrad bei der Streuobstwiese versteckt. Hab ich auf dem Schwarzmarkt gegen meine Geige getauscht. Wir könnten irgendwohin fahren«, fügte er hinzu.

Edith zögerte, noch immer überrumpelt von dem Vorschlag. Sie wusste nicht, was sie antworten sollte.

»Schon klar!«, sagte er nur. Die leise Hoffnung in seiner Stimme war einer unüberhörbaren Enttäuschung gewichen.

»Alfons! Versteh mich nicht falsch, aber ... im Moment ist mir das zu viel. Es gibt da noch ein paar Dinge, die ...«, sie schluckte und überlegte, wie sie es am besten formulierte. »Die sich erst noch regeln müssen. Später vielleicht, ja?«

Ihren Worten ließ sie einen warmen, entschuldigenden Blick folgen.

Alfons nickte verständnisvoll und setzte dann ein freches Grinsen auf. »Ich erinnere dich daran.«

Edith erwiderte sein Lächeln, bevor sie antwortete: »Das hoffe ich«, und schließlich erneut an der Zigarette zog. Sie öffnete ihren Mund, und beinahe sah es so aus, als würde auch sie kleine Ringe in die Luft pusten.

Alma

Ende Juni 1945

Etwas träge ging Alma am Morgen zum Frühstück hinunter. Obwohl sie nach ihrem gestrigen Spaziergang zügig eingeschlafen war, fühlte sie sich nicht sonderlich erholt. Denn selbst in ihren Träumen war ihr das belauschte Gespräch ihrer Eltern nicht aus dem Kopf gegangen. Und auch an Friedrich hatte sie immer wieder denken müssen.

Sie setzte sich zu ihren Eltern an den Küchentisch, die schweigend ihr Butterbrot aßen sowie ihren Schwarztee tranken, als wäre nichts gewesen. Ihr Vater trug seine Arbeitskleidung. Die Latzhose war frisch gewaschen, seine Schiebermütze lag neben ihm auf dem Tisch. Nichts deutete mehr auf seine Inhaftierung hin. Nur die dunklen Ringe unter den Augen zeugten noch von den Strapazen, denen er Almas Vermutung nach ausgesetzt gewesen war.

Alma überlegte kurz, ob sie ihre Eltern auf das belauschte Gespräch, auf die Wortfetzen, die sie am vergangenen Abend aufgeschnappt hatte, ansprechen sollte. Doch dann sah sie ihre Mutter an, die mit steifer Miene an ihrem Getränk nippte.

Da ahnte Alma, dass ihre Mutter nicht mit der Wahrheit herausrücken würde, egal wie sehr Alma sie darum bitten würde. Stattdessen würde sie ihre Tochter ermahnen, dass man die Gespräche anderer nicht belauschen dürfe. Und ihre Worte wären dabei so klar und kräftig wie der Tee in ihrer Tasse. Und so begann auch Alma schweigend mit ihrem Frühstück.

Nach einer Weile räusperte sich ihr Vater. »Ich muss ans Werk«, murmelte er knapp und stellte seine Tasse zurück auf den Tisch. Am Grund der Tasse schwammen nur noch ein paar Teekrümel. Ohne ein weiteres Wort zu verlieren, erhob er sich und verließ die Küche. Alma wusste, dass er sich nun in seine Werkstatt zurückzog, die neben der großen Scheune lag, und dort vermutlich den Rest des Tages bleiben würde.

Kaum hatte Almas Vater die Waschküche verlassen, blickte ihre Mutter sie an. »Dein Vater hat im September Geburtstag«, sagte sie.

Alma nickte, natürlich wusste sie das. Sie hatte schon ein wenig Geld gespart, hauptsächlich, weil sie etwas Wechselgeld einbehielt, wenn ihre Mutter sie für Besorgungen nach Wrede schickte. Sie überlegte schon, was sie ihrem Vater dafür kaufen konnte. Vielleicht einen Schinken oder etwas Kaffee? Allerdings würde sie diese Dinge ganz sicher nicht im Kaufmannsladen bekommen, und ob sie sich auf den Schwarzmarkt traute, wusste sie noch nicht.

»Ich möchte seinen Geburtstag feiern. Er hat es verdient«, schob Katharina nun hinterher.

»Du meinst, mit einem Fest?«, horchte Alma auf. Das belauschte Gespräch hatte bei Alma den Eindruck hinterlassen, dass etwas im Argen lag. Dass ihre Mutter nun ein Fest ausrichten wollte, überraschte Alma deshalb umso mehr. Trotzdem gefiel ihr die Idee sofort. Vielleicht würde ihren Eltern, insbesondere ihrem Vater nach der Inhaftierung etwas Ablenkung guttun. Und ihr sicherlich auch.

»Nur ein Essen, nichts Großes. Zu viel ist nicht drin«, schränkte Katharina aber sogleich ein. »Nur wir, Magda und ein paar Leute aus dem Dorf wie Bürgermeister Konrad Blatter und meinetwegen auch Pfarrer Wiebusch.«

Alma stutzte. Dass ihre Mutter die Bewohner des Hofes nicht einladen wollte, überraschte Alma zwar nicht sonderlich. Sie empfand es aber dennoch als unangebracht. Schließlich lebten sie Tür an Tür mit den Vertriebenen, und sie bestellten ihre Felder. Es erschien Alma ungerecht, wenn sie sich fröhlich die Mägen vollschlugen, während nebenan nur dünne Mehlsuppe im Teller schwamm.

Trotzdem sagte sie nichts. Zu groß war die Vorfreude auf das Fest, die mit jeder Minute, in der sie sich nun das Fest in ihren Gedanken ausmalte, stieg. Allerdings ahnte sie noch nicht, welche Aufgabe ihr ihre Mutter zur Vorbereitung des Festes übertragen wollte.

Erst als Katharina aufstand, nach der Emailleschüssel griff und sie Alma in die Arme drückte, ging ihr ein Licht auf. Ihre Vorfreude auf das Fest trübte sich schlagartig.

Nur widerwillig schritt Alma nun über den Hof auf die große Wiese zu, die hinter den Ställen lag. Vor ihrer Brust trug sie die Emailleschüssel, in der abgedeckt mit einem Tuch das Teiggemisch aus Schrot und Wasser ruhte. Der süßliche Geruch von Hafer kroch ihr in die Nase, hinterließ in ihrem Magen jedoch nur ein flaues Gefühl. Das aufgeregte Schnattern der Gänse konnte sie schon von Weitem hören. Noch ahnten sie nichts von ihrem Schicksal.

Als Alma die kleine Pforte des Geheges öffnete, schnatterten die Gänse fröhlich. Noch ließen sie sich von Alma nicht stören. Sie stellte die Schüssel ab und beobachtete für einen Moment das Treiben der Geflügeltiere auf der Wiese.

In ihrer Kindheit hatte sie die Gänse oft gehütet. Mit einem kleinen Stöckchen in der Hand war sie hinter ihnen hergelaufen, hatte sie von einer Wiese zur nächsten getrieben und dabei aufgepasst, dass nicht ein Federvieh abhandenkam. Sie hatte das gern gemacht, hatte die Gänse als ihre Freunde angesehen, mit ihnen geredet, ihre Sorgen mit ihnen geteilt und ihnen sogar Namen gegeben. Dass sie im Herbst und Winter geschlachtet wurden, hatte Alma jedes Jahr aufs Neue todunglücklich gemacht. Gegessen hatte sie die Martinsgans oder den Weihnachtsbraten dann aber doch. Zu wohlschmeckend war das Fleisch.

Was sie aber noch nie gemocht hatte, war die Stopfleber, die ihre Mutter schon früher mit Vorliebe zu ganz besonderen Anlässen zubereitete.

Alma seufzte nun tief und schritt langsam auf die Gänse zu, als sie hinter sich plötzlich ein Räuspern hörte. Überrascht drehte sie sich um und blickte in das Gesicht der jungen Flüchtlingsfrau, die neu auf dem Hof eingezogen war. Sie stand am Zaun des Gänsegeheges.

Edith hieß sie, wie Alma inzwischen wusste. Sie trug noch immer die viel zu großen Stiefel, die Alma schon in Wrede aufgefallen waren. Auch der Blick der Fremden, als sie pitschnass nebeneinander am Strand gesessen hatten, war Alma noch gut in Erinnerung. Beinahe entsetzt hatte sie sie angesehen, als sie den Verdacht geäußert hatte, Alma wäre absichtlich zwischen den Wellen untergetaucht.

Alma schluckte, blickte die Frau dann aber fragend an. Diese räusperte sich nun erneut, allerdings etwas leiser.

»Ich soll dir helfen«, erklärte sie etwas zögerlich.

Alma stutzte überrascht, nicht nur, weil die Vertriebene fast keinen Akzent hatte. »Schickt dich meine Mutter?«, fragte sie.

»Magda! Sie hat das wohl irgendwie falsch verstanden, als ich meinte, dass ich gut mit Tieren umgehen kann«, antwortete Edith.

Alma rollte mit den Augen. »Das war nicht die Idee von Magda. Sondern die meiner Mutter«, stöhnte Alma und fuhr seufzend fort: »Wann wird sie mich endlich nicht mehr wie ein kleines Kind behandeln.«

Edith sah sie an, hielt es augenscheinlich aber für besser, nicht zu antworten, was Alma ganz recht war.

Sie fasste sich und blickte Edith nun skeptisch an. »Hast du das denn schon mal gemacht? Gänse genudelt?«

Edith schüttelte schnell den Kopf.

»Na ja, so schwer ist es auch nicht«, antwortete Alma schließlich. »Nur gelinde gesagt ziemlich unangenehm … für alle Beteiligten.«

Edith nickte, wobei Alma sich nicht sicher war, ob Edith wirklich verstand, was sie damit meinte. Offensichtlich ließ sie sich aber nicht so schnell einschüchtern.

»Was muss ich tun?«, fragte sie.

»Du kannst mir helfen, die erste Gans zu fangen. Drei sollen wir insgesamt nudeln.«

Edith nickte und betrat das Gehege. Von beiden Seiten liefen sie nun ruhigen Schrittes auf die Schar Gänse zu. Doch es war gar nicht so einfach, eine von ihnen zu fangen. Als die Frauen näher kamen, flatterten die Tiere mit ihren großen braun gescheckten Flügeln, liefen aufgeregt durcheinander. Eine Gans schnappte sogar nach Edith. Zum Glück konnte sie ihre Hand noch rechtzeitig wegziehen. Alma wusste, wie schmerzhaft der Biss einer Gans sein konnte.

Nach mehreren Anläufen bekamen sie endlich einen der Vögel zu fassen. Edith hielt ihn am Hals fest, während sie sich den Körper des Tieres zwischen ihre Beine geklemmt hatte. Alma sah, dass sie dafür viel Kraft aufwenden musste, wehrte sich doch das Tier mit jeder Faser seines gefiederten Körpers.

»Und nun?«, fragte Edith etwas außer Atem.

»Halt sie weiter gut fest«, sagte Alma, während sie schnell zur Pforte lief, um die Schüssel zu holen. Als sie wieder zurück war, zog sie das Tuch weg. Zum Vorschein kam ein gut durchgekneteter Teig, der an einen ungebackenen Laib Brot erinnerte.

»Ich werde den Teig jetzt nach und nach zu langen Rollen formen und sie dann der Gans in den Hals stopfen, während du ihren Schnabel offen hältst.«

Bevor Alma die letzten Worte ausgesprochen hatte, ließ Edith die Gans plötzlich vor Schreck los. Flatternd quiekte das Geflügeltier auf, sah kurz seine Chance zu fliehen. Im letzten Moment packte Edith den Vogel wieder am Hals. Dabei starrte Edith Alma mit großen Augen an. »Aber das ist doch Tierquälerei!«

Alma nickte. »Ja! Aber nur wenn man die Gänse mästet, wächst die Leber. Das nennt man nudeln. Wusstest du das nicht?«

Edith schüttelte den Kopf. Dann senkte sie den Kopf. »Entschuldige!«, sagte sie schlechten Gewissens.

»Schon gut«, sagte Alma. »Ich verstehe dich.«

»Hast du es denn schon mal gemacht?«, fragte Edith.

Alma zögerte kurz, schüttelte dann den Kopf. Ihre Mutter hatte das Mästen der Gänse früher immer übernommen. Ohne mit der Wimper zu zucken, hatte sie den Tieren den Hals vollgestopft, bis sie nicht einmal mehr quieken konnten. Warum sie dieses Mal das Mästen übernehmen sollte, konnte Alma nur ahnen.

Alma nahm nun ein Stück Teig und rollte es. Dann drehte sie sich der Gans zu. Edith hielt den Schnabel des Tiers auf und blickte Alma erwartungsvoll an.

Doch nun war es Alma, die zögerte. Mit dem Teig in der Hand stand sie vor dem Tier und rührte sich nicht. Sie brachte es einfach nicht übers Herz, die Gans auf diese grausame Art zu füttern. Alma blickte auf und sah Edith an, die ihre Bedenken zu verstehen schien. Sie ließ das Schnabeltier los. Hektisch watschelte die Gans zu ihresgleichen in die hinterste Ecke des Geheges.

Alma warf den Teigklumpen zurück in die Schüssel und ließ sich ins Gras plumpsen. Edith blieb noch kurz etwas unschlüssig stehen, setzte sich dann aber neben Alma.

»Und wieder habe ich meiner Mutter glanzvoll bewiesen, dass ich der Arbeit auf dem Hof nicht gewachsen bin«, seufzte Alma.

»Sie muss es ja nicht erfahren«, antwortete Edith.

Alma stutzte und blickte Edith fragend an, die sich bereits suchend umsah.

»Was ist das da?«, fragte sie und deutete auf einen kleinen angehäuften Erdhügel etwas abseits des Geheges, auf dem schon langsam das Unkraut zu wachsen begann.

»Ein Misthaufen. Da haben wir früher die Pferdeäpfel und

den Kuhmist gesammelt. Aber seitdem wir keine Nutztiere mehr haben, wächst der Berg nicht mehr.« Kurz musste Alma bei dem Anblick des alten Misthaufens schmunzeln. »Da drüben habe ich auch meinen Verlobten kennengelernt. Friedrich«, fügte sie versonnen hinzu.

Edith warf ihr einen verdutzten Blick zu. »Wie romantisch!«, antwortete sie etwas neckisch, sprang anschließend auf und ging mit der Schüssel zu dem Misthaufen hinüber. Kurzerhand kippte sie den Inhalt auf den Haufen und schob mit ihren Stiefeln ein paar alte Pferdeäpfel darüber. Dann kam sie zurück und reichte Alma die leere Schüssel.

»Problem gelöst«, sagte sie augenzwinkernd, während sie sich wieder setzte.

»Für heute zumindest«, antwortete Alma.

Edith sah sie irritiert an.

»Die Gänse werden mindestens vier Wochen lang gemästet, bevor man sie schlachtet«, klärte Alma sie auf.

Edith stöhnte leicht. Offensichtlich hatte sie das auch nicht gewusst.

Alma schmunzelte. »Na ja, ich gebe den Gänsen nachher ein bisschen mehr Kraftfutter. Und morgen werden wir dann sehen. Abgemacht?«

Edith nickte »Abgemacht.«

Sie blickten zu den Gänsen, deren Aufregung sich augenscheinlich bereits wieder gelegt hatte. Sie schnatterten und watschelten, als wäre nichts gewesen.

Eine Weile saßen sie so schweigend nebeneinander. Dann drehte sich Alma noch einmal zu Edith und sah sie fragend an. »Warum hast du das eigentlich gemacht? Ich meine, ich war so grässlich zu dir am Strand.«

Edith zuckte dann mit den Schultern. »Niemand hat es verdient, schlecht behandelt zu werden«, antwortete sie mit einem Lächeln auf dem Gesicht, das Alma nicht ganz zuordnen konnte. Sie war sich nicht sicher, ob Edith damit wirklich nur die Gänse gemeint hatte. Aber ihr gefiel der Gedanke, weshalb sie dankbar zurücklächelte.

Da erhob Edith sich. »Die anderen warten auf dem Feld sicherlich schon auf mich. Ich hab versprochen nachzukommen«, erklärte sie.

Alma nickte verstehend. Etwas unschlüssig blieb Edith noch einen kurzen Moment stehen. Dann setzte sie sich in Bewegung und verließ das Gänsegehege, ohne ein weiteres Wort zu verlieren. Alma blickte ihr nach, bis sie hinter den Ställen verschwand.

Kurz überlegte Alma, ebenfalls aufzustehen. Doch eigentlich hatte sie noch keine Lust, wieder zurück zu ihrer Mutter zu gehen, um ihr die leere Schüssel zu bringen. Sie ließ ihren Kopf ins hohe Gras sinken und schloss die Augen. Sie dachte an Friedrich und die Briefe in ihrer Nachttischschublade. Einer war ihr besonders in Erinnerung geblieben. Sie kannte die Zeilen fast auswendig …

Für Alma

Einige Jahre zuvor

Meine liebste Alma,

ich bin so nervös gewesen, als ich vor dir stand, um dich zum Tanz aufzufordern. Du kennst ja sicherlich den Ausspruch, dass das Herz einem vor Aufregung in die Hose rutscht. Ich habe dieses Bildnis früher immer belächelt, als eine alberne Floskel abgetan. Aber ich schwöre dir, auf jenem Fest, als halb Wrede in den letzten unschuldigen Mai getanzt ist, schlug mein Herz nicht in der Brust. Als du genickt und deine Hand in meine gelegt hast, habe ich für einen Moment sogar das Gefühl gehabt, dass es überhaupt nicht mehr schlagen würde. Nur um danach, als wir die ersten Schritte übers Parkett schwoften, vor Nervosität beinahe zu explodieren.

Zum Glück hat sich meine Aufregung bald gelegt, und wir hatten einen so wunderbaren Abend. So viel getanzt, gelacht und ungezwungen geredet hatte ich davor schon lange nicht mehr. Zwischen uns hat die Chemie sofort gestimmt, das habe ich gemerkt. Und du auch. Den Eindruck hatte ich zumindest, als ich dich nach Hause gebracht und vor deiner Tür verabschiedet habe. Am liebsten hätte ich dich schon damals geküsst, aber das habe ich mich nicht getraut, und vermutlich hätte mein Herz dann auch gar nimmer mehr geschlagen.

Jedenfalls bin ich ganz beschwingt gewesen. Und dann habe ich etwas gemacht, was ich dir noch nie verraten habe. Es ist mir etwas peinlich, aber hier an der Front, so weit weg von dir, werde ich doch etwas sentimental, dass ich es dir nun unbedingt schreiben will.

Ich bin damals nämlich nicht gleich nach Hause gegangen, sondern habe einen Umweg genommen und bin noch zum Strand gelaufen. Bis auf die Unterhose habe ich mich ausgezogen und bin ins Wasser gegangen. Von den Wellen habe ich mich treiben lassen, habe in den Himmel geblickt, an dich gedacht und nur Glück empfunden.

An dieses Glücksgefühl versuche ich mich hier zu erinnern. Wenn ich auf meinem Feldbett liege oder bei Gefechtspause im Graben, schließe ich meine Augen, versuche das Wasser um mich herum zu spüren und diese Vollkommenheit, als unsere gemeinsame Zukunft noch ungetrübt vor uns lag.

In inniger Liebe, dein Friedrich

Edith

Anfang August 1945

Edith fegte den Hof aus. Mit kräftigen, kurzen Bewegungen schob sie das gebundene Reisig übers Kopfsteinpflaster. Doch der hart gewordene Matsch ließ sich nur schwer aus den tiefen Rillen bürsten.

Ein paar Wochen war Edith nun schon auf Rügen. Sie hatte sich an die Tagesabläufe gewöhnt. Die Arbeit auf dem Hof und den Feldern ging ihr immer leichter von der Hand, auch wenn ihr Rücken jeden Abend schmerzte, wenn sie erschöpft ins Bett fiel.

Und auch ihre Albträume waren noch nicht verschwunden. Nachts wälzte sie sich auf der dünnen Matratze hin und her. Oft konnte sie auch gar nicht schlafen, starrte an die Decke oder sah sich im schwachen Kerzenschein die Fotos ihrer Familie an, die sie mittlerweile ausgepackt und neben sich auf dem Hocker aufgestellt hatte. Das Foto ihrer Schwester stand dabei ganz vorne.

Die anderen Vertriebenen hatte sie in der Zwischenzeit besser kennengelernt. Nach der Arbeit saß sie oft mit Hertha, Alfons und den Familien aus dem Sudetenland vor der Hütte zusammen, lauschte am Lagerfeuer ihren Geschichten, die von ihren früheren Leben erzählten. Leben, die so weit weg zu sein schienen wie das Festland von dieser Insel, die umschlossen vom Meer Edith noch immer wie eine Festung vorkam.

Edith schwieg, wenn es um die Vergangenheit ging, was die anderen akzeptiert hatten. Auch die kleine Simone fragte nicht mehr nach.

Die Koslowskis blieben ebenso wortkarg, gesellten sich nun aber immer öfter dazu. Alma hatte nur einmal gehört, dass sie wohl in Ostpreußen ein Geschäft geführt hatten. Was daraus geworden war, hatte Edith jedoch nicht herausfinden können.

Alfons war stets besonders freundlich zu ihr. Sie fühlte sich in seiner Gegenwart zunehmend wohler. Er lieh ihr Bücher, in denen sie abends vor dem Einschlafen noch ein wenig las. Ihre nächtliche Plauderei auf dem Stalldach hatte sich nicht wiederholt. Ebenso hatte er sie nicht mehr nach einem Ausflug mit seinem Motorrad gefragt, worüber Edith froh war. Sie hätte immer noch keine positive Antwort für ihn gehabt.

Auch Hertha war so etwas wie eine Freundin für sie geworden. Edith versuchte ihr mit den Mädchen zu helfen, wo sie konnte. Die kleine Simone hatte sie dabei richtig liebgewonnen. Eines Nachmittags hatte sie ihr etwa das Blumenflechten beibringen wollen. Doch nachdem sie zwei Gänseblümchen aneinandergeknotet hatte, hatte die Kleine auch schon wieder die Lust verloren und lieber mit ihrer Puppe gespielt. Dabei war Edith aufgefallen, dass das Kleid der Puppe noch zerrissener war als ihr eigenes, welches sie auf der Flucht getragen hatte.

Diesen alten Lappen hatte sie glücklicherweise inzwischen weggeworfen. Magda hatte für sie neue Kleidung besorgt, die ihr zwar etwas zu groß war und an der einen oder anderen

Stelle bereits Löcher hatte. Doch für die Arbeit genügten die Sachen allemal. Neue Schuhe hatte die alte Haushälterin leider nicht auftreiben können.

Eines Morgens hatte dann aber plötzlich ein neues Paar am Fuße der Leiter gestanden, die zu ihrer Dachluke führte. Sie hatte nicht die geringste Ahnung, wer sie dort hingestellt hatte. Doch die braunen, blank geputzten Stiefel passten wie angegossen.

Mit den Besitzern des Bauernhofes hatte sie weiterhin wenig zu tun. Lutz war sie auf dem Hof ein paar Mal über den Weg gelaufen, als er auf dem Weg in seine Werkstatt gewesen war. Dahin verzog er sich augenscheinlich oft. Er grüßte sie stets freundlich, wenn in seinen Augen auch immer eine gewisse Wachsamkeit lag.

In der Gegenwart von Frau Katharina hingegen bekam Edith immer eine leichte Gänsehaut. Ihr Blick war kühl und streng. Für die Sorgen und Nöte der Vertriebenen und Tagelöhner schien sie nur wenig übrigzuhaben, weshalb sich alle Arbeiter stets an Magda wandten, wenn sie ein Problem hatten.

Nur Alma traf sie jeden Morgen am Gänsegehege. Es war schon beinahe ein kleines Ritual geworden, gemeinsam das Schrotgemisch auf dem alten Misthaufen zu entsorgen. Anschließend beobachteten sie noch eine kleine Weile die Gänse und unterhielten sich dabei etwas. Meist war es Alma, die sprach. Sie erzählte von ihrem Verlobten, der im Krieg verschollen war, vom Bauernhaus und den Pferden, die sie früher gehabt hatten, bevor die sowjetischen Besatzer gekommen waren.

Anschließend trennten sich ihre Wege wieder, und jede widmete sich ihrem Tagwerk.

Heute Morgen war Alma jedoch nicht da gewesen, weshalb sich Edith nun ein wenig sorgte. Hoffentlich waren sie nicht aufgeflogen.

Edith schob mit dem Besen den Dreck zusammen, als Alfons auf sie zukam und sie aus ihren Gedanken holte. Er trug etwas unter seiner Jacke versteckt und grinste sie schief an.

»Komm mit!«, zischte er ihr zu, als er in Ediths Hörweite war.

Edith blickte ihn perplex an. »Jetzt? Wohin? Was hast du da?«

Schnell legte er den Zeigefinger an seine Lippen und blickte sich gespielt verschwörerisch um. Das Grinsen wich dabei nicht aus seinem Gesicht. »Los! Vertrau mir einfach!«

Edith zögerte einen Moment, was nicht unbedingt am mangelnden Vertrauen lag. Sie war mit ihrer Arbeit noch nicht fertig und wusste nicht, ob eine Pause angebracht war.

»Komm, gib dir einen Ruck!«, sprach er nun mit Engelszungen auf sie ein.

Schließlich nickte sie, stellte den Besen an der Hauswand ab und folgte Alfons über den Hof.

Durch eine der Türen betraten sie den Kuhstall. Edith blickte sich um. Der Boden war mit gelben Steinen gefliest, massive Gatter trennten die Stellbereiche ab. Die Rinne für die Fäkalien der Tiere war noch genauso da wie die Futtertröge, die jedoch allesamt leer waren. Weiter hinten sah sie ein seltsames Gerät stehen. Es sah aus wie eine große Glocke, von der mehrere Schläuche abgingen.

Alfons, der ihren Blick beobachtet hatte, deutete darauf. »Eine Melkmaschine. Modernste Technik«, erklärte er. »Die hatte sich Lutz wohl erst vor Ende des Krieges besorgt. Keine Ahnung, wie. Vor den Russen konnte er sie verstecken.«

Edith nickte. Doch bevor sie weitere Fragen stellen konnte, zog Alfons sie schon weiter. »Komm mit. Hier geht's hoch.«

Sie folgte ihm eine schmale Treppe auf den Dachboden hinauf. Hier lagerte das Heu für die Kühe. Doch seitdem die Nutztiere weg waren, schien auch hier oben niemand mehr gewesen zu sein. Der Staub tanzte durch die Luft. Die Heugabeln, Heurupfer und Haken lagen ungenutzt an der Seite.

Alfons stieß eine der bodentiefen Luken auf, die einen beeindruckenden Blick über den gesamten Hof offenbarten. Dann ließ er sich ins Heu plumpsen und bedeutete Edith, sich neben ihn zu setzen. Immer noch neugierig, was Alfons unter seiner Jacke zu verbergen hatte, folgte sie seiner Bitte. Das Heu war weich und roch gut. Erst jetzt bemerkte sie, dass ihr Rücken dankbar war für diese Pause.

»Bereit?«, fragte Alfons sie.

»Wofür?«, konterte Edith und musste sich ein Schmunzeln verkneifen.

Nun zog Alfons endlich die Hand unter seiner Jacke hervor. Zum Vorschein kam ein kleines Körbchen, gefüllt mit Erdbeeren, die so rot und saftig aussahen, dass Edith sofort das Wasser im Mund zusammenlief.

»Erdbeeren! Wo hast du die denn her?«, rief Edith erstaunt aus.

Alfons grinste. »Aus dem Privatgarten der Hausherrin.«

Edith sah ihn entsetzt an. »Du hast sie ihr gestohlen?«, fragte Edith und wollte schon aufspringen. Doch da packte Alfons sie am Handgelenk und hielt sie zurück.

Seine Hand ruhte immer noch auf ihrer, als er erklärte: »Das war nur Spaß. Das sind Walderdbeeren. Vermutlich die letzten für dieses Jahr. Ich habe sie auf einer kleinen Lichtung gesammelt. Für dich!«

Edith blickte ihn an und wusste nicht recht, wie sie reagieren sollte. Ganz langsam zog sie ihre Hand zurück, lächelte ihn dabei aber an. Alfons reichte ihr eine Erdbeere, die sie sich in den Mund schob. Genüsslich schloss sie die Augen. Die Frucht schmeckte so süß, wie sie aussah.

»Danke!«, hauchte sie beinahe, als sie die Augen wieder öffnete.

Alfons lächelte sie an und griff nun ebenso zu.

Edith genoss die Erdbeeren, die Pause von der harten Arbeit und auch Alfons' Gesellschaft, wie sie zugeben musste.

Als das Erdbeerkörbchen fast leer war, sah Edith plötzlich Alma durch die geöffnete Luke. Sie lief über den Hof, den Blick geradeaus gerichtet.

Edith zögerte kurz, sah zwischen Alma und Alfons hin und her. Schließlich sprang sie auf. »Bin gleich wieder da!«, rief sie Alfons noch zu, während sie bereits die schmale Treppe hinabstieg. Alfons blieb nichts weiter übrig, als ihr perplex hinterherzusehen.

»Alma!«, rief Edith quer über den Hof, als sie aus dem Stall eilte und zu ihr hinüberlief.

Alma blieb stehen und drehte sich um.

»Wo warst du heute Morgen?«, fragte Edith, blickte sich kurz um und fuhr fort, als die Luft rein zu sein schien: »Hat deine Mutter …?«

Alma schüttelte den Kopf, bevor Edith ihren Satz beendete. »Sie hat keinen Schimmer, dass wir die Gänse nicht mästen. Zumindest noch nicht.«

»Irgendwann wird sie es erfahren«, ahnte Edith.

Alma nickte. »Spätestens, wenn sie das Federvieh in einem Monat für das Festessen rupft.«

»Und was dann?«, fragte Edith.

Alma wiegte den Kopf, dann zog sie ihre Schultern hoch. »Schätze, dann gibt es keine Stopfleber.« Sie lächelte gespielt. Doch Edith ahnte, dass Alma vor dem Donnerwetter ihrer Mutter ein wenig grauste.

Edith ging trotzdem nicht weiter darauf ein. Stattdessen sah sie Alma fragend an. »Aber wo warst du dann heute Morgen?«

Alma zögerte kurz. »In der Werkstatt. Ich wollte mit meinem Vater reden«, antwortete sie schließlich.

In ihrer Stimme lag eine leise Ernüchterung, die Edith irritierte. Sie hatte geglaubt, dass Alma ein gutes Verhältnis zu ihrem Vater hatte. So innig, wie sie sich bei seiner Rückkehr in den Armen gelegen hatten. Doch bevor Edith nachfragen konnte, wechselte Alma schon das Thema.

»Ich hab mir was überlegt«, sagte sie und klang wieder so unbedarft wie sonst auch.

Edith blickte sie fragend an.

Doch Alma lächelte nur. »Komm heute Abend zum Strand«, fuhr sie geheimnisvoll weiter.

Edith blieb skeptisch. »Ich weiß nicht«, antwortete sie etwas überrumpelt.

»Ich will mich bei dir bedanken, für deine Hilfe bei den Gänsen und … auch sonst.« Als Edith noch immer nicht einwilligte, fügte Alma fast flehend hinzu: »Bitte!«

»In Ordnung«, stimmte Edith schließlich zu. Sie wollte Alma nicht vor den Kopf stoßen.

Die lächelte erfreut. »Nach der Arbeit, und bring einen Badeanzug mit«, fügte sie schnell hinzu. Dann drehte sie sich auch schon um und lief eilig Richtung Werkstatt. Diesmal war es Edith, die ihrem Gegenüber nur konsterniert nachblicken konnte.

Plötzlich stand Alfons neben ihr. Er folgte Ediths Blick. »Was hast du denn mit der zu schaffen?«, fragte er ein wenig zu argwöhnisch, wie Edith fand.

»Nichts!«, antwortete sie deshalb nur. Edith hatte keine Lust, sich zu erklären. Außerdem waren ihre Gedanken noch bei Almas letzter Anweisung. Einen Badeanzug sollte sie mitbringen. Dabei war das Letzte, was Edith wollte, noch einmal ins Wasser zu gehen.

»Halt dich lieber fern von der. Die hält sich doch für was Besseres, nur weil sie eine Einheimische ist und das Glück hatte, mit 'nem silbernen Löffel im Mund geboren worden zu sein.«

»Ich denke nicht, dass der Löffel hier auf der Seite Deutschlands glänzender ist. Ganz und gar nicht.«

Alfons blickte sie ob der ehrlichen Worte überrascht an. Dann strich er ihr kurz über den Arm. »Lass uns weiterarbeiten. Nicht dass wir noch Ärger mit Magda bekommen.«

Edith nickte und nahm ihren Besen wieder zur Hand, während Alfons zu den anderen aufs Feld zurückkehrte.

Alma

Anfang August 1945

Alma schritt über den Hof zur Werkstatt ihres Vaters. Sie freute sich, dass Edith zugestimmt hatte, sie nach der Arbeit am Strand zu treffen. Schon vor ein paar Tagen war ihr die Idee gekommen, Edith das Schwimmen beizubringen. Als Dankeschön für ihre Hilfe, aber auch als Ablenkung, um nicht ständig an Friedrich denken zu müssen. Während der Arbeit auf dem Hof, die sie doch zumeist allein verrichtete, schaffte sie es jedenfalls nicht, den Brief von der Wehrmachtauskunftstelle zu vergessen. Schon ein paar Mal war sie kurz davor gewesen, ihn zu öffnen. Doch dann hatte sie es sich immer wieder anders überlegt. Zu groß war die Angst davor gewesen, dass eine allzu schreckliche Nachricht im Umschlag schlummerte.

Außerdem mochte sie Edith. Sie strahlte eine innere Stärke aus, die Alma bewunderte. Außerdem konnte sie witzig sein, wenn sie es zuließ. Durch Edith hatte sie ihre Bedenken gegenüber den Vertriebenen verloren. Immer häufiger unterhielt sie sich nun auch mit den anderen auf dem Hof. Auch mit Hertha hatte sie schon gesprochen und durfte sogar schon einmal das Baby im Arm wiegen. Mit den Mädchen, die bei ihr im Bauernhaus wohnten, hatte sie sich ebenfalls angefreundet. Wenn sie sich jetzt in der Garderobe ihrer

Stiefel entledigte, wusste sie, wem welche Schuhe im Schrank gehörten.

Ihre Mutter beäugte Almas Annäherungen jedoch mit Argwohn. Genauso wie die Bewohner im Ort war sie skeptisch gegenüber den Hinzugezogenen. Selbst Almas Schulkameradinnen ließen kein gutes Haar an den Vertriebenen. Sie schimpften auf das vermeintlich verlauste Pack, das den heimischen Insulanern Arbeit, Essen und Wohnraum nahm.

Alma traf sich deshalb immer seltener mit ihnen. Sie fuhr mit ihrem Rad nur noch nach Wrede, um Besorgungen zu erledigen, die ihre Mutter ihr auftrug.

Als sie das Tor zur Werkstatt erreichte, schob sie ihre Gedanken sowie die Vorfreude auf das Treffen mit Edith beiseite, gab es doch noch etwas anderes, das sie seit Wochen beschäftigte.

Seit der Ankunft ihres Vaters hatte sie das Gefühl, dass er ihr aus dem Weg ging. Oft hatte er sich gleich nach dem Essen in seine Werkstatt verkrümelt, hatte die wenigen Landmaschinen und Geräte, die ihnen die Sowjets gelassen hatten, repariert oder gewartet. Oder er war unterwegs gewesen, vermutlich um andere Bauern zu treffen oder Leute aus der provisorischen Administration. Niemand wusste, wie es weitergehen würde. Doch alle hatten Angst, das spürte Alma.

Auch ihr Vater wirkte nicht mehr so selbstsicher wie noch vor ein paar Monaten. Während des Krieges war er nicht wie sein Bruder an die Front gezogen. Er hatte auf dem Hof bleiben können, weil er für die Versorgung der Bevölkerung unentbehrlich gewesen war. Doch mit der Kapitulation und seiner Inhaftierung war seine Zuversicht augenscheinlich gewichen, auch für die Sowjets unentbehrlich zu sein. Zumal sie einige Großgrundbesitzer bereits von ihren Gutshöfen verjagt hatten.

Heute Morgen hatte sie sich endlich dazu durchgerungen, nicht mehr darauf zu warten, dass ihr Vater vielleicht doch noch den ersten Schritt auf sie zuging. Sie wollte selbst das Gespräch mit ihm suchen, um endlich herauszufinden, was los war. Doch als sie seine Werkstatt betreten hatte, war er nicht da gewesen. Deshalb versuchte sie nun erneut ihr Glück.

Vorsichtig steckte Alma den Kopf zur Tür herein. Ihr Vater kniete über einem alten Pflug, der von Hand gezogen werden konnte. Er bestand aus einem Gestell mit zwei langen Holzgriffen. Vorne war ein großes Rad befestigt, während hinten die beiden Scharen spitz zuliefen, die sich in die Erde gruben. Mit einer Feile bearbeitete er die schaufelartigen Blätter. Leise räusperte Alma sich. »Stör ich?«, fragte sie.

Ihr Vater drehte sich um. »Almchen!«, sagte er mit einem Lächeln, das jedoch früher auch einmal leichter gewirkt hatte. »Was kann ich für dich tun?«

Alma trat ein und schloss langsam die Tür. Dann ging sie zu ihm hinüber und blickte ihn an.

»Ich wollte nur mal so vorbeigucken«, sagte sie betont beiläufig. »Ist das Großvaters Pflug?«

Ihr Vater nickte. »Den großen Pflug haben uns ja die Russen genommen. So wie die Pferde, die ihn gezogen haben. Vielleicht kann uns dieser hier die Arbeit etwas erleichtern«, antwortete er, während er auf das Metall klopfte.

Alma nickte verstehend. »Kann ich dir helfen?«

Er lächelte. »Du musst dir die Hände nicht schmutzig machen.«

»Schon gut. Ich kann das!«

Sie nahm eine Feile, kniete sich neben ihren Vater und begann, den alten Rost vom Metallgestell zu entfernen.

»Wie geht es dir?«, fragte Alma nach einer schweigsamen Weile.

Lutz stutzte. »Was soll die Frage?«

Alma seufzte kurz, während sie die Feile weiter über das rostrote Metall gleiten ließ. »Nun ... du wirkst so verändert, seit du wieder da bist.«

»Mir geht es gut«, antwortete er knapp.

»Sicher?«, fragte Alma zurück.

Lutz sah sie an.

»Du hast bisher nicht ein Wort über deine Haft verloren.«

»Da gibt es auch nicht viel zu sagen«, antwortete er tonlos.

Alma hielt inne und sah ihn an. »Haben sie ...«, sie schluckte kurz, bevor sie weitersprach: »... dich gut behandelt?«

»Almchen, ich war im Zuchthaus. Nicht in einer Kuranstalt.«

Sie schluckte betroffen und fragte nach einer kurzen Pause mit etwas belegter Stimme: »Werden sie dich wieder abholen?«

Nun unterbrach auch Lutz seine Arbeit und sah seine Tochter an. »Was redest du denn da?«

Alma seufzte. »Ich habe das Gefühl, es ist noch nicht vorbei. Die ganzen Enteignungen, von denen man hört.«

»Sie wollen Junkerland. Wir mit unseren sechzig Hektar sind für sie nicht von Interesse«, versuchte er sie zu besänftigen.

Alma blickte ihn an. »Sie enteignen aber auch andere«, entgegnete sie und fügte nach einem kurzen Augenblick leiser hinzu: »Nazis.«

Es war ihr schon immer schwergefallen, dieses Wort auszusprechen. Und seit dem Ende des Krieges vermied sie es noch mehr.

Auch sie war damals wie fast alle Mädchen aus ihrer Klasse im Bund Deutscher Mädel gewesen, hatte an den Ausflügen und außerschulischen Aktivitäten teilgenommen. Oft hatte es ihr auch Spaß gemacht, das konnte sie nicht leugnen. Es war jedoch mehr das Gemeinschaftsgefühl gewesen, was sie gemocht hatte, als die aufopfernde Vaterlandsliebe und der bedingungslose Führergehorsam. Von ihrem Onkel hatte sie gewusst, dass er der Partei näherstand. Ihr Vater und auch ihre Mutter hatten sich jedoch aus allem Politischen immer herausgehalten. Zumindest glaubte Alma das.

Nach dem Krieg hatte sie ein paar Mal heimlich Radio gehört. In den Nachrichten hatten sie davon gesprochen, was für grausame Taten die Nazis begangen hatten. Sie hatten nicht nur zahllose junge Männer an der Front in den sicheren Tod geschickt, sondern auch Millionen Menschen, die sie als nicht arisch genug erachtet hatten, eingesperrt und ermordet. Alma war schockiert und fassungslos, wenn sie darüber nachdachte, weshalb sie auch diese Gedanken, soweit es ging, aus ihrem Kopf zu streichen versuchte.

»Du weißt, dass ich kein Nazi bin«, antwortete ihr Vater.

»Aber du warst in der Partei.«

»Doch nur auf dem Papier. Ich musste mich loyal zeigen, um unseren Hof halten zu können. Das weißt du doch«, sagte er und fuhr mit seiner Arbeit fort. »Das konnte ich denen auch beweisen. Deshalb haben sie mich ja entlassen«, fügte er hinzu, ohne Alma anzusehen.

Doch Alma wollte noch nicht aufgeben. »Und was habt ihr hinter meinem Rücken besprochen? Du und Mutter?«, bohrte sie nach.

Lutz sah sie nun wieder an, etwas zu lange, wie Alma feststellte. Schließlich seufzte er. »Die Zeiten sind hart. Wir müssen sehen, wie wir über die Runden kommen.« Er fasste sich nun wieder. »Aber wir schaffen das schon. Zerbrich dir darüber also nicht dein hübsches Köpfchen«, fügte er hinzu und strich ihr übers Haar.

Alma zögerte. Am liebsten hätte sie ihren Kopf weggezogen, wäre aufgesprungen und hätte ihm vorgeworfen, dass sie kein kleines Mädchen mehr war, das von allem ferngehalten werden musste. Doch in Wahrheit tat die Liebesbekundung ihres Vaters zu gut, als dass sie sich ihr entziehen wollte. Wohl deshalb legte sie schließlich ihren Kopf auf seine Schulter und ließ sich von ihm besänftigen, auch wenn es nur für diesen Moment war.

Edith

Einige Monate zuvor

Edith lief stumpf die Straße entlang, setzte einen Fuß vor den anderen. Sie folgte ihrer Schwester und ihrer Mutter. Der Koffer in ihrer Hand wurde dabei mit jedem Schritt ein wenig schwerer.

Die Stille um sie herum war gespenstisch. Keine Gewehrsalven waren mehr zu hören, keine donnernden Bomben- und Granateneinschläge, keine Motorengeräusche der Militärfahrzeuge und Panzer, die durch die schmalen Gassen über Kopfstein oder über die Feldwege außerhalb der Dörfer und Städte gebrettert waren. Kein Kinderweinen, keine klagenden oder aufgeregten Stimmen hallten durch die Luft. Die Front war weitergezogen Richtung Westen. Sie war nicht, wie ihre Schwester prophezeit hatte, von den deutschen Soldaten zurückgedrängt worden.

Edith drehte sich um und blickte zurück. Drei Wochen hatte sie mit Esther in dem Kellerraum in Dramburg verbracht. Hatte den Krieg vor dem kleinen Fenster verfolgt und jede Nacht gebetet, dass ihre Familie und sie das Grauen überstehen würden.

Ein paar polnische Soldaten marschierten an ihnen vorbei. Edith spürte ihre abfälligen Blicke, auch wenn ihre Augen unter dem Stahlhelm geradeaus gerichtet waren. Sie hatte Ge-

rüchte gehört, dass die Soldaten sich nahmen, was sie wollten. Auch mit Gewalt. Edith lief ein wenig schneller, um die Lücke zwischen sich und ihrer Mutter nicht allzu groß werden zu lassen.

Endlich sah sie aus der Ferne den Kirchturm, den sie nur allzu gut kannte. Nachdem die Kämpfe vorbei gewesen waren, hatte man sie aufgefordert, nach Groß Spiegel zurückzukehren. Dort seien sie sicher, hatte man ihnen gesagt. Auch wenn Hinterpommern nun unter polnischer Verwaltung war. Während ihre Mutter skeptisch geblieben war, hatten Esther und Edith ihre Koffer schneller gepackt, als die Mäuse im Keller Pieps sagen konnten.

Als sie jetzt auf die Hauptstraße ihres Heimatdorfes einbogen, wurde Edith dann doch mulmig zumute. Der Geruch von verbranntem Holz und Schutt stieg ihr in die Nase. Sie sah, dass der Gasthof abgebrannt war, genauso wie der Kaufmannsladen daneben und das Haus der Wicherts, die den kleinen Friseursalon im Ort betrieben. Die Fenster der Dorfschule waren eingeschlagen, die Mauern teilweise durchlöchert wie ein Schweizer Käse. Der Kies auf dem Platz, auf dem sie früher den Fahnenappell abgehalten hatten, war an einigen Stellen dunkel eingefärbt. Edith wollte sich gar nicht ausmalen, woher die Verfärbungen stammten.

Es war merkwürdig. Edith beobachtete, wie aus einigen Nachbarhäusern Möbel und Hausrat herausgetragen wurden. Dabei wusste sie, dass deren Eigentümer noch nicht wieder zurückgekehrt waren.

In einem anderen Haus sah sie eine Familie einziehen, die sie in dem Ort noch nie gesehen hatte. Sie sprachen Polnisch miteinander. Ein Großteil des persönlichen Hab und Guts der

Vorbesitzer wurde einfach auf die Straße geworfen. Was hingegen noch gut, brauchbar oder wertvoll war, wurde wie selbstverständlich behalten.

Schließlich traten sie an ihre eigene Gartenpforte, und Edith fuhr der Schreck in ihre Glieder. Tränen schossen ihr in die Augen, die sie kaum zurückhalten konnte. Ihre Mutter wurde ebenso ganz bleich, wie Edith von der Seite erkennen konnte. Und auch Esther war augenscheinlich das erste Mal in ihrem Leben sprachlos.

Ihr Zuhause war bis auf die Grundmauern niedergebrannt. Nichts war mehr übrig geblieben. Nur noch Schutt und Asche lagen in dem Garten, in dem Edith mit ihrer Schwester so gern gespielt hatte.

Nach einer gefühlten Ewigkeit fasste Esther sich als Erste. »Und nun?«, fragte sie mit brüchiger Stimme knapp.

Doch ihre Mutter vermochte nicht zu antworten. Zu unfassbar schien das Unglück noch zu sein.

Edith blickte sich kurz um. Das Haus ihrer Nachbarn war noch unversehrt und scheinbar auch noch nicht von Fremden besetzt worden.

»Wir könnten doch bei Doktor Ewald einziehen«, schlug Edith schließlich vor.

»Das kommt nicht in Frage!«, antwortete ihre Mutter überraschend resolut.

»Warum denn nicht?«, stutzte Esther. »Die Idee ist doch gut. Die Ewalds sind längst weg und kommen bestimmt nicht wieder.«

»Aber es ist nicht unser Haus. Es wäre nicht rechtens«, antwortete ihre Mutter.

»Von unserem ist nichts übrig geblieben. Ist das gerecht?«

Esther blickte ihre Mutter fragend an, die darauf jedoch keine Antwort fand.

»Und wo willst du sonst schlafen?«, fuhr Esther fort. »Neben einem Schutthaufen? Es ist Frühling!«

Ihre Mutter schwieg und blieb weiter stur. Da warf Edith ihr einen flehenden Blick zu. Sie sah ermattet aus, von den Ereignissen der letzten Wochen ernüchtert, vielleicht sogar ein wenig fiebrig. Doch ihre Töchter hatten recht, und das wusste sie. Das konnte Edith ihr ansehen.

Schließlich seufzte ihre Mutter und nickte kurz. Edith atmete erleichtert aus.

Ihre Schwester hingegen zögerte nicht mehr. Sie schnappte sich ihren Koffer und lief über die Straße. Edith kam kaum hinterher. »Esther, warte auf mich!«, rief sie ihr noch nach, bevor diese im Haus verschwand.

Edith

Anfang August 1945

Wieder einmal schreckte Edith aus dem Schlaf hoch und wusste im ersten Moment nicht, wo sie war. Dann sah sie das Meer vor sich, und sogleich war diese Beklemmung zurück, die es in ihr bewirkte. In der Ferne hörte sie ein paar Möwen kreischen und das Rascheln der hohen Gräser in den Dünen, die im Wind hin und her wogten. Sie war am Strand. An Ediths Wange klebten ein paar Sandkörner, die sie sich nun abwischte. Sie musste eingenickt sein, doch sonderlich ausgeruht fühlte sie sich nicht. Die harte Arbeit der letzten Stunden steckte ihr noch immer in den Knochen.

Edith sah sich um, ließ ihren Blick über den menschenleeren Küstenstreifen schweifen. In den Dünen sah sie Alma, die auf sie zukam. Sie trug eine Tasche bei sich und ein vorfreudiges Lächeln auf ihren Lippen.

»Du bist da!«, sagte Alma, als sie sich neben Edith in den Sand plumpsen ließ. »Ich war mir nicht sicher, ob du kommen würdest.«

»Ich mir auch nicht«, antwortete Edith. »Zumal ich ja immer noch nicht weiß, was du mit mir vorhast, und ich außerdem keinen Badeanzug besitze.«

Tatsächlich hatte sie seit ihrer Begegnung am Morgen auf dem Hof überlegt, ob sie überhaupt zum Strand gehen sollte. Nicht etwa, weil Alfons ihr davon abgeraten hatte. Sondern weil ihr letzter Strandbesuch kein allzu schönes Ende genommen hatte.

Doch sie hatte Alma nicht versetzen wollen. Sie mochte die Tochter des Bauern. Auf eine merkwürdige Art fühlte sie sich ihr verbunden, auch wenn ihre Charaktere und Schicksale nicht unterschiedlicher hätten sein können. Alma war auf der Insel aufgewachsen, liebte das Meer und hatte bisher nicht viel vom Krieg und dessen schrecklichen Auswirkungen mitbekommen. So manches Mal reagierte sie sturköpfig und schien sich nur allzu gerne ihren Träumereien hinzugeben, statt die Wirklichkeit anzunehmen, wie sie war. Doch vielleicht war es gerade diese Unbedarftheit, die Edith anzog. Schienen doch ihre Probleme und Sorgen in Almas Gegenwart auch ein klein wenig leichter zu wiegen.

»Ich will dir das Schwimmen beibringen!«, antwortete Alma.

Edith schluckte. Sie hatte so etwas schon geahnt. Doch nur ungern erinnerte sie sich an ihr letztes Bad im Meer, das beinahe tragisch geendet hatte.

»Ich weiß nicht …«, antwortete sie deshalb. »Ich will da eigentlich nicht noch mal rein.«

»Doch, wenn man vom Pferd fällt, soll man auch wieder aufsteigen.«

»Das ist doch was ganz anderes«, gab Edith ein wenig barsch zurück.

»Eben nicht! Genauso wie das Reiten ein Gefühl von Freiheit vermittelt, kann auch das Schwimmen etwas Befreiendes haben«, hielt Alma dagegen.

Edith sah zum Meer. An Freiheit dachte sie nun wirklich nicht beim Anblick der scheinbar unendlichen Wassermassen. Eher der gegenteilige Gedanke kam ihr in den Sinn.

»Und es schadet nicht, es zu können«, fügte Alma ernst hinzu, die Ediths skeptischen Blick richtig interpretierte. »Erst recht nicht, wenn man auf einer Insel lebt.«

Edith überlegte, vielleicht war da etwas Wahres dran. Das Gefühl der Hilflosigkeit, das sie zwischen den Wellen gespürt hatte, wollte sie nie wieder fühlen.

»Komm, probiere es mal!«, redete Alma weiter auf sie ein. »Und wenn es nicht klappt, fische ich dich eben wieder aus dem Wasser heraus«, fügte sie augenzwinkernd hinzu. »Versprochen!«

Edith seufzte. Sie war sich immer noch unsicher, ob das Ganze eine gute Idee war. Doch dann blickte sie Alma an. Ihre grünen Augen strahlten so voller Vorfreude und Zuversicht, dass Edith ihr den Wunsch einfach nicht abschlagen konnte. Sie nickte schließlich.

»Ist gut! Ich geh da rein. Du darfst mir das Schwimmen beibringen«, antwortete sie.

Jauchzend sprang Alma auf, umarmte Edith, die vom Gefühlsausbruch ein wenig überfordert war.

»Ich habe zu Hause noch einen zweiten Badeanzug«, sagte Alma. »Und auch noch ein paar Kleider, die ich nicht mehr trage. Die kannst du auch haben. Und fürs Erste nimmst du meinen Badeanzug.«

»Und du?«, fragte Edith erstaunt.

»Mein Unterkleid ist blickdicht«, antwortete sie.

»Ich weiß nicht.« Edith zögerte. »Vielleicht sollten wir es doch lassen.«

»Papperlapapp!«, unterbrach Alma sie. »Na los! Ziehen wir uns um«, forderte Alma Edith auf, ohne weiter auf ihre Zweifel einzugehen.

Mit Schwung entledigte Alma sich ihres Kleides. Ungeniert stand sie vor Edith im Unterkleid, das schon in trockenem Zustand nicht einmal annähernd so blickdicht war, wie Alma es beschrieben hatte.

Alma hielt Edith ihren blau-weiß gestreiften Badeanzug hin. Eine kleine Schleife zierte den festen Stoff unterhalb des Dekolletés. Nur langsam erhob Edith sich und nahm das Kleidungsstück entgegen. Noch etwas widerwillig zog sie ihr Kleid über den Kopf und stand kurz darauf nur noch in ihrer dünnen Unterwäsche vor Alma. Etwas verlegen blickte sie sich um. Ohne den schützenden Stoff auf ihrer Haut fühlte sie sich noch magerer. Auch Alma schien erstaunt zu sein, dass Edith nur noch aus Haut und Knochen bestand. Doch sie sagte nichts. Stattdessen drehte sie sich um und ließ Edith die Privatsphäre, die sie sich wünschte.

Jetzt endlich zog Edith auch ihre Unterwäsche aus und schlüpfte in den Badeanzug, der um ihre Hüften doch sehr locker saß. Dann holte sie tief Luft und sagte selbstbewusster, als sie sich fühlte: »Alles klar, ich bin bereit.«

Alma nickte und ging voran. Ohne zu zögern, lief sie aufs Meer zu. Ihre nackten Sohlen hinterließen eine Spur im feuchten Ufersand, die erst verschwand, als eine Welle die Fußabdrücke mit sich nahm. Die Kälte schien ihr nichts auszumachen. Unaufhörlich stapfte sie weiter, bis das Wasser ihre Hüften umspielte.

Dann drehte sie sich um und blickte Edith erwartungsvoll an. Sie hatte sich noch keinen Zentimeter gerührt.

»Komm rein! Es ist herrlich«, rief Alma ihr zu, während sie sich mit ausgestreckten Armen rücklings ins Wasser fallen ließ. Als sie wieder auftauchte, strich sie sich die nassen Strähnen aus dem Gesicht, die sich aus ihrem Zopf gelöst hatten, und blickte Edith erwartungsvoll an.

Edith ahnte, dass Alma nun keine Ausrede mehr gelten lassen würde, nicht in dieses dunkle Nass zu gehen. Und so seufzte Edith schließlich und machte den ersten Schritt aufs Wasser zu.

Vorsichtig und auf Zehenspitzen, so als wollte sie das Meer in seiner fließenden Rastlosigkeit auf keinen Fall stören, setzte sie einen Fuß vor den anderen. Eine Gänsehaut überzog ihren Körper, und doch musste Edith zugeben, dass die Erfrischung ihren von der Arbeit schmerzenden Gliedern guttat.

In der nächsten halben Stunde zeigte Alma ihr die Schwimmbewegungen, die Edith im brusttiefen Wasser brav nachahmte, auch wenn sie sich dabei etwas albern vorkam. Ungelenk schob sie ihre Beine wie ein Frosch vor und zurück, während sie gleichzeitig ihre Arme pfeilartig von der Brust wegstieß.

Alma hielt sie dabei die ganze Zeit an den Hüften fest, sodass Edith sich immer sicherer fühlte. Auch wenn sie sich noch nicht einmal ansatzweise vorstellen konnte, dass diese seltsamen Bewegungsabläufe sie tatsächlich irgendwann auch allein über Wasser halten sollten.

Ihre Vermutung wurde bestätigt, als plötzlich eine größere Welle die Frauen erfasste. Vor Schreck ließ Alma Ediths Hüften los. Sofort vergaß Edith die zuvor eingeübten Bewegungen, schlug mit den Armen und Beinen nur wild um sich, bis sie schließlich wie ein Stein unterging.

Bevor Alma sie zu fassen kriegte, ertastete Edith mit den Füßen den Meeresboden und tauchte von selbst auf. Sie japste nach Luft und wischte sich die nassen Haare aus dem Gesicht.

Alma blickte sie erschrocken und mit sichtlich schlechtem Gewissen an. »Es tut mir leid. Ich habe die Welle nicht kommen sehen.«

»Schon gut«, antwortete Edith, als sie sich wieder beruhigt hatte. »Lass uns einfach weitermachen.«

»Sicher?«, fragte Alma sichtlich überrascht.

Edith nickte und war selbst ein wenig erstaunt über ihre Worte. Doch wenn sie ganz tief in sich hineinhorchte, musste sie zugeben, dass ihr das Schwimmen – oder was das auch immer war, was sie dort im Wasser tat – auch ein klitzekleines bisschen Spaß machte. Zusätzlich hoffte sie, etwas von ihrer Angst zu verlieren, wenn sie erst wusste, dass sie es beherrschen und sich selbst auf den Wellen halten konnte.

Noch eine ganze Weile übten sie die Schwimmbewegungen, die Alma immer wieder vorzeigte und Edith versuchte nachzumachen. Erst als ihre Lippen vor Kälte beinahe bebten, verließen sie das Wasser.

Eilig liefen sie durch den Sand zu ihren Sachen. Sie trockneten sich mit den Handtüchern ab, die Alma aus ihrer Tasche holte. Dann setzten sie sich darauf, ließen ihre Haut, die sich vom Salz ganz gespannt anfühlte, von der Sonne wärmen und blickten aufs Wasser hinaus. Eine Weile saßen sie so schweigend nebeneinander.

»Weißt du eigentlich, wie das Salz ins Meer gekommen ist?«, fragte Alma schließlich in die einvernehmliche Stille hinein.

Edith guckte sie verblüfft an, schüttelte dann den Kopf.

»Mein Vater hat mir früher immer eine Geschichte erzählt, wenn wir mit seinem kleinen Fischerboot aufs Meer hinausgefahren sind. Willst du sie hören?«

»Gerne«, antwortete Edith.

»Es soll einmal zwei Brüder gegeben haben«, begann sie zu erzählen. »Der eine war reich, besaß Haus, Hof und mehr, als man zum Leben gebrauchen konnte. Der andere hingegen war bettelarm. Als der Arme mal wieder bei seinem Bruder vor der Tür stand, um nach Almosen zu fragen, gab er ihm nur widerwillig ein Stück Speck und rief ihm hinterher, dass er sich zur Hölle scheren solle. Das tat der Arme dann auch. Dort tauschte er den Speck gegen eine Zaubermühle ein. Wenn man sie nach rechts drehte, spuckte sie alles aus, was man sich von ihr wünschte. Wenn man sie nach links drehte, hörte sie auf zu mahlen.«

»So eine Mühle hätten viele Leute bestimmt auch gerade gerne«, unterbrach Edith sie kurz.

Alma nickte. »Bestimmt! Aber der Mann in der Geschichte hatte leider nicht viel von seiner Mühle.«

Edith sah Alma überrascht an. »Nicht?«

Alma schüttelte den Kopf und erzählte weiter: »Er lud nämlich bald darauf seinen Bruder ein und tischte ihm ein Festessen auf. Doch statt sich für das Glück seines Bruders zu freuen und das Festmahl zu genießen, stahl er ihm die Mühle. Er fuhr damit aufs Meer hinaus und wünschte sich Salz, als er sie nach rechts drehte. Damals war Salz ein kostbarer Rohstoff«, erklärte Alma kurz, bevor sie fortfuhr. »Aus der Mühle floss das Salz in rauen Mengen aufs Boot. Der Habgierige freute sich zuerst. Doch dann, als es genug Salz war, wusste er nicht, wie er die Mühle stoppen konnte. Die Mühle mahlte und mahlte weiter, bis das Salz das Boot samt dem Manne auf den Meeresgrund zog. Und da mahlt die Mühle noch heute Salz.«

Edith blickte aufs Meer hinaus. »Wo das Glück ist, ist der Neid oft nicht weit. Eine schöne Geschichte!«

Alma nickte und seufzte dann kurz. »Ich habe sie meinem Vater geglaubt, bis ich vierzehn war. So sehr habe ich ihm vertraut.«

Edith blickte Alma ein wenig verdutzt an. »Und jetzt? Glaubst du ihm nicht mehr?«

Alma hielt kurz inne, überlegte und zuckte schließlich mit den Schultern. »Ich weiß es nicht«, antwortete sie etwas trübsinnig. Augenscheinlich wünschte sie sich die Zeit zurück, in der sie unbedarft und bedingungslos ihrem Vater Vertrauen schenken konnte.

Dann schüttelte Alma sich kurz und setzte wieder ihren verschmitzten Blick auf. »Was ist deine Geschichte?«, fragte sie plötzlich.

Edith stutzte irritiert.

»Du hast vorhin einen Namen gerufen, so habe ich dich gefunden«, erklärte Alma ihre Neugier. »Esther, glaube ich. Wer ist das?«

Edith erschrak. Sie hatte nicht gewusst, dass sie den Namen ihrer Schwester im Traum laut ausgerufen hatte. Sie überlegte kurz, was sie antworten sollte. Bisher hatte sie niemandem von Esther erzählt und was auf der Flucht geschehen war. Doch in Almas Gegenwart verspürte sie plötzlich das Bedürfnis, sich ihr anzuvertrauen.

»Meine Schwester«, antwortete sie deshalb leise, aber ehrlich.

»Wo ist sie?«, fragte Alma.

Edith seufzte tief. »Das weiß ich nicht.«

»Aber sie … lebt noch?«

Edith zögerte, schließlich nickte sie. »Ich denke schon. Ich hoffe es!«

Alma sah sie an. Edith nahm allen Mut zusammen und begann schließlich zu erklären: »Wir sind gemeinsam aus Groß Spiegel geflohen. Das war, nachdem unsere Mutter gestorben war und die polnische Regierung den Befehl gegeben hatte, dass alle Deutschen unverzüglich Hinterpommern zu verlassen haben.« Edith schluckte kurz und fuhr dann fort. »Auf der Flucht blieben wir jede Minute zusammen. Keine ist von der Seite der anderen gewichen, nicht mal wenn wir … du weißt schon, wenn wir schliefen oder mal mussten oder so. Solche Angst hatten wir, getrennt zu werden. Und dann … haben wir uns doch verloren.« Eine Träne rann über Ediths Gesicht, als sie die letzten Worte aussprach.

Alma blickte sie mit einer Mischung aus Neugier und Mitgefühl an. »Wie? Wie habt ihr euch verloren?«

Edith schluckte, versuchte die weiteren Tränen, die nun folgen wollten, aufzuhalten. »Ein russischer Soldat …«, begann sie trotzdem. »Er hat …« Weiter kam sie jedoch nicht. Die Tränen, die sich nun Bahn brachen, erstickten ihre Stimme.

»Sie vergewaltigt?«, stieß Alma erschrocken aus.

Doch Edith schüttelte den Kopf, versuchte ihre Stimme wiederzufinden. Aber es gelang ihr nicht. Sie konnte nicht weitererzählen.

Alma nahm Edith schließlich in den Arm, versuchte sie zu beruhigen. »Schon gut! Du musst es mir nicht erzählen. Nicht jetzt.«

Edith nickte und ließ die Nähe zu. Es tat gut, endlich einmal wieder gehalten zu werden. Ihre Tränen versiegten langsam. Sie fasste sich wieder.

»Du vermisst sie sehr, stimmts?«, fragte Alma in die Vertrautheit hinein.

Edith nickte. »So wie du wahrscheinlich deinen Verlobten.«

Beinahe unmerklich schluckte Alma. Sie löste ihre Umarmung und nickte, während sie wieder aufs Meer hinausblickte.

»Ist er …?«, fragte Edith vorsichtig.

Alma schüttelte schnell den Kopf, bald so, als wollte sie diesen Gedanken erst gar nicht zulassen.

»Er war an der Front. Nun ist er …«

»Verschwunden? Wie meine Schwester?«, unterbrach Edith sie unbedarft.

Alma schien kurz zu zögern, nickte dann aber.

»Dann warten wir ja beide auf einen geliebten Menschen.«

Alma nickte stumm, während Edith ein kleines, erleichtertes Lächeln über die Lippen huschte. Auch wenn sie sich dafür schämte und ihr der Gedanke allzu eigennützig erschien, war sie doch insgeheim froh, dass sie mit ihrer Sehnsucht nicht allein war.

Eine Weile saßen die Frauen schweigend nebeneinander und beobachten die Sonne, die sich dem Horizont entgegenneigte. Plötzlich drehte sich Alma zu ihr um.

»Wenn du glaubst, dass sie noch lebt, solltest du sie suchen«, sagte sie.

Edith blickte sie überrascht an.

»Ich meine, wegen Friedrich kann ich ja nichts machen«, fügte sie vieldeutig hinzu. »Aber du kannst deine Schwester finden!«

»Es irren gerade Millionen Menschen durch das Land. Auf der Suche nach ihrer Familie, einer neuen Heimat oder einfach einem neuen Sinn im Leben. Wie soll ich da meine Schwester finden?«, fragte Edith zurück.

Doch ehe Alma antworten konnte, schüttelte sie den Kopf. »Esther und ich, wir wollten nach Rügen! Wir hatten hier Vorfahren. Also warte ich hier auf sie.«

Alma legte den Kopf schief. »Du weißt aber schon, dass die Insel recht groß ist? Sogar die größte Deutschlands. Und wie du sagst, jeden Tag lassen sich neue Umsiedler hier nieder.«

Edith schluckte. Tatsächlich hatte sie nie eine Vorstellung davon gehabt, wie groß Rügen war. Erst als sie zu Fuß quer über die Insel gelaufen war, hatte sie geahnt, dass es für ihre Schwester schwer werden würde, sie hier zu finden. »Aber wie soll ich sie suchen?«, fragte Edith nun.

Alma grübelte. Schließlich blickte sie Edith entschlossen an. »Keine Ahnung! Aber ich lass mir was einfallen. Versprochen!«

Edith erwiderte Almas Blick. Sie wollte nichts lieber, als ihr zu glauben, doch so recht wollte es ihr noch nicht gelingen.

Alma

Anfang August 1945

Auf der unebenen Straße wurde Alma auf ihrem Sattel ordentlich durchgerüttelt. Ihr eilig zu einem Pferdeschwanz zusammengebundenes Haar wehte im Wind, der Saum ihres Kleides bauschte sich auf und ließ darunter ihre Strumpfbänder hervorblitzen. Dennoch dachte Alma nicht daran, langsamer zu fahren. Kräftig trat sie in die Pedale ihres Fahrrads, während sie der buckeligen Landstraße folgte, die sich durch die Felder schlängelte.

Am Abend zuvor war sie noch lange wach gewesen. Die Geschichte von Esther, die Edith ihr am Strand anvertraut hatte, hatte ihr den Schlaf geraubt. Das Mitleid, das sie schon dort empfunden hatte, war nicht gegangen. Und auch nicht das schlechte Gewissen, dass sie bezüglich Friedrich gelogen hatte. Doch sie hatte Edith nicht sagen können, dass sie von der Wehrmachtauskunftstelle bereits eine Benachrichtigung erhalten hatte. Zu sehr hatte sie befürchtet, dass Edith sie für allzu feige hielt, wenn sie erfuhr, dass Alma den Brief noch nicht geöffnet hatte.

Das Versprechen, Edith bei der Suche nach ihrer Schwester zu helfen, wollte sie jetzt erst recht halten. Nicht nur des Mitleids wegen, wie Alma sich eingestehen musste. Am Strand hatte sie gemerkt, wie gut es ihr getan hatte, Zeit mit Edith zu verbringen. Als sie im Wasser gewesen waren, hatte sie nicht eine Sekunde an ihren Vater gedacht.

Lange hatte sie deshalb gegrübelt, wie sie Ediths Schwester finden konnten. Flugblätter verteilen war keine Option. Papier war momentan ein allzu knappes Gut – wie so vieles. Von Ort zu Ort gehen, um nach Esther zu suchen, kam ebenfalls nicht in Frage. Schließlich achtete ihre Mutter penibel darauf, dass die Arbeitszeiten eingehalten wurden. Außerdem gab es auf dem Hof nur dieses eine Fahrrad, mit dem man nicht allzu weit kam. Zudem wussten sie ja noch nicht einmal, ob Esther überhaupt schon auf Rügen war. Vielleicht irrte sie noch irgendwo in Deutschland umher oder wer weiß wo.

Die Ideen waren Alma schnell ausgegangen. Doch dann fiel ihr ein, wer vielleicht in dieser kniffligen Sache weiterhelfen konnte. Nach dem Frühstück hatte sie sich davongeschlichen und war nun auf dem Weg nach Wrede.

Die Kirche war schon am Ortseingang zu sehen. Der schlicht gemauerte Turm, in dem die Glocke früher regelmäßig zu den Gottesdiensten geschlagen hatte, ragte ein gutes Stück weit über die Dächer empor. Die Nazis hatten die Religion zum Teufel gejagt. Doch die neuen, dem Kommunismus verschriebenen Besatzer schienen Gott und seine Gefolgschaft auch nicht gerade in den Himmel zu loben, weshalb das Glockengeläut immer seltener zu hören war. Nur zu Beerdigungen hallten die beinahe ohrenbetäubenden Töne der gusseisernen Glocke noch durch den ganzen Ort und sogar bis zum Hof.

Im Gegensatz zu vielen Bewohnern, die sich von der Kirche abgewandt hatten, sei es aus propagandistischen Gründen oder weil der Schrecken des Krieges sie ernüchtert hatte, besuchte Alma das evangelische Gotteshaus noch regelmäßig. Das lag nicht unbedingt an ihrem Glauben, den sie zwar nie hinterfragt, aber doch auch nie besonders ernst genommen hatte. Vielmehr war es die Idee eines Ortes gewesen, der Sicherheit, Halt und Antworten geben sollte, die sie immer wieder hierhergezogen hatte. Und Pfarrer Wiebusch, in dem sie so etwas wie einen Vertrauten gefunden hatte.

Leichtfüßig stieg Alma die drei Stufen zum Eingang hinauf. Beim Betreten des Kirchenschiffes kam ihr ein kühler Luftzug entgegen. Den Pfarrer, einen schlanken Mann mittleren Alters, unverheiratet und ruhigen Gemüts, fand sie neben dem Altar. Er staubte die Gesangbücher für die nächste Andacht ab, in der er vermutlich wieder nur vor einer Handvoll Leuten predigen würde.

Als Alma an den Holzbänken und dem schlichten, aber dennoch ehrfurchteinflößenden Jesuskreuz vorbeiging, legte er das Staubtuch beiseite und blickte sie erfreut an.

»Alma! Schön, dich zu sehen! Wie geht es dir, mein Kind?«

Alma schluckte. Sofort kam ihr der Brief der Wehrmachtauskunftstelle wieder in den Sinn. Kurz überlegte Alma, Pfarrer Wiebusch davon zu erzählen. Wahrscheinlich hätte er sogar Verständnis dafür, dass sie das Schreiben noch nicht gelesen hatte. Doch vermutlich würde er ihr dazu raten, sich endlich ihrer Angst zu stellen und ihn zu öffnen. Und so weit war Alma noch nicht, das wusste sie. Deshalb schüttelte sie den Gedanken ab und setzte ein unbekümmertes Lächeln auf.

»Gut! Vater ist wieder da!«

»Das hab ich schon gehört. Freut mich für euch. So ist es bestimmt einfacher auf dem Hof«, antwortete er. Er verzog dabei jedoch keine Miene, was Alma ein wenig irritierte.

»Gibt es einen besonderen Grund für deinen Besuch?«, fragte Pfarrer Wiebusch nun.

Alma nickte. »Eine … Freundin«, begann sie. Dieses Wort auszusprechen fühlte sich ein wenig befremdlich an, aber auch irgendwie gut. »Sie sucht ihre Schwester«, fuhr Alma fort. »Wissen Sie, wie wir sie finden können?«

»Ist sie eine Vertriebene?«

Alma nickte. Der Pfarrer strich sich kurz nachdenklich übers Kinn, dann sah er Alma an. »Die Pfarrei in Bergen hat eine Such- und Meldestelle eingerichtet, soweit ich weiß.«

»Eine Meldestelle?«, fragte Alma.

»Freiwillige der Kirche gehen derzeit von Lager zu Lager und notieren sich die Personalien der dort durchziehenden Flüchtlinge. Diese werden dann alphabetisch auf Karteikarten und Listen gesammelt. Und es gibt provisorische Meldestellen. Da kann man sich nicht nur selbst registrieren lassen, sondern auch Suchanfragen stellen. Vielleicht sollte sich deine Freundin dort mal melden.«

Alma nickte ganz zuversichtlich.

»Aber …«, wandte er nun ein. »Sag ihr, sie soll sich nicht allzu viel Hoffnung machen. Der Krieg hat viele Opfer gefordert.«

Alma schluckte stumm, musste sie doch ganz unweigerlich wieder an Friedrich denken. Schließlich nickte sie, wenn auch nur ganz leicht.

»Vielen Dank, Pfarrer Wiebusch!«, antwortete sie knapp. Kurz zögerte Alma, ihre Mutter würde sicherlich bald merken, dass sie fort war. Doch sie wollte auch nicht unfreundlich erscheinen, wenn sie gleich wieder ging, sobald sie ihre Frage beantwortet bekommen hatte. Deshalb deutete sie auf den Stapel Gesangbücher. »Soll ich Ihnen helfen?«

Der Pfarrer nickte ihr dankbar zu.

Alma nahm sie und ging durch die Reihen. Auf den schmalen Brettern vor den Bänken legte sie die Bücher aus.

Während sie durch das Kirchengestühl schritt, erinnerte sie sich daran, wie sie mit ihrem Vater früher immer hier gewesen war. Er hatte die versöhnliche Atmosphäre dieses besonderen Ortes gemocht, wie Alma wusste. Jedes Mal hatte er tief eingeatmet, bevor er sich auf das harte Holz niedergelassen hatte, in der Hoffnung, ein wenig von der Ruhe und Friedfertigkeit in sich aufsaugen zu können, die dieser Ort ausstrahlte.

Alma hingegen hatte schon immer die Lieder gemocht, die bei den Predigten gesungen wurden. Inbrünstig hatte sie mit eingestimmt, während ihr Vater neben ihr ihre Hand gehalten hatte.

Er selbst hatte nie mitgesungen. Genauso wenig wie ihre Mutter, die sie stets nur begleitet hatte, weil man das im Dorf nun einmal so tat. Vermutlich war sie froh gewesen, als die Nazis nicht nur in den irdischen Krieg gezogen waren, sondern auch gegen Gott und die Vernunft gewettert hatten. Aber auch ihr Vater war aus Gründen, die sie nicht kannte, irgendwann nicht mehr mitgekommen.

»Sie haben vorhin so komisch reagiert, als ich meinen Vater erwähnt habe«, sagte sie nun, während sie weiter die Gesangbücher verteilte.

»Habe ich?«, fragte Pfarrer Wiebusch naserümpfend, während er weiter neben dem Altar Staub wischte.

Alma nickte. »Wissen Sie irgendetwas?«

Aus dem Augenwinkel sah Alma, dass er den Kopf schüttelte. Etwas zu heftig, wie Alma fand. »Ich weiß nicht, was du meinst, mein Kind.«

Alma seufzte kurz, ließ sich nicht beirren und rückte schließlich mit ihren Bedenken heraus. »Seit er wieder da ist, verhält er sich merkwürdig.«

»Die Haft war sicherlich nicht leicht für ihn. Wie man hört, sind die Russen nicht gerade zimperlich. Du hast ... Glück, dass er wieder da ist.«

»Das meine ich nicht. Ich glaube, er verheimlicht mir etwas.«

»Du solltest dich da raushalten.«

Alma hielt nun inne und sah den Pfarrer über die Bänke hinweg direkt an. »Bitte! Wenn Sie etwas wissen ... Ich bin kein kleines Kind mehr. Ich habe ein Recht darauf zu erfahren, was los ist.«

Der Pfarrer ließ den Staublappen nun auch sinken und sah in ihre Richtung. Alma sah ihm an, dass er mit sich rang. »Dein Vater ist nicht so unschuldig, wie du glaubst, mein Kind. Er weiß das. Einige Leute aus dem Dorf wissen das. Nur die Russen eben noch nicht«, antwortete er schließlich etwas kryptisch.

Alma sah ihn ob der ehrlich ausgesprochenen Worte erschrocken an. »Wie meinen Sie das?«

Der Pfarrer schüttelte den Kopf. »Ich habe schon mehr gesagt, als ich sollte.« Er warf Alma einen zuversichtlichen Blick zu. »Gott wird schon alles fügen«, schob er vieldeutig hinterher, bevor er sich wieder dem Staub widmete.

Alma blickte immer noch irritiert. Doch sie ahnte, dass sie nicht mehr aus dem Pfarrer herausbekommen würde. Gern versteckte er sich hinter seinen religiösen Floskeln, wenn es um wichtige Dinge ging. Manchmal half es ihr, doch ein ums andere Mal verfluchte sie diese Gotteszuversicht auch. Sie legte das letzte Gesangbuch ab und setzte ein Lächeln auf. »Ich muss wieder zum Hof. Mutter wartet sicherlich schon.«

Pfarrer Wiebusch nickte. »Bestell deiner Frau Mutter viele Grüße.«

Alma zögerte, schließlich nickte sie, bevor sie die Kirche verließ und sich eilig auf den Weg zurück zum Hof machte.

Edith

Anfang August 1945

Langsamen Schrittes spazierte Edith an den Feldern entlang, auf denen noch der sanfte Nebelschleier der Nacht lag. Blassrosa schimmerte das Morgenlicht zwischen den Wipfeln der Kiefern hindurch. Die ersten Vögel zwitscherten bereits, auch wenn der Hahn den Tag noch nicht begrüßen wollte. Auf dem Hof, den Edith vom Wegesrand sehen konnte, regte sich ebenfalls noch nichts. Außer ihr schliefen noch alle.

Edith hatte wieder die halbe Nacht wach gelegen. Zwar war es dieses Mal kein böser Traum gewesen, der sie keine Ruhe hatte finden lassen, sondern ihre Gedanken, die in ihrem Kopf herumgegeistert waren.

Am Abend zuvor hatte sie sich wieder mit Alma am Strand getroffen. Wieder waren sie ins Meer gegangen. Dieses Mal hatte Alma nicht so lange auf sie einreden müssen. Sie hatte ihr sogar wie versprochen einen Badeanzug mitgebracht und auch noch ein paar neue Kleider, die schöner waren als die von Magda. Und ein wenig besser gepasst hatten sie auch.

Die Schwimmübungen waren ihr schon leichter gefallen, auch wenn sie ihrer Meinung nach noch weit davon entfernt war, sich tatsächlich allein über Wasser halten zu können. Doch Alma war geduldig gewesen, hatte ihr Mut zugesprochen und ihre Bewegungen immer wieder korrigiert, bis ihre

Wasserlage stimmte und sie sogar schon ein paar Schwimmzüge allein machen konnte.

Anschließend hatten sie wieder am Strand zusammengesessen und aufs Meer geschaut. Da hatte Alma ihr erzählt, dass es laut des Pfarrers eine Such- und Meldestelle in Bergen gab, an die sie sich wenden konnte, um ihre Schwester zu finden. Alma hatte vorgeschlagen, dass sie dort gemeinsam hinfahren könnten. Doch Bergen war ziemlich weit weg, wie sie ihr dann erklärt hatte. Fast dreißig Kilometer. Die konnten sie unmöglich nach der Arbeit zu Fuß hin und zurück gehen. Selbst mit dem Fahrrad war das eine beachtliche Strecke, und davon abgesehen besaß Edith ja noch nicht mal eines.

Da kam Edith plötzlich eine Idee. Eiligen Schrittes lief sie nun querfeldein über die Felder und Äcker zum Hof zurück. Noch immer war niemand zu sehen. Die Fenster des Bauernhauses waren noch geschlossen, die Ställe standen verlassen da, genauso wie die Scheune. Und auch um die kleine Hütte herum, in der Alfons, Hertha und die Koslowskis noch immer schliefen, war es still.

Edith ging am Hühnerstall vorbei über die Streuobstwiese zu einem alten Bretterhaufen. Das Gras wucherte hoch und umschloss die alten Leisten beinahe vollständig. Gut versteckt konnte Edith dahinter eine Plane sehen. Als sie diese lüftete, kam das Motorrad zum Vorschein, von dem Alfons ihr erzählt hatte. Eine alte deutsche Maschine, die sogar einen Beiwagen besaß. Auf Ediths Gesicht legte sich ein zuversichtliches Lächeln, als sie das motorisierte Gefährt näher in Augenschein nahm. Der Tank war zwar leer. Doch sonst schien es fahrtüchtig zu sein. Zumindest war in den Reifen noch ausreichend Luft, und die sichtbaren Motorteile sahen intakt aus.

Plötzlich hörte sie hinter sich ein Knacken. Erschrocken ließ Edith die Plane fallen und fuhr herum. Neben dem Hühnerstall stand Simone und blickte sie mit wachen Augen an.

»Was machst du da?«, fragte das Mädchen neugierig, während es näher trat. Sie versuchte über Ediths Schulter hinwegzublicken. Doch Edith stellte sich demonstrativ vor die Plane und verwehrte dem Mädchen den Blick aufs halb zugedeckte Motorrad. Während sie Simone betont unschuldig anlächelte, zog sie mit ihrer Hand die Abdeckung wieder zurecht.

»Kannst du denn ein Geheimnis für dich bewahren?«, fragte Edith, nachdem sie nun einige Schritte auf das Kind zuging.

»Na klar! Du bist doch meine Freundin«, antwortete Simone eifrig.

»Ich wollte sehen, ob ich aus den Brettern ein kleines Regal bauen kann. Für die Dachkammer.«

»Verstehe! Und du weißt nicht, ob du die Bretter nehmen darfst«, riet das Mädchen.

Edith nickte. »Ganz genau!«

»Ich verrate dich nicht!«, sagte Simone schelmisch grinsend.

Edith lächelte nun auch. »Danke dir, mein Engel!«

Sie strich dem Mädchen übers Haar. Simone lächelte dabei ein wenig stolz.

»Und was machst du hier?«, fragte Edith nun. Erst jetzt sah sie, dass Simone etwas hinter ihrem Rücken versteckt hielt.

Die Wangen des Mädchens röteten sich leicht.

Edith sah sie auffordernd an. »Ich habe dir mein Geheimnis erzählt, und jetzt bist du dran!«

Simone zögerte, doch schließlich blickte sie zu Boden und holte betreten ihren Arm hinter dem Rücken hervor. In der Hand hielt sie ein Ei.

»Meine Mama macht mir jeden Morgen ein Zucker-Ei. Also sie trennt ein rohes Ei, ohne dass die anderen es mitkriegen. Und dann macht sie Zucker ins Eigelb rein und rührt ganz doll …«

»Ich weiß, was ein Zucker-Ei ist«, unterbrach Edith.

»Das schmeckt mir so gut«, fuhr Simone fort. »Bitte erzähl's nicht Magda. Und erst recht nicht der Frau Katharina! Sonst bekommt Mama Ärger.«

»Natürlich erzähle ich es niemandem! Dein Geheimnis ist bei mir gut aufgehoben.«

»Deine Geheimnisse bei mir auch.«

Edith blickte sie verdutzt an.

»Ich schwöre bei meiner Puppe, dass ich niemandem von deinem Regal erzähle. Und auch nicht, dass du dir Alfons' Motorrad angesehen hast.«

Edith blickte sie erschrocken an. Doch Simone lächelte so verschwörerisch, dass Edith mit einstimmte. »Du bist eine gute Freundin!«

Nun lächelte auch Simone breit. Sie nahm Ediths Hand, und gemeinsam schlenderten sie zurück. Als sie den Hühnerstall passierten, putzte der Hahn gerade sein Federkleid. Bald würde er krähen. Edith beschloss, sich noch einmal hinzulegen. Vielleicht konnte sie noch etwas Schlaf nachholen, bevor es zur Arbeit auf das Feld ging.

Edith

Einige Monate zuvor

Sie zitterte am ganzen Körper, schüttelte sich beinahe, während der Schweiß unaufhörlich von ihrer Stirn tropfte. Er hinterließ einen nassen Fleck auf ihrem Kopfkissen.

Ihre Augen waren geschlossen, doch sie schien nicht wirklich zu schlafen. Leise stöhnte sie unaufhörlich vor sich hin, fantasierte und rief Heinrichs Namen. Immer und immer wieder, während Edith sich so unendlich machtlos fühlte.

Edith kniete neben dem Bett, tupfte mit einem kalten Lappen das glühend rote Gesicht ihrer Mutter ab. Doch es half nichts, das Fieber wollte einfach nicht sinken.

Vor mehr als einer Woche war es ausgebrochen. Zuerst hatte sich ihre Mutter nur ein wenig matt gefühlt. Dennoch hatte sie geholfen, das Haus der Ewalds für sie einzurichten.

Sie hatten die Betten zusammengeschoben. Denn nach den kriegsumkämpften Nächten hatte nicht einmal mehr ihre Mutter allein schlafen wollen. In den Schränken hatten sie nach frischer Bettwäsche und Handtüchern gesucht. Und nach etwas Essbarem. Aber auch nachdem ihre Mägen einigermaßen gefüllt waren, war es ihr nicht besser gegangen.

Edith sah ihre Mutter an. Deren Anblick tat ihr im Herzen weh. Gekrümmt lag sie unter der dicken Daunendecke. Von der Stärke, die sie einst ausgestrahlt hatte, war nichts mehr übrig. Wie ein hilfloses Kind, das mehr als ein Gottesgebet benötigte, um wieder gesund zu werden, lag sie da.

Da öffnete sich die Tür zur Schlafstube. Esther trat herein. Edith stand auf und blickte ihre Schwester hoffnungsvoll an.

Doch diese schüttelte den Kopf. »Kalte Hühnerbrühe, mehr konnte ich nicht auftreiben«, sagte sie dann.

»Keine Medizin?«, fragte Edith enttäuscht.

Esther schüttelte den Kopf.

Edith seufzte. »Na gut! Besser als nichts!«

Sie nahm ihrer Schwester den Topf ab, öffnete den Deckel und blickte hinein. Eine mehr als wässrige Flüssigkeit bedeckte knapp den Boden des Topfes. Gemüsestücke oder gar ein paar Fleischfasern konnte sie darin jedoch nicht entdecken.

Ohne die Brühe umzufüllen, nahm sie einen Löffel und hockte sich wieder neben das Bett. Esther half derweil ihrer Mutter, sich etwas aufzusetzen. Dafür schob sie ihr ein zusätzliches Kissen in den Rücken.

Edith hielt ihrer Mutter einen Löffel Brühe entgegen. Doch sie weigerte sich, ihren Mund zu öffnen. Stattdessen wandte sie ihr Gesicht ab und stöhnte nur wieder leise.

Edith warf ihrer Schwester einen hilflosen Blick zu. Sie konnten ihre Mutter ja schlecht zwingen, etwas zu essen. Oder doch?

Ihre Gedanken erratend zuckte Esther nur mit den Schultern. Dazu grummelte plötzlich ihr Magen laut auf.

Auch Edith verspürte großen Hunger. Der zarte Geruch, den die Brühe verströmte, tat sein Übriges dazu.

Doch Edith fiel es nicht im Traum ein, ihrer Mutter die so dringend benötigte Kost wegzuessen.

Und auch Esther schien nicht dazu bereit zu sein. »Probier es noch mal!«, forderte sie ihre Schwester auf.

Edith nickte und führte nun erneut den Löffel zum Mund ihrer Mutter. Und endlich öffnete diese ihn auch. Sie schluckte die Brühe unter großer Kraftanstrengung hinunter. Edith atmete erleichtert aus und fütterte ihre Mutter weiter.

Alma

Anfang August 1945

Während sie die Kartoffeln schälte, blickte Alma immer wieder auf die Uhr, die über der Tür in der Waschküche hing. Die Zeiger schienen sich jedoch nur im Schneckentempo fortzubewegen. Dabei konnte sie es gar nicht erwarten.

Als Edith zugestimmt hatte, mit ihr nach Bergen zu fahren, hatte Alma sich riesig gefreut. Noch größer war ihre Freude jedoch gewesen, als sie erfahren hatte, womit sie ihre Reise antreten würden. Mit einem echten Motorrad! Sie hatte noch nie auf einem gesessen.

Vor dem Krieg war Friedrichs Einkommen als Lehrergehilfe nicht sonderlich üppig gewesen, weshalb er sich kein motorisiertes Vehikel hatte leisten können. Und ihr Vater hielt sich wie die meisten Inselbewohner noch immer am liebsten an Pferd und Kutsche. Mittlerweile besaßen sie weder ein Huftier noch ein vernünftiges Fuhrwerk.

Nach dem Mittagessen wollten sie aufbrechen. Das hatten Edith und Alma verabredet. Mit dem Motorrad würden sie gut eine halbe Stunde bis nach Bergen brauchen. Die Such- und Meldestelle, von der Pfarrer Wiebusch gesprochen hatte, war im Pfarrhaus einer Kirche im Zentrum der Inselstadt, wie Alma herausgefunden hatte. Mit dem Aufenthalt dort und dem Rückweg würden sie locker vor dem Abendessen wieder in Wrede sein. Nun musste sie ihrer Mutter nur noch glaubhaft vermitteln, dass sie den Nachmittag alles andere als arbeitsfähig war.

Alma wusch die geschälten und geviertelten Kartoffeln im Spülbecken, zündete das Feuer im Herd an und stellte den gefüllten Topf auf die gusseiserne Platte, als ihre Mutter die Küche betrat.

Katharina nahm das Kopftuch ab, mit dem sie bei der Arbeit auf dem Hof stets ihr Haar schützte. Darunter war ihr Dutt etwas zerzaust. Ein paar Strähnen klebten an ihrer Stirn. Zu Almas Überraschung wirkte sie müde, wenn auch ihr Blick die gleiche Willensstärke ausstrahlte wie eh und je.

Ihre Mutter ging zur Waschschüssel hinüber und wusch sich den Dreck und Schweiß von Gesicht und Händen. Dann nahm sie ein Handtuch und trocknete sich sorgsam ab. Erst danach wandte sie sich Alma zu.

»Vergiss das Salz nicht!«, sagte sie mit Blick auf die Kartoffeln.

»Natürlich nicht!«, antwortete Alma schnell. Dabei hätte sie es tatsächlich beinahe vergessen. Doch zugeben wollte sie das selbstverständlich nicht. Ihre Mutter mäkelte schon zur Genüge an ihr herum.

Alma ging zum Regal, wo sie die getrockneten Küchenkräuter und Gewürze aufbewahrten, und nahm das kleine hölzerne Salzfass. Sie streute eine ordentliche Prise über die Kartoffeln.

Ihre Mutter begann derweil, Bohnen und Speck zu schneiden. Nachdem Alma das Salz zurückgestellt hatte, half sie ihrer Mutter dabei.

»Wird Vater denn pünktlich zum Essen kommen?«, fragte Alma nach einer kurzen Pause betont beiläufig. »Er ist bei Bürgermeister Blatter, nicht wahr?«, horchte sie weiter. »Sie besprechen sich in letzter Zeit ziemlich oft.«

Alma sah ihre Mutter von der Seite an. Doch in ihrem Gesicht war keinerlei Regung abzulesen, die Alma weitergeholfen hätte.

Bisher hatte Alma noch immer nicht herausfinden können, was ihre Eltern vor ihr verheimlichten. Die kryptischen Worte Wiebuschs hatten sie ebenso ratlos zurückgelassen wie das Gespräch mit ihrem Vater in der Werkstatt.

»Weißt du, worum es bei ihren Gesprächen geht?«, hakte Alma deshalb konkreter nach.

Nun drehte sich Katharina zu ihr um. »Alma, wir sind zwar Bauern, aber keine Tölpel. Neugier schickt sich nicht.«

Alma schluckte kurz, während ihre Mutter sich wieder den Bohnen zuwandte. »Dein Vater wird gleich da sein!«, fügte sie dabei nur noch tonlos hinzu. Damit war das Thema für sie erledigt.

Alma seufzte leise und enttäuscht. Nach einer kurzen, schweigsamen Weile besann sie sich schließlich auf das, was sie eigentlich mit ihrer Mutter besprechen wollte.

»Ich fühle mich nicht gut«, sagte sie sich leise räuspernd. »Was dagegen, wenn ich mich nachher hinlege?«

»Wirst du krank?«, horchte ihre Mutter auf. »Dass du auch ständig in die Ostsee gehen musst mit dieser … Dahergelaufenen.«

Alma schluckte. Sie mochte es nicht, wenn ihre Mutter so abfällig über die Vertriebenen sprach. Erst recht nicht über Edith, die ihr schon jetzt so ans Herz gewachsen war.

Doch wie immer traute sie sich nicht, etwas dagegen zu sagen.

»Ich habe mir beim Schwimmen nichts weggeholt. Ich habe Kopfschmerzen«, antwortete Alma deshalb nur.

Katharina blickte sie prüfend an. Alma fasste sich an die Schläfe und versuchte etwas leidig zu gucken.

»Aber mit uns essen tust du doch noch?«, befahl ihre Mutter mehr, als dass sie fragte.

Alma nickte hastig, hielt sich dabei aber immer noch wie zum Beweis ihrer Unpässlichkeit den Kopf.

»Dann mach dir nachher einen Kamillentee, und leg dich hin.«

»Ist gut!«, antwortete Alma und versuchte dabei das kleine, vorfreudige Lächeln, das ihr beinahe unbemerkt über die Lippen huschte, zu unterdrücken.

Nach dem Essen, zu dem ihr Vater tatsächlich noch pünktlich kam, wartete Alma, bis ihre Eltern das Haus verließen. Dann schlich sie sich ebenso hinaus. An dem Bretterhaufen, hinter dem das Motorrad versteckt war, wartete Edith schon.

»Hast du das Benzin?«, fragte die, als sie Alma kommen sah.

Alma nickte und holte einen Kanister hervor, den sie in einem alten Regenfass neben dem Hühnerstall versteckt hatte.

»Zum Glück weiß ich, wo mein Vater die Notreserve vor den Russen versteckt hat. Den Traktor hätte er am liebsten auch verschwinden lassen.«

Edith lächelte, nahm Alma den Kanister ab und füllte das Benzin in den Tank.

Almas Aufregung wuchs von Minute zu Minute. Verschwörerisch blickte sie sich um und fühlte sich wie eine Agentin auf geheimer Mission.

»Was hast du Hertha gesagt?«, fragte sie Edith.

»Die Wahrheit.«

Alma stutzte. »Wirklich!«

»Ich habe ihr gesagt, dass ich mich beim Suchdienst registrieren lassen will, um meine Verwandten zu finden. Jeder vermisst dieser Tage jemanden. Hertha zum Beispiel ihren Mann. Deshalb hat sie Verständnis, dass ich heute nicht neben ihr auf dem Feld stehe. Sie wird auch die anderen in Kenntnis setzen.«

Alma nickte verstehend, auch wenn sie ein klein wenig enttäuscht war, dass ihre Mission doch nicht ganz so geheim war.

»Und hast du ihr auch erzählt, dass wir mit Alfons' Motorrad fahren?«

Edith schluckte nun kurz und schüttelte dann den Kopf. »Sie glaubt, ein Freund deines Vaters fährt uns. Auch Alfons weiß nichts«, antwortete sie mit einer gehörigen Portion schlechten Gewissens in der Stimme.

Alma setzte nun wieder ihr verschwörerisches Lächeln auf. »Guter Einfall!«, lobte sie Edith.

Als der Tank aufgefüllt war, schoben sie das Motorrad Richtung Landstraße, die nach Wrede und weiter inseleinwärts führte. Während Alma von hinten gegen den Beiwagen drückte, sah sie Edith ein wenig unsicher an. »Und du kannst das? Motorradfahren, meine ich?«

Edith nickte, während sie den Lenker festhielt und schob. »Mein Vater hatte eine Maschine. Gelernt habe ich es aber von meiner Schwester.«

Alma blickte sie erstaunt an.

»Esther liebt alles, was schnell, laut und ungestüm ist. So wie sie eben auch ist!«, antwortete Edith.

»Das klingt ... so gar nicht nach dir?«

Edith warf ihr einen überraschten Blick zu.

»Versteh mich nicht falsch«, erklärte Alma. »Aber du bist immer so bedachtsam und still. Eher introvertiert.«

»Ich war nicht immer so. Aber du hast recht. Meine Schwester ist das ganze Gegenteil von mir. Deshalb ergänzen wir uns ja auch so gut.«

»Dann wird es Zeit, dass wir sie wiederfinden«, sagte Alma und setzte ein zuversichtliches Lächeln auf.

Edith blickte sie an und nickte schließlich. Alma glaubte, dabei auch ein Fünkchen Zuversicht in ihren Augen sehen zu können.

Als sie das Motorrad auf die Straße geschoben hatten, setzte Edith sich auf den Bock und umschloss die Lenkergriffe fest mit beiden Händen. Alma nahm im Beiwagen Platz, der zwar etwas eng, aber doch bequem war. Sie zuckte zusammen, als Edith den Motor startete und er knatternd aufröhrte. Als sie den Gashebel betätigte, blickte sich Alma noch einmal um. Doch auf dem Hof schien niemand von ihrem heimlichen Abflug Notiz zu nehmen.

In Wrede fuhren sie an einer Gruppe Einheimischer vorbei, die Alma von Dorffesten kannte. Sie spürte deren erstaunte Blicke im Rücken. Dabei war sie sich nicht sicher, ob ihre Aufmerksamkeit dem motorisierten Vehikel galt oder doch Edith. Beides schien ihren Argwohn anzustacheln. Eine deutsche Maschine besaßen derzeit nicht allzu viele. Eine geflüchtete Frau ganz sicher nicht.

Als sie Wrede hinter sich ließen und Edith das Motorrad auf die Landstraße lenkte, entspannte Alma sich langsam. Sie lehnte sich im Beiwagen zurück und genoss den Fahrtwind, der ungestüm ihr dunkles Haar zerzauste. Unter Ediths Kopftuch lugten ebenso ein paar Strähnen hervor, die wild im Wind tanzten.

Eine Weile wurden sie von Möwen begleitet, die über den wolkenfreien Himmel segelten. In der Ferne waren Bussarde zu sehen. Auf der Suche nach allzu unaufmerksamen Feldmäusen und kleineren Vögeln kreisten sie über den Feldern.

Die Straßen zwischen den Ortschaften waren weitestgehend leer. Nur wenige Autos und Kutschen waren unterwegs. Hauptsächlich sowjetische Soldaten rauschten in ihren Militärfahrzeugen an ihnen vorbei. Alma sah, wie Edith jedes Mal kurz zusammenzuckte, wenn sie die grünen Schiffchenmützen mit dem roten Stern durch die Windschutzscheibe erblickte. Hin und wieder überholten sie selbst auch ein paar Fahrradfahrer. Sie grüßten hupend und bekamen ein Klingelkonzert als Antwort.

Nur einmal musste Edith langsamer werden. Ein Tross von Menschen kam ihnen entgegen. Sie hatten Handwagen bei sich, vollbepackt mit Koffern, vollgestopften Jutesäcken und befüllten Kissenbezügen. An Leinen klapperte das Kochgeschirr, und hin und wieder fanden sich unter dem mitgezogenen Hausrat auch Stühle, Tische oder kleine Kommoden. Die Kleidung der Menschen war abgewetzt und schmutzig, ihre Gesichter wirkten müde. Selbst die Kinder trotteten freudlos und entkräftet nebenher. Schwerfällig und monoton schlurften sie den Weg entlang, als schien er für sie endlos zu sein, und vermutlich fühlte es sich für sie genauso an.

Als Edith das Motorrad vorsichtig an ihnen vorbeilenkte, musste Alma schlucken. Mitleid stieg in ihr auf. Sie hatte noch nie zuvor einen Flüchtlingstreck gesehen.

Bald darauf erreichten sie Bergen. Edith wurde wieder langsamer, nicht nur, weil der grobe Kopfstein unter ihren Rädern sie ordentlich durchrüttelte. Die Straßen füllten sich mit Menschen. Bei früheren Besuchen hatte sich Bergen als verschlafenes Städtchen präsentiert, das nur erwachte, wenn in den Sommermonaten die Feriengäste vom Festland auf die Insel strömten. Doch nun waren es nicht die sonnenhungrigen und meerverwöhnten Städter, die auf den Gehwegen flanierten. Es waren ebenjene Vertriebenen und Flüchtlinge, sogenannte Umsiedler aus den Ostgebieten, die hier und andernorts Zuflucht suchten oder gar eine neue Heimat. Soweit Alma gehört hatte, hatte sich die Einwohnerzahl Rügens in den letzten Wochen beinahe verdoppelt. Der Wohnraum jedoch nicht, weshalb die Häuser nun aus allen Nähten zu platzen schienen.

Edith und Alma fuhren weiter in den Ort hinein. Hinter einem Friedhof, der sich hinter einer von Efeu bewachsenen Mauer erstreckte, fanden sie die evangelische Kirche. Sie war hoch aufragend, aus rotem Backstein und mit Fenstern im gotischen Stil unterhalb des beeindruckenden Daches. Der Turm am Ende des Kirchenschiffes war beinahe doppelt so hoch wie der Kirchturm in Wrede. Alma vermutete, dass die Glocken hier noch regelmäßig schlugen.

Edith stoppte das Motorrad neben der Friedhofsmauer. Sie stiegen ab und gingen mit wachsender Neugier und Nervosität um die Kirche herum.

Als sie das Pfarrhaus erblickten, traute Alma ihren Augen kaum. Auch Edith blieb plötzlich wie angewurzelt stehen. An der Mauer des alten Nebengebäudes hingen unzählige Steckbriefe. Es waren kurze Beschreibungen zu Herkunft, Alter, Aussehen und besonderen körperlichen Merkmalen von gesuchten Personen. Unter manchen Anzeigen hingen auch Fotos. Es waren Porträts von Menschen, die brav in die Kamera blickten und augenscheinlich nur darauf warteten, erkannt zu werden.

Davor stand eine riesige Menschentraube. Jeder Einzelne suchte die Wand nach einem geliebten Menschen ab oder hängte eine neue Suchanzeige auf. All die Hoffnung, ihre Familien oder Freunde endlich wieder in die Arme nehmen zu können, spiegelte sich in ihrer Körperhaltung wider. Aber auch die Angst und letztendlich in viel zu vielen Fällen die Enttäuschung, es vielleicht nie wieder tun zu können, war den Menschen anzusehen. Sie alle waren aus den gleichen Gründen hier wie Edith und Alma.

Alma fasste sich als Erste wieder. Sie stupste Edith in die Seite. »Komm weiter!« Doch Edith schluckte nur, schwieg und blieb weiterhin regungslos stehen. Beinahe befürchtete Alma, dass sie sogar auf die Idee kommen könnte, umzukehren.

Schließlich hakte Alma sich bei ihrer Freundin unter und zog sie einfach mit sich.

Sie gingen an den Menschen vorbei. Alma wagte es nicht, ihnen in die Augen zu sehen. Ediths Blick war fest auf die Suchanzeigen geheftet. Sie schien die anderen Suchenden kaum wahrzunehmen. Mit hastigen Blicken flogen ihre Augen von Zettel zu Zettel. Doch offensichtlich schien sie niemanden darauf zu erkennen.

An der Tür löste sich Edith von Alma. »Ab hier schaffe ich es allein«, sagte sie.

»Sicher?«, fragte Alma zurück. Edith nickte nur und ging die wenigen Treppenstufen des Pfarrhauses hinauf.

Alma blieb nichts anderes übrig, als ihr hinterherzusehen und zu hoffen, dass ihr Besuch in Bergen nicht umsonst sein würde.

Edith

Anfang August 1945

Als Edith aus dem Pfarrhaus heraustrat, war die Sonne über den Dächern ein gutes Stück weitergewandert. Sie blickte sich um, suchte zwischen den Menschen, die sich immer noch vor dem Pfarrhaus aufhielten, das ihr vertraute Gesicht. Etwas abseits unter einer Eiche entdeckte sie Alma schließlich. Sie saß an den dicken Stamm gelehnt und schien vor sich hinzuträumen. Als auch sie Edith erblickte, sprang sie auf.

Edith lief direkt auf das Motorrad zu, als Alma zu ihr aufschloss. Die Freundin sah sie immer wieder fragend von der Seite an. Doch Edith war nicht nach Reden zumute. Zum Glück akzeptierte Alma ihre Schweigsamkeit, auch wenn sie vor Neugier fast zu platzen schien.

Edith setzte sich auf das Motorrad, während Alma wieder im Beiwagen Platz nahm. Sie startete den Motor, schlängelte sich erneut durch die vollen Straßen Bergens und war froh, als sie den Ort endlich hinter sich ließen. Die Weite der Felder und die Leere der Straßen wirkten heilsam auf ihr Gemüt. Erst jetzt konnte sie das Gespräch im Pfarrhaus in ihren Gedanken ein wenig Revue passieren lassen.

Die Frau des Pfarrers hatte sie in einem kleinen Arbeitszimmer empfangen. Auf ihrem Schreibtisch hatte sich das

Papier gestapelt. Unzählige Listen, Karteikarten, Steckbriefe und auch Fotos hatte Edith darunter erkennen können.

Freundlich hatte die Pfarrersfrau sie gebeten, Platz zu nehmen, und begonnen, ihr Fragen zu stellen. Ediths Antworten hatte sie eifrig auf einem Schreibblock notiert.

Edith hatte über die Flucht gesprochen, über ihre Schwester und schließlich auch, wie sich ihre Wege getrennt hatten.

Zuerst war es Edith schwergefallen, das Erlebte und in letzter Zeit häufig auch Geträumte in Worte zu fassen, sich einer Fremden anzuvertrauen. Doch irgendwann war es gerade diese Fremdheit gewesen, die sie reden ließ. Sie hatte ihr die ganze Geschichte erzählen können, ohne befürchten zu müssen, von ihr im Anschluss mit anderen Augen gesehen zu werden. Zu flüchtig war ihre Begegnung und zu unbedeutend die Meinung der anderen für Edith.

Als Edith fertig erzählt hatte, hatte die Pfarrersfrau den Stift beiseitegelegt und sie mit ehrlichen Augen angesehen. Sie hatte ihr gesagt, dass sie ihr Bestes geben würde, um ihre Schwester zu finden. Allerdings hatte sie auch berichtet, dass es keinen zentralen Suchdienst gab. Zumindest noch nicht, wie sie betont hatte. Auch wenn die Kirchen, die Caritas und das Rote Kreuz sich bereits bemühten, Personalien von Flüchtlingen und Vertriebenen aufzunehmen und in einer Kartei zu sammeln.

Zuletzt hatte die Frau noch mitfühlend hinzugefügt, dass die Wahrscheinlichkeit, dass ihre Schwester überhaupt noch lebte, nicht besonders hoch war.

»Fahr da lang!«, rief Alma plötzlich neben ihr gegen das Motorengeräusch an und riss Edith aus ihren Gedanken. Sie zeigte auf einen schmalen Weg, der weiter vorne rechts von der Hauptstraße abging. Edith blickte sie fragend an. Nach Wrede ging es links entlang.

»Ich glaube, du kannst ein wenig Ablenkung gut gebrauchen«, antwortete Alma jedoch nur augenzwinkernd. »Also, bieg da ab. Ich will dir etwas zeigen.«

Edith zögerte, doch schließlich folgte sie Almas Anweisung und lenkte die Maschine um die Kurve.

Die Straße führte der Küstenlinie nordwärts folgend an einem Weizenfeld entlang, das wie ein goldener Samtteppich in der Sonne strahlte. Im Einklang wogten die dichten Halme im Wind hin und her.

Auf der anderen Straßenseite war das Meer von einem schmalen Streifen hochgewachsener Buchen verdeckt. Trotz des Röhrens der Maschine glaubte Edith die Wellen zu hören, die hier nicht auf feinen Sand aufzulaufen schienen, sondern wohl gegen etwas Hartes schlugen.

Sie fuhren ein ganzes Stück, die letzten Kilometer sogar leicht bergauf. Alma zeigte auf einen kleinen Sandweg, der in den Wald hineinführte und an einer großen Rotbuche endete. Hier stellten sie das Motorrad ab und gingen die restlichen Meter zu Fuß.

Nachdem sie die letzten Bäume hinter sich gelassen hatten, kamen sie an eine Klippe, die zu ihren Füßen mehrere Meter steil abfiel. Edith erkannte die Besonderheit: Die Bruchkante strahlte in hellem Cremeton. Dahinter lag das Meer in einem endlosen Türkisblau. Nur der Horizont schien es ein wenig in seine Grenzen weisen zu können. Die Wellenspitzen, die sich nur flüchtig aufbauschten, glitzerten in der Sonne wie kleine Glühwürmchen, die sich im Wasser nur mal eben kurz erfrischen wollten. An den Klippen vorbei flogen ein paar

Kormorane aufs offene Meer zu. Mit ihren geschmeidigen, braunschwarz glänzenden Flügeln glitten sie vom Wind getragen in geruhsamer Beschaulichkeit über das Wasser hinweg.

Edith musste zugeben, dass der Ausblick atemberaubend war. Die ganze Schönheit des Meeres, die sie zuvor nicht hatte sehen können, lag nun vor ihren Füßen.

Alma, die augenscheinlich nicht unter Höhenangst litt, trat bis zum Rand der Klippe nach vorn und blieb nur wenige Zentimeter vor der Bruchkante stehen.

Edith hingegen wagte es kaum, einen Schritt weiter zu gehen. Dennoch trieb sie die Neugier. Sie beugte sich, so weit es ging, vor, um einen Blick hinter die Klippen zu erhaschen. Der an dieser Stelle nur schmale Strand war steinig, wie Edith überrascht feststellte. Kein Sandkorn war zu sehen, dafür schwarz-weiß gemusterte Feuersteine in allen Größen und Formen.

»Wollen wir runter?«, fragte Alma unbedarft.

Edith stutzte. »Wie?« Sie beugte sich noch ein Stück weiter vor. Hinabklettern konnten sie die Klippen auf gar keinen Fall.

Alma schmunzelte. »Doch nicht hier! Weiter hinten führt eine Treppe runter zum Strand. Los, komm, ich zeig sie dir!«

Alma ging vor, hielt es jedoch nicht für nötig, ihren Abstand zur Klippe zu vergrößern. Sie ging an der Kante entlang, während Edith ihr in sicherem Abstand zur Klippe folgte.

Tatsächlich gab es nur wenige Meter weiter einen Abstieg, den Edith jedoch nicht unbedingt als Treppe bezeichnen würde. Schmale Holztritte waren in den hellen Kalkstein eingefasst und bildeten so einen wackeligen Pfad, der sich steil die Klippe hinabschlängelte. Vorsichtig setzte Edith einen Fuß vor den nächsten, während Alma leichtfüßig voranging.

Unten angekommen wirkte der Strand gar nicht mehr so schmal, wie Edith von oben vermutet hatte. Auf den losen Steinen kam Edith nur langsam voran. Sie musste aufpassen, dass sie nicht umknickte.

Die Freundinnen setzten sich dicht ans Ufer. Alma zog ihre Schuhe aus und ließ ihre nackten Zehen von den Wellen umspülen. Nach kurzem Zögern tat Edith es ihr gleich. Sie löste die Schnürsenkel ihrer neuen Schuhe und stellte sie hinter sich auf einen großen Stein. Das Wasser war kühl, doch auch wohltuend für ihre von der Flucht und der Arbeit auf dem Feld geschundenen Füße.

Sie blickten eine Weile aufs Meer hinaus, als Alma leise neben ihr seufzte. Edith blickte sie von der Seite an und sah ein gedankenversunkenes Lächeln über das Gesicht ihrer Begleiterin huschen.

»Was ist mit dir?«, fragte Edith.

Alma schüttelte kurz den Kopf. »Nichts! Mir geht es gut. Nur … ich musste gerade an Friedrich denken. Er liebte die Kreidefelsen«, antwortete sie.

Edith blickte sie an, zögerte kurz und traute sich dann doch die Frage zu stellen, die ihr auf der Zunge lag: »Wann hast du ihn das letzte Mal gesehen?«

»Vor einem Jahr. Er hat drei Tage Heimaturlaub gehabt. Damals sind wir jeden Tag hierhergefahren. Mit unseren Rädern. Meine Mutter hat vielleicht getobt, weil ich auf dem Hof alles stehen und liegen gelassen habe. Zumindest behauptete sie das. Aber Friedrich ist mir wichtiger gewesen. Ich wollte jede

Minute mit ihm auskosten. Genau hier haben wir gesessen und aufs Meer geblickt. Er sagte damals, dass es zwischen Himmel und Meer nichts Schöneres gäbe als diesen Ort. Diese Insel. Und die Zeit, die wir zusammen verbringen.«

Edith lächelte sanft. Sie blickte sich um, folgte mit den Augen den schroffen Klippen, die sich hier augenscheinlich die ganze Küste entlangzogen. Ihre cremefarbenen Felsen, auf denen sattgrün die Buchen thronten, wirkten wie mit der Sorgfalt und dem Wohlwollen eines Künstlers in die Landschaft hineingemeißelt. Von hier unten wirkte alles noch imposanter als oben am Rand der Klippe.

Dann blickte sie wieder zu Alma, deren grüne Augen feucht schimmerten. Eine Welle des Mitgefühls überrollte Edith. Sie hatte ein schlechtes Gewissen. Während Alma sich so sehr bemühte, ihr bei der Suche nach Esther zu helfen, konnte sie für ihre Freundin nichts tun.

»Und wenn du die Wehrmachtauskunftstelle mal anschreibst?«, fragte sie nach einiger Zeit zögerlich. »Vielleicht wissen sie ja doch etwas …«

Doch Alma schüttelte den Kopf. »Die wissen gar nichts!«, antwortete sie derart resolut, dass Edith im ersten Moment ein wenig erschrak. Doch dann konnte sie Almas Verbitterung mehr als nachvollziehen. So wie sie die Ungewissheit zermürbte, war auch ihre Freundin dieser hilflos ausgeliefert. Edith begann langsam zu ahnen, wie verzweifelt Alma damals gewesen sein musste, als sie bei ihrer ersten Begegnung ins Meer gegangen war.

Nun war es Alma, die Edith von der Seite ansah. Ihr Blick war eindringlich, beinahe flehend. »Du darfst die Hoffnung nicht aufgeben!«

Edith stutzte, wusste im ersten Moment nicht, worauf Alma anspielte.

»Deine Schwester. Du wirst wieder mit ihr vereint sein. Daran glaube ich ganz fest. Und du solltest es auch.«

Edith zögerte, schließlich blieb ihr nichts anderes übrig, als zu nicken, so fordernd sah Alma sie an. Ob sie wirklich daran glaubte, ihre Schwester wiederzusehen, wusste Edith nicht. Hatte sie doch den Glauben an so vieles verloren.

Plötzlich veränderte sich Almas Blick. Sie setzte ein Lächeln auf, bei dem Edith nicht wusste, wie echt es war. »So, genug gequatscht. Jetzt gehen wir baden!«, sagte sie.

Edith blickte sie überrumpelt an. »Was? Hier? Nein!«

»Doch«, unterbrach Alma sie und grinste beinahe schief. »Ich habe dir Ablenkung versprochen, also bekommst du sie auch. Außerdem haben wir heute noch nicht geübt.«

Kaum hatte sie die Worte ausgesprochen, sprang Alma auch schon auf. Sie entledigte sich ihres Kleides und stakste nur in Unterwäsche über die Steine tiefer ins Wasser. Edith blieb nichts anderes übrig, als ihr zu folgen.

ALMA

Anfang August 1945

Alma zitterte leicht, als sie hinter Edith die steile Treppe der Klippe hinaufging. Je höher sie stieg, desto ungenierter blies der Wind unter ihr Kleid, das an ihrer feuchten Unterwäsche klebte.

Gerne wäre sie noch länger hiergeblieben. Es hatte gutgetan, wieder an der Steilküste zu sein, aufs Meer zu blicken und mit Edith die Erinnerungen an Friedrich zu teilen. Auch wenn sie das schlechte Gewissen geplagt hatte, dass sie gegenüber ihrer Freundin nicht ehrlich gewesen war. Doch noch immer konnte sie ihr nicht von dem Brief erzählen.

Der Gedanke, nun schon zum Hof und vor allen Dingen zu ihrer Mutter zurückzukehren, verdarb ihr nun beinahe die Laune.

»Ich hoffe, meine Mutter hat von unserem Ausflug keinen Wind bekommen. Auf eine Standpauke habe ich gerade überhaupt keine Lust«, seufzte sie ein wenig missmutig, während sie weiter die steile Treppe hinaufstieg.

Edith drehte sich kurz um. »Du solltest nicht so hart mit ihr ins Gericht gehen«, antwortete sie nur.

»Aber ist doch wahr. Du kennst sie doch. Jeder hat Angst vor ihr.«

Nun blieb Edith doch stehen und blickte ihre Freundin an. »Sie ist streng, ja. Aber sie tut viel für die Flüchtlinge. Sie hat uns aufgenommen, uns Arbeit gegeben. Und Essen«, verteidigte Edith sie.

»Ich bin mir nur nicht sicher, ob sie das auch aus freien Stücken getan hätte«, erwiderte Alma etwas beklommen, fügte dann aber mit festerer Stimme hinzu: »Ihr seid ja nicht mal zu Vaters Geburtstag eingeladen, obwohl wir Tür an Tür wohnen. Und du hilfst sogar bei den Vorbereitungen mit.«

»Trotzdem, sei froh, dass du noch eine Mutter hast«, erwiderte Edith nach kurzem Zögern beinahe flüsternd.

Alma stockte kurz und schluckte. Sie wusste, dass Ediths Mutter verstorben war. Sie schien sie sehr zu vermissen.

»Früher war sie nicht so«, antwortete Alma nach einer kurzen Weile feinfühliger. »Meine Mutter, meine ich. Du hast deine Heimat verloren, einen Teil deiner Familie. Aber sie hat auch etwas verloren: ihr Herz. Der Krieg hat meine Mutter abgestumpft.« Edith sah sie an, nickte schließlich. Augenscheinlich verstand sie, was Alma damit sagen wollte.

Sie setzten ihren Weg nun fort, gingen weiter die Treppe hinauf und an der Klippe entlang Richtung Motorrad.

»Aber deinem Vater stehst du noch nahe, oder?«, erkundigte sich Edith nach einer kurzen Pause. »Ich habe die Freude in deinen Augen gesehen, als er wiederkam.«

Alma seufzte tief und überlegte. Vor ein paar Wochen hätte sie die Frage ohne Umschweife mit einem kräftigen Kopfnicken beantwortet. Doch nun war sie sich nicht mehr sicher, wie innig ihre Beziehung noch war.

»Er hat sich verändert«, antwortete Alma schließlich. »Früher konnten wir über alles reden. Jetzt … hat er Geheimnisse vor mir.« Edith sah Alma von der Seite fragend an, bis sie fortfuhr: »Ich habe ein Gespräch meiner Eltern belauscht. Irgendetwas scheint da im Busch zu sein. Etwas, das alles kaputtmachen kann.«

»Hast du eine Ahnung, was?«

Alma schüttelte den Kopf. »Es muss etwas mit seiner Vergangenheit zu tun haben. Auch Pfarrer Wiebusch hat ganz komisch reagiert, als ich ihn darauf angesprochen habe.«

Edith überlegte kurz. Plötzlich schien ihr etwas einzufallen. »Warum bin ich nicht schon früher darauf gekommen«, murmelte sie vor sich hin. Dann sah sie Alma an. »Dein Vater trägt doch öfter eine Schiebermütze, oder?«, fragte sie.

Alma nickte verdutzt. »Wieso?«

»Ich glaube, ich habe ihn gesehen«, antwortete sie. »In der Nacht, nachdem er zurückgekommen ist. Er war auf dem Hof und hat etwas vergraben. Beim großen Walnussbaum.«

Alma horchte auf. »Zeigst du mir, wo genau?«

Edith nickte und begann schneller zu laufen. Auch Alma erhöhte ihr Schritttempo. Vielleicht würde sie endlich erfahren, was ihre Eltern ihr verheimlichten.

Edith und Alma ließen die Klippen hinter sich. Als sie die letzten Bäume des kleinen Buchenwäldchens passierten, sahen sie plötzlich einen Mann, der sich an dem Motorrad zu schaffen machte. Er war von Kopf bis Fuß in Lumpen gekleidet, die nur entfernt an eine Wehrmachtsuniform erinnerten. Die Rangzeichen waren abgetrennt worden, der dunkelgrüne Stoff stark verschmutzt. Ein Hosenbein war bis zum Oberschenkel aufgerissen. Darunter klaffte eine rote, eiternde Wunde.

Alma blieb wie angewurzelt stehen und hielt Edith am Arm fest. Beide starrten sie zu ihm hinüber, nicht sicher, was sie als Erstes tun sollten. Es sah so aus, als zuppelte er an dem Halstuch, das Edith bei der Fahrt getragen und am Lenker festgebunden hatte, bevor sie zur Klippe aufgebrochen waren. Dabei wirkte er nervös und zerstreut und blickte sich immer wieder um, als suche oder erwarte er gar jemanden. Doch als er Alma und Edith entdeckte, löste er hektisch den letzten Knoten des Tuches und rannte plötzlich los.

Aus einem Reflex heraus setzte sich nun auch Alma in Bewegung und nahm die Verfolgung auf. Ediths erschrockene Rufe, mit denen sie sie aufforderte zurückzukommen, hörte Alma nur entfernt. Ihre schnellen Füße trugen sie fast wie von allein den kleinen Weg entlang, den sie nur eine Stunde zuvor mit dem Motorrad entlanggefahren waren.

Obwohl die Beinverletzung des Mannes stark zu schmerzen schien und er deshalb nur humpelnd vorankam, war er doch schneller, als Alma vermutet hatte. Nur mit Mühe konnte sie den Abstand zwischen ihnen verringern.

Als sie ihn fast eingeholt hatte, griff sie noch im Laufen nach Ediths Tuch, das er in den Händen hielt. Sie zog daran, so fest sie konnte, doch der Mann ließ es nicht los. Kurz rangen sie darum, bis er sie plötzlich grob an der Schulter packte und von sich wegschubste. Alma verlor das Gleichgewicht, ließ das Tuch los und fiel. Hart kam sie rücklings auf dem Sandboden auf. Der Mann lief weiter und verschwand schließlich zwischen den Buchen.

Alma rieb sich gerade den Allerwertesten, als Edith mit dem Motorrad neben ihr zum Stehen kam.

»Bist du verrückt geworden?«, schrie Edith außer Atem. Dabei war doch nicht sie es, die gerade einen Sprint hingelegt hatte.

Alma blickte sie verdutzt an. »Er hat dein Tuch gestohlen!«, versuchte sie sich zu verteidigen.

»Das ist kein Grund, einem fremden Mann hinterherzurennen«, rief Edith immer noch fassungslos und beinahe drohend. »Noch dazu war er in Uniform. Er hätte wer weiß wie reagieren können. Sei froh, dass er dich nur geschubst hat.«

Alma blickte Edith an, in deren Augen sie die pure Angst sehen konnte. Reumütig schluckte sie nun, als sie realisierte, dass diese Angst wohl nicht von ungefähr kam. Doch ehe sie nachhaken konnte, hatte sich Edith bereits wieder gefasst. Mit ruhigerer, beinahe sanfter Stimme schob sie hinterher: »Außerdem war es nicht einmal mein Tuch, sondern Herthas.«

»Ich wollte nur helfen«, sagte Alma leise, während sie sich erhob. Edith half ihr, wieder auf die Beine zu kommen.

»Danke, aber bitte tu das nie, nie wieder!«, antwortete sie dabei eindringlich.

Alma nickte, bevor sie sich in den Beiwagen setzte. Schweigend fuhren sie zurück nach Wrede.

Zu Almas Erleichterung war das Thema vergessen, als sie vor dem Hof vom Motorrad stiegen und die schwere Maschine die letzten hundert Meter über den Weg und Acker bis zum Holzstapel schoben. Die Arbeiter hatten die Felder bereits verlassen, weshalb sie das Motorrad unbeobachtet wieder unter der Plane verstecken konnten.

Auch auf dem Hof war niemand zu sehen.

»Scheint so, als wäre unser Ausflug unbemerkt geblieben«, sagte Edith.

Alma nickte und war erleichtert, um eine Standpauke herumgekommen zu sein. Doch noch wollte sie nicht ins Bauernhaus gehen, wo ihre Mutter vermutlich das Abendessen vorbereitete.

Sie sah Edith auffordernd an, die ihren Blick nur allzu verschwörerisch erwiderte. Gemeinsam gingen sie entschlossenen Schrittes zum Walnussbaum. Auf dem Weg dorthin schnappte sich Edith eine Schaufel, die an der Stallwand lehnte.

Die Stelle, an der vor ein paar Wochen ein Loch gegraben worden war, war nicht mehr zu erkennen. Die wenigen Grashalme, die unter dem schattigen Baum wuchsen, waren wieder angewachsen, die Erde festgetreten. Edith begann dennoch sofort zu graben.

Alma konnte es kaum erwarten zu sehen, was ihr Vater dort verbuddelt hatte, um es vor den Augen aller und insbesondere denen seiner Tochter zu verbergen.

Doch egal wie tief Edith grub, da war nichts. Als sie weit unten im Erdreich auf eine Wurzel stieß, buddelte sie kurzerhand an einer anderen Stelle weiter. Doch auch da war nichts zu finden. Und so grub sie noch ein Loch und dann noch eins. Während Almas Hoffnung schwand, unter dem Baum irgendetwas anderes als Erde, Steine und Wurzeln zu finden, grub Edith stoisch weiter. Dabei schüttelte sie immer wieder ungläubig den Kopf.

»Vielleicht hast du dich geirrt?«, fragte Alma nun vorsichtig.

Doch Edith schüttelte nun heftiger den Kopf. »Ich habe ihn hier gesehen. Hier an der Stelle hat er etwas vergraben.«

Irgendwann, nachdem die Erde rund um den Baum schon ganz aufgewühlt war, hielt Edith doch inne. Sie ließ die Schaufel sinken und grübelte nun sichtlich angestrengt. »Er muss es wieder herausgeholt haben«, sagte sie dabei noch in Gedanken versunken.

»Warum sollte er das tun?«, fragte Alma irritiert.

»Keine Ahnung! Vielleicht hat er mich doch gesehen. Oder Alfons. Er war in der Nacht auch wach. Vielleicht hat dein Vater es an einer anderen Stelle vergraben. Weiter weg vom Hof.«

»Ja, vielleicht!«, antwortete Alma. Ihr fiel es schwer, ihre Enttäuschung zu verbergen. Schließlich hatte sie gehofft, endlich hinter das Geheimnis ihres Vaters zu kommen. Nun war sie immer noch keinen Schritt weiter.

»Ich sollte reingehen, bevor meine Eltern doch noch merken, dass ich nicht mit Kopfschmerzen im Bett liege«, sagte Alma schließlich seufzend, auch wenn die Vorstellung, sich nun an den Abendbrottisch zu setzen und so zu tun, als würde nicht eine klaffende Sprachlosigkeit zwischen ihnen liegen, sie alles andere als ins Bauernhaus trieb. Nur der Gedanke, sich anschließend in ihr Zimmer zurückziehen zu können und Friedrichs Briefe zu lesen, half ihr.

Edith nickte zustimmend. »Mach das. Ich schaufle die Löcher wieder zu.« Dann hob sie noch einmal ihren Blick. »Tut mir leid!«, sagte sie ehrlich. »Und danke, dass du heute dabei warst.«

Alma nickte. Kurz umarmte sie ihre Freundin und verschwand dann ins Haus.

Für Alma

Einige Jahre zuvor

Meine liebste Alma,

deine Lippen schmecken wie Himbeergelee. Hast du das gewusst? Sie sind süß und samtig, prickelnd, mit einem Hauch herb-zarter Natürlichkeit. Hat man sie einmal gekostet, ist alles andere nur schnöde Marmelade.

Ich hoffe, du verzeihst mir diesen etwas plumpen Vergleich. Doch zum einen ist guter Brotaufstrich hier an der Front sehr rar, weshalb ich mich – wenn ich ehrlich sein darf – nicht nur nach dir sehne, sondern auch nach einem guten Glas Gelee. Und zum anderen fällt er mir eben immer ein, wenn ich an unseren ersten Kuss zurückdenke.

Der spätsommerliche Tag ist damals perfekt gewesen. Zuerst sind wir mit unseren Rädern zur Steilküste gefahren, haben Steine ins Wasser flitschen lassen und waren lange spazieren. Du hast mich überreden wollen, mit dir ins Wasser zu gehen. Die ganze Zeit hast du mir vorgeschwärmt, was für eine gute Schwimmerin du bist, und mir Stein und Bein geschworen, dass dein Unterkleid blickdicht ist.

Doch ich habe mich geziert, ich Dummkopf. Zu groß ist meine Angst gewesen, dass ich deinem Temperament nicht gewachsen bin. Und dass dein Unterkleid eben doch meine Fantasie zu sehr anregen würde. Und wenn ich etwas sein wollte, dann ein Kavalier.

Auf dem Rückweg haben wir in dem kleinen Wäldchen hinterm Haus deiner Eltern gehalten. Du hattest noch nach Pilzen Ausschau halten wollen, weißt du noch? Dabei ist es noch viel zu früh im Jahr gewesen. Aber das hatte ich dir damals auch schon gesagt.

Natürlich haben wir keine Pilze gefunden. Dafür aber einen alten Hochsitz. Du bist die brüchige Leiter zum Jagdsitz hochgeklettert, um dem Himmel ein Stück näher zu sein, wie du gesagt hast. Ich bin dir gefolgt, und tatsächlich ist der Ausblick richtig schön gewesen.

Wir saßen dort oben, bis die Sonne untergegangen ist. Erst dann sind wir wieder hinuntergeklettert. Als du die letzte Sprosse nehmen wolltest, ist diese jedoch gebrochen.

Zum Glück habe ich dich auffangen können. Und wäre ich ein richtiger Kavalier gewesen, hätte ich dich danach auch sofort losgelassen. Aber ich konnte es nicht. Ich konnte nur daran denken, dich endlich zu küssen. Meine Lippen haben deine gesucht, die so wunderbar nach Himbeergelee geschmeckt haben. Und ich bin so glücklich darüber, denn sonst hätte ich diese wundervolle Erinnerung nicht bei mir.

In inniger Liebe, dein Friedrich

Edith

Anfang September 1945

Edith trat kräftig in die Pedale. Der spätsommerliche Ostseewind blies unverhohlen über die abgeernteten Weizenfelder und ließ sie nur langsam vorankommen. Doch an die frische Brise, die auf der Insel stets wehte, hatte Edith sich inzwischen beinahe gewöhnt. Und zum Glück war es ja nicht weit bis nach Wrede. Erst recht nicht mit dem Rad, das sie sich von Alma ausgeliehen hatte.

Seit ihrem Besuch in Bergen vor ein paar Wochen hatte Edith, sooft es ging, das Postamt in Wrede aufgesucht. Sie hoffte, ein Telegramm von der Pfarrersfrau zu bekommen, mit Neuigkeiten von Esther. Doch bisher war kein telegrafiertes Schreiben für sie eingetroffen.

Die Hoffnung aufgegeben hatte Edith deshalb noch nicht. Auch weil Alma sie immer wieder bestärkte und jeden noch so kleinen Zweifel, der in Edith aufkeimte, sofort mit zuversichtlichem Zureden erstickte.

In den letzten Wochen hatten sich die Freundinnen regelmäßig am Strand getroffen, auch wenn Alma von ihrer Mutter zunehmend in die Arbeit auf dem Hof und die letzten Vorbereitungen für Lutz' Geburtstag eingespannt wurde. Sie übten weiter das Schwimmen, und Alma war nach jeder Übungsstunde voll des Lobes für sie. Dennoch fühlte Edith sich immer noch wie ein ungelenker Klotz, der jeden Moment unterzugehen drohte, sobald sie allzu tief im Wasser trieb.

Anschließend blieben sie meist noch ein wenig am Strand sitzen und unterhielten sich über Gott und die Welt. Wobei es eher Alma war, die sprach, während Edith zuhörte.

Alma schwärmte dabei oft von Friedrich und von seinen Briefen, die er ihr von der Front geschickt hatte. Und auch über ihre Eltern sprach sie und rätselte, was für ein Geheimnis sie vor ihr verbargen. Doch sie war noch immer zu keinem Ergebnis gekommen. Auch weil ihr Vater weiter schwieg und ihre Mutter so tat, als wäre alles in bester Ordnung.

Hin und wieder sprachen sie auch über die anderen Hofbewohner. Über Hertha, die mit Marie ganz schön zu tun hatte, weil das Mädchen gerade zahnte. Jeden Morgen sah die junge Mutter deshalb ein wenig müder aus als am Vortag. Oder über die kleine Simone, die ihre Puppe mittlerweile überallhin mitschleppte. Und auch die Koslowskis waren Thema. Deren Zurückgezogenheit und Schweigsamkeit stachelte gerade Alma zu allerlei Spekulationen an.

Wenn sie jedoch auf Alfons zu sprechen kamen, errötete Edith jedes Mal ein klein wenig. Das schlechte Gewissen, dass sie sich ungefragt sein Motorrad ausgeliehen hatte, nagte offensichtlich doch mehr an ihr, als sie sich selbst eingestehen wollte.

Mit klappernden Rädern erreichte Edith nun die Pflastersteinstraße, die sich durch Wrede zog. Geschickt und unaufgeregt manövrierte sie sich durch die immer noch belebten Straßen.

Der Zustrom an Geflüchteten und Vertriebenen war über den Sommer nicht abgerissen. Immer noch trieb es zahlreiche

Menschen aus den Erstaufnahmelagern auf die Insel. Im Gepäck die Hoffnung, hier ein neues und vor allen Dingen sicheres Zuhause zu finden. Sie selbst war noch weit davon entfernt, Rügen als ihre neue Heimat bezeichnen zu wollen.

Vor dem Postamt, einem grau verputzten alten Eckhaus am Brunnenplatz, stellte sie das Fahrrad ab. Eine kleine Menschentraube hatte sich vor dem Eingang gebildet. Offensichtlich war sie nicht die Einzige, die sehnsüchtig auf eine Nachricht wartete.

Als sie sich am hinteren Ende der Schlange einreihte, trat ein Mann mit Schiebermütze heraus. Im ersten Moment glaubte sie, dass es Lutz war. Doch dann war sie sich nicht mehr sicher, hatte er den Schirm seiner Kopfbedeckung doch tief in die Stirn gezogen, sodass sie sein Gesicht nicht recht erkennen konnte. Er ging zügig und mit dem Rücken zu ihr gewandt davon.

In der Schlange ging es nur langsam voran. Doch Edith wartete geduldig. Magda hatte ihr für den Rest des Nachmittags freigegeben, weshalb sie es nicht so eilig hatte.

Plötzlich hörte sie in ihrem Rücken ein Tuscheln. Edith warf einen kurzen unauffälligen Blick über ihre Schulter. Zwei junge Frauen standen hinter ihr in der Schlange. Edith erkannte sie sofort. Es waren Almas alte Schulfreundinnen, die damals bei ihrer Ankunft neben ihr am Brunnen gesessen hatten. An ihre Blicke konnte Edith sich nur allzu gut erinnern. Nun steckten sie ihre Köpfe zusammen und blickten erneut verstohlen zu Edith. Ihre Augen strahlten die gleiche Geringschätzung aus wie bei ihrer ersten, flüchtigen Begegnung. Augenscheinlich hatten auch sie sie erkannt.

Edith drehte sich wieder um und versuchte deren Blicke zu ignorieren, die sie noch immer im Rücken spürte. Das

Gespräch, das die beiden führten, konnte sie jedoch nicht ignorieren. Die Worte drangen ganz unwillkürlich an ihre Ohren.

»Ich sag dir, das ist Almas Kleid!«, tuschelte die eine.

»Meinst du? Aber Alma würde doch nicht so einer einfach ihr Kleid geben, nur weil sie bei ihr wohnt. Ich würde das jedenfalls nicht tun.«

»Nee!«, stieß die Erste abfällig aus. »Danach taugt es ja nur noch als Putzlappen.«

Beide kicherten, während es in Ediths Magen zu brodeln begann. Doch sie versuchte ihre Wut zu zügeln. Stattdessen straffte sie ihren Oberkörper und rückte noch etwas dichter an ihren Vordermann heran. Es half nichts, noch immer konnte sie die Frauen tratschen hören.

»Aber hast du die Schuhe gesehen? Sehen aus wie neu«, begann die Zweite nun.

»Ja, stimmt. Viel zu schick. Wer weiß, wo sie die herhat.«

»Bestimmt geklaut!«

Nun reichte es Edith. Abrupt drehte sie sich um und blickte die Frauen zornig an. »Was denkt ihr, wer ihr seid! Die Inselprinzessinnen? Sitzt auf eurem Eiland und maßt euch an, ein Urteil über diejenigen zu fällen, die alles verloren haben. Ihr solltet euch schämen! Und froh sein, dass es euch nicht so ergangen ist. Dass ihr in eurer Heimat bleiben durftet.«

Die Frauen blickten Edith ob der deutlichen Worte verdattert an. Mit solch kräftigem Gegenwind hatten sie augenscheinlich nicht gerechnet.

Auch Edith war etwas überrascht über ihren plötzlichen Ausbruch, behielt sie ihre Meinung doch sonst nur allzu gern für sich.

Ehe die Frauen antworten konnten, kam Bewegung in die Schlange vor dem Postamt. Edith drehte sich um und ging ein paar Schritte weiter. Die beiden Frauen folgten ihr, hielten aber nun einen manierlichen Abstand und schwiegen. Edith war das nur recht. Kein weiteres Wort wollte sie mit den beiden sprechen.

Als sie im Postamt endlich an der Reihe war, trat sie etwas nervös an den Schalter. Sie blickte den Beamten aufmerksam an.

»Edith Roth. Ich bin im Bauernhaus der Familie Gerber einquartiert. Haben Sie ein Telegramm für mich? Aus Bergen?«

»Einen Moment, Fräulein. Ich schaue nach.«

Der Mann drehte sich um. Hinter ihm befand sich ein großes Holzregal, das in viele kleine beschriftete Fächer unterteilt war. Er suchte nach einem bestimmten Fach. Als er es fand, blickte er hinein. Doch es war leer. Keine Nachricht war darin zu finden.

Er wandte sich wieder Edith zu und schüttelte den Kopf. »Tut mir leid. Keine Post!«

Edith konnte sich ein Seufzen nicht verkneifen.

Da lehnte sich der Mann plötzlich vor. »Wenn Sie auf eine Nachricht von der Such- und Meldestelle in Bergen warten, dann haben Sie Geduld«, flüsterte er ihr halblaut zu.

Edith blickte ihn überrascht an, ließ ihn aber weiterreden.

»Mein Cousin musste aus Schlesien fliehen«, fuhr er fort. »Seine ganze Familie war wie vom Winde in alle Ecken Deutschlands verstreut worden. Doch so nach und nach findet er sie nun alle wieder. Auch weil die vom Suchdienst nun begonnen haben, die Personenregister nicht alphabetisch zu ordnen, sondern nach Wohnorten. Sie erstellen so etwas wie eine Heimatortskartei oder wie das heißt. Also hab Geduld! Wenn die Person, die du suchst, noch lebt und ebenfalls auf der Suche nach dir ist, dann werdet ihr euch wiederfinden!«

Edith blickte ihn an. Seine Worte gaben ihr neue Hoffnung. Gleichzeitig musste sie bei seinem letzten Satz schlucken. Sie konnte nicht mit Sicherheit sagen, ob Esther wirklich noch lebte. Doch der Gedanke, dass sie auch tot sein konnte, war so schrecklich, dass sie versuchte über ihn hinwegzulächeln. »Danke!«, antwortete sie freundlich. »Dann komme ich nächste Woche wieder.«

Der Beamte nickte ihr zu, und Edith verließ das Postamt, ohne die beiden Lästermäuler, die nun an der Reihe waren, noch eines Blickes zu würdigen.

Als Edith wieder draußen auf dem Brunnenplatz stand, blickte sie sich etwas unschlüssig um. Zurück zum Hof wollte sie noch nicht fahren. Schließlich hatte sie nur selten die Gelegenheit, von der Arbeit pausieren zu können.

Sie ließ das Fahrrad am Postamt stehen und schlenderte ziellos durch die Straßen. In einer Gasse, die vom Brunnenplatz abführte, passierte sie ein paar Gestalten, die dort herumzulungern schienen. Sie drängten sich dicht an die Hauswände der aneinandergereihten Mehrfamilienhäuser oder standen in den Sichtschutz gebenden Eingängen.

Bei genauerem Hinsehen wirkten sie jedoch ganz und gar nicht wie Landstreicher oder Ähnliches. Ihre Kleidung war ordentlich, wenn auch abgetragen. Nervös tippelten sie von einem Fuß auf den anderen, während sie sich aufmerksam, ja fast schon wachsam umsahen.

Edith ging an ihnen vorbei. Als sie einen etwas korpulenteren älteren Herren passierte, holte dieser unter seinem Mantel eine Schachtel Zigaretten so weit hervor, dass Edith die Packung sehen konnte, er sie jedoch schnell wieder verschwinden lassen konnte. Dennoch konnte Edith den Aufdruck mit der kyrillischen Schrift gut erkennen. Sie erschrak.

Mit einem Mal wurde ihr klar, was die Männer und Frauen in dieser abgelegenen Seitenstraße taten. Sie betrieben Schwarzmarkt. Edith hatte davon gehört, dass der illegale Handel, der von den sowjetischen Besatzern streng bestraft wurde, blühte. Dabei handelten die Menschen nicht unbedingt mit wertvollen Dingen. Getauscht wurde alles, was transportierbar war. Oft waren es dabei die einfachen, lebensnotwendigen Gebrauchsmittel, die von Hand zu Hand wanderten. Werkzeug und Nähmaschinen, Schuhe, Kleidung und Stoffe, Kochgeschirr und Heizmaterial oder auch Kartoffeln, Schinken oder Eier. Zigaretten waren dabei eine beliebte Währung. Konnte man doch mit dem Genussmittel fast alles erstehen.

Schnell schüttelte Edith den Kopf. Doch der Mann ließ nicht locker, zeigte ihr nun ein paar Blusen und Röcke, die er ebenfalls unter seinem Mantel versteckt hielt. Wieder schüttelte Edith nur stumm den Kopf. Sie wollte schon eilig weitergehen, als er aus seiner Tasche ein kleines Puppenkleidchen hervorholte. Es war aus rotem Samtstoff gefertigt und mit einem weißen Spitzenkrägelchen verziert.

Edith dachte sofort an Simone und wie sehr die Kleine strahlen würde, wenn sie ihre Puppe so hübsch kleiden könnte. Beinahe unwillkürlich griff Edith in die Seitentaschen ihres Kleides. Doch die waren leer. Sie hatte nichts zum Tauschen, auch wenn sie ihrer kleinen Freundin nur zu gerne eine Freude machen wollte.

Plötzlich hallte ein lauter Pfiff durch die Gasse. Ehe Edith sich versah, kam Bewegung in die Schwarzhändler. Kreuz und quer rannten sie davon. Einige verschwanden in den Hauseingängen. Auch Ediths Gegenüber lief plötzlich los. Für sein Alter und seine Gewichtsklasse war er überraschend schnell zu Fuß.

Nur Edith blieb vor Schreck und Unverständnis wie angewurzelt stehen. Erst als sie drei sowjetische Soldaten um die Ecke biegen sah, regte auch sie sich. So schnell sie konnte, rannte sie die grobe Pflastersteinstraße entlang. Dabei stolperte sie ein, zwei Mal und musste aufpassen, nicht zu stürzen. Die Soldaten kamen jedoch immer näher. Da sah sie eine Frau an einer hölzernen Luke stehen, die ihr hastig zuwinkte. Edith bog ab und verschwand gemeinsam mit der Frau über eine schmale Treppe in die dunklen und übel riechenden Tiefen eines Kohlenkellers. Edith hielt den Atem an, als die schweren Schritte der Soldaten vor der geschlossenen Luke zu hören waren.

Erst als sie vollständig verklungen waren, stiegen die Frauen wieder aus dem Keller hinaus. Edith nickte der Unbekannten dankbar zu, bevor diese wortlos verschwand.

Dann ging sie die Straße zum Markt wieder zurück, die jetzt wie leer gefegt vor ihr lag. So schnell wie möglich wollte sie zum Hof zurückkehren. In einiger Entfernung stand ein einzelner Mann mit dem Rücken zu ihr. Gerade hob er etwas vom Boden auf und drehte sich dann in ihre Richtung. Edith erschrak und traute ihren Augen kaum. Sie erkannte das vertraute Gesicht sofort wieder, auch wenn die letzten Jahre nicht spurlos an ihm vorübergegangen waren. Besonders um die Augen wirkte er älter, und aus seinem Blick sprach Ernüchterung. Doch den sorgfältig gezwirbelten Schnauzbart, in dem wie jeher Pomadenreste klebten, würde sie immer erkennen.

»Doktor Ewald«, rief sie aus, rannte die letzten Schritte zu ihm und fiel ihrem alten Nachbarn schon fast zu überschwänglich in die Arme. Es war so schön, mit ihm einem Stück Heimat zu begegnen. Ihm schien die stürmische Begrüßung nichts auszumachen. Ganz im Gegenteil, er erwiderte ihre Umarmung und drückte ihr einen Kuss auf die Wange, wie er es auch früher getan hatte.

»Ich glaube, du hast etwas verloren!«, sagte er, als er sich aus der Umarmung gelöst hatte. Edith blickte ihn irritiert an. Sie hatte in den letzten Monaten so viel verloren, dass sie nicht wusste, worauf er anspielte.

Doch dann sah sie, dass er das rote Puppenkleidchen in der Hand hielt. Der Schwarzhändler hatte es augenscheinlich bei seiner Flucht fallen gelassen. Ewald musste es gesehen und ihren Wunsch, es zu erwerben, erkannt haben. Wortlos nahm Edith es an sich. Ihrer Dankbarkeit konnte sie in diesem Moment keine Worte verleihen. Zu viele Fragen schossen ihr gleichzeitig durch den Kopf.

Die vorlauteste stellte sie ihm zuerst: »Wie hast du mich gefunden?«

Alma

Anfang September 1945

Alma stand in der Küche und knetete Teig, der sich allzu widerspenstig wehrte. Das Gemisch aus Wasser, Mehl, Hefe, etwas Zucker und Salz klebte mehr an ihren Fingern, als dass sich daraus ein Laib Brot formen ließ.

Magda blickte ihr im Vorbeigehen über die Schulter. »Mehr Mehl, Madla. Du musst mehr Mehl zum Teig geben. Dann klebt er nicht«, sagte sie dabei und verschwand in der Kammer.

Alma versuchte ihre Hände von der Masse zu lösen, um nach der Mehldose zu greifen, die über der Arbeitsfläche in einem kleinen Regal stand. Als sie gerade danach griff, betrat ihre Mutter die Küche und fuhr ihr dazwischen.

»Kein Mehl mehr. Ich will morgen kein Brot, das im Mund staubt«, sagte sie, nahm ihrer Tochter das Gefäß aus der Hand, wischte kopfschüttelnd die Teigreste ab und stellte es wieder an seinen Platz zurück. »Du musst nur kräftiger kneten. Dann wird der Teig geschmeidig.«

Alma stöhnte. Sie hasste es, wenn Magda und ihre Mutter gleichzeitig in der Küche wirkten. Viele Köche verdarben bekanntlich den Brei. Doch zur Vorbereitung für Lutz' Geburtstagsfeier, die am morgigen Tag anstand, wurde jede helfende Hand gebraucht. Leider auch ihre, wie ihre Mutter ihr unmissverständlich klargemacht hatte.

Lieber wäre sie mit Edith nach Wrede gefahren oder hätte sich in die Werkstatt zu ihrem Vater zurückgezogen, nur um nicht zwischen ihre Mutter und Magda zu geraten, an deren Front vermutlich ebenso gekämpft wurde wie an der ehemaligen Ostfront.

In den letzten Wochen war wieder so etwas wie Alltag auf dem Hof eingekehrt. Ihre Eltern gingen ihrer Arbeit nach, als wäre ihr Vater nie weg gewesen. Er kümmerte sich um die noch übrig gebliebenen Gerätschaften, organisierte die Arbeit auf dem Feld, teilte die Tagelöhner ein und sorgte dafür, dass die Abgabesölle der sowjetischen Besatzungsmacht erfüllt wurden. Über seine Internierung schwieg er noch immer, und auch ihre Mutter verbat sich jedes Gespräch darüber.

Allerdings hatten die Enteignungen der umliegenden Gehöfte zugenommen. Einige Großgrundbesitzer in der Gegend, deren Familien Alma mehr oder weniger kannte, waren nicht nur von ihren Höfen verjagt worden, sondern hatten auch Wrede verlassen müssen. Alma versetzten derartige Nachrichten jedes Mal einen Stich ins Herz. Ihr wurde ganz angst und bange bei dem Gedanken, ihrem Zuhause oder gar der Insel den Rücken kehren und in der Fremde noch einmal ganz von vorn anfangen zu müssen. Schließlich sah sie die Schicksale, die eine Vertreibung mit sich brachte, direkt vor ihrem eigenen Zimmerfenster.

Doch mit ihren Eltern konnte sie über ihre Ängste nicht sprechen. Wenn sie es doch versuchte, stellte ihre Mutter nur klar, dass sie sich nicht verjagen ließe. Von niemandem. Und ihr Vater, der über das Thema wenigstens schon mehr zu grübeln schien, tätschelte nur beruhigend Almas Arm, ohne weiter darauf einzugehen.

Nur mit Edith konnte sie darüber reden, wenn sie sich am Strand für ihre Schwimmübungen trafen. Auch über Friedrich, von dem sie ihrer neuen Freundin zunehmend vorschwärmte. Dass sie von der Wehrmachtauskunftstelle einen Brief erhalten und ihn immer noch nicht geöffnet hatte, weil sie befürchtete, bei seiner Todesnachricht ins Bodenlose zu stürzen, verschwieg sie jedoch weiterhin. Lieber rätselte sie mit Edith, was ihr Vater unter dem Walnussbaum vergraben haben könnte und was damit passiert war.

Alma blickte ihre Mutter nun an, während sie den Teig weiterknetete. Sie holte tief Luft, bevor sie fragte: »Können wir nicht doch alle Hofbewohner einladen?« Der Gedanke ging ihr schon seit ein paar Tagen nicht mehr aus dem Kopf. »Irgendwie ist es doch ungerecht, wenn wir feiern und die anderen in ihrem Kabuff sitzen. Sie arbeiten so hart für uns und … sind eigentlich ganz nett«, fügte Alma hinzu.

»Ja, sie arbeiten für uns, aber mehr auch nicht«, antwortete Katharina. Kurz lachte sie etwas schief auf. »Außerdem gäbe es gehörigen Tratsch im Dorf, wenn wir die Flüchtlinge auch noch an unseren Tisch ließen. Es ist und bleibt ein Volk von Gesindeln!«

»Wie kannst du so etwas sagen, du kennst sie doch gar nicht!«, entfuhr es Alma etwas zu laut, sie bereute ihren kleinen Ausbruch aber genauso schnell, als sie den Blick ihrer Mutter auffing. Trotzdem konnte sie sich nicht verkneifen, etwas leiser hinzuzufügen: »Im Gegensatz zu ihnen ist Bürgermeister Blatter ein weitaus weniger sympathischer Zeitgenosse.«

Ihre Mutter blickte sie nun an, verschränkte ihre Arme vor der Brust. »Das Essen reicht nicht für alle. Also lass das kindische Betteln«, antwortete sie so entschieden, dass Alma jegliche Erwiderung nur herunterschlucken konnte. Sie nickte und wandte sich wieder dem Teig zu, der noch immer an ihren Händen klebte.

Kurz darauf verließ ihre Mutter erneut die Küche. Alma sah ihr noch kurz hinterher, zögerte, nahm dann kurzerhand die Mehldose noch einmal vom Regal. Schnell schüttete sie eine gute Handvoll des weißen Pulvers auf die Arbeitsfläche. Anschließend knetete sie es zügig in den Teig ein, der sich nun endlich formen ließ.

Als Alma einige Minuten später den Laib in den Ofen schob, kam ihre Mutter wieder herein. In der Hand hielt sie drei Gänse am Hals, in deren toter Haut nur noch vereinzelt ein paar Federn steckten.

Alma schluckte sofort unwillkürlich. Dass ihre Mutter die Gänse am Morgen getötet und gerupft hatte, hatte sie ganz vergessen.

Mit einem kleinen Kloß im Hals beobachtete Edith, wie ihre Mutter das Geflügel nun auf das Holzbrett legte, auf dem sie immer das Fleisch schnitt. Mit einem scharfen Küchenbeil trennte sie Kopf, Flügel und Beine vom Rumpf der ersten Gans. Dann schnitt sie sie auf. Als sie erkannte, dass die Leber nicht größer als eine kräftig gewachsene Walnuss und dunkelrot statt blassrosa gefärbt war, stutzte sie. Einen Moment lang schien sie zu überlegen, dann warf sie Alma einen mehr als mahnenden Blick zu, den Alma nur halbwegs gefasst erwidern konnte.

»Mutter, ich weiß auch nicht …«, setzte Alma zur Ausrede an. Doch Katharina unterbrach sie sogleich.

»Du hattest zur Vorbereitung des Festes eine Aufgabe. Eine einzige!«, schimpfte sie in strengem Ton.

Da betrat Magda die Küche. Sofort schien die alte Dame die dicke Luft zwischen Mutter und Tochter zu spüren. Sie warf einen Blick auf die Gänseleber und verstand sofort, was los war. Verdutzt blickte sie Alma an. »Mensch, Madla, ich hab dir doch jeden Morgen den Teig zum Nudeln der Gänse vorbereitet. Wo hast du den denn gelassen?«

»Den Gänsen gegeben! So wie ihr es mir aufgetragen habt. Wenn das Mästen nicht anschlägt, kann ich doch nichts dafür«, log sie nun.

Alma war überrascht, wie leicht ihr die Worte über die Lippen gingen. Und wie ehrlich sie sich anfühlten, obwohl sie doch allesamt gelogen waren.

Ihre Mutter blickte Alma skeptisch an. Augenscheinlich überlegte sie tatsächlich, ob sie ihrer Tochter glauben sollte. Dann drehte sie sich um, nahm das Messer, schlitzte auch die beiden anderen Gänse auf und holte deren Leber heraus. Auch diese waren nicht größer.

Nun schluckte Alma doch und war um eine weitere Ausrede verlegen.

Zu Almas Erleichterung hörten sie plötzlich ein Motorengeräusch durch das geöffnete Küchenfenster.

Neugierig traten die drei Frauen auf den Hof hinaus. Dort stand ein amerikanischer Jeep. Auf der Rückbank erkannte Alma ihr Fahrrad, und vorne stieg gerade Edith aus dem Wagen. Sie war in Begleitung eines Mannes, den Alma noch nie gesehen hatte. Er entlud Almas Fahrrad und stellte es an die Hauswand. Alma fiel auf, mit welcher Faszination Magda das Auto betrachtete.

Als Edith ihre Freundin entdeckte, trat sie auf die Frauen zu und stellte den Herrn als Doktor Ewald vor, ihren ehemaligen Nachbarn aus ihrem Heimatort Groß Spiegel. Er lebte inzwischen im amerikanisch besetzten Teil Deutschlands.

»Und Sie sind den ganzen Weg hierhergefahren, um unsere kleine Edith zu besuchen? In diesem Wagen?«, fragte Magda fast schon bewundernd.

Ewald nickte. »Ich arbeite für die Amerikaner in Frankfurt. Als Truppenarzt. Sie haben mir den Jeep für ein paar Tage ausgeliehen.«

»Haben sie?«, fragte Katharina etwas skeptisch.

Ewald nickte. »Als Dankeschön.«

»Wofür?«, hakte Katharina weiter nach.

»Mutter!«, ermahnte Alma sie leise.

Doch Ewald winkte nur ab. »Schon gut! Eine gute Portion Skepsis ist gesund. In diesen Tagen manchmal sogar lebensrettend. Sagen wir es so, ich habe einem Major bei einem pikanten Problem geholfen.« Dabei rieb er sich zur weiteren Erklärung den Bauch.

Katharina zögerte kurz, nickte dann aber stumm zur Antwort.

Da räusperte sich auch schon Magda. »Nach so einer langen Fahrt sind Sie bestimmt hungrig«, sagte sie, um das doch etwas unappetitliche Thema zu wechseln. »Es ist noch etwas Fischsuppe da«, fügte sie hinzu, während sie keine Widerworte gelten ließ und sich bereits auf den Weg zum Bauernhaus machte.

Ewald zögerte kurz, ihr zu folgen. Er blickte zuerst Edith und dann die Hausherrin an. Die nickte jedoch knapp und setzte nun ebenso ein einigermaßen freundliches Gesicht auf. »Ja, kommen Sie herein! Mein Mann wird sich sicher auch freuen, Sie kennenzulernen«, antwortete sie monoton.

Während Ewald und Katharina nun der Haushälterin folgten, nahm Alma Edith beiseite.

»Wie hat er dich gefunden?«, fragte Alma fast flüsternd.

»Über den Suchdienst.«

»Ehrlich?!«, antwortete Alma und machte große Augen.

»Er hat von denen erfahren, dass ich in Wrede untergebracht bin, und mich dann auf dem Postamt gesehen und ist mir gefolgt, als ich es verlassen habe«, fügte Edith erklärend hinzu.

»Das sind großartige Neuigkeiten!«

Edith warf ihr einen leicht verwunderten Blick zu.

»Na, wenn er dich finden kann, dann schafft Esther das auch«, erklärte Alma nun beinahe überschwänglich.

»Alma!«, schallte es plötzlich streng vom Bauernhaus herüber. Ihre Mutter stand in der Tür und blickte sie auffordernd an. »Das Thema von vorhin ist nicht vom Tisch. Ich hab noch ein ordentliches Hühnchen mit dir zu rupfen.«

Edith warf Alma einen fragenden Blick von der Seite zu.

Alma seufzte. »Meine Mutter hat die Gänse geschlachtet«, erklärte sie.

Nun schluckte auch Edith, während die beiden Frauen dem Ruf gehorsam folgten.

In der Küche wurde Ewald von Magda bereits an den Küchentisch platziert und mit frischem Apfelmost versorgt, bevor sie eilig den Topf mit der Fischsuppe auf den Herd stellte, um ihn zu erwärmen.

Katharina zog ihre Tochter und deren Freundin zur Arbeitsplatte, wo die toten Gänse lagen, und blickte sie auf eine Erklärung wartend auffordernd an. Doch die beiden jungen Frauen drucksten nur herum.

»Ich … kann mir das auch nicht erklären. Wir haben die Gänse jeden Morgen genudelt … so wie Sie es wollten«, versuchte Edith es nun.

»Ja, wir finden es doch auch schade, dass es nun keine Stopfleber zu Vaters Geburtstag geben wird. Aber Gänsebraten ist doch auch …«

»Gänsebraten!«, unterbrach Katharina ihre Tochter allzu aufbrausend. »Dein Vater hat viel durchgemacht. Er hat etwas Besonderes verdient.« Bei den letzten Worten überschlug sich ihre Stimme fast.

Doch während Edith ob des überraschenden Gefühlsausbruches zusammenzuckte, schluckte Alma nur betroffen. Das erste Mal seit Jahren konnte ihre Mutter ihre Emotionen nicht zurückhalten. Hatte Alma bisher immer geglaubt, an ihrer Mutter war die Zeit von Lutz' Internierung spurlos vorbeigegangen, wurde sie nun eines Besseren belehrt.

Mitfühlend blickte sie ihre Mutter an. Doch bevor sie etwas sagen konnte, stand Ewald plötzlich neben ihnen und begutachtete die Leber.

»Schrumpfleber!«, diagnostizierte er so sachlich, wie nur ein Arzt es tat.

Katharina schüttelte sich kurz und blickte den Gast anschließend verdutzt an.

»Eine bei Gänsen seltene Erkrankung, die mir aber schon mal in Groß Spiegel unter die Augen gekommen ist. Damals habe ich als Veterinär ausgeholfen«, fügte er erklärend hinzu. »Da kann man das Federvieh mästen, wie man will, die Leber wächst einfach nicht.«

»Bei allen drei Gänsen?«, mischte Magda sich nun fragend ein.

Ewald schien kurz zu zögern, zuckte dann schließlich die Schultern. »Ist wohl erblich bedingt. Ich würde den Zuchtganter mal austauschen«, empfahl er.

Katharina zögerte. Augenscheinlich hatte sie von dieser Art der Erkrankung noch nie gehört. Doch schließlich nickte sie, sehr zur Erleichterung von Alma und Edith.

Im Augenwinkel sah Alma, wie Edith ihrem alten Nachbarn einen kurzen Blick zuwarf, den dieser mit einem versteckten Augenzwinkern erwiderte.

Edith

Anfang September 1945

Edith freute sich noch immer, dass Doktor Ewald zu Besuch auf dem Bauernhof war. Doch seit seiner Ankunft am gestrigen Tag hatte sie noch nicht viel Zeit mit ihm verbringen können.

Magda hatte ihren ehemaligen Nachbarn nicht mehr gehen lassen, nachdem sie ihm die Fischsuppe serviert hatte. Mit ihrer forschen Art hatte sie Frau Katharina davon überzeugen wollen, Ewald auf dem Hof zu beherbergen, statt ihn eine Unterkunft in Wrede suchen zu lassen. Magda behauptete felsenfest, dass dort ohnehin alle Fremdenzimmer besetzt waren, womit sie sicherlich nicht ganz unrecht hatte. In jedem verfügbaren Bett, in jeder Schlafnische sowie in jedem noch so kleinen Kämmerlein waren die Vertriebenen untergebracht worden. Doch die Hausherrin hatte sich noch etwas geziert.

Erst als Lutz dazugekommen war, hatte sich Magdas Beharrlichkeit ausgezahlt. Wie selbstverständlich hatte Almas Vater dem Gast das Sofa in der Waschküche angeboten. Und zudem hatte er ihn zu seinem Geburtstag eingeladen.

Ewald hatte erst ablehnen wollen, auch weil Edith und die anderen Hofbewohner nicht eingeladen waren und ihm die Situation unangenehm gewesen wäre. Kurzerhand hatte Lutz entschieden, dann eben auch alle anderen zum Fest einzuladen, sehr zur missfälligen Überraschung seiner Frau und zur Freude seiner Tochter. Magda hatte triumphierend gelächelt, und auch Edith verspürte inzwischen ein wenig Vorfreude.

Nun waren alle damit beschäftigt, das Fest vorzubereiten, das ja größer werden würde als geplant. Edith, Hertha und Alma halfen in der Küche, schälten Kartoffeln sowie das Wurzelgemüse für die Beilage. Simone brachte die Eimer mit den Küchenabfällen bereitwillig zu den Ziegen, die sich über ein ebenso üppiges Festmahl freuen durften. Immer mit dabei hatte das kleine Mädchen ihre Puppe, die ein neues rotes Samtkleid trug, auf das Simone unheimlich stolz war.

Lutz und Ewald waren am Morgen zum Fischen mit dem Boot hinaus aufs Meer gefahren und kehrten mit reicher Beute zurück. Katharina und einige andere Frauen deckten die Tische ein, die sie mit einigen Helfern aus Böcken, Brettern und alten Türblättern auf dem Hof zusammengestellt hatten. Magda wiederum hatte die Herrschaft über die Küchen und Öfen übernommen. Während sie den Morgenfang der Männer ausnahm und in der Pfanne in reichlich Butter ausbriet, eilte sie hin und wieder im Bauernhaus umher, um nach den Gänsebraten zu schauen, die in der Waschküche sowie in der großen Küche in den Öfen vor sich hin schmorten und einen so wunderbaren Duft im ganzen Haus verströmten, dass Edith vor Hunger beinahe Bauchkrämpfe bekam.

Als Magda wieder einmal mit ihren schweren Galoschen an ihnen vorbeistapfte, um einen prüfenden Blick in den Ofen zu werfen, lehnte Alma sich zu Edith herüber.

»Siehst du! Gut, dass wir die Gänse nicht gemästet haben«, flüsterte sie mit einem Augenzwinkern. »Stopfleber würde nicht für alle reichen. Gänsebraten schon.«

Edith nickte verschwörerisch zurück. »Und gut, dass Ewald uns den Hintern gerettet hat mit seiner kleinen Lüge.«

Alma nickte und kicherte dabei etwas. »Schrumpfleber! Toller Einfall.«

Bevor der Abend dämmerte, fanden sich alle auf dem Hof ein. Es duftete nach Braten, Speck, geschmortem Fisch und Kartoffeln.

Edith nahm neben Ewald und Alma an der langen Festtafel Platz, die mit kleinen Blumenkränzen und Ziergräsern geschmückt war. Die Koslowskis sowie Hertha und Simone setzten sich ihnen gegenüber. Weiter abseits saßen Katharina, Lutz, Bürgermeister Konrad Blatter sowie Pfarrer Wiebusch. Alfons fand sich bei den sudetendeutschen Familien ganz in der Nähe der Gastgeber ein.

Während Alma sich reichlich Kartoffeln auftat und auch die Wreder Gäste sich nicht zierten, ihre Teller ordentlich zu füllen, tat sich Edith noch schwer. Auch Hertha und Simone genierten sich anfangs noch etwas, wie sie sehen konnte.

Als Alma ihr Zögern bemerkte, blickte sie in die Runde. »Habt ihr keinen Hunger?«, fragte sie verdutzt.

»Doch, doch! Sogar einen Bärenhunger«, entgegnete Edith, während sie den Blick nicht vom Tisch wenden konnte. »Aber … ich weiß nicht, wann ich das letzte Mal vor so einem großen Berg Essen gesessen habe.«

»Das ist doch noch gar nichts«, winkte Alma ab. »Warte, bis wir Weihnachten feiern.«

Damit nahm sie die Schüssel Kartoffeln zur Hand und füllte allen dreien eine mehr als gut gemeinte Portion auf. Dann griff sie zur Fleischgabel und legte jedem eine dicke Scheibe Braten dazu. »Den Rest könnt ihr euch selbst auffüllen, oder?«, fragte sie augenzwinkernd.

Edith lächelte und nickte. Sie nahm nun die Gemüseschüssel, nahm sich selbst einen großen Löffel voll, bevor sie sie weiterreichte.

Der erste Bissen erinnerte sie sofort an ihre Heimat. Das herbe Aroma von Beifuß und Majoran, mit dem auch ihre Mutter viele Gerichte verfeinert hatte, breitete sich in ihrem Mund aus. Die samtig-salzigen Kartoffeln füllten ihren Magen, und das Fleisch war so zart, dass es beinahe auf der Zunge zerging. Edith war sich sicher, wenn ihre Schwester hier gewesen wäre, hätte sie sich den Bauch vollgestopft, bis er kugelrund geworden wäre.

Nach dem Essen war Edith satt und glücklich. Sie ließ ihren Blick über die lange Tafel schweifen. Das dreckige Geschirr war längst abgeräumt worden. Jemand hatte ein paar Flaschen süßlichen Wein auftreiben können, die nun heiter herumgereicht wurden. Selbst Frau Katharina ließ ihr Glas bereitwillig auffüllen, auch wenn sie zwischen den Vertriebenen noch immer etwas fehl am Platz wirkte. Doch sie gab sich Mühe, das musste Edith anerkennen.

Herthas Baby schlummerte auf dem Schoß seiner Mutter, und Simone spielte am Leiterwagen, der etwas abseits auf dem Hof stand, mit ihrer Puppe. Dabei achtete das Mädchen penibel darauf, dass das neue Puppenkleidchen nicht dreckig wurde.

Am anderen Ende des Tisches war Alfons in eine hitzige Diskussion mit dem Bürgermeister und dem Pfarrer vertieft. Edith versuchte den Worten zu folgen. Augenscheinlich ging es um die von den Sowjets geplante Bodenreform. Doch genau wusste Edith es nicht. Sie saß zu weit weg, um der Debatte genau zu folgen. Lutz schien sich aus der Unterhaltung raushalten zu wollen, wenngleich der Bürgermeister ihm immer wieder allzu anbiedernd auf die Schulter klopfte, um seine Meinung zu dem Thema zu hören.

»Viele Ländereien sind seit Generationen in Familienbesitz«, sagte Konrad Blatter.

»Eben! Die Bauern hatten gar keine Chance, sich eine eigene Existenz aufzubauen. Jahrhundertelang wurden sie unterdrückt, geknechtet und waren gezwungen, für die Großgrundbesitzer zu schuften. Für einen Hungerlohn. Und die Junker haben das Geld gescheffelt«, entgegnete Alfons.

»Du hast Vorstellungen!«, rief Blatter aus und klopfte dabei etwas hämisch auf den Tisch. »Land zu bewirtschaften ist kostspielig. Und es braucht Erfahrung. Die haben die Neubauern nicht, stimmts, Lutz?«

Lutz zögerte kurz, nickte dann aber knapp, als ihm Blatter einen auffordernden Blick zuwarf.

Alfons verschränkte die Arme vor der Brust. »Wie man einen Pflug führt, wissen wir. Und den Rest lernen wir auch noch.«

Da lachte Alma neben Edith laut auf, sodass sie die Antwort des Pfarrers, der sich nun ebenfalls einmischte, nicht hören konnte.

»Sie haben eindeutig Ihren Beruf verfehlt, Doktor Ewald«, prustete Alma, nachdem sie sich halbwegs beruhigt hatte. »Sie hätten lieber eine Karriere als Komiker wie Karl Valentin anstreben sollen.«

»Das ehrt mich, dass Sie das sagen, Fräulein Alma. Aber ohne meine Patienten hätte ich längst nicht so viel zu erzählen.«

»Dann erzählen Sie uns noch eine Geschichte ...«

Während Ewald grübelte, was er nun noch erzählen könnte, dachte Edith an früher zurück. Schon in Groß Spiegel hatte ihr Nachbar in solchen Runden gerne seine humoristischen Anekdoten über Freud und Leid seiner Patientenschaft zum Besten gegeben. Auch Esther hatte seine Geschichten gemocht. Je ekliger und abstruser seine Krankengeschichten gewesen waren, desto aufmerksamer und interessierter hatte sie zugehört. Wie gern hätte Edith ihr erstauntes Lachen nun auch gehört.

Um den Gedanken an ihre Schwester beiseiteschieben zu können, stand Edith auf. Sie ging über den Hof zum Brunnen hinüber, drückte den Schwengel der Pumpe herunter, sodass ein wenig Wasser aus dem Hahn lief. Mit ihren Händen schöpfte sie Wasser und befeuchtete ihr Gesicht. Ein paar Schlucke trank sie auch.

»Es freut mich, dass du meine Schuhe trägst«, sagte da plötzlich eine Stimme hinter ihr.

Edith drehte sich überrascht um und erblickte Herrn Koslowski hinter sich. Zwei Gläser hatte er bei sich.

»Die sind von Ihnen?«, fragte Edith perplex zurück, als sie sich gefasst hatte.

Er nickte.

»Aber wie? Woher?«, stammelte Edith. Die ganze Zeit hatte sie sich gefragt, wer ihr die Schuhe vor die Leiter gestellt hatte. Doch dass es der schweigsame ältere Herr war, der mit seiner Frau in der kleinen Hütte so zurückgezogen wie möglich lebte, damit hatte sie nicht gerechnet.

»Ich bin Schuster. Hatte sogar eine Schusterei, bevor ...« Er brach mitten im Satz ab. Augenscheinlich fiel es ihm schwer, über die Vergangenheit zu reden.

Doch dann fasste er sich wieder. »Ein wenig Werkzeug, etwas Leder und ein paar Sohlen konnte ich mitnehmen«, erklärte er nun.

»Aber warum machen Sie dann nicht mehr Schuhe? Besorgen sich neues Material? Statt auf dem Feld zu arbeiten.«

Herr Koslowski schüttelte den Kopf. »Ich habe meine Werkstatt verloren, meinen Sohn, der sie übernehmen sollte. Es schmerzt zu sehr, wenn ich einfach weitermache. Ich liebe mein Handwerk, aber es ist nicht mehr dasselbe.«

Edith sah ihn an. In seinen Augen lag eine tiefe Traurigkeit, die Edith nur allzu gut nachvollziehen konnte. Deshalb nickte sie schließlich verstehend.

»Danke, dass Sie für mich eine Ausnahme gemacht haben. Die Schuhe sind sehr bequem.«

Herr Koslowski nickte, füllte die Gläser am Brunnen mit Wasser auf und ging an den Tisch zurück. Seine Frau blickte ihn an, als er sich wieder neben sie setzte und ihr ein Glas reichte. Edith beobachtete, wie dabei ein kurzes, warmes Lächeln über ihr Gesicht huschte. Wenigstens hatten sich die beiden noch gegenseitig.

Da stand Alfons plötzlich neben ihr. Er hatte sich wohl aus der politischen Diskussion herausgezogen und deutete nun mit einer Kopfbewegung Richtung Feld.

»Schenkst du mir einen Spaziergang?«, fragte er.

»Lieber würde ich dir einen Tanz schenken. Aber die Musik fehlt«, antwortete sie mehr im Scherz.

»Wenn du singst, schwinge ich mein Tanzbein für dich«, schlug er schmunzelnd vor.

Edith lachte kurz auf. »Lieber nicht.«

Dann blickte sie noch einmal zur Festtafel. Alma und Ewald

waren immer noch in ihr Gespräch vertieft. Das Lachen ihrer Freundin schallte über den ganzen Hof.

»Dann nehme ich doch den Spaziergang«, sagte sie schließlich, nachdem sie sich Alfons wieder zugewandt hatte.

So unbemerkt wie möglich stahlen sie sich von den Feiernden weg. Sie liefen den Feldweg entlang. Verstohlen blickte Alfons dabei immer wieder zu ihr herüber. Etwas peinlich berührt lächelte sie zurück.

In den letzten Wochen hatte sie Alfons immer mehr in ihr Herz geschlossen. In seiner Gegenwart fühlte sich alles ein wenig leichter und erträglicher an. Und sie fühlte sich endlich einmal als Frau.

Auf der Flucht hatte sie versucht, ihre Weiblichkeit zu verstecken. Sie hatte sich in Decken gehüllt, ihre Rundungen verborgen. Das Kopftuch hatte sie tief ins Gesicht gezogen, welches sie sich mit Matsch und Dreck beschmiert hatte. Auch unter den Achseln hatte sie sich extra nicht gewaschen, in der Hoffnung, die russischen Soldaten, die Schlimmes im Schilde führten, bereits mit einem strengen Körpergeruch abwehren zu können. Dennoch hatte sie nächtelang versteckt in Scheunen unter Heu oder in winzigen Verschlägen geschlafen und war am Tage bei den langen Fußmärschen an jedem Soldaten nur mit gesenktem Blick vorbeigelaufen.

Nun ertappte sie sich immer wieder dabei, dass sie sich in Alfons' Gegenwart verlegen ihr Haar sortierte oder ihre Bluse zurechtrückte.

Edith wischte ihre Gedanken beiseite und sah ihn ernst an, während sie weiter an den Feldern vorbeischritten, die nur schwach im Licht des Mondes schimmerten.

»Ihr habt vorhin ja ganz schön hitzig diskutiert. Über die geplante Bodenreform, stimmts?«

Alfons machte eine wegwerfende Geste. »Die alten Insulaner verstehen nicht, was für eine Chance der Neuanfang ist. Sie wollen alles so beibehalten, wie es war. Dabei hat uns doch genau das ins Unglück gestürzt.«

»Aber Lutz hat doch gar nicht mitdiskutiert. Ich verstehe nicht, was du gegen ihn hast.«

Im Augenwinkel sah sie, dass sich Alfons' Miene augenblicklich versteinert hatte. Er blickte stur geradeaus und schwieg.

»Er tut viel für die Leute hier. Genauso wie seine Frau, auch wenn sie etwas ... steif ist. Heute Abend zum Beispiel sitzen wir alle an einem Tisch.«

»Was wir wohl mehr Magda und deinem Nachbarn zu verdanken haben als den Hausherren.«

»Trotzdem, ohne sie ...«

»Würden wir bei anderen Leuten auf der Insel die Drecksarbeit machen.«

»Auch sie haben viel durchgemacht!«, versuchte Edith weiter zu verteidigen.

»Haben sie? Haben sie ihre gesamte Familie verloren? Zwei Brüder im Krieg, die Großeltern auf der Flucht. Haben sie Haus, Hof und alles, was ihnen lieb und teuer war, hinter sich lassen müssen? Ihre Heimat?«, fragte er und fügte grollend hinzu: »Und nun kommen sie ungeschoren davon!«

Edith horchte auf. »Was meinst du damit?«

Er zögerte lange. Schließlich schüttelte er den Kopf.

»Ich bekomme vielleicht doch kein Land«, wechselte er das Thema. Dabei blickte er sie mehr als betrübt an. Von der

Wut, die er eben noch gespürt zu haben schien, war nichts mehr übrig.

»Was meinst du damit? Warum nicht?«, fragte Edith verdutzt und blieb stehen. Sie sah ihn aufmerksam an. Auch Alfons stoppte. Er schluckte, bevor er antwortete.

»Sie glauben nicht, dass ich es schaffe, einen Hof allein zu bewirtschaften. Weil ich ein Krüppel bin. Und vielleicht haben sie recht.«

»Doch! Du schaffst das! Das weiß ich. Lass dir von keinem etwas anderes einreden«, antwortete sie wie aus dem Lauf einer Pistole geschossen und fuhr ehrlich fort: »Niemand arbeitet härter als du. Niemand hätte es mehr verdient. Und niemand könnte es besser. Das musst du denen sagen! Oder ... soll ich es tun?« Sie sah ihn fragend an.

Alfons erwiderte ihren Blick. In seinen Augen lag eine tiefe Dankbarkeit für die Worte, die Edith ausgesprochen hatte.

»Nein, das brauchst du nicht. Vielleicht kann ich sie ja noch überzeugen«, sagte er schief schmunzelnd.

Edith nickte und sah ihn noch immer an. Nun erkannte sie noch etwas anderes in seinen Augen. Ein Begehren, das auch sie plötzlich spürte. Eine Gänsehaut überzog ihre Arme, ihren Rücken, ihren gesamten Körper und verwandelte sich schließlich in ein wohliges Gefühl in der Gegend ihres Herzens. Er beugte sich ganz langsam zu ihr herunter, kam immer näher. Sie spürte schon seinen Atem, der sanft ihre Wange streichelte.

Da ertönte plötzlich ein kindlicher Schrei und riss sie so abrupt und überraschend aus diesem innigen Moment der Zweisamkeit heraus, wie er über sie gekommen war.

Sofort liefen Edith und Alfons zurück zum Hof. Dort sahen sie die kleine Simone stehen, umringt von den Erwachsenen, die ebenso aufgesprungen und zu dem Mädchen geeilt waren. Nur Lutz und Alma fehlten, der Bürgermeister kam auch erst jetzt angelaufen, wie Edith nebenbei wahrnahm. Sonst schien das aber niemandem aufzufallen. Alle Blicke richteten sich nur auf Simone.

Die Kleine hielt ihre Puppe ganz fest im Arm und schluchzte noch ganz aufgeregt, während sie versuchte zu erklären, was passiert war.

»Ein Gespenst. Dort war ein Gespenst. Es war ganz schwarz!« Sie zeigte mit dem Finger auf den Hühnerstall.

»Ein schwarzes Gespenst?«, fragte Magda etwas irritiert.

Hertha warf der alten Frau, die scheinbar auch gegenüber Kindern kein allzu großes Taktgefühl besaß, einen kurzen Blick zu. Sie kniete sich neben ihrer Tochter auf den Boden.

»Hast du noch etwas erkennen können?«, hakte Hertha einfühlsam nach.

Simone überlegte kurz. Dann schüttelte sie den Kopf. »Es hat sich dahinter versteckt, und als ich es gesehen habe, ist es weggerannt. Vor lauter Schreck ist mir meine Puppe heruntergefallen. Nun ist das schöne Kleid schmutzig.« Das Mädchen begann wieder zu weinen.

Edith trat hervor, beugte sich zu Simone hinunter und begutachtete die Puppe. »Das ist doch nicht so schlimm«, tröstete sie ihre Freundin liebevoll. »Ich kenne ein Zaubermittel, das gegen hartnäckige Gespensterflecken hilft.« Simone hörte auf zu weinen und blickte Edith neugierig an.

»Seife!«, antwortete sie fürsorglich.

Ein kleines Lächeln huschte über Simones Gesicht. Die Tränen trockneten langsam.

»Soll ich das Kleid gleich für dich waschen?«, fragte Edith.

Simone zögerte kurz und nickte dann schließlich, während sie Edith ihre Puppe reichte. Edith nahm sie und erhob sich.

»Geh ins Bauernhaus«, sagte Magda sogleich zu ihr. »Und nimm auch etwas Aschenlauge. Die steht neben dem Waschzuber in der kleinen Küche. Damit bekommst du die Flecken raus.«

Edith nickte und wollte gerade losgehen, als sie ein Räuspern hinter sich hörte. Sie drehte sich um und sah Ewald, der auf sie zugekommen war.

»Macht es dir etwas aus?«, fragte er und deutete an, sie begleiten zu wollen. »Seitdem ich hier bin, hatten wir noch gar keine Gelegenheit, in Ruhe zu sprechen.«

Edith lächelte freundlich und nickte selbstverständlich, jedoch nicht ohne Alfons einen kurzen Blick zuzuwerfen. Dieser verstand und schloss sich nun den anderen an, die zurück zu den Tischen auf den Hof gingen. Auch Hertha und ihre Tochter kehrten zurück. Simone hielt dabei die Hand ihrer Mutter ganz fest und blickte noch ein paar Mal unsicher zum Hühnerstall zurück. Doch von einem schwarzen Gespenst war weit und breit nichts mehr zu sehen.

Während Edith in der Küche der Puppe das Kleid auszog und dieses im Waschzuber in aufgekochtem Wasser einzuweichen begann, setzte Ewald sich an den Tisch. Im Augenwinkel sah sie, dass er sie beobachtete. Er schien nach den richtigen Worten zu suchen, um das Gespräch zu beginnen. Edith schluckte, sagte ihr doch ihr Gefühl, dass es kein erfreuliches werden würde. Nachdem sie etwas Seife und Aschenlauge in den Zuber gekippt hatte, ließ sie das Kleid im Wasserbad liegen, ging zum Tisch hinüber und setzte sich ihm stumm gegenüber. Dann blickte sie ihn aufmerksam an.

»Du bist nicht nur gekommen, um nach mir zu sehen«, sagte sie geradeheraus. Ewald nickte.

Ediths Kehle verengte sich. Sie hatte plötzlich das Gefühl, keine Luft mehr zu bekommen. Mit tiefen Atemzügen versuchte sie dennoch das kostbare Lebenselixier in sich aufzusaugen.

»Ist es Vater ... oder Esther?«, fragte sie nun mit zittriger Stimme.

Ewald zögerte kurz, schließlich rückte er mit der Sprache heraus: »Es ist Heinrich ... dein Vater. Er ist in Stalingrad gefallen. Schon vor mehr als zwei Jahren.«

»Aber Mutter hat so lange auf eine Nachricht gewartet. Warum wurden wir nicht informiert?«

»So viele Soldaten sind damals gestorben, dass sie kaum hinterhergekommen sind, die Gefallenenmeldungen auszustellen.« Er seufzte tief, bevor er fortfuhr: »In Frankfurt habe ich jemanden getroffen, der mit ihm im gleichen Regiment gedient hat. Er konnte sich an deinen Vater erinnern. Und an die Schlacht, bei der er von einer Granate getroffen worden war. Er war wohl sofort tot.«

Edith schluckte. Sie war hin und her gerissen. Einerseits war es gut, endlich zu wissen, was mit ihrem Vater passiert war. Auf der anderen Seite war da immer dieses kleine Fünkchen Hoffnung in ihrem Herzen gewesen, dass ihr Vater vielleicht doch noch leben könnte. Dieses erlosch nun für immer und hinterließ nichts als Schmerz und eine Dunkelheit, gegen die der zweite Funke, der erbittert hoffte, dass wenigstens ihre Schwester noch lebte, nur schwer ankam.

Sie blickte auf, traute sich fast gar nicht, die Frage zu stellen, und tat es dann doch. »Hast du auch etwas von Esther gehört?«

Ewald erwiderte ihren Blick mitfühlend, schüttelte aber schließlich den Kopf. »Beim Suchdienst warst nur du mit einer Anschrift registriert.«

Fast unwillkürlich atmete Edith erleichtert aus. Eine schlechte Nachricht am Tag genügte vollkommen.

Ewald fasste über den Tisch und nahm Ediths Hand in die seine. »Komm mit mir nach Frankfurt!«, bat er sie beinahe flehend.

Edith sah ihn an, zögerte. Doch schließlich schüttelte sie den Kopf. »Esther …«, begann sie.

»Sie wird dich auch in Frankfurt finden«, unterbrach Ewald sie.

Doch Edith schüttelte nur vehementer den Kopf. »Nein, wir wollten nach Rügen. Kurz bevor sie …« Edith schluckte kurz und fuhr dann fort: »Bevor wir getrennt wurden, habe ich ihr versprochen, hier auf sie zu warten. Dieses Versprechen kann ich nicht brechen. Das verstehst du doch, oder?« Bei den letzten Worten zog Edith ihre Hand zurück und sah ihn auffordernd, ja fast bittend an.

Ewald seufzte tief, nickte aber schließlich verstehend.

»Ich werde morgen wieder aufbrechen. Ich muss den Jeep zurückbringen.«

Edith nickte, während sie aufstand, um sich wieder um das Puppenkleid zu kümmern. Die Flecken auf dem Samtstoff hatten sich im Wasser fast aufgelöst. Den Rest schrubbte sie nun mit einer Bürste heraus. »Wenn Esther da ist, kommen wir dich besuchen«, sagte sie dabei, ohne aufzusehen.

»Das wäre schön!«, antwortete Ewald. Den Zweifel, der unwillkürlich in seiner Stimme mitschwang, versuchte Edith zu ignorieren.

»Wenn ich irgendetwas für dich tun kann, Edith«, fuhr er fort, um der bedrückenden Stimmung wenigstens etwas entgegensetzen zu können, »dann lass es mich wissen!«

Edith holte das Puppenkleid aus dem Waschzuber, wrang es aus und hängte es zum Trocknen über die Leine. Erst dann drehte sie sich zu ihm um.

»Du könntest in der Tat etwas für mich tun«, antwortete sie vieldeutig.

Ewald blickte sie aufmerksam an.

Alma

Anfang September 1945

Dicht an die Wand gedrückt, stand Alma hinter dem Stall. In ihrer Nase kitzelte es, doch sie versuchte mit aller Macht, den Nieser, der sich einen Weg in die Freiheit zu bahnen suchte, zu unterdrücken.

Hinter den Ställen, gut versteckt vor den Augen der anderen, die noch auf dem Hof an den Tischen saßen, standen ihr Vater und Bürgermeister Konrad Blatter. Sie sprachen leise, aber hitzig miteinander. Alma versuchte ihre Worte zu verstehen, doch es gelang ihr nicht recht.

»Hatschi!«, sprudelte es nun doch ungewollt aus Alma heraus. Sie hatte den Nieser nicht länger unterdrücken können. Reflexhaft schlug sie sich mit der flachen Hand auf den Mund. Sie hielt den Atem an, während sie zu den Männern hinüberschaute. Diese blickten sich kurz nervös um, sprachen dann aber weiter miteinander. Erleichtert holte Alma wieder Luft. Leider verstand sie immer noch kein Wort. Auf leisen Sohlen näherte sie sich den Belauschten Zentimeter für Zentimeter.

Sie hatte ihren Vater schon den ganzen Abend beobachtet. Auch als sie Ewalds Geschichten gefolgt war, hatte sie immer wieder zu ihm hingesehen. Er hatte am Tischende neben dem Bürgermeister Platz genommen. Gegessen hatte er von der Gans nicht viel. Dafür hatte er umso mehr von dem süffigen

Wein getrunken, wie Alma festgestellt hatte. Das war untypisch für ihn. Behielt er doch bei solchen Festen gerne einen klaren Kopf.

Auch geredet hatte er nicht viel. Zwar war er seit seiner Entlassung wortkarger geworden, was Alma zunehmend besorgt hatte, doch dass er so gut wie gar nicht redete, war schon ungewöhnlich. Den ganzen Abend war er ruhig geblieben, auch als die Männer um ihn herum über die von den Sowjets geplante Bodenreform diskutiert hatten. Er hatte zu Alfons' hitzigen Argumenten, die ein allzu leidenschaftliches Plädoyer für die Gleichheit aller waren, genauso geschwiegen wie zu den Gegenargumenten Blatters, der früher viele Gönner unter den Großgrundbesitzern gehabt hatte.

Bis auf wenige Meter hatte Alma sich den Männern nun genähert. Dennoch entdeckten sie Alma in der Dunkelheit der fortgeschrittenen Nacht nicht. Sie spitzte ihre Ohren und verhielt sich so ruhig wie möglich, um dem Gespräch zu folgen.

»Ich versichere dir, es ist weg«, sagte ihr Vater.

»Es ist wichtig, dass du deinen Hof behältst. Sonst geht hier doch alles den Bach runter. Sobald die Russen die Ländereien unter den Vertriebenen verteilen wie die Amis ihre Schokolade, haben wir alten Insulaner doch nichts mehr zu melden. Weder politisch noch wirtschaftlich.«

»Das habe ich verstanden, Blatter. Aber noch einmal: Die Russen konnten mir während der Haft nichts nachweisen und können es auch jetzt nicht.«

»Ich meine ja nur … es ist auch für mich gefährlich. Du weißt, warum«, fügte Blatter hinzu.

Ihr Vater wollte gerade zur Antwort ansetzen, als ihr Gespräch durch einen lauten Schrei unterbrochen wurde. Es klang wie ein Kind. Nicht nur Alma erschrak darüber. Sie sah, dass auch Blatter und ihr Vater heftig zusammenzuckten.

Blatter ging in die Richtung, aus der das markerschütternde Geräusch kam, während ihr Vater noch kurz stehen blieb.

Alma zögerte, schließlich kam sie aus ihrem Versteck heraus und ging auf ihren Vater zu. Wenn sie ihn jetzt nicht zur Rede stellte, würde er womöglich nie mit der Wahrheit herausrücken. Und die wollte sie nun um jeden Preis erfahren.

Während sie sich bei Friedrich damit begnügte, sich an die Hoffnung zu klammern, wollte sie bei ihrem Vater endlich Gewissheit haben und die Wahrheit erfahren. Eine Wahrheit, die sie sicher verkraften würde. Schließlich ging es nicht um Leben und Tod.

»Alma!«, sagte Lutz überrascht, als er seine Tochter auf sich zukommen sah. Sie blieb stehen, baute sich vor ihm auf und antwortete mit fester Stimme: »Ich will endlich wissen, was hier los ist! Was hast du zu verheimlichen? Vor mir und offensichtlich auch vor allen anderen.«

Lange blickte er sie an. Seine Augen waren dabei glasig und seine Wangen gerötet, wie Alma bemerkte. Der Wein war ihm wohl etwas zu Kopf gestiegen.

Schließlich seufzte er. »In Ordnung. Ich erzähle es dir.«

Ein wenig verdattert blickte Alma ihn an. Wenn sie ehrlich war, hatte sie nicht damit gerechnet, dass er so schnell einlenken würde. Doch vermutlich war er zu betrunken, um ihre Bitte auszuschlagen.

»Aber nicht hier!«, fügte er hinzu. Er deutete auf die Werkstatt und ging etwas wankend voraus. Alma folgte ihm.

In der Werkstatt zündete Lutz die Petroleumlampe an. Obwohl ihr Vater die Tür gut verschlossen hatte, flackerte das warme Licht mit dem leichten Wind, der durch den Raum zog, und zauberte flüchtige Schatten an die Wand.

Während Lutz sich auf einen Schemel setzte, blieb Alma vor ihm stehen. Er war nervös und seine Sinne getrübt. Immer wieder fuhr er sich mit seiner Hand durchs Haar.

»Papa, du kannst mir doch alles sagen«, versuchte sie ihn in die betretene Stille hinein zum Reden zu bringen.

Er blickte sie an, kämmte mit seinen Fingern noch einmal seine Haare zurück und seufzte. »Ich war in der NSDAP.«

»Ja, so wie viele andere auch«, antwortete Alma wissend. »Du hattest im Krieg keine andere Wahl, als in die Partei einzutreten. Ohne ihr Wohlwollen hättest du den Hof nicht weiter betreiben können. Du musstest mit ihnen zusammenarbeiten. Das weiß ich doch.«

»Nichts weißt du«, antwortete er etwas lallend.

Alma blickte ihn irritiert an. »Deshalb haben sie dich doch verhaftet, weil du das Parteibuch hattest. Aber als sie gesehen haben, dass du nichts weiter mit denen zu schaffen hattest, haben sie dich freigelassen.«

»Das stimmt. Sie haben mich entlassen, weil sie geglaubt haben, dass ich nur ein Mitläufer war. Ein sogenanntes passives NSDAP-Mitglied.«

Alma verstand nun gar nichts mehr.

Lutz seufzte erneut, rang mit sich. Das konnte Alma sehen. Doch ein Zurück gab es nun nicht mehr, das schien auch Lutz zu wissen. Er musste seiner Tochter endlich die Wahrheit erzählen.

»Ich habe mit den Nazis zusammengearbeitet«, fuhr er schließlich fort. »Mein Bruder Emil hatte damit angefangen, als wir den Hof noch gemeinsam führten. Er hielt es für eine gute Idee.« Kurz seufzte er, bevor er weitersprach. »So flossen neben den üblichen Abgaben regelmäßig Gelder an die Parteioberen. Unter der Hand natürlich oder als Parteispende deklariert. Der Tabak, den wir zuhauf angebaut haben, ging direkt an die Führungsriege. Schinken und Kalbsfleisch auch. Dafür haben wir bessere Gerätschaften bekommen, Zugang zu Zuchttieren und auch Saatgut, als es schon keines mehr gab …«

»Und Zwangsarbeiter«, fügte Alma ahnend hinzu.

Lutz nickte. »Ja, auch Kriegsgefangene aus Polen und Frankreich, die auf unseren Feldern arbeiteten.«

Er hielt kurz inne, fuhr sich erneut etwas fahrig durchs Haar. »Ich wusste, dass das gefährlich ist. Und auch deine Mutter blieb skeptisch. Aber ich liebte und schätzte meinen Bruder über alles. Das weißt du ja.«

Alma nickte. »Als wir seine Gefallenenmeldung bekommen haben, warst du am Boden zerstört.«

Lutz nickte, ein Anflug von Traurigkeit schien ihn zu überrollen. Doch er fasste sich sogleich wieder und fuhr fort: »Er war klug, witzig und leidenschaftlich. Leider fällte er genau zwei falsche Entscheidungen in seinem Leben. Er ließ sich auf die falschen Leute ein und meldete sich freiwillig zur Wehrmacht.« Er seufzte kurz. »Nachdem er gestorben war, wollte ich die … Geschäftsbeziehung beenden. Doch so einfach ging das nicht. Es gab kein Zurück. Sie haben mir gedroht, mich auch noch an die Front zu schicken, wenn ich nicht weiter kooperiere.«

Alma schwieg. Sie ließ ihn weiterreden.

»Gleich nach der Kapitulation habe ich alles verbrannt, was mich mit der NSDAP in Verbindung gebracht hat. Hauptsächlich Belege und Unterlagen.«

»Alles?«

Er zögerte und nickte schließlich.

»Und was hast du unter dem Walnussbaum vergraben?«, fragte Alma nach.

»Woher weißt du davon?«, entgegnete er erschrocken.

Alma schwieg und sah ihn nur auffordernd an. Er seufzte und antwortete schließlich ehrlich.

»Ein Foto. Es zeigt Emil und mich mit ein paar ranghohen NSDAP-Generälen. Blatter ist auch drauf zu sehen.«

»Warum hast du das nicht auch verbrannt?«

»Ich wollte es ja. Und deine Mutter und Blatter auch. Er hat natürlich genauso Angst, ins Visier der Sowjets zu geraten. Auch er ist kein unschuldiges Lamm. Aber ich konnte es nicht. Es ist das einzige Foto, das ich von meinem Bruder noch habe.«

»Der Dachstuhlbrand«, erinnerte sich Alma.

»Damals sind alle Fotos meiner Familie vernichtet worden. Ich konnte nicht auch noch diese letzte Erinnerung auslöschen, die mir von meinem Bruder geblieben ist. Deshalb habe ich es vergraben.«

»Damit die Russen es nicht finden und dich doch noch wegsperren.«

Lutz nickte. »Wenn sie die Wahrheit herausfänden, würden sie mich nicht nur für immer einsperren, sondern mir auch mein ganzes Hab und Gut nehmen.«

»Den Hof und das Land!«, stieß Alma erschrocken aus.

Lutz nickte. »Sie würden mich enteignen. Und Katharina und du, ihr würdet alles verlieren.«

Alma konnte noch nicht ganz begreifen, was sie da eben gehört hatte. Sie hatte ihren Vater stets in den Himmel gelobt, ihn für unfehlbar und klug gehalten. Doch nun schien er einfach von seinem hohen Podest zu fallen, das sie ihm gebaut hatte, und Alma konnte nicht im Entferntesten sehen, wie tief der Abgrund war.

Natürlich stellte sie sich auch die Frage, warum sie von alldem nichts mitbekommen hatte. War sie so mit ihren eigenen Träumereien beschäftigt gewesen, dass sie nicht einmal bemerkte, was in ihrer eigenen Familie geschah? Noch während die Gedanken in ihrem Kopf kreisten, fiel ihr etwas ein, das ihr das Blut in den Adern gefrieren ließ.

»Unter dem Walnussbaum ist nichts mehr!«

»Wie meinst du das?«

»Edith hat dich an jenem Abend gesehen und mir die Stelle gezeigt, als ich ihr erzählt habe, dass ich glaube, dass du etwas vor mir verheimlichst. Wir haben dort gegraben und kein Foto gefunden.«

Mit einem Schlag schien alle Trunkenheit aus ihrem Vater zu weichen und all seine Sinne hellwach, als er sie voller Entsetzen anstarrte.

Edith

Einige Monate zuvor

Edith war hundemüde. Schlurfend trottete sie hinter den anderen her. Sie konnte kaum die Augen offen halten, geschweige denn ihre Füße ordentlich heben.

Die letzten Nächte hatte sie so gut wie gar nicht geschlafen. Sie hatte am Bett ihrer Mutter gewacht und ein Stoßgebet nach dem anderen zum Himmel geschickt. Doch augenscheinlich waren ihre flehenden Worte nie beim Allmächtigen angekommen. Ihre Mutter war verstorben, noch ehe der erste Flieder blühte. Und mit ihr Ediths Glauben an eine gerechte Welt.

Edith stolperte über eine Wurzel, die sich ihren Weg zwischen den groben Kopfsteinen hindurch gesucht hatte. Sie taumelte, fiel nach vorne. Im letzten Moment fing Esther, die neben ihr lief, sie auf.

»Reiß dich zusammen!«, zischte sie ihrer kleinen Schwester zu, während sie sich kurz hastig umblickte. Zu ihrer Erleichterung waren keine polnischen Soldaten zu sehen.

Edith rieb sich ihre Augen, richtete sich wieder auf und umschloss den Henkel des kleinen Lederkoffers in ihrer Hand noch ein wenig fester. Dann lief sie weiter, bedacht darauf, nicht noch einmal zu stolpern.

Am Morgen hatte alles ganz schnell gehen müssen. Der Befehl war noch vor Sonnenaufgang gekommen. Alle Deutschen hatten unverzüglich und unwiderruflich die polnisch besetzten Gebiete zu verlassen.

Schnell klaubten Esther und sie noch ein paar Sachen zusammen und schmissen sie in ihre Koffer. Viel besessen hatten sie ja ohnehin nicht mehr. Und im Haus der Ewalds, in dem sie die letzten beiden Monate gelebt hatten, hatte sich auf die Schnelle auch nichts Nützliches mehr finden lassen. Den Koffer ihrer Mutter hatten sie zurückgelassen. Ihren Leichnam hatten sie zum Glück zuvor noch rechtzeitig beerdigen können.

Die Straßen wurden enger. Die Menschen, die mit ihnen aus Groß Spiegel und den umliegenden Dörfern aufgebrochen waren, drängten sich inzwischen dichter.

Edith sah sich um, bemerkte, dass sie bereits Dramburg erreicht hatten. Die Straßen kamen ihr allzu bekannt vor.

Da entdeckte sie das kleine Kellerfenster, aus dem sie im Winter noch herausgeschaut hatte. Schon damals hatte sie sich ihrer Heimat entrissen gefühlt, obwohl sie nur ein paar Kilometer entfernt gewesen war. Wie sollte es nun werden?

Ungewissen Schrittes ließ sie das Kellerfenster hinter sich und lief an der Seite ihrer Schwester weiter geradeaus – weg von zu Hause, ins Ungewisse.

Edith

Anfang September 1945

Ein wenig gerädert rieb Edith sich die Augen, während sie mit den anderen Bewohnern vor dem Bauernhaus stand und Ewald verabschiedete. Nur Alfons fehlte. Ihn hatte sie den ganzen Morgen noch nicht gesehen.

Nach dem Hoffest hatte Edith noch lange mit ihrem ehemaligen Nachbarn zusammengesessen und geredet. Hauptsächlich hatten sie über ihren Vater gesprochen. Über seinen Tod, der nun nach all den Monaten des Bangens Realität geworden war. Doch trotz der tiefen Trauer, die sie nun empfand, war sie froh, endlich Gewissheit zu haben. Wissen war besser als Hoffen. Gab es doch so wenigstens die Möglichkeit, nach vorn zu blicken, auch wenn die Aussichten gerade mehr als trüb zu sein schienen. Schließlich fehlte von ihrer Schwester noch immer jegliche Spur.

Erst spät war sie zu Bett gegangen und in einen unruhigen Schlaf geglitten. Der Traum, der sie heimgesucht hatte, hatte so lebendig gewirkt. Noch beim Aufwachen hatte sie die Pflastersteine unter ihren Füßen und das Gewicht ihres Koffers an der Hand gespürt.

Nun heulte der Motor des amerikanischen Jeeps auf, Ewald hupte noch einmal und rollte langsam auf das Tor zu. Alle winkten ihm zum Abschied zu, sogar Katharina. Lutz stand etwas abseits und hob ebenfalls seinen Arm zum Abschiedsgruß. Edith fiel auf, dass Alma ihren Vater keines Blickes würdigte. Stur stand sie neben ihrer Mutter, winkte fast schon mechanisch und starrte auf die Staubwolke, die der Jeep beim Verlassen des Hofes hinterließ.

Als Ewalds Wagen außer Sichtweite war, verteilten sich die Hofbewohner gleich wieder in verschiedene Richtungen. Lutz verschwand in seiner Werkstatt, Magda und Frau Katharina zogen sich ins Bauernhaus zurück. Alma folgte ihnen stumm.

Edith überlegte kurz, ob sie nach ihrer Freundin rufen sollte. So gern hätte sie mit Alma über ihren Vater gesprochen. Doch die Hausherrin würde es sicherlich nicht gutheißen. Schließlich war der Tag bereits angebrochen, und die Arbeit durfte auch heute nicht allzu lange liegen bleiben. Deshalb ließ sie es bleiben und folgte stattdessen den Arbeitern zum Feld.

Als sie an der Hütte vorbeikam, die ihnen als Unterkunft diente, trat Alfons gerade zur Tür heraus. Edith zuckte kurz zusammen, musste sie doch unwillkürlich an ihre letzte Begegnung denken, die allzu abrupt von Simones Schrei unterbrochen worden war.

Erst nachdem sie sich wieder gefasst hatte, bemerkte sie, dass er auffällig adrett gekleidet war. Er trug eine dunkle, saubere Hose, seine blonden Haare waren gekämmt, sein Gesicht frisch rasiert. Das Hemd war geflickt und sogar gebügelt. So herausgeputzt hatte sie ihn noch nie gesehen, dabei stand ihm die ordentliche Kleidung durchaus.

Edith blickte ihn überrascht an. »Was hast du denn vor?«, fragte sie.

»Dir einen Heiratsantrag machen«, antwortete Alfons, ohne die Miene zu verziehen.

Für einen Augenblick entglitten Edith die Gesichtszüge. Mit offenem Mund starrte sie ihn an. Die Spucke blieb ihr weg, und ihr Herz begann ganz unwillkürlich zu rasen. Dabei ratterte es in ihrem Kopf auf der Suche nach einer halbwegs höflichen Ausrede, warum das ganz und gar keine gute Idee war.

Doch bevor sie nur ein Wort des Vorwands aussprechen konnte, lachte Alfons schon auf. »Das war nur ein Scherz! Du kannst dich beruhigen.«

Edith lächelte schief, mit einer Mischung aus Erleichterung und peinlichem Berührtsein.

»Aber jetzt weiß ich wenigstens, worauf ich mich gefasst machen muss, sollte ich mal ernsthaft in Erwägung ziehen, dir diese Frage zu stellen«, sagte er betont scherzhaft und blickte sie dabei doch so merkwürdig an, dass Edith erneut unsicher wurde, ob er die Frage wirklich nur im Scherz ausgesprochen hatte. Doch bevor sie etwas sagen konnte, wandte er sich schon von ihr ab und ging davon. Wohin, das wusste sie immer noch nicht.

Später am Tag, als die schweißtreibende Arbeit auf dem Feld erledigt war, trafen sich Edith und Alma am Strand. Die Müdigkeit klammerte sich noch immer an ihr Gemüt, und auch die Trauer hatte sie noch nicht losgelassen. Dennoch ging sie ins Wasser, um mit Alma ihre Schwimmübungen zu machen.

Aber auch ihre Freundin war heute nicht recht bei der Sache, wie Edith schnell feststellte. Während Alma sonst penibel auf Ediths Wasserlage achtete, bekam sie nun nicht einmal mit, wie eine Welle ihre Schülerin erfasste und sie kurz unter Wasser zog.

Als Edith wieder auftauchte, sah sie ihre Freundin an. »Wir können es heute auch lassen«, schlug sie vor, während sie ein wenig angestrengt auf der Stelle schwamm, um ihren Kopf über Wasser zu halten.

Alma blickte sie kurz irritiert an, schüttelte dann aber den Kopf. »Beim Schwimmen ist gerade am Anfang das A und O dranzubleiben. Sonst verlernt man es wieder.«

»Aber nicht, wenn man einen Tag pausiert.«

»Wir haben die letzten Tage schon weniger üben können, wegen der Feier und dem Besuch deines Nachbarn.«

»Ich bin aber auch müde und gar nicht in der Stimmung.«

»Wegen deines Vaters?«, hakte Alma nach. Edith nickte. Sie hatte ihrer Freundin auf dem Weg zum Strand von Ewalds Nachricht erzählt. Alma hatte mitfühlend reagiert, auch wenn sie etwas wortkarger geblieben war, als Edith erwartet hatte. Auch da hatte sie schon bemerkt, dass Alma noch etwas ganz anderes beschäftigte.

»Lass uns rausgehen!«, schlug Edith vor. Doch Alma schüttelte den Kopf. »Ich habe eine bessere Idee!«, antwortete sie. »Wir schwimmen weiter raus.«

Edith blickte sie verdutzt an.

»Komm mit, ich will dir etwas zeigen! Etwas, das Friedrich früher gern gemacht hat«, fügte sie jedoch nur hinzu, während sie dem Strand schon den Rücken kehrte und losschwamm. Edith seufzte kurz, folgte ihrer Freundin aber aufs offene Meer hinaus.

Sie schwammen nicht lange, worüber Edith froh war. Auch wenn sie die Schwimmbewegungen inzwischen verinnerlicht hatte, konnte sie ihre Kräfte noch nicht gut einschätzen. Das Wasser war hier draußen deutlich kühler, dafür aber viel ruhiger.

Da drehte Alma sich plötzlich auf den Rücken und machte sich ganz steif. Ihre Arme waren weit ausgestreckt, ihre Zehenspitzen lugten aus dem Wasser heraus. Nur leicht bewegte sie ihre Arme an der Wasseroberfläche entlang auf und ab. Sie sah wie ein Vogel aus, der sich getragen vom Wind in aller Seelenruhe rücklings über den Himmel schob. Edith kam aus dem Staunen nicht heraus, während sie darauf wartete, dass Alma jeden Moment untergehen müsste. Doch sie blieb an der Oberfläche und forderte nun ihre Freundin auf, es ihr gleichzutun: »Jetzt du!«

Ein wenig hektisch schüttelte Edith den Kopf.

»Los, komm schon! Trau dich! Das wird dir gefallen. Ist wie Schweben«, ließ Alma nicht locker.

Edith blickte ihre Freundin kurz überrascht an. Dann seufzte sie. Ganz langsam drehte sie sich ebenfalls auf den Rücken, versuchte sich so steif wie möglich zu machen. Kleine Wellen schwappten über ihre Brust, während ihre Bewegungen anfangs noch etwas hektisch waren.

Als sie merkte, dass sie nicht wie erwartet unterging, entspannte sie sich langsam. Und auch das Wasser um sie herum wurde ruhiger. Ihre Bewegungen reduzierten sich fast von allein auf das Nötigste. Sie lehnte sich zurück, blickte hoch und tauchte ihren Hinterkopf halb ein, sodass ihre Ohren unter Wasser waren. Das liebliche Rauschen des Meeres, das nun klar und deutlich in ihren Ohren widerhallte, trug sie davon. Weit weg von all jenen Gedanken an die Flucht, den Tod ihres Vaters sowie die quälende Ungewissheit, was mit ihrer Schwester geschehen war. Hier, wo der Himmel und das Meer sich berührten, fühlte sie sich plötzlich ganz geborgen und beinahe sorgenfrei.

Erst als Edith und Alma vollkommen durchgefroren waren, schwammen sie zurück zum Ufer. Nachdem sie sich abgetrocknet und angezogen hatten, setzten sie sich in den Sand. Die Sonne stand schon tief, doch sie dachten noch nicht daran, zum Hof zurückzukehren.

Während Alma gedankenversunken mit ihren Zehen Kreise in den Sand malte, blickte Edith sie an.

»Willst du darüber reden?«, fragte sie nach ein paar Augenblicken des Schweigens.

»Worüber?«, fragte Alma etwas überrascht.

»Darüber, was dich bedrückt?«

Als Alma schwieg, fuhr Edith fragend fort. »Vermisst du Friedrich? Hast du etwas von ihm gehört?«

Als Alma den Kopf schüttelte, riet Edith weiter: »Oder … ist irgendetwas zwischen dir und deinem Vater vorgefallen?«

Alma blickte überrascht auf. »Woher weißt du das?«

»Heute Morgen, du hast ihn nicht angesehen«, erklärte Edith. »Dabei werft ihr euch sonst immer kleine Blicke zu. Besonders, wenn deine Mutter in der Nähe ist.«

Über Almas Gesicht huschte ein kleines Lächeln, doch dann wurde sie wieder ernst. Sie starrte erneut auf ihre Füße, die sie immer tiefer in den Sand hineinbohrte. Plötzlich hob sie wieder den Kopf und sah Edith interessiert an. »Waren deine Eltern politisch?«

Edith stutzte ob der ungewöhnlichen Frage. Dann schüttelte sie den Kopf. »Nicht besonders«, antwortete sie. »Klar, hinter verschlossener Tür schimpfte mein Vater schon mal über die Nazischweine, und er war alles andere als begeistert, als sein Einberufungsbescheid ins Haus flatterte. Aber meine Eltern haben sich immer zurückgehalten, ihre Meinung offen kundzutun. Vermutlich auch unseretwegen. Sie wollten unsere Zukunft nicht gefährden.« Unweigerlich lachte Edith kurz bitter auf bei dem Gedanken daran, dass sie nun trotzdem alles verloren hatte. Dann drehte sie sich zu Alma um. »Aber wieso fragst du?«

Alma seufzte tief, bevor sie antwortete. »Ich dachte immer, mein Vater wäre der unpolitischste Mensch auf dem Erdball. Nie hat er sich geäußert. Nicht zur Machtergreifung Hitlers, nicht zum Einmarsch der Deutschen in Polen. Kein Wort ging über seine Lippen, als Paris fiel und Dresden bombardiert wurde. Auch beim Einmarsch der Siegermächte und der Kapitulation Deutschlands blieb er ruhig. Dabei hatte er die ganze Zeit mit denen unter einem Hut gesteckt.«

»Mit wem?«, fragte Edith irritiert nach.

»Den Nazis!« Alma spuckte das Wort beinahe aus.

Nun stutzte Edith, und Alma fuhr erklärend fort: »Er hat mit ihnen Geschäfte gemacht. Er war kein Mitläufer, der nur in der Partei war, um seinen Hof durchzubringen, wie ich immer gedacht habe.«

Edith brauchte einen Moment, um Almas Worte zu verdauen. Auch auf sie hatte Lutz immer den Eindruck gemacht, als würde er die Belange der anderen über seine eigenen Bedürfnisse stellen. Dass es nun anders herum sein sollte, konnte sie sich noch nicht so recht vorstellen.

Alma seufzte erneut. »Weißt du, was für mich das Schlimmste daran ist?«

Edith sah Alma aufmerksam an.

»Dass er es all die Jahre vor mir verheimlicht hat.«

»Vermutlich, weil er wusste, dass es falsch ist«, versuchte Edith nun ihn zu verteidigen.

»Vielleicht. Aber er hätte es mir doch trotzdem erzählen können. Ich dachte immer, wir würden uns näherstehen als ...« Alma schluckte.

»Als du und deine Mutter?«, vollendete Edith den Satz.

Alma nickte und blickte nachdenklich aufs Meer hinaus. Für eine kurze Weile saßen sie schweigend nebeneinander. Edith verstand, in welchem Dilemma sich Alma befand. Sie liebte ihren Vater über alles, doch konnte sie seine Vergangenheit akzeptieren?

Da kam ihr plötzlich die Nacht in Erinnerung, in der sie Lutz unter dem Walnussbaum gesehen hatte.

»Er hat Beweismittel vergraben, stimmts?«, fragte sie nun.

Alma nickte. »Ein Foto, das ihn mit hohen Nazigenerälen zeigt.«

»Wieso hat er es nicht verbrannt?«, fragte Edith irritiert.

»Weil mein Vater nun mal viel sentimentaler ist als meine Mutter.«

Als Edith sie fragend anblickte, fuhr Alma erklärend fort. »Mein verstorbener Onkel war auch auf dem Bild zu sehen. Er hat ihn sehr geliebt. Seinetwegen hat er mit den Nazis kooperiert.«

Edith nickte verstehend.

Alma seufzte. »Wenn die Russen das Foto in die Finger kriegen, buchten sie ihn wieder ein und nehmen uns alles weg.«

Edith blickte sie an. Sie sah die Verzweiflung in Almas Augen ganz deutlich. Doch mehr als mitfühlend die Arme um ihre Freundin zu schließen, die ihr in den letzten Wochen so ans Herz gewachsen war, konnte sie nicht.

Als die Sonne schließlich glühend rot hinter den Kiefern verschwand, machten sich die Frauen auf den Rückweg. Es gab immer noch eine Sperrstunde, auch wenn diese außerhalb Wredes nicht so strikt kontrolliert wurde. Doch einem sowjetischen Soldaten wollte Edith in der Dunkelheit dennoch nicht begegnen. Auch Almas Mutter würde ihre Rückkehr sicherlich schon ungeduldig erwarten, wie Edith wusste.

Vor der Schwengelpumpe verabschiedeten sich die Freundinnen. Während Alma im Bauernhaus verschwand, ging Edith zur Hütte. Der Hof war leer, niemand war mehr außerhalb der Gebäude zu sehen. Nur Alfons saß auf einer Bank. Er trug noch immer die blaue Hose. Sein Hemd hing locker darüber. Und er rauchte. Die Zigarette glühte hell auf, als er daran zog. Edith blickte ihn überrascht an.

»Du rauchst! Gibt es etwas zu feiern?«, bemerkte sie.

Alfons nickte und nahm noch einen tiefen Zug, bevor er Edith den Glimmstängel reichte. Edith nahm die Zigarette und setzte sich neben Alfons. Sie zögerte einen Moment, bevor sie an dem filterlosen Mundstück zog. Sofort musste sie husten. Der Tabak schmeckte noch intensiver, als sie sich vorgestellt hatte.

Als sie sich wieder beruhigt hatte, sah sie ihn an. Er wirkte zufrieden, fast schon glücklich. Sie reichte ihm die Zigarette zurück.

»Ich habe Land bekommen«, antwortete er, nachdem er noch einen Zug genommen hatte.

»Was? Wie? Die haben ihre Meinung geändert? Das sind ja großartige Neuigkeiten«, sprudelte es aus ihr heraus. »Wie viel Hektar? Wo liegt es? Steht da schon ein Haus drauf?«

Alfons schmunzelte. »Es sind nur acht Hektar. Aber immerhin. Es liegt gleich hinter dem Wald. Ein Haus gibt es dort noch nicht. Aber einen kleinen Verschlag. Der lässt sich fürs

Erste leicht ausbauen. Auf der Flucht habe ich in schlimmeren Behausungen geschlafen.«

»Das hört sich fantastisch an. Ich freue mich so für dich«, sagte Edith ehrlich.

Alfons nickte. Ihm war anzusehen, dass er Ediths Freude zu schätzen wusste. Er schnipste die Zigarette weg, nahm ihre Hand in die seine und blickte sie an.

»Eigentlich habe ich es dir zu verdanken«, sagte er fast flüsternd. »Du hast mir gestern Mut gemacht, noch einmal mit denen zu sprechen. Na ja, und ein kleines Ass im Ärmel hatte ich auch noch«, fügte er vieldeutig lächelnd hinzu.

Edith sah ihn ein wenig irritiert an. Sie hatte keine Ahnung, was er damit meinte.

Doch dann fiel es ihr wie Schuppen von den Augen. Alfons' Abneigung gegen Lutz, die Andeutungen, dass der Bauer nicht so unschuldig war, wie er tat, und die Tatsache, dass auch er Lutz in jener Nacht womöglich gesehen haben könnte. All das fiel ihr wieder ein. Ganz unwillkürlich zog sie ihre Hand zurück und starrte ihn entgeistert an. Doch bevor sie ihn mit alldem konfrontieren konnte, stand er auf. Augenscheinlich ahnte er nichts von Ediths ungeheuerlichem Verdacht.

»Ich hau mich aufs Ohr. Morgen wird ein anstrengender Tag. In aller Herrgottsfrühe will ich meine Sachen packen«, antwortete er unbedarft. Er blickte Edith noch einmal an. »Ich würde mich sehr freuen, wenn du mich mal besuchen kommst.«

Edith nickte nur stumm. Noch immer hatte sie ihre Sprache nicht wiedergefunden. Dann verschwand er in der Hütte und ließ Edith mit ihren Gedanken und dem erwachenden Sternenhimmel allein.

Alma

Anfang September 1945

Alma betrat das Bauernhaus. In der Garderobe streifte sie sich ihre Schuhe von den Füßen, an denen noch etwas Sand klebte. Auch ihre Haare waren noch feucht vom Schwimmen, obwohl sie anschließend noch lange am Strand gesessen hatten.

Es hatte Alma gutgetan, mit Edith über ihren Vater zu reden. Die Last dieses Geheimnisses wog nun gefühlt etwas leichter auf ihren Schultern. Außerdem hatte Edith ihr auf dem Rückweg noch Mut gemacht, dass es vielleicht nichts zu bedeuten hatte, dass das Foto verschwunden war. Vielleicht hatte es nur ein Tier ausgegraben und davongetragen. Oder es war vom Regen, der in die Erde gesickert war, samt Holzschächtelchen bereits verrottet.

Vielleicht kam ihr Vater also tatsächlich mit seiner Lüge durch, und die Sowjets würden ihn nicht wegsperren und ihm alles nehmen. Ob sie ihm allerdings seine Taten und besonders seine Unaufrichtigkeit verzeihen konnte, das wusste Alma noch nicht.

Auf leisen Sohlen ging sie durch den Flur. Hinter den verschlossenen Türen war es bereits ruhig. In der Waschküche brannte hingegen noch Licht. Ein schwacher Kerzenschein fiel durch die angelehnte Küchentür auf den alten Holzfußboden. Der Strom war bereits abgestellt.

Alma lugte durch den Spalt und sah ihren Vater vertieft in ein Buch im Schaukelstuhl sitzen. Vermutlich machte ihre Mutter gerade ihre Runde über den Hof.

Der Duft von Sellerie, Bohnen und Kartoffeln, die augenscheinlich als Eintopf bereits ausgiebig auf dem Herd vor sich hin geköchelt hatten, stieg Alma in die Nase und zog sie beinahe hinein. Ihre Eltern hatten schon gegessen, was sie an dem gereinigten Geschirr sehen konnte, das neben der Spüle trocknete.

Alma hatte seit den Mittagsstunden nichts mehr zu sich genommen. Doch sie zögerte. Noch war sie nicht bereit, ihrem Vater unter die Augen zu treten, weshalb sie schließlich ihren knurrenden Magen ignorierte und in Richtung ihres Zimmers weiterging.

Dort warf sich Alma auf ihr Bett. Sie starrte an die Decke, ließ ihre Gedanken kreisen und versuchte gleichzeitig, diejenigen über ihren Vater zu verdrängen. Sie dachte an Friedrich, versuchte sich seine weichen Lippen in Erinnerung zu rufen. Und seine Hände, die ihre Haut so sanft gestreichelt hatten, dass sie bei jeder seiner Berührungen eine wohlige Gänsehaut sowie ein klopfendes Herz bekommen hatte.

Nach einer Weile erhob sie sich wieder, öffnete die Nachttischschublade und holte die Briefe heraus, die Friedrich ihr von der Front geschickt hatte. Sie verteilte sie auf ihrem Bett auf der Suche nach einem ganz bestimmten.

Doch bevor sie ihn fand, klopfte es an ihrer Tür. Das musste ihre Mutter sein. Alma seufzte schon leicht genervt und wollte sie gerade wegschicken, als Edith ihren Kopf hereinsteckte.

Überrascht und auch ein wenig verdutzt blickte Alma ihre Freundin an.

Edith räusperte sich. »Darf ich reinkommen?«

»Natürlich!«, sagte Alma sofort und schob die Briefe mit einer schnellen, aber sorgsamen Armbewegung beiseite.

Edith schloss die Tür hinter sich und setzte sich ans Fußende des Bettes.

Sie deutete auf den Stapel Briefe. »Sind das …?«

Alma nickte und vollendete den Satz: »Friedrichs Briefe.«

»Mein Vater hat uns auch geschrieben«, erzählte Edith. »Wenn Mutter die Briefe vorgelesen hat, haben wir immer an ihren Lippen geklebt und jedes Wort in uns aufgesaugt. Dabei hat er oft nur über Belanglosigkeiten wie das fade Essen, die kalten Nächte, die Langeweile bei den Wachdiensten oder die langen Märsche geschrieben. Die wirklich schlimmen Dinge von der Front hat er uns wohl verschwiegen. Vermutlich, um uns zu schützen.« Edith seufzte kurz. »Es ist seltsam zu wissen, dass ich nie wieder eine Zeile von ihm lesen werde.«

Alma nickte verständnisvoll, auch wenn sie schwieg. Friedrichs Zeilen kannte sie ebenso in- und auswendig. Und ob auch diese die letzten von ihm waren, daran mochte sie gar nicht denken.

Edith schüttelte sich kurz, wie um die Gedanken an ihren Vater aus dem Kopf zu kriegen.

»Warum ich eigentlich gekommen bin …«, begann sie nun. »Ich muss mit dir über Alfons sprechen. Ich glaube, er hat etwas Dummes gemacht. Vermutlich, weil er nicht wusste, was das für Konsequenzen hat. Also für dich und deine Mutter und den Hof. Ich will ihn nicht in Schutz nehmen oder so. Aber sie wollten ihm kein Land geben. Doch jetzt hat er welches. Und ich glaube, er hat dafür …« Edith schluckte.

Alma konnte ihr nicht recht folgen, weshalb sie Edith einen verdutzten Blick zuwarf.

Doch bevor Edith weitersprach, fiel ihr Blick auf die offenen Kommode neben dem Bett. Nur noch der Brief der Wehrmachtauskunftstelle lag in der Schublade. Edith beugte sich vor und holte ihn heraus.

Alma schluckte nur, hielt sie aber nicht auf.

Edith wendete den Brief in ihren Händen, sah, dass er noch verschlossen war. Als sie den Poststempel entdeckte, stutzte sie und blickte Alma fragend an. »Der ist schon Ende Juni gekommen.«

Alma schluckte erneut und nickte schließlich ganz langsam.

»Aber du hast doch gesagt, dass man nicht weiß, was mit Friedrich geschehen ist?!«

»Ich weiß es ja auch nicht«, antwortete sie beinahe stotternd und kaum hörbar. »Ich habe den Brief noch nicht geöffnet.«

»Aber wieso denn nicht?«, fragte Edith derart entgeistert, dass Alma kurz zusammenzuckte.

»Du drängst mich die ganze Zeit, meine Schwester zu suchen, aber selbst drückst du dich vor der Wahrheit?«

»Weil ich verdammt noch mal Angst habe«, schoss es nun aus ihr heraus. »Angst, dass Friedrich wirklich tot ist.« Sie seufzte kurz und fügte dann leiser hinzu: »Ich wüsste nicht, was ich dann tun sollte.«

Kurz dachte Alma an den Tag, als der Brief angekommen und sie in die Ostsee gegangen war. Sie konnte nicht ausschließen, dass sie den Weg ins Wasser nicht noch einmal suchen würde.

»Aber vielleicht lebt dein Verlobter noch! Vielleicht ist er in Kriegsgefangenschaft«, fuhr Edith immer noch mit einer gehörigen Portion Verständnislosigkeit in der Stimme fort.

»Ja, vielleicht.« Alma warf einen Blick auf Friedrichs Briefe, die neben ihr auf dem Bett lagen. Der letzte war auf Dezember 1944 datiert. Seitdem hatte es kein Lebenszeichen mehr von ihm gegeben. Und es war unwahrscheinlich, dass es nun ausgerechnet in dem Brief der Wehrmachtauskunftstelle steckte.

Edith riss sie aus ihren Gedanken heraus: »Und auch wenn er tatsächlich tot sein sollte«, erriet Edith Almas Gedanken. »Es ist doch besser, den Inhalt des Briefes zu kennen und nach vorne blicken zu können, statt ewig im Ungewissen zu sein. So oder so lässt sich die Wahrheit nicht verdrängen. Du musst ihn öffnen!«

Alma schüttelte den Kopf. Doch Edith ließ nicht locker. Sie hielt ihr den Brief auffordernd unter die Nase. Alma nahm ihn schließlich, fuhr zögernd mit den Fingern über die geklebte Umschlagseite. Dabei suchte sie nach einer Ausrede, um ihn ungeöffnet wieder in die Schublade legen zu können. Krampfhaft dachte sie nach.

Plötzlich sah sie Edith an. »Und was ist mit dir? Du verdrängst doch auch Dinge, weil es leichter ist. Zum Beispiel hast du mir immer noch nicht erzählt, was mit deiner Schwester geschehen ist. Wie ist sie verschwunden?«

»Das ist etwas ganz anderes.«

»Wieso ist das etwas anderes? Willst du nicht über sie reden, weil es zu sehr schmerzt oder weil …«, plötzlich kam Alma ein beunruhigender Gedanke, und bevor sie nachdachte, sprach sie ihn schon aus. »Oder weil du etwas mit ihrem Verschwinden zu tun hast. Ist es etwa deine Schuld?«

Edith sprang auf. Ihre Gesichtszüge verhärteten sich. »Du hast doch keine Ahnung, was da draußen los ist. Außerhalb deiner heilen Welt«, verteidigte sie sich laut.

Alma fiel fast aus allen Wolken. Nun sprang auch sie auf, stand Edith mit verschränkten Armen gegenüber. »Heile Welt, ja?«, antwortete sie beleidigt. »Mein Vater wird wahrscheinlich verhaftet, wir verlieren alles, und mein Verlobter ist tot.«

»Das weißt du ja nicht. Weil du zu feige bist, den Brief zu öffnen«, antwortete Edith beinahe tonlos.

Alma schluckte betroffen. »Ich glaube, es ist besser, wenn du jetzt gehst.«

Edith zögerte, schließlich nickte sie. Ohne ein weiteres Wort verließ sie das Zimmer.

Alma blickte Edith kurz hinterher. Dann räumte sie kurzerhand Friedrichs Feldpost samt dem Brief der Wehrmachtauskunftstelle in ihre Nachttischschublade zurück. Sie war viel zu aufgewühlt, um jetzt noch Friedrichs Zeilen lesen zu können.

Edith

Mitte September 1945

Die Mittagssonne stand hoch, und die spätsommerliche Hitze ließ die Luft über den Feldern flimmern. Edith wischte sich den Schweiß von der Stirn, während sie per Hand den reifen Flachs samt Wurzeln aus dem trockenen Boden zog. Raufen nannte man diese Art der Ernte, hatte Hertha ihr noch am Morgen erklärt, bevor sie mit den anderen Feldarbeitern den Hof verlassen hatten. Dann schnürte Edith die langen grasartigen Pflanzen, die später zu Leinenstoff verarbeitet werden würden, zu einem Bündel zusammen. Mehrere solcher Bündel stellte sie anschließend gleich auf dem Feld zeltartig zum Trocknen auf.

Die Arbeit strengte Edith an. Ihr Rücken schmerzte vom Bücken, und trotz der Handschuhe, die sie trug, hatten sich bereits Blasen an ihren Handflächen gebildet. Doch ein wenig musste sie noch durchhalten. Magdas Suppe würde es erst in gut einer Stunde geben.

Seit dem Hoffest, dem Abschied von Ewald und dem unsäglichen Streit mit Alma war nun schon mehr als eine Woche vergangen. Edith bereute die Worte zutiefst, die sie Alma in der Nacht hitzig und allzu vorschnell an den Kopf geworfen hatte. Auch wenn sie immer noch der Meinung war, dass Alma den Brief öffnen sollte, war ihr klar, dass sie die Freundin nicht dazu zwingen durfte und dass es nicht ihre Entscheidung war. Sie wollte sich bei Alma entschuldigen, doch ihre Freundin ging ihr aus dem Weg. Wenn sie sich auf dem Hof begegneten, tat Alma ganz geschäftig oder lief eilig weiter, bevor Edith sie ansprechen konnte. An einem Abend hatte sie Alma sogar im Bauernhaus aufsuchen wollen. Doch Frau Katharina hatte sie nicht zu ihr gelassen mit der Ausrede, dass ihre Tochter schon zu Bett gegangen war. Schwimmen waren die Freundinnen auch nicht mehr gewesen, was Edith mehr vermisste, als sie gedacht hatte.

Über Alfons hatte sie deshalb auch noch nicht mit Alma reden können. Wie angekündigt war er am nächsten Morgen in aller Frühe mit dem Motorrad zu seinem ihm zugeteilten Land aufgebrochen. Nur von Hertha und Simone hatte er sich noch verabschiedet, da sie schon wach gewesen waren. Die anderen – auch Lutz, Katharina und Alma – hatten erst später von seinem Weggang erfahren. Ob er sich klammheimlich aus dem Staub gemacht hatte, weil er Lutz' Foto tatsächlich weitergeben hatte oder weil er aus seinem Abschied keine große Sache hatte machen wollen, wusste Edith nicht.

Die Sowjets waren bisher jedenfalls nicht gekommen, um Lutz zu befragen oder gar zu verhaften, was Edith enorm erleichterte. Vielleicht lag sie mit ihrem ungeheuerlichen Verdacht also doch falsch. Sie hoffte es zumindest inständig.

Plötzlich hörte sie einen lauten Pfiff, der über das Feld hallte. Edith drehte sich um und sah Magda, die am Wegesrand nahe dem Bauernhaus stand und ihr zuwinkte. Edith blickte kurz nach rechts und links, vergewisserte sich, dass sie gemeint war. Doch die anderen Feldarbeiter waren weiter hinten beschäftigt. Simone spielte am Waldrand, während Hertha dort den Flachs raufte. Gehorsam lief Edith auf die Frau in der Kittelschürze und dem Kopftuch schließlich zu.

»Madla, du musst mir einen Gefallen tun!«, rief Magda bereits, bevor Edith sie erreicht hatte.

Edith blickte sie noch im Gehen fragend an.

»Das Salz ist mir ausgegangen. Du musst für mich fix nach Wrede laufen, um welches einzuholen.«

Edith zögerte, sie blickte kurz über ihre Schulter. Auf dem Feld gab es noch viel zu tun. »Kann das nicht Alma machen?«

Magda schüttelte den Kopf. »Sie ist mit dem Rad zur Kirche gefahren, den Pfarrer besuchen. Ich kann nicht warten, bis sie zurückkommt. Das Mittagessen muss doch pünktlich fertig werden. Und ohne Salz brauch ich den Arbeitern und vor allem den Hausherren die Suppe doch gar nicht erst vorzusetzen. Was sollen die von mir und meinen Kochkünsten halten, wenn die Brühe ganz nüchtern daherkommt? Bitte, Edith! Tu mir den Gefallen.«

Edith nickte. »Ist gut. Ich geh schnell.«

Magda atmete sichtlich erleichtert aus, holte ein dickes Bündel Reichsmarkscheine aus ihrer Kitteltasche und reichte es Edith. Die streifte ihre Handschuhe ab, nahm das Geld und machte sich querfeldein auf den Weg nach Wrede.

Mittlerweile kannte Edith den kleinen Küstenort ganz gut, auch wenn sie nur selten die Gelegenheit hatte, durch die belebten Straßen zu flanieren. Oft fuhr sie nur mit dem Rad an den kleinen, noch immer schaufensterleeren Geschäften vorbei, wenn sie auf dem Weg zum Postamt war, um sich nach einem Telegramm vom Suchdienst zu erkundigen.

Hinter dem Brunnenplatz bog sie in eine Straße ein, an deren Ende ein mehrstöckiges Eckhaus den kleinen Kaufmannsladen beherbergte. Den einzigen im Ort. Mittwochs und samstags gab es Lebensmittel auch auf dem Markt zu kaufen, wenn die Händler denn etwas anzubieten hatten.

Schon von Weitem sah Edith, dass in den Schaufenstern des Kaufmannsladens wieder gähnende Leere herrschte. Statt Werbeplakaten oder einer geschmückten Auslage klebte nur ein großer Zettel an der Scheibe, auf dem handschriftlich vermerkt war, welche Lebensmittel es nur auf Bezugsschein gab und wie hoch die Preise für anderweitige Waren nun wieder gestiegen waren.

Vor dem Eingang standen ein paar Menschen geduldig in einer Reihe an. An ihrer Kleidung konnte Edith erkennen, dass sie allesamt Geflüchtete waren. In den Händen hielten sie ihre Lebensmittelkarten, als wären sie ihr kostbarstes Gut, und vermutlich traf das auf die meisten tatsächlich zu. Edith wusste, dass den Vertriebenen weniger Lebensmittel zugestanden wurden als etwa heimischen Familien. Obwohl diese keine kräftezehrende Reise hinter sich hatten und sich doch oft durch den Anbau von Gemüse in ihren kleinen Gärten zusätzlich ein wenig selbst versorgen konnten. Jeder Quadratzentimeter Land wurde dafür genutzt. Selbst in den Vorgärten sprossen mittlerweile Kartoffelpflanzen und Rüben statt Lilien und Rosen.

Edith schluckte betroffen. Sie konnte sich nicht vorstellen, wie die Vertriebenen, die kein Land besaßen, die nächsten Monate überleben sollten. Bald würde die Kälte einsetzen, und ihre dünne Kleidung würde nicht mehr ausreichen, um ihre ausgemergelten Körper zu schützen.

Edith war heilfroh, nicht auf die zugeteilten Milch-, Fett- und Zuckerrationen angewiesen zu sein, sondern auf dem Hof einen guten Ort gefunden zu haben, auf dem sie leben und für ihr Essen arbeiten konnte.

Brav stellte Edith sich ganz hinten in der Reihe an und wartete, bis sie dran war.

Als sie nach einer kurzen Weile des Wartens den Laden betrat, begrüßte sie der Kaufmann freundlich lächelnd. »Was kann ich für Sie tun, Fräulein?«

»Ich komme vom Gerber-Hof. Unserer Küchenfrau ist das Salz ausgegangen. Haben Sie noch welches?«

Sein Lächeln wurde noch etwas breiter. »Sie haben Glück. Ein Päckchen habe ich noch.« Er drehte sich um und fischte aus dem überwiegend leeren, deckenhohen Holzregal ein in Papier geschlagenes Päckchen heraus und legte es vor ihr auf den Tresen. Edith reichte ihm das Geld, das Magda ihr gegeben hatte. Er zählte die Scheine durch, blickte dann aber auf. »Das reicht nicht.«

»Das sind mehr als zweihundert Reichsmark!«, entgegnete Edith verdutzt.

»Salz ist ein kostbares Gut dieser Tage, und dann die Inflation. Mit dem, was ich heute einnehme, kann ich morgen schon nicht mehr meine Waren bezahlen. Wenn sie denn überhaupt geliefert werden. Tut mir leid, entweder du packst noch einen Schein drauf, oder das Salz bleibt hier.«

Edith zögerte, ihre Taschen waren leer. Sie hatte weder Geld noch irgendetwas anderes, was sie ihm unter der Hand für das Päckchen bieten konnte.

Da sah sie draußen an der Straßenecke Alma. In ihrem Sonntagskleid kam sie ihr Rad schiebend aus Richtung der Kirche. Kurzerhand eilte Edith aus dem Laden heraus.

»Ich komme gleich wieder. Legen Sie das Päckchen bitte für

mich zurück«, rief sie dem verdutzten Kaufmann noch an der Tür zu, bevor sie hinaustrat und eiligen Schrittes auf Alma zulief.

Alma blickte sie verdutzt an, als sie Edith auf sich zukommen sah. Sie schien kurz zu überlegen, ob sie nicht einfach auf ihr Fahrrad springen und wegfahren sollte. Doch Edith ließ ihr keine Wahl, stellte sich ihrer Freundin direkt in den Weg.

»Was willst du?«, fragte Alma nun etwas schnippisch.

»Eigentlich mit dir reden. Aber zuerst Geld. Hast du etwas dabei?«

»Wie bitte!«, entgegnete Alma mehr verdutzt als verärgert.

»Nicht für mich. Für Magda oder besser gesagt für den Kaufmann. Das Salz ist ihr ausgegangen. Aber es ist schon wieder teurer geworden.«

Almas Blick veränderte sich. Unmittelbar griff sie in ihre Taschen. Doch dann schüttelte sie schon den Kopf. »Die paar Groschen, die ich in der Tasche hatte, habe ich in die Kollekte getan.«

Edith seufzte kurz. »Magda wird bestimmt enttäuscht von mir sein.«

Alma blickte sie an, und Edith glaubte, ein wenig Mitgefühl in ihren Augen erkennen zu können.

Da bildete sich plötzlich ein Tumult vor dem Rathaus, das etwas abseits des Brunnenplatzes gelegen war. Ein paar Soldaten standen auf den Stufen. Über ihren Köpfen wehten die roten Fahnen, die aus den Fenstern hingen. Die Uniformierten hielten jemanden fest, der sich augenscheinlich zu wehren versuchte. Es war ein Mann, wer er war, konnte Edith aus der Entfernung allerdings nicht erkennen. Eine Traube von Menschen, die sich vor den Stufen versammelt hatte, versperrte ihr die Sicht. Die Herumstehenden schimpften und reckten dabei drohend ihre Fäuste in die Luft. Ob sich ihre Appelle gegen die Soldaten oder den sich wehrenden Mann richteten, konnte Edith ebenfalls nicht ausmachen.

Von der Neugier getrieben liefen Edith und Alma fast gleichzeitig los. Die Protestrufe wurden immer lauter, je näher sie dem ehemaligen Amtssitz des Ortes kamen, der nun die neue provisorische Administration beherbergte.

Als sie sich auf wenige Meter dem Rathaus genähert hatten, blieb Alma abrupt stehen. Edith stutzte, sah sie fragend an. »Was ist?«

Alma deutete auf den Mann, der immer noch versuchte, sich aus dem festen Griff der Soldaten zu winden. »Das ist Konrad Blatter. Der Bürgermeister.«

Edith folgte Almas Fingerzeig und erkannte ihn nun auch. Erschrocken blickte sie wieder zu Alma, die neben ihr ganz bleich geworden war.

»Lasst mich los! Ich habe nichts getan!«, rief Blatter nun seinen Peinigern zu.

»Wir haben Beweise, die das Gegenteil bezeugen!«, antwortete einer der Soldaten mit starkem russischem Akzent.

»Was meint er damit? Wieso nehmen sie ihn mit?«, fragte Alma leise und noch immer vollkommen erschrocken über die Situation.

Edith schluckte. Das Foto von Lutz fiel ihr wieder ein. Darauf war auch Blatter zu sehen gewesen, wie Alma ihr erzählt hatte. Sie drehte sich zu Alma um, atmete noch einmal tief durch, bevor sie ihr endlich noch einmal richtig von ihrem Verdacht erzählte. »Es kann sein, dass Alfons das Foto deines

Vaters ausgegraben und den Russen gegeben hat, um Land zu bekommen.«

»Was?«, stieß Alma nur aus. Nun war auch die restliche Farbe aus ihrem Gesicht gewichen. Sie schien etwas zu taumeln. Edith befürchtete schon, dass sie in Ohnmacht fallen könnte. Vorsichtshalber griff sie den Arm ihrer Freundin und versuchte die Wucht der Nachricht aufzufangen.

»Aber ich weiß es nicht genau. Vielleicht irre ich mich auch, und Blatter wird wegen etwas anderem verhaftet.«

Alma blickte sie beinahe nüchtern an. »Wolltest du mir das letzte Woche erzählen?«

Edith nickte. Alma schluckte tief betroffen, dann besann sie sich wieder. »Ich muss meine Eltern warnen.«

Bevor Edith zustimmen konnte, zerriss plötzlich ein Schuss die ohnehin aufgewühlte Luft. Alma zuckte erschrocken zusammen, ließ ihr Fahrrad los, das krachend umfiel. Edith warf sich reflexhaft und an so manch brenzlige Situation während ihrer Flucht erinnernd auf den Boden. Blitzschnell zog sie auch ihre Freundin hinunter und legte schützend die Arme über sich und Alma. Vorsichtig hoben sie anschließend ihre Köpfe und blickten zum Rathaus. Ein Soldat hielt sein Gewehr in die Luft. Augenscheinlich hatte er in die Luft geschossen. Doch die Menschen, die eben noch mutig vor den Treppen skandiert hatten, waren nun in alle Himmelsrichtungen geflohen. Zwei weitere Soldaten drückten Blatter zu Boden und schlugen dabei hemmungslos auf ihn ein. Er wand sich nicht mehr, wehrte sich nicht gegen die Tritte und Schläge. Trotzdem hörten die Soldaten erst auf, als er wie ein Häufchen Elend und sichtbar lädiert regungslos auf den Stufen lag. Sie zogen ihn hoch, schleppten ihn zu einem Militärfahrzeug und fuhren davon.

Nur wenige Augenblicke später hatte sich die Situation beruhigt. Die Leute schienen sich wieder um ihre eigenen Sorgen zu kümmern, ganz so, als wäre nicht gerade einer von ihnen auf brutalste Weise verhaftet worden.

Auch Edith und Alma erhoben sich wieder. Ediths Knie fühlten sich noch ganz weich an, und auch Alma schien den Schreck noch nicht verdaut zu haben. Mit zittrigen Händen klopfte sie sich den Staub von ihrem Kleid und stellte ihr Fahrrad auf.

»Ich fahr jetzt lieber«, sagte Alma anschließend mit brüchiger Stimme. Edith nickte.

Bevor Alma sich jedoch auf den Sattel setzte, fasste sie sich ins Haar und öffnete eine silberne Spange. Sie reichte sie Edith, die Alma etwas verwundert anblickte.

»Der Kaufmann hat eine Tochter, die er über alles liebt. Und das zeigt er ihr auch gern«, erklärte Alma. »Er wird dir das Salz im Tausch gegen die Spange geben.«

Edith nahm sie entgegen und nickte Alma zu, bevor diese auf ihr Rad stieg und eilig Richtung Bauernhaus fuhr.

Alma

Mitte September 1945

Die Luft in der Küche war zum Reißen gespannt. Alma stand an die Spüle gelehnt und trat nervös von einem Fuß auf den anderen. Sie hatte ihren Eltern soeben von der Verhaftung Blatters erzählt. Und von Alfons, der vermutlich das Foto ausgegraben und weitergegeben hatte, um an Land zu kommen.

Ihr Vater saß am Küchentisch auf seinem angestammten Platz. Seine Arme hielt er vor der Brust verschränkt, sein Gesicht war beinahe ausdruckslos. Nur die tiefe Furche, die sich quer über seine Stirn zog, zeugte von der inneren Sorge und dem Aufruhr, die auch Alma verspürte.

Ihre Mutter hingegen konnte ihre Beunruhigung nicht so gut verbergen, was Alma ein wenig verwunderte. War sie doch sonst diejenige, die mit ihren Gefühlen nicht gerade hausieren ging. Wie eine Raubkatze in einem viel zu kleinen Käfig tigerte ihre Mutter in der Waschküche auf und ab.

»Was sollen wir denn jetzt tun?«, fragte Alma in die gespannte Stille hinein.

Ihr Vater sah sie an, schwieg aber. Und auch ihre Mutter sagte nichts, überlegte wohl noch, was sie darauf antworten sollte.

»Vielleicht solltest du dich stellen …«, schlug Alma schließlich vor, die das Schweigen beinahe noch unerträglicher fand als die Ungewissheit, was nun passieren würde. »Oder verstecken.«

Doch Lutz schüttelte sogleich den Kopf. »Ich verstecke mich nicht wie ein feiger Hase. Und meinen Hof lasse ich mir auch nicht nehmen. Wenn, dann müssen sie mich hier schon mit den Füßen voraus hinaustra…«

»Lutz!«, unterbrach Katharina ihn aufgebracht, die nun stehen geblieben war und ihrem Mann einen bitterbösen Blick zuwarf. »Das ist das Dümmste, was ich je von dir gehört habe! Wir finden eine Lösung. Wir haben immer eine gefunden.«

Lutz blickte seine Frau lange an. Schließlich nickte er. Doch ob ihre Worte ihn tatsächlich überzeugt hatten, war für Alma nicht ersichtlich.

Nun wandte sich Katharina Alma zu, sah sie fragend an.

»Seit wann wusste Edith, dass Alfons Lutz in der Nacht gesehen hat?«

Alma schluckte. Sie dachte daran, dass Edith schon vor einer Woche mit ihr darüber hatte reden wollen. Doch Alma hatte diesen dämlichen Streit vom Zaun gebrochen, nur um von dem Wehrmachtsbrief abzulenken. Das bereute sie nun.

Doch seit wann Edith gewusst hatte, dass sie nicht die Einzige gewesen war, die ihren Vater in der Nacht beobachtet hatte, das konnte Alma nicht sagen.

Sie zuckte zur Antwort mit den Schultern. »Vielleicht hat er das Foto ja auch gar nicht weitergegeben. Edith war sich nicht sicher.«

»Aber er ist fort, und du sagst, er hat Land bekommen. Und das, obwohl er ein Krüppel ist.«

Alma schluckte.

»Vielleicht war sie es auch selbst«, mutmaßte ihre Mutter weiter. »Und nun sucht sie einen Sündenbock, um auf dem Hof bleiben zu dürfen.«

»Nein, sie war es nicht!«, antwortete Alma mit einer Bestimmtheit, die ihre Mutter kurz innehalten ließ. Dann tigerte sie weiter durch die Küche. Mit einer Arroganz, die Alma nur schwer ertragen konnte, sprach ihre Mutter dabei mehr zu sich selbst: »Egal, wer von denen es war. Ich wusste, dass man diesem Pack nicht trauen kann.«

»Weder Alfons noch Edith haben einen Fehler gemacht«, hörte sich Alma plötzlich sagen. Sie blickte ihren Vater an und fuhr tonlos fort: »Sie waren es nicht, die sich auf die falsche Seite geschlagen haben.«

Ihr Vater erwiderte ihren Blick. Er wirkte ob Almas Ehrlichkeit und Mut überrascht. Doch sah sie in seinen Augen auch, dass sie nichts ausgesprochen hatte, was er sich nicht schon längst selbst eingestanden hatte.

Nur ihre Mutter brachte ihr einen Sturm der Entrüstung entgegen. Wie angewurzelt blieb sie stehen und warf ihrer Tochter einen Blick zu, der nicht hätte kälter und abweisender sein können.

»Raus!«, schrie sie plötzlich.

Alma fuhr zusammen, doch dann blickte sie selbstbewusst auf, setzte sich in Bewegung und verließ die Küche, ohne ein weiteres Wort zu verlieren.

Erst in ihrem Zimmer traute Alma sich wieder durchzuatmen. Sie merkte, dass ihre Hände zitterten. Bebend vor Wut und Angst legte sie sich aufs Bett, versuchte sich zu beruhigen. Doch es fiel ihr schwer, ihre Gedanken zu sortieren.

Als zumindest die körperliche Aufregung etwas nachließ,

öffnete sie die Nachttischschublade und holte Friedrichs Briefe heraus. Sie öffnete den obersten und begann die Zeilen zu lesen. Doch auf deren Inhalt konnte sie sich nur schwer konzentrieren.

Der Tag war mehr als aufwühlend gewesen. Zwar hatte sie mit Edith gesprochen, was ihr überraschend gutgetan hatte. Doch die schrecklichen Szenen der Verhaftung, die sich in ihrem Kopf immer und immer wieder abspielten, und die Angst, dass ihr Vater der Nächste sein könnte, ließen sie erschaudern.

Plötzlich sehnte sie sich so sehr nach einer guten Nachricht, die diesen Tag vergessen lassen könnte, dass sie aufblickte. Sie legte Friedrichs Feldpost beiseite und holte den Umschlag der Wehrmachtauskunftstelle aus der noch immer geöffneten Lade heraus.

Behutsam drehte und wendete sie ihn in ihren Händen und riss ihn schließlich auf. Wie erwartet, kam ein schmaler Brief zum Vorschein, den Alma nun langsam herauszog. Das gefaltete Schreiben fühlte sich weniger gewichtig an, als sie erwartet hatte. Sie wollte das Papier gerade auffalten, als sich in ihr doch etwas zu sträuben begann. Sie hielt inne, zögerte, blickte unschlüssig zwischen dem noch immer gefalteten Brief in ihrer Hand und Friedrichs Zeilen, die offen neben ihr lagen, hin und her …

Für Alma

Einige Jahre zuvor

Je länger ich hier an der Front bin, desto schwerer fällt es mir, all die wunderbaren Momente, die ich mit dir verleben durfte, in meinem Kopf zu bewahren. Die guten Erinnerungen verflüchtigen sich nach und nach wie der Nebel am Morgen. An deren Statt nisten sich die schlechten ein, die von den Kämpfen sowie der Ungerechtigkeit und Abscheulichkeit erzählen, der wir Soldaten hier ausgesetzt sind. Wie eine donnergrollende Gewitterwolke machen sie sich in meinem Kopf breit und verdunkeln alles.

Wohl deshalb schreibe ich so gern in meinen Briefen über unsere gemeinsame Zeit. Ich schreibe sie nicht nur für dich auf, sondern auch für mich. Damit auch ich sie nicht vergesse, mich immer daran erinnere, dass es bessere Zeiten gibt, für die es sich lohnt, weiterzumachen.

Über einen ganz besonderen Moment, an den ich so gern zurückdenke, möchte ich dir heute schreiben. Ich wage mich nicht sonderlich weit aus dem Fenster, wenn ich sogar behaupte, dass es der schönste Moment in meinem Leben gewesen ist. Der Moment, in dem du Ja gesagt hast.

Wir waren an den Kreidefelsen, erinnerst du dich? Es hat vorher geregnet, das Meer ist ungestüm gewesen. Eigentlich war es kein guter Tag, um am Strand spazieren zu gehen. Doch uns war das egal. Wir wollten ungestört sein.

Ich erinnere mich, dass dein Haar so schön im Wind wehte und du gefröstelt hast. Ich habe dir meine Jacke gegeben, damit du dich aufwärmen kannst. Als du sie anhattest, hast du in die Tasche gegriffen und den Ring gefunden, den ich dir eigentlich zu einem viel passenderen Zeitpunkt hatte geben wollen. Jetzt im Nachhinein denke ich, dass es genau der richtige Moment und der perfekte Ort war. Es hätte keinen besseren geben können als diesen am Strand.

Du hast den Ring herausgezogen und mich so merkwürdig angesehen. Im ersten Moment dachte ich, dass du mich gleich auslachen würdest. Oder schreiend davonrennen. Beide Reaktionen hielt ich für durchaus möglich, und sie jagten mir eine Heidenangst ein.

Doch dann hast du gelächelt. Du hast mich angesehen und meine Wange geküsst, und ich wusste, dass wir für immer zusammenbleiben würden.

Später, nachdem ich dir den Ring auf deinen Finger gesteckt hatte, bist du wie ein aufgescheuchtes Huhn über den Strand gelaufen. Ich sehe es noch genau vor mir. Und ich muss immer noch schmunzeln, wenn ich daran zurückdenke. Aber du wolltest mir zu unserer Verlobung auch unbedingt etwas schenken.

Zwischen ein paar großen Feuersteinen hast du etwas herausgezogen. Einen Hühnergott, gerade einmal daumennagelgroß. Das Loch, das den Stein zu einem Glücksbringer machte, befand sich exakt in der Mitte.

Den Stein habe ich noch immer. An einem Lederband trage ich ihn heimlich unter meiner Uniform. Er wird mir hier Glück bringen, das weiß ich. Und er wird mich zu dir nach Hause bringen!

In inniger Liebe, dein Friedrich

Alma

Mitte September 1945

Die Sonne kitzelte ihre Nasenspitze und weckte Alma. Sie lag auf ihrem Bett. Ihr Haar, noch halb in einem Flechtzopf steckend, war zerzaust. Sie trug noch ihr Kleid, das sie sich für ihren gestrigen Besuch in der Kirche herausgesucht hatte. Ein wenig Schmutz klebte noch am Saum. Sie war gestern zu müde gewesen, um sich noch umzuziehen, ihre Haare zu kämmen und sich bettfertig zu machen.

Und doch hatte sie fast die ganze Nacht nicht schlafen können. Immer wieder war sie aufgeschreckt, weil sie geglaubt hatte, ein Motorengeräusch zu hören. Dann war sie aufgesprungen, zum Fenster gelaufen und hatte hinausgesehen. Doch es waren weder ein Wagen noch Soldaten zu sehen gewesen, die ihren Vater hatten abholen wollen.

Bis zum Morgengrauen war es ruhig geblieben. Dann endlich war sie in einen tiefen Schlaf gefallen und hatte um sich herum nichts mehr mitbekommen. Nicht einmal den Hahn hatte sie krähen gehört.

Noch immer müde kämpfte Alma sich nun aus ihrem Bett heraus und warf einen kurzen Blick in den kleinen Spiegel über ihrer Kommode. Der fehlende Schlaf und die Angst um ihren Vater hatten ihre Augen in tiefe Schatten gelegt. Auch die Auseinandersetzung mit ihrer Mutter fiel ihr wieder ein.

Es war das erste Mal gewesen, dass sie so ehrlich ausgesprochen hatte, was sie dachte. Ein wenig stolz auf sich war sie schon deswegen. Allerdings tat es ihr leid, dass ihre Aussage sich ausgerechnet gegen ihren Vater gerichtet hatte.

Auf dem Fußboden neben ihrem Bett lagen noch die Briefe von Friedrich verstreut. Sie mussten über Nacht von der Bettdecke gerutscht sein. Auch der Brief der Wehrmachtauskunftstelle lag dazwischen. Sie hatte den Umschlag geöffnet, doch gelesen hatte sie das Schreiben noch immer nicht. Zu groß war plötzlich wieder die Angst gewesen, dass es doch keine positive Nachricht bereithielt, sondern nur eine weitere schlechte. Und noch eine solche konnte sie derzeit nicht ertragen. Deswegen hatte sie wieder nur Friedrichs Zeilen gelesen, wie so oft in letzter Zeit, wenn sie sich hatte ablenken wollen. Geklappt hatte es dieses Mal jedoch nur bedingt.

Alma setzte sich vor ihren Spiegel, löste die Haarspangen aus ihrer übrig gebliebenen Frisur. Dann kämmte sie sich ihr Haar und band es zu einem einfachen Zopf zusammen. Anschließend wusch sie sich das Gesicht über der kleinen Emailleschüssel, die sie zuvor mit frischem Wasser aus der Zinkkanne gefüllt hatte. Dann zog sie ein neues Kleid an, bevor sie ihr Zimmer schließlich verließ.

Im Flur war es still. Die Flüchtlinge arbeiteten schon auf den Feldern, und als Alma die Waschküche betrat, fand sie dort nur ihre Mutter.

»Wo ist Papa? Sind sie schon da gewesen?«, fragte sie sogleich ein wenig erschrocken.

Ihre Mutter blickte nur kurz auf, schüttelte dann den Kopf. »Dein Vater ist in der Werkstatt. Er wollte vor dem Frühstück noch etwas erledigen«, antwortete sie mit überraschend ruhiger Stimme.

Erst jetzt blickte Alma sich um. Der Tisch war bereits eingedeckt, sogar mit Servietten. Es roch nach Getreidekaffee, frischem Brot und selbst gemachter Erdbeermarmelade. Nichts deutete auf den gestrigen Abend hin, auf die Verzweiflung, die Diskussion und die Frage, wie es nun weitergehen sollte. Auch schien ihre Mutter nicht mehr wütend auf Alma zu sein. Augenscheinlich hatte sie sich ihren Panzer, dem sie gestern kurz entschlüpft war, wieder angezogen, um ihre Gefühle vor sich und aller Welt zu verbergen.

»Setz dich schon«, befahl ihre Mutter. Alma gehorchte, auch wenn Katharinas Gleichmütigkeit sie nur noch mehr aufwühlte.

Alma blickte ihre Mutter an, während sie ihr den Kaffeeersatz einschenkte. »Hast du keine Angst mehr, dass sie kommen? … Die Russen?«, fragte Alma dabei.

»Sollen sie ruhig«, antwortete Katharina betont nüchtern. »Dann erkläre ich ihnen die Sachlage, und alles wird sich fügen.«

»Und du meinst, die lassen mit sich reden?«

Mit ihrer typischen Unbescheidenheit antwortete sie ihrer Tochter. »Mir werden sie ja wohl zuhören. Ich bin Österreicherin, kein pommerscher Bauerntölpel.«

Doch Alma blieb skeptisch, was auch ihre Mutter bemerkte. Sie setzte sich zu ihr an den Tisch, schenkte sich ebenso Kaffee ein und beugte sich dann zu ihrer Tochter herüber. »Sie haben deinen Vater schon einmal gehen lassen müssen. Er hat sich nichts vorzuwerfen. Nur weil er geschäftlich mit der Partei zu tun hatte, ist er noch lange kein Nazi«, antwortete sie zuversichtlich.

Alma sah ihre Mutter immer noch skeptisch an. »Aber gestern …«

»Was war gestern?«, fragte ihre Mutter zurück.

»Du warst ziemlich durcheinander wegen Blatters Verhaftung.«

Katharina wiegte ihren Kopf, während sie an ihrer Tasse nippte. »Ja, das war unangebracht von mir. Auch dass ich dich angeschrien habe. Das tut mir leid.«

Überrascht, ja beinahe sprachlos sah Alma auf. Ihre Mutter hatte sich noch nie bei ihr entschuldigt. Nicht einmal als sie ihr vor ein paar Jahren eine schallende Ohrfeige verpasst hatte, weil sie geglaubt hatte, Alma hätte die Hühner freigelassen. Dabei war ein Loch im Zaun gewesen, wie ihr Vater erst später bemerkt hatte.

»Nun iss! Lutz meinte, wir sollen ruhig schon ohne ihn anfangen.«

Alma nickte, nahm eine Scheibe Brot aus dem Korb und beschmierte sie mit Erdbeermarmelade. Sie biss ab und kaute ein wenig gedankenverloren. Dann schoss ihr plötzlich eine Frage durch den Kopf. »Was, sagst du, wollte Papa in der Werkstatt noch reparieren?«

»Den Dreschkasten«, antwortete ihre Mutter, die ebenso aß. »Die Arbeiter brauchen ihn heute.«

Alma stutzte. »Aber die raufen doch gerade den Flachs.«

Beinahe im Zeitlupentempo legte ihre Mutter die angebissene Stulle auf ihren Teller zurück. Dann sah sie auf. Alma konnte sehen, wie sich eine tiefe Sorgenfalte auf ihrer Stirn bildete.

Fast gleichzeitig sprangen Mutter und Tochter auf und liefen aus der Küche hinaus, verließen das Bauernhaus und rannten quer über den Hof. Nur im Augenwinkel sah Alma Edith an der Schwengelpumpe stehen. Ihren verdutzten Blick spürte sie im Rücken, als sie über die groben Steine weiter Richtung Werkstatt lief.

Als sie die Tür erreichten, drückte Alma eilig die Klinke hinunter, doch die Tür war von innen verriegelt.

Katharina trommelte mit der flachen Hand gegen das dunkle Holz. »Lutz! Mach auf! Sofort!«, rief sie dabei. Doch in der Werkstatt blieb es ruhig. Lutz öffnete nicht.

Die beiden Frauen stemmten sich gegen die Tür, doch das Türblatt bewegte sich keinen Zentimeter. Alma wurde immer verzweifelter. Sie versuchte den einen Gedanken, der sich wie eine aufdringliche Wanze in ihrem Kopf einzunisten versuchte, zu verdrängen. Doch es gelang ihr nicht.

»Papa, bitte! Öffne die Tür!«, versuchte Alma es noch einmal.

Auch Katharina schien es zunehmend mit der Angst zu tun zu bekommen. Mit ganzem Körpereinsatz drückte sie nun gegen die Tür. Doch ebenso wie Alma war auch ihre Mutter keine allzu kräftige Person.

Da kamen von hinten ein paar Männer angelaufen. Edith, die ebenso dabei war, hatte sie offensichtlich vom Feld geholt. Auch Magda eilte in ihren schweren Galoschen über den Hof. Etwas abseits sah Alma Hertha, ihre Tochter an der Hand. Ahnungslos und aus purer Neugierde wäre das kleine Mädchen am liebsten auch weiter zur Werkstatt gelaufen.

Was Alma nicht sah, war das Militärfahrzeug, das in diesem Moment auf den Hof gefahren kam. Drei Männer in sowjetischer Uniform stiegen aus. Doch sie blieben am Wagen stehen und beobachteten nur das Treiben an der Werkstatttür.

Als die Männer vom Feld bei ihnen ankamen, zog Alma ihre Mutter beiseite.

»Edith sagt, ihr braucht Hilfe. Was ist passiert?«, fragte einer von ihnen.

»Das wissen wir noch nicht genau, aber wir bekommen die Tür nicht auf, und mein Vater antwortet nicht«, antwortete Alma mit zitternder Stimme. Nun versuchten die Arbeiter, die Tür aufzubrechen. Sie warfen sich mit ganzer Kraft gegen das Holz. Zwei, drei, vier Anläufe brauchten sie, dann endlich gab das Schloss nach. Das Holz splitterte, als die Tür krachend nach innen aufschwang.

Katharina lief als Erste in die Werkstatt hinein. Alma hingegen blieb wie angewurzelt vor der Tür stehen. Zu sehr fürchtete sie sich davor, was sie im Inneren möglicherweise erwartete. Noch immer hoffte und bangte sie, dass sie mit ihrer Vermutung falschlagen. Dass ihr Vater gleich herausspazieren und sie alle verwundert ansehen würde. Dass er über die kaputte Tür schimpfen und die Arbeiter zurück aufs Feld schicken würde, während er mit Katharina und ihr zum Bauernhaus zurückkehren würde, damit sie endlich gemeinsam frühstücken könnten.

Doch er kam nicht heraus. Stattdessen drang ein entsetzter Schrei aus dem Inneren der Werkstatt. Der Schrei ihrer Mutter, der Alma durch Mark und Bein ging und in ihren Ohren so schrecklich nachhallte, dass nun auch sie in die Werkstatt lief.

Nur kurz ließ Alma ihren Blick durch den Raum schweifen, bis sie es sah. Ein Körper baumelte von der Decke, Beine, die sich nicht rührten, und grüne Augen, die starr geradeaus blickten und nur noch entfernt an die ihres Vaters erinnerten.

Dann wandte sich Alma ihrer Mutter zu, die auf dem Boden zusammengesackt war. Die ganze Anmut und Stärke, die Katharina stets aufrecht gehalten hatte, schienen aus ihrem Körper gewichen zu sein. Sie zitterte, während ihr die Tränen übers Gesicht liefen. Dabei hatte sie nicht einmal mehr genug Kraft übrig, um diese wegzuwischen.

Alma beugte sich zu ihr hinunter, legte ihre Arme sorgsam um den Körper ihrer Mutter, die die Umarmung zuließ.

Das Geräusch eines startenden Motors nahm sie nur am Rande wahr. Sie drehte sich nicht einmal um, als das Fahrzeug mit den sowjetischen Soldaten vom Hof fuhr. Alma konzentrierte sich voll und ganz auf ihre Mutter, die ihre Nähe gerade so sehr zu brauchen schien.

Edith

Mitte September 1945

Edith wachte lange an Almas Bett. Erst als sie ganz sicher war, dass ihre Freundin schlief, stand sie auf, um zur Hütte zurückzukehren. Wenigstens ein paar Stunden Schlaf wollte sie noch bekommen.

Als sie über den Hof ging, der beinahe beschaulich in vollkommener Ruhe und Dunkelheit lag, fiel ihr Blick auf die Werkstatt. Die Tür stand immer noch offen, das Schloss war halb aus der Verankerung gerissen. Ganz unwillkürlich verlangsamte sie ihre Schritte. Flüchtig blickte sie sich dabei um. Sowohl am Bauernhaus als auch an der kleinen Hütte schimmerte durch die Fenster kein Kerzenlicht mehr. Edith zögerte. Schließlich änderte sie ihre Richtung und betrat die Werkstatt. Sie entzündete eine Petroleumlampe und sah sich um. Ihr Blick fiel auf den dicken Balken, der oberhalb der Decke quer durch den großen Raum führte.

Die Feldarbeiter hatten den Leichnam heute Morgen sofort abgenommen und ins Bauernhaus hinübergetragen. Dort hatten sie den leblosen Körper ins große Ehebett gelegt. Frau Katharina hatte darauf bestanden. Vielleicht hatte sie den Tod ihres Mannes so leichter ertragen können. Bis die Bestatter aus Bergen gekommen waren, hatte sie an seiner Seite gesessen, seine immer steifer werdende Hand gehalten und leise murmelnd auf ihn eingeredet. Dabei hatte sie ihre Tränen nicht zurückgehalten.

Edith hatte sich derweil um Alma gekümmert. Sie hatte bei ihr gesessen und sie zu trösten versucht, weniger mit Worten als vielmehr durch ihre Nähe. Sie wusste selbst, dass kein wohlwollend gemeintes Wort dieser Welt ihrer Freundin über den Schmerz hätte hinweghelfen können. Edith war für Alma da gewesen, hatte ihr zugehört und sie in den Arm genommen, wenn sie es gebraucht hatte.

Magda war derweil wie eine aufgeschreckte Glucke um sie herumgelaufen, hatte ihnen Essen angeboten, Limonade und Kaffee und was ihr sonst noch eingefallen war.

Doch Alma hatte nichts herunterbekommen, so wie auch Edith. Auch Hertha hatte hin und wieder nach ihnen geschaut, wenn sie nicht gerade das Kommando auf dem Feld übernommen und die Arbeiter angeleitet hatte, die natürlich auch an diesem wenn auch so schwarzen Tag die Ernte hatten einholen müssen.

Langsam schritt Edith durch die Werkstatt. Das Petroleumlicht warf hell flackernde Schatten an die Wände. Sie war bisher nur zweimal hier drin gewesen. Einmal hatte sie für Alfons und Max Sensen geholt, die Lutz zuvor geschliffen hatte. Das zweite Mal hatte sie Alma gesucht, die oft in der Ecke auf einem Schemel gesessen und ihren Vater bei der Arbeit beobachtet hatte, wie Edith in Erinnerung geblieben war. Beide Male hatte Edith die Werkstatt ziemlich unordentlich vorgefunden. Überall hatten Werkzeug und Ersatzteile herumgelegen. Der Boden war übersät gewesen mit Schrauben und Nägeln, sodass man hatte aufpassen müssen, wo man hintrat. Es hatte nach Lack, Öl und Reinigungsmitteln gerochen, aber auch nach Fleiß und aufopfernder Arbeit.

Nun war die Werkstatt aufgeräumt. Nichts lag mehr herum. Das Werkzeug und Arbeitsmaterial waren ordentlich in die dafür vorgesehenen Regale, Schubfächer und Kisten eingeräumt. Die landwirtschaftlichen Geräte waren repariert, standen in Reih und Glied und warteten augenscheinlich nur darauf, für die Ernte oder Aussaat eingesetzt zu werden. Lutz hatte wohl kein Chaos hinterlassen wollen.

Als sie an einem kleinen Sekretär vorbeischritt, der in der Ecke der Werkstatt stand, sah sie, dass zwischen den Auftragsbüchern ein kleiner Umschlag hervorlugte. Neugierig zog sie ihn heraus. Das Kuvert war verschlossen, auf der Vorderseite stand jedoch etwas geschrieben, das Edith im ersten Moment nicht entziffern konnte. Die Schrift war klein, abgehackt und auch etwas krakelig. Die Buchstaben mussten in großer Anspannung geschrieben worden sein. Alma hielt den Brief ins Licht und versuchte konzentriert die Worte zu lesen, die sie schließlich entziffern konnte. Auf dem Umschlag stand geschrieben:

Für meine Frau Katharina & meine Tochter Alma.

Überrascht ließ Edith den Umschlag sinken. Jetzt war ihr klar, wer der Verfasser war. Das hier musste Lutz' Abschiedsbrief sein, der heute Morgen in dem Aufruhr niemandem aufgefallen war. Edith zögerte, überlegte, ob sie den Umschlag einfach wieder zurücklegen sollte. Doch wer wusste schon, wann er dann gefunden wurde. Schließlich steckte sie ihn ein. In aller Herrgottsfrühe wollte sie ihn morgen seinen rechtmäßigen Besitzerinnen übergeben.

Wenig später lag Edith auf ihrer Matratze unter dem Dach der kleinen Hütte. Unten war alles still, dennoch schaffte sie es nicht, zur Ruhe zu kommen. Immer wieder wälzte sie sich unter ihrer dünnen Wolldecke hin und her.

Da tauchte plötzlich ein kleiner Kopf in der Bodenluke auf. Es war Simone, die sie mit großen Augen anblickte.

»Nanu, warum bist du denn noch auf?«, fragte Edith leise mit liebevoller Stimme.

»Ich habe Angst!«, antwortete das kleine Mädchen. »Darf ich heute Nacht bei dir schlafen? In Mamas Bett ist gar kein Platz mehr, da liegt schon Marie.«

Edith nickte und schlug ihre Decke auf, sodass Simone zu ihr ins Bett kriechen konnte.

Als sich das kleine Mädchen ganz dicht an Edith gekuschelt hatte, fragte sie einfühlsam: »Hast du Angst wegen dem, was heute passiert ist?«

Simone schüttelte den Kopf.

»Wovor hast du dann Angst?«, hakte Edith weiter nach.

»Vor dem schwarzen Gespenst«, erwiderte die Kleine.

Edith erinnerte sich, dass Simone auf dem Hoffest von einem schwarzen Gespenst erzählt hatte. »Hast du es etwa noch einmal gesehen?«, fragte sie deshalb.

Wieder schüttelte Simone den Kopf. »Aber ich weiß, dass es immer noch da ist, auch wenn Mama sagt, dass es keine Geister und so gibt.«

Edith seufzte und überlegte lange. Dann sah sie Simone an. »Es gibt Gespenster und Geister, die nur in Geschichten vorkommen, da hat deine Mutter recht. Aber es gibt auch Geister, die sind hier drin«, fuhr Edith fort und tippte sich dabei an die Stirn.

»Wie meinst du das?«, fragte Simone mehr neugierig als ängstlich.

»Es sind Geister, die nur wir sehen können, weil sie unseren Gedanken entspringen. Meistens kommen sie, wenn wir etwas Schreckliches erlebt haben. Sie wollen uns immer und immer wieder daran erinnern.«

»Hast du auch solche Geister?«

Edith nickte, ganz langsam, aber bestimmt.

»Und wie wird man sie los?«, fragte Simone weiter.

Edith überlegte kurz. Dann huschte ein verschmitztes Grinsen über ihr Gesicht. »Indem man sie an ihrem unsichtbaren Zipfel packt …«, antwortete sie, während sie das Nachthemd des kleinen Mädchens griff, »… zu sich heranzieht und sie ordentlich durchkitzelt.«

Edith kitzelte Simone nun so sehr, dass das Mädchen herrlich kicherte und gluckste.

Um die anderen nicht zu wecken, hörte Edith schließlich nach einer kurzen Weile auf.

Das Mädchen verstummte, ein kleines Lächeln blieb aber auf ihrem Gesicht, wie Edith im Schein des durch das Dachfenster leuchtenden Mondes erkennen konnte.

»Lachen und fröhliche Gesichter mögen die Geister nämlich überhaupt nicht«, erklärte Edith ihr schließlich noch. Und Simone nickte, als würde sie Edith verstehen.

Simone kuschelte sich nun noch enger an Edith heran, die auch froh war, nach diesem aufwühlenden Tag nicht allein sein zu müssen.

Plötzlich sah Simone auf. »Warum hat Onkel Lutz das gemacht?«, fragte sie unbedarft.

Edith schluckte. Ihr fiel der Brief wieder ein, den sie in der

Werkstatt gefunden hatte. Vielleicht stand darin die Antwort auf die Frage des Mädchens. Für Alma und ihre Mutter hoffte sie es jedenfalls.

»Das weiß ich nicht«, antwortete sie schließlich leise.

»Stimmt es, dass Alfons schuld daran ist?«, fragte Simone weiter.

Edith horchte auf. »Wer sagt denn so was?«

»Die Magda hat so geschimpft auf ihn und gesagt, dass er den Strick geknüpft hat.«

Edith seufzte ein wenig nachdenklich. »Alfons hat den Strick nicht geknüpft. Lutz hat sein Leben selbst beendet. Und das war ganz allein seine Entscheidung«, antwortete sie.

Die Worte gingen ihr dabei schwerer über die Lippen, als sie gedacht hatte. Noch immer hoffte sie, dass sie mit ihrem Verdacht falschlag. Sicher wusste sie immer noch nichts. So oder so war es jedoch für Lutz zu spät. Und auch Alma und Katharina mussten lernen, mit dem Verlust zu leben, so wie Edith es schon zweimal hatte lernen müssen.

Edith schloss ihre Augen. Auch Simones Atem wurde ruhiger und gleichmäßiger. Endlich glitten beide in einen traum- und geisterlosen Schlaf.

Alma

Mitte September 1945

Den Anblick des offenen Grabes konnte Alma kaum ertragen. Stattdessen ließ sie ihren Blick schweifen, blickte in die Gesichter der Menschen, die gekommen waren, um sich von ihrem Vater zu verabschieden. Die Bewohner des Hofes sowie die Arbeiter vom Feld waren da. Unter ihnen waren natürlich auch Magda, Edith und Hertha, die ihre Kinder bei einer Bekannten gelassen hatte. Viele Bewohner aus dem Dorf waren gekommen, alte Schulfreunde, Bauern aus der Umgebung und sogar ein paar Vertreter der provisorischen Administration. Und auch ihre Tanten Hiltrud und Gerlinde waren aus Berlin angereist, um sich von ihrem Bruder zu verabschieden.

Die meisten der Anwesenden wirkten bedrückt, hatten ein ernstes Gesicht aufgesetzt. Betont bedächtig lauschten sie den Worten des Pfarrers, der direkt vor dem frisch ausgehobenen Erdloch stand und aus seiner Bibel zitierte.

Doch nur wenige weinten um ihn. An den Verlust eines Menschen aus ihrer Mitte hatten sie sich nach den schweren Jahren des Krieges gewöhnt, was Alma ihnen nicht verübeln konnte. Viele hatten Söhne im Krieg verloren, Geflüchtete oftmals nicht nur ihre Heimat sowie ihr Hab und Gut. Nicht für jeden konnte man mehr Tränen übrig haben.

Nur Edith hatte trauriger gewirkt als all die anderen. Es schien, als würde sie mit ihren Tränen kämpfen, trotzdem sie Lutz nicht gut gekannt hatte. Vermutlich dachte ihre Freundin an ihre eigenen Eltern, von denen sie sich nie so richtig hatte verabschieden können, wie Alma wusste.

Alma sah zu ihrer Mutter hinüber. Trotz der noch milden Temperaturen trug sie ihren schwarzen Wintermantel. Einen anderen dunklen Mantel besaß sie nicht. Um ihren strengen Dutt hatte sie sich ein Tuch gebunden, das der Farbe ihrer Augenringe glich, die sich durch das viele Weinen gebildet hatten.

Noch nie hatte Alma ihre Mutter so aufgelöst gesehen wie in den letzten vier Tagen. Es war ihr schwergefallen, die Fassung zu wahren, was Alma ganz und gar nicht beschämte. Sie war froh darum, dass ihre Mutter endlich wieder ihre Gefühle zuließ, auch wenn der Anlass alles andere als erfreulich war.

Auch Alma hatte in den letzten Tagen viel geweint und sich immer wieder die Frage gestellt, warum ihr Vater sich das Leben genommen hatte. Sie konnte sich einfach nicht vorstellen, dass es ihm nur darum gegangen war, sich einer Verhaftung zu entziehen. So einer war er nicht gewesen. Nie hatte er sich um unbequeme Situationen gedrückt.

Der Brief, den Edith ihnen am Tag nach seinem Tod überreicht hatte, hatte über seine Absichten auch nur wenig Aufschluss gegeben. Er hatte sich lediglich mit wenigen Worten von ihr und ihrer Mutter verabschiedet. Hatte versichert, dass er sie beide über alles liebte und dass er hoffte, dass sie ihm seine Entscheidung, freiwillig aus dem Leben zu gehen, eines Tages verzeihen könnten.

Der letzte Absatz war sogar recht formell gewesen, eine Art testamentarische Verfügung, dass er Katharina den Hof vererbe. Doch über die Trauer hatte das weder ihrer Mutter noch ihr selbst hinweggeholfen.

Als Pfarrer Wiebusch endlich die letzten Worte gesprochen hatte, der Sarg hinuntergelassen worden war und jeder eine Schippe Erde auf den schlichten Sargdeckel hatte fallen lassen, neigte sich die Beerdigung endlich dem von Alma ersehnten Ende zu.

Die Trauergäste reihten sich nun in einer Schlange vor ihr und ihrer Mutter auf, um zu kondolieren. Doch wie schon die Worte des Pfarrers nahm sie auch die Trauerbekundungen nur entfernt wahr. Sie schüttelte die Hände der Gäste, wie es sich geziemte, doch am liebsten wäre sie weggelaufen. Vielleicht zum Strand, um mit Edith weit hinauszuschwimmen. Sie suchte ihre Freundin in der Menge, warf ihr einen Blick zu, den diese mitfühlend erwiderte.

Auch der Pfarrer kam zu ihr herüber, um sein Beileid zu bekunden. Aufmunternden Blickes nahm er ihre Hand in die seinen. »Gott ist bei dir! Und wenn du irgendetwas brauchst, etwas Irdisches, dann komm zu mir«, sagte er gut meinend.

Alma nickte und sah ihn dankbar an. Plötzlich übermannte sie noch einmal die Trauer. Sie konnte nicht anders und fiel an seine Brust. Pfarrer Wiebusch schien etwas überrascht zu sein, doch schließlich schloss er seine Arme um sie. Dabei wandte er seinen Kopf ihrem Ohr zu und flüsterte ganz leise: »Es tut mir leid.«

Bevor Alma etwas erwidern konnte, löste er die Umarmung. Er drehte sich ihrer Mutter zu, nahm auch ihre Hand in die seinen und kondolierte mitfühlend, wobei er in seiner Wortwahl nun etwas förmlicher blieb.

Später am Tag fanden sich die Trauergäste auf dem Hof zum Leichenschmaus ein. Wie schon vor ein paar Wochen zu Lutz' Geburtstag saßen sie an einer langen Tafel zusammen, aßen und erzählten. Magda hatte mit Hertha, Edith und den Mädchen der sudetendeutschen Familien alles vorbereitet. Sie hatten Unmengen an Kartoffeln gekocht und sie mit Blumenkohl und Wirsinggemüse verfeinert, das gerade reif geworden war. Dazu gab es sogar etwas Schweinefleisch vom Nachbarbauern, der heimlich geschlachtet hatte. Es war eine wohltuende Abwechslung zu dem Fisch und den Gemüseeintöpfen, die es sonst zumeist gab.

Die Anspannung schien von Stunde zu Stunde mehr von den Trauergästen abzufallen. Nur Almas Mutter blieb stumm, und auch sie selbst hätte sich am liebsten auf ihr Zimmer zurückgezogen. Doch neben Edith, die unter dem Tisch ihre Hand hielt, schaffte sie es, auch dieses Essen über sich ergehen zu lassen.

Die Sowjets ließen sich zum Glück nicht noch einmal blicken. Ob sie dem Bauernhaus aus Rücksicht oder Kalkül ferngeblieben waren, konnte nicht einmal ihre Mutter sagen, als sie sich über den kurzen, kommentarlosen Besuch an Lutz' Todestag unterhalten hatten. Wie es mit dem Hof und ihnen nun weiterging, wussten sie ebenso wenig.

Als bereits der Obstwein und der selbst gebrannte Schnaps am Tisch die Runde machten, tauchte plötzlich eine Gestalt auf dem Hof auf, mit der niemand mehr gerechnet hatte. Allen voran Alma und ihre Mutter nicht. Es war Alfons, der zu so später Stunde augenscheinlich noch kondolieren wollte. Er hielt einen kleinen, selbst gepflückten Strauß in der Hand und humpelte etwas zögerlich auf sie zu.

Da sprang Katharina plötzlich auf. »Verschwinde sofort von unserem Hof!«, rief sie zu ihm hinüber. Alfons hielt inne, sah etwas verwirrt in die Runde. Offensichtlich wusste er nicht recht, ob er ihrer allzu laut und wütend hervorgebrachten Aufforderung lieber Folge leistete oder sein Vorhaben weiter in die Tat umsetzen sollte.

Alle starrten ihn an, sodass Alma beinahe Mitleid mit ihm bekam. Doch nur beinahe. Ihre Wut über ihn war immer noch groß genug, und so konnte sie ihrer Mutter nur beipflichten.

Sie nickte ihm zu. »Geh lieber!«, sagte sie nur und wiederholte damit die Aufforderung.

»Ich verstehe nicht. Ich will doch nur …«, brachte er verdutzt hervor, unterbrach aber und fuhr einen Augenblick später fort: »Seid ihr etwa immer noch sauer auf mich?«, fragte er schließlich.

Katharina stieß ein verächtliches Schnauben aus, das beinahe vulgär wirkte und so gar nicht zu ihr passte, während Alma ihn nun noch entsetzter ansah.

Da stand Edith plötzlich auf und ging eilig auf Alfons zu. Sie flüsterte ihm kurz etwas ins Ohr, doch er schien noch immer nicht zu verstehen, dass er hier unerwünscht war. Er blieb einfach stehen und sah Edith mit großen Augen an.

Edith nahm ihn am Arm und zog ihn schließlich von der Tafel fort. Dabei drehte sie sich noch einmal zu Alma um. Sie suchte den Blick ihrer Freundin, sah sie entschuldigend an. Alma nickte ihr zu, sodass Edith sich nun wieder Alfons zuwandte und mit ihm den Hof verließ.

Die Trauergesellschaft widmete sich schon bald wieder den alkoholischen Getränken und den Gesprächen über Gott, die Welt und die Russen. Und auch ihre Mutter schien den seltsamen Besuch schnell zu vergessen. Sie begann sich mit Hertha zu unterhalten, und es schien, als würde sie so langsam wieder zu ihrer alten Contenance zurückfinden.

Nur Alma konnte noch immer nicht recht fassen, dass ihr Vater nicht mehr da war und dass es das letzte Mal sein würde, dass sie seinetwegen so zusammensaßen.

Edith

Mitte September 1945

Edith blickte auf den Boden, während sie neben Alfons den Feldweg entlanglief. Das Rascheln der Blätter des Waldes, der nicht mehr weit entfernt war, begleitete sie. Ein paar Möwen kreischten in der Nähe, und Edith glaubte beinahe, das Meer schon hören zu können.

Sie traute sich kaum ihn anzusehen. Und auch Alfons war schweigsamer als sonst. Gedankenverloren hielt er immer noch den Blumenstrauß in der Hand.

»Wie geht es dir?«, fragte Edith schließlich, als sie das Bauernhaus schon längst hinter sich gelassen hatten.

»Gut!«, antwortete er knapp und etwas zu schnell für Ediths Geschmack. Sie blickte auf, sah ihm nun endlich direkt in die Augen. Er erwiderte ihren Blick nur flüchtig, ahnte er wohl, dass sie ihm nicht glaubte.

Er seufzte. »Es ist hart. Viel härter, als ich gedacht hätte.«

Edith warf ihm einen fragenden Blick zu.

»Der Boden auf meinem Stück Land ist sehr trocken«, fuhr er fort. »Ich habe keinerlei Geräte, Werkzeug. Von Saatgut ganz zu schweigen. Alles muss ich mir mühsam besorgen. Es werden noch Jahre vergehen, bis dort etwas Anständiges wächst, das es wert ist, Ernte genannt zu werden.«

»Bekommst du keine Unterstützung?«

»Nicht von der Kreiskommission, die mir das Land zugeteilt hat. Die sagen, wir sollen uns zu Genossenschaften zusammenschließen.«

»Das ist doch eine gute Idee! Oder?«

Alfons wiegte seinen Kopf, zögerte mit einer Antwort. »Ich wollte mein eigener Herr sein, um nicht mehr von irgendjemandem abhängig zu sein.«

»Man ist immer von irgendwem oder irgendwas abhängig. Wenn es nicht die Junker sind, die Besatzer, die Genossen oder die Neubauern, die sich organisieren, dann ist es das Wetter, der Boden, der Zufall oder meinetwegen auch das Schicksal.«

Während sie die Worte aussprach, musste Edith ganz unweigerlich an Esther denken und wie sie sie auf der Flucht aus den Augen verloren hatte. Sie wusste nicht, ob es das Schicksal gewesen war, das sie trennte. Oder doch nur der Zufall. Sie wusste nur, dass alles anders gekommen wäre, wenn sie an jenem Morgen nicht allein aufgestanden wäre.

Edith spürte Alfons' Blick, der sie von der Seite ein wenig verwundert ansah.

Doch dann nickte er. »Vermutlich hast du recht. Der Spruch ›Jeder ist seines Glückes Schmied‹ trifft verdammt noch mal einfach nicht zu.«

Edith lächelte kurz, während sie ihren Kopf hin und her wiegte. »Na ja, so pessimistisch würde ich das jetzt auch nicht formulieren.«

Ein sanftes Lächeln huschte über Alfons' Gesicht. »Ich habe deine Stärke schon immer bewundert.«

Edith schüttelte schnell den Kopf. »Ich bin nicht stark.« Ihr fiel wieder ein, worüber sie eigentlich mit Alfons hatte reden wollen. Doch sie traute sich nicht, was wohlweislich bewies, dass sie alles andere als stark war.

»Ich wollte damals nicht einfach so abhauen. Ich kann verstehen, wenn sie mir das jetzt übelnehmen«, sagte Alfons plötzlich.

Edith stutzte kurz, brauchte einen Moment, um zu verstehen, worauf Alfons anspielte. »Du glaubst, sie sind enttäuscht und wütend, weil du gegangen bist, ohne dich zu verabschieden?«

Alfons nickte.

»Das nehmen sie dir nicht übel«, antwortete sie nun ehrlich.

Alfons sah sie verwundert an. »Was dann? Warum wollten sie mich bei der Trauerfeier nicht dabeihaben?«

Edith rang kurz mit sich. »Du hast Lutz damals gesehen, nicht wahr?«

Alfons schwieg, schluckte jedoch hörbar.

»Und du hast das Foto ausgegraben«, fuhr Edith fort.

Auch dazu schwieg Alfons.

Sie seufzte kurz, schließlich überwand sie sich. »Sie glauben, du hast Lutz verraten, um das Land zu bekommen.«

Abrupt blieb Alfons stehen und sah sie eindringlich an. »Glaubst du das auch?«, fragte er.

Edith, die auch stehen geblieben war, schwieg einen Moment. Dann senkte sie ihren Kopf. »Wenn ich ehrlich bin, ja. Es passt alles zusammen. Du hast Land bekommen, obwohl du …«, sie blickte auf sein Bein, während sie den Satz unvollendet ließ. »Und weißt du noch, was du mir damals über den Jäger erzählt hast, der auch etwas vom Braten abhaben will?«

Alfons nickte, blickte beinahe schuldbewusst, sodass Edith Mitleid mit ihm bekam.

»Kurz bevor du gegangen bist, hast du außerdem zu mir gesagt, du hättest noch etwas in der Hinterhand gehabt. Aber wenn du mir jetzt versicherst, dass ich falschliege, dann glaube ich dir.«

Sie sah ihn nun direkt an, hoffte inständig, dass er beteuern würde, dass er für Lutz' Tod nicht verantwortlich war. Doch nichts dergleichen passierte. Er schwieg nur. Schließlich senkte er seinen Blick.

»Ich muss jetzt los.« Mit diesen Worten drehte er sich um. Eilig, so als könne er es kaum erwarten, von ihr wegzukommen, lief er querfeldein Richtung Wrede. Den Blumenstrauß warf er nach wenigen Schritten von sich.

Ein wenig verdattert blickte Edith ihm hinterher, unfähig, ihm noch irgendetwas hinterherzurufen, geschweige denn ihn aufzuhalten.

Edith

Einige Monate zuvor

Jeder Schritt schmerzte. Wenn Ediths viel zu großer Schuh den Kopfstein berührte, rutschte ihr Fuß am Schaft des groben Leders entlang. Ein Stechen trat in der Fersengegend auf, gefolgt von einem ungeheuerlichen Brennen. Zum Schluss breitete sich ein drückendes Pochen aus, das bis zur Kniekehle hochzuwandern schien.

Doch es half nichts. Sie setzte weiter einen Schritt vor den nächsten, auch wenn sich bereits eine feuchte Wärme auf dem Grund ihrer Sohlen gesammelt hatte.

Der Flüchtlingstreck, dem Edith und Esther sich angeschlossen hatten, hatte bereits mehrere Tagesmärsche zurückgelegt. Die Gegend, in die sie auf ihrem Weg nach Deutschland inzwischen gekommen waren, kannte Edith nicht. Die Ortschaften sowie die Flüsse und Bäche, die sie teils zu Fuß durchwateten, weil die Brücken gesprengt worden waren, kannte sie nur den Namen nach. Aus dem Erdkundeunterricht, dem Dramburger Tageblatt, das schon vor Monaten seine Arbeit eingestellt hatte, oder aus den Unterhaltungen ihrer Eltern. Während Esther noch versuchte, den Weg nachzuverfolgen, den sie gingen, hatte Edith ihre Orientierung bereits gänzlich verloren.

Der Schmerz wurde immer stärker. Sie humpelte und hatte große Mühe, mit den anderen Flüchtlingen Schritt zu halten.

Esther, die nicht von ihrer Seite wich, blickte ihre Schwester mitfühlend an.

»Brauchst du eine Pause?«, fragte sie.

Edith schüttelte den Kopf. »Dann verlieren wir den Anschluss.«

»Wir können uns auch allein durchschlagen«, gab Esther zurück.

»Bist du verrückt?«, antwortete Edith, verzog dabei vor Schmerz kurz das Gesicht, weil sie den wunden Fuß aufgesetzt hatte. »Hier wimmelt es nur von polnischen und russischen Soldaten. Allein sind wir denen doch ausgeliefert.«

»Dann gib mir wenigstens deinen Koffer!« Ohne eine Antwort abzuwarten, nahm sie Edith das Gepäckstück aus der Hand.

Doch auch ohne die Last fiel ihr jeder Schritt schwerer. Edith biss sich auf die Lippe, bis diese beinahe dunkelrot anlief.

Plötzlich streckte ihr jemand eine Hand entgegen. Edith blickte überrascht auf und sah in die Augen einer alten Frau. Ihr Gesicht war faltig, ihr Körper klein. Sie schien keine Zähne mehr zu haben. Ihr Mund und Kiefer waren ganz eingefallen.

Die Greisin saß rücklings auf einem Fuhrwerk, das von einem Pferd gezogen wurde. Ihre kurzen Beine baumelten von der Ladefläche, auf der sich Koffer und einige Möbelstücke stapelten. Einen der Koffer nahm sie nun auf ihren Schoß. Dann deutete sie auf die leere Stelle, die der Koffer neben ihr hinterlassen hatte.

Edith blickte kurz zu Esther, die wild nickte. Und nahm das Angebot an. Mit einem letzten Kraftakt sprang sie auf die fah-

rende Kutsche auf. Esther reichte ihr die beiden Koffer, die sie nun auf ihren Schoß nahm.

Die Frau lächelte Edith zahnlos von der Seite an. Dann kramte sie in ihrer Tasche, holte eine trockene Semmel heraus und hielt sie Edith hin. Wieder konnte sie sie nur überrascht ansehen. Beinahe schossen ihr dabei Tränen in die Augen. Vor Erleichterung, den Schmerz nicht mehr spüren zu müssen, sowie Glück, ihren Magen endlich mit etwas füllen zu dürfen.

Sie nahm die Semmel und brach sie entzwei. Das erste Stück stopfte sie sich sogleich in den Mund. Das zweite reichte sie ihrer Schwester, die ebenso gierig in das trockene Brötchen hineinbiss.

Alma

Ende September 1945

Alma versorgte die Hühner. Wie immer streute sie dafür die Körnermischung breit auf dem Boden aus, goss frisches Wasser in die Tränke und sammelte die Eier in einen Korb.

Ein paar Tage waren seit der Beerdigung vergangen. Auf dem Hof waren wieder Ruhe und so etwas wie Routine eingekehrt, auch wenn Alma ihre Trauer noch längst nicht überwunden hatte. Doch es musste ja weitergehen, auch wenn sie ihren Vater noch immer so sehr vermisste.

Manchmal stellte sie sich vor, dass er wie damals nach seiner Entlassung aus dem Zuchthaus einfach auf den Hof treten und sie ihm überschwänglich in die Arme fallen würde. Doch dann fiel ihr ein, dass sie ihm nie wieder in die Augen sehen, geschweige denn seine Umarmung spüren konnte.

Auch ihre Mutter hatte sich seit der Beerdigung wieder gefasst. Sie weinte nicht mehr, zumindest nicht öffentlich. Nur manchmal hörte Alma ein leises Schluchzen aus ihrem Schlafzimmer, wenn sie zu später Stunde über den Flur schlich, um sich noch ein Stück Brot aus der Waschküche zu stibitzen. Dann überlegte sie jedes Mal, ob sie zu ihrer Mutter gehen sollte, um sie zu trösten. Doch bisher hatte sie nicht den Mut aufgebracht. Dabei hatte sie durchaus das Gefühl, dass sie ihrer Mutter seit dem Tod ihres Vaters nähergekommen war.

Zumindest hielt sie sich bisher mit herablassenden Bemerkungen und allzu strengen Anweisungen Alma gegenüber zurück.

Alma nahm den Korb mit den Eiern und verließ den Hühnerstall. Sie ging quer über den Hof, als sie Edith, Hertha und die anderen an der Scheune entdeckte. Sie waren gerade vom Feld gekommen und luden den getrockneten Flachs vom Karren ab. Sie winkte ihnen zu. Edith lächelte und erwiderte ihren Gruß.

Alma war froh, dass sie sich mit ihrer Freundin wieder vertragen hatte. Ohne sie hätte sie die letzten Tage nicht überstanden. Über den Brief von der Wehrmachtauskunftstelle, den Alma immer noch nicht gelesen hatte, hatten sie kein Wort mehr verloren. Augenscheinlich hatte Edith akzeptiert, dass sie noch nicht so weit war.

Plötzlich lief die kleine Simone weinend über den Hof auf ihre Mutter zu. Sie hatte bei den Gänsen gespielt, soweit Alma es mitbekommen hatte. Vielleicht war sie von einem Federvieh gebissen worden. Vorsichtshalber schritt Alma zu ihnen hinüber. Ein Pflaster und ein Marmeladenbrot würden das Mädchen sicher aufmuntern, glaubte sie.

Schon von Weitem hörte Alma die weinerliche Stimme. Simone wirkte ganz aufgewühlt.

»Es war wieder da!«, schluchzte Simone. »Ich hab's gesehen, ganz genau. Wirklich, Mama, du musst mir glauben.«

Alma lag mit ihrem Verdacht falsch, erkannte sie. Neugierig blieb sie dennoch bei der Gruppe.

»Ich glaube dir ja, mein Kind, dass du etwas gesehen hast«, antwortete Hertha ruhig und verständnisvoll. »Vielleicht eine Gans, die vorbeigehuscht ist. Aber es war ganz sicher kein Gespenst.«

»Doch, Mama! Ein schwarzes. Wie damals auf dem Fest.«

Nun kniete sich Edith vor das Mädchen, deren aufgeregte Tränen immer noch über ihre kleinen rosigen Wangen liefen.

»Kannst du es denn dieses Mal etwas genauer beschreiben? Beim Hoffest war es ja so dunkel gewesen. Doch nun ist es hell.«

Simone überlegte kurz, dann nickte sie vorsichtig. Nun kniete sich auch Hertha zu ihrer Tochter hinunter und sah sie aufmerksam an.

»Es war groß. Größer als ihr«, begann Simone. »Seine Sachen waren ganz kaputt und dreckig.«

»Es war also ein Mensch?«, horchte Hertha auf.

Simone zuckte mit den Schultern. »Ein bisschen sah es so aus. Aber irgendwie auch nicht.«

»Hast du noch etwas erkennen können? Vielleicht ein besonderes Detail?«, fragte Edith weiter.

Wieder überlegte das Mädchen. Schließlich hellte sich ihr Gesicht auf. »Es hatte ein Tuch ums Handgelenk gewickelt. So eins, das wir auch haben.«

Hertha stutzte und sah ihre Tochter irritiert an. »Welches meinst du?«

»Na, das du auf dem Kopf trägst. Meins habe ich ja meiner Puppe geschenkt. Es passt so schön zu ihrem roten Kleid.«

Während Hertha noch versuchte, aus den Worten ihrer Tochter schlau zu werden, ging Alma plötzlich ein Licht auf. Sie erinnerte sich an den Ausflug mit Edith an die Kreidefelsen und an den Landstreicher, der sich an Alfons' Motorrad zu schaffen gemacht hatte. Sie war dem Mann vergeblich hinterhergerannt, um das von ihm gestohlene Tuch wieder zurückzuholen. Der Stoff hatte dasselbe Muster gehabt wie Herthas Tuch, das sie stets bei der Feldarbeit auf dem Kopf trug, um sich vor der Sonne zu schützen.

Alma sah, dass auch Edith der gleiche Gedanke gekommen war. Doch ehe beide etwas sagen konnten, trat Katharina aus dem Bauernhaus heraus.

»Alma! Kommst du mal … bitte!«, rief sie herüber. Ihr Ton war verlangend, aber nicht befehlend.

Alma drehte sich um, wollte ihre Mutter bitten, einen kurzen Moment zu warten. Doch in ihrem Gesichtsausdruck lag eine Dringlichkeit, die Alma stutzen ließ. Sie zögerte.

Da trat Edith auf sie zu. »Geh nur. Ich kläre das hier«, sagte sie.

Alma zögerte immer noch, doch schließlich nickte sie. Sie folgte ihrer Mutter ins Bauernhaus, aber nicht, ohne sich noch einmal umzudrehen. Sie sah Hertha, die sich Edith nun irritiert fragend zuwandte.

Im Bauernhaus trat Alma zu ihrer Mutter in die Küche. Dort saß ein Mann, den sie zuvor noch nie gesehen hatte. Er trug einen grauen Anzug, der zwar etwas verschlissen, aber dennoch ordentlich aussah. In der Hand hielt er den Brief, den Lutz ihnen zum Abschied geschrieben hatte.

Verwundert setzte Alma sich ihm gegenüber und sah ihre Mutter, die stehen geblieben war, fragend an.

»Das ist Herr Franzen!«, stellte Katharina ihrer Tochter den Fremden vor. »Er ist Jurist!«

»Nun ja, vor dem Krieg hatte ich eine Kanzlei«, berichtigte Herr Franzen sie.

Katharina nickte und fuhr fort: »Er ist ein alter Freund von Hiltrud und Gerlinde.«

»Ich wäre mit Ihren Schwägerinnen gerne zur Beerdigung mitgekommen. Aber leider war ich verhindert«, unterbrach der Mann Katharina erneut.

Alma sah ihn fragend an. »Kennen Sie denn meinen Vater?«

Er wiegte den Kopf. »Kennen ist vielleicht zu viel gesagt …« Bevor er den Satz zu Ende sprach, blickte er zu Katharina hinüber, bald so, als würde er sich ihr Einverständnis abholen wollen. Und tatsächlich nickte sie ihm kurz zu.

Dann sah er wieder Alma an, legte den Brief beiseite und lehnte sich zu ihr. »Dein Vater hat vor ein paar Wochen Kontakt zu mir aufgenommen. Meine Anschrift hatte er von seinen Schwestern bekommen.«

Alma erinnerte sich, dass Edith einmal geglaubt hatte, ihren Vater am Postamt gesehen zu haben. Sie hatte sich nichts dabei gedacht, als ihre Freundin ihr davon berichtet hatte. Auch weil Edith sich nicht sicher gewesen war. Augenscheinlich hatte er damals einen Brief verschickt oder erhalten.

»Weshalb hat er Sie kontaktiert?«, fragte Alma nun.

»Er wusste, dass ich mich in Rechtsfragen gut auskenne«, fuhr er fort. »Er hatte sich erkundigt, wie er um eine Enteignung herumkommen könnte.«

Alma stutzte. »Ich verstehe nicht. Damals wusste er doch noch gar nicht, dass ihn jemand verraten wird.«

»Wahrscheinlich war es nur als Absicherung gedacht«, mischte Katharina sich nun ein. »Für den eventuellen Notfall. Doch vermutlich hatte er damals schon geahnt, dass er sein Geheimnis nicht ewig für sich behalten können wird.«

Alma lehnte sich in ihrem Stuhl zurück, blickte zwischen ihrer Mutter und dem fremden Mann hin und her. »In Ordnung. Aber ich verstehe immer noch nicht, was das alles zu bedeuten hat. Wie wollte er um eine Enteignung herumkommen?«

Franzen atmete tief durch, verschränkte nun seine Arme, bevor er fortfuhr: »Es gibt eine Proklamation, die die entschädigungslose Enteignung für Vermögenswerte, die im Eigentum ausländischer Personen stehen, verbietet. Diesen Erlass haben erst kürzlich alle Besatzungsmächte unterschrieben. Auch die Sowjets.«

Alma blickte ihn verdattert an. Sie hatte keine Ahnung, was er ihr in diesem juristischen Fachjargon sagen wollte. Doch bevor sie nachhaken konnte, fuhr er bereits fort: »Deine Mutter ist Österreicherin. Und da dein Vater nach seinem Tod laut seines Testaments …«, er tippte mit seinem Zeigefinger kurz auf den Brief, »… Katharina den Hof vererbt hat, darf sie nicht mehr enteignet werden.«

Alma fiel aus allen Wolken. Nun wurde ihr so einiges klar. Ihr Vater hatte sich mit seinem selbst gewählten Tod nicht vor der Verhaftung drücken wollen. Er hatte nicht gewollt, dass seine Frau und seine Tochter den Hof verlieren, ihr Zuhause, ihre Heimat, und dafür sich selbst geopfert.

Alma schluckte, Tränen stiegen in ihr auf.

Katharina kam zu ihr, kniete sich vor ihrer Tochter auf den Boden. »Hätte ich von seinen Plänen vorher gewusst, hätte ich versucht, deinen Vater aufzuhalten. Aber so …« Ihre Stimme versiegte kurz. »Er hat es für uns getan.«

Tränenerstickt nickte Alma. Sie wusste nicht, was sie denken oder fühlen sollte. Immer noch war sie tieftraurig über den Tod ihres Vaters. Doch allmählich schlich sich ein Gefühl der Erleichterung ein. Sie und ihre Mutter würden auf dem Hof bleiben können.

Katharina, der die Tränen ihrer Tochter nicht verborgen blieben, nahm Alma in den Arm. Innig hielten sich beide ganz fest. Vergessen waren all die Streitigkeiten, die sie zuvor so oft entzweit hatten. In diesem Augenblick nahm Alma sich ganz fest vor, von nun an mit ihrer Mutter an einem Strang zu ziehen. Und sie spürte, dass auch ihre Mutter bereit dazu war, um Lutz nicht zu enttäuschen und seinen Tod nicht umsonst gewesen sein zu lassen.

Edith

Ende September 1945

Die an das Bauernhaus angrenzende Wiese hatten sie bereits hinter sich gelassen. Das Schnattern der Gänse war noch zu hören. Nur Ediths Herzschlag übertönte das Federvieh noch. Zumindest kam es ihr so vor.

Edith hatte Hertha von dem Mann erzählt, den sie damals an den Kreidefelsen gesehen hatten. Er hatte Herthas Tuch gestohlen, das sie Edith an ihrem ersten Arbeitstag auf dem Feld geschenkt hatte. Dasselbe Tuch, das Simone heute wiedererkannt hatte. Auch Hertha wusste nicht recht, was das zu bedeuten hatte. Doch sie glaubte ihrer Tochter nun, dass es dieses Gespenst wirklich gab. Wer auch immer sich dahinter verbarg.

Nachdem Simone ihnen gezeigt hatte, in welche Richtung das Gespenst weggelaufen war, hatten Hertha und Edith sofort die Verfolgung aufgenommen. Auch Max war mitgekommen, sehr zu Ediths Erleichterung. Simone und das Baby waren bei Magda auf dem Hof geblieben.

Knackend zerbrachen kleine Zweige unter Ediths Sohlen, als sie die ersten Kiefern passierten. Auf dieser Seite des Waldes, der nördlich des Hofes inseleinwärts lag, war Edith noch nie gewesen. Er wirkte dunkler, die Sonne fiel nur in schmalen Streifen durch die eng stehenden Nadelbäume auf den moosbewachsenen Waldgrund. Die Luft war hier deutlich kühler und feuchter. Sofort überzog eine Gänsehaut Ediths Arme. Doch diese konnte auch von der Anspannung kommen, die mit jedem Schritt in diesen unwägbaren Waldabschnitt zunahm.

Sie folgten einem schmalen, kaum betretenen Pfad, der zwischen all dem Geäst kaum erkennbar war. Max lief vor, schob hier und da Äste von Sträuchern beiseite, die am Rand wucherten. Immer tiefer gingen sie so ins Gehölz hinein, dass Edith beinahe befürchtete, den Weg zurück nicht mehr finden zu können. Doch sie blieb stumm. Auch weil Hertha, die hinter ihr lief, immer entschlossener wirkte, je weiter sie sich vom Bauernhaus entfernten.

Plötzlich gelangten sie an eine Weggabelung. Sie blieben stehen und blickten sich um. Ein Pfad, noch schmaler als der vorherige, schlängelte sich weiter in den Wald hinein. Der andere Weg bog ab, führte vermutlich zur Landstraße zurück, die Wrede mit den nördlichen Ortschaften auf der Insel verband.

»Wir sollten weiter in den Wald hineingehen«, schlug Hertha vor.

Edith wiegte ihren Kopf. »Ich weiß nicht. Hat das denn Sinn? Hier ist weit und breit nichts.«

»Ich glaube auch nicht, dass wir dort noch jemandem begegnen, außer ein paar Wildschweinen und Füchsen«, pflichtete Max ihr bei. »Lasst uns zurückgehen!«

»Geht ihr nur, ich suche weiter«, antwortete Hertha jedoch nur stur, während sie sich an ihren Weggefährten vorbeidrückte und dem kleinen Trampelpfad folgte. Max und Edith sahen sich an, schließlich seufzten sie einvernehmlich und folgten Hertha. Sie konnten sie hier nicht allein im Wald zurücklassen. Erst recht nicht, solange sie nicht wussten, wer oder was Simone so einen Schreck eingejagt hatte.

Sie folgten dem Pfad gut einen halben Kilometer, als Max plötzlich stehen blieb. Er legte seinen Zeigefinger an die Lippen, während er mit der anderen Hand auf etwas zeigte, das zwischen den Ästen nur schwer auszumachen war.

Edith musste genauer hinsehen, um zu erkennen, was es war, doch dann sah sie es auch. Zwischen drei Bäumen war ein altes Bettlaken gespannt, das von der Witterung schon ganz verschmutzt und vergilbt war. Als sie langsam und so lautlos wie möglich näher kamen, war darunter eine Feuerstelle zu sehen sowie ein alter dunkelgrüner Schlafsack der Wehrmacht. Drum herum lagen Konservendosen, ein Korb mit Kartoffeln, vermutlich von den umliegenden Äckern geklaut, ein alter Kanten Brot, an dem sich schon die Ameisen zu schaffen machten, sowie ein wenig Geschirr und Besteck, das ebenso aus alten Wehrmachtsbeständen zu bestehen schien.

Etwas abseits des Lagers entdeckte Edith nun auch einen Mann. Er stand mit dem Rücken zu ihnen und erleichterte sich gerade an einem Baum. Er trug dieselbe verschlissene Uniform wie der Dieb. Und auch sein Bein war noch verbunden. Vermutlich war seine Wunde nie behandelt worden und heilte hier draußen entsprechend schlecht.

Ediths Herz begann vor Aufregung zu rasen. Stumm tippte sie Max und Hertha an und deutete auf den Mann. »Er ist es!«, flüsterte sie. »Ich bin mir sicher.«

Doch bevor Hertha und sie überlegen konnten, was nun zu tun war, stürmte Max bereits los. Er warf sich dem vollkommen überraschten Mann von hinten auf die Schultern und rang ihn zu Boden. Während er seine Arme festhielt, kniete er sich auf den Rücken des Überrumpelten. Dieser konnte sich aus dem Griff nicht mehr befreien, probierte es aber auch gar nicht. Er trug das Tuch um sein Handgelenk, das Simone beschrieben hatte.

Hertha und Edith liefen auf die beiden Männer zu. Doch als Hertha dem Mann ins Gesicht sah, hielt sie vor Schreck ihre Hände vor den Mund. »Um Gottes willen! Du lebst«, presste sie nur heraus.

Max und Edith sahen sie überrascht an. Doch Max machte keine Anstalten, den anderen Mann loszulassen. Erst als Hertha sich besann und Max beiseiteschob, löste er den Griff.

Hertha half dem Mann auf die Beine, der sie alles andere als bedrohlich anblickte.

»Wer ist das?«, fragte Edith nun, immer noch vollkommen perplex über die Wendung des Geschehens.

»Das ist Viktor, mein Mann!«, sagte Hertha fast tonlos. Und Edith konnte nicht erkennen, ob sie sich über das unverhoffte Wiedersehen freute oder nicht.

Alma

Ende September 1945

Alma war allein in der Waschküche und bereitete das Mittagessen zu. Sie rührte mit einem Holzlöffel die Wirsingkohlsuppe um, die in einem großen Topf auf dem Herd vor sich hin köchelte. Der kräftige Geruch von Kümmel und Kohl breitete sich in dem kleinen Raum aus, weshalb Alma zum Fenster ging und es öffnete.

Sie warf einen flüchtigen Blick hinaus. An der Schwengelpumpe entdeckte sie den Mann, dem sie an den Kreidefelsen hinterhergelaufen war. Edith, Max und Hertha hatten ihn vor zwei Tagen auf den Hof gebracht. Seitdem wohnte er in der Hütte, schlief auf Alfons' alter Matratze und kurierte sein Bein aus. Edith half ihm dabei und versorgte seine Wunde.

Katharina hatte eingewilligt, ihm Aufenthalt zu gewähren. Allerdings nur, bis er wieder gesund war. Schließlich war er als ehemaliger hochstehender SS-Offizier ein gesuchter Kriegsverbrecher, und Almas Mutter wollte nicht noch mehr Ärger mit den sowjetischen Besatzern. Ob Hertha und die Mädchen ihn dann begleiten würden, das wusste die junge Mutter, die zuvor nicht im Geringsten geahnt hatte, dass ihr Mann ihr auf die Insel gefolgt war, noch nicht.

Alma beugte sich vor und begutachtete den Mann genauer. Obwohl er sich gewaschen hatte und neue Kleidung trug, sah er immer noch ein wenig unheimlich aus. Er hatte tiefe Augenringe, seine Wangen waren eingefallen und die Haare raspelkurz geschoren. Von dem Mann, der er einst vermutlich gewesen war, war nicht mehr viel übrig geblieben. Alma konnte gut verstehen, dass Simone ihn für ein Gespenst gehalten hatte.

Alma drehte sich nun um und ging wieder zum Herd zurück. Sie rührte noch einmal die Suppe um, würzte mit getrocknetem Thymian und Petersilie nach. Dann ging sie zur Vitrine hinüber, um den Tisch einzudecken. Kurz zögerte sie, hätte sie doch beinahe wieder drei Teller herausgeholt.

Da hörte sie plötzlich hinter sich in der Küchentür ein Geräusch. Ein Lächeln legte sich auf Almas Gesicht. Beherzt holte sie nun einen Teller mehr aus dem Schrank heraus. »Magda! Du isst doch mit uns mit, oder?«, rief sie dabei, ohne sich umzudrehen.

Als jedoch nur ein leises Räuspern als Antwort kam, wandte sie sich der Tür zu. Vor Schreck hätte sie beinahe die Teller fallen gelassen. Alfons stand in der Tür und blickte sie zögerlich an.

»Verschwinde!«, sagte Alma und schaffte es kaum, die Wut, die plötzlich in ihr aufstieg, im Zaum zu halten. Mit Schwung stellte sie die Teller zurück in den Schrank. Es schepperte ein wenig, aber sie blieben heil. »Ich will dich hier nicht sehen. Nie wieder!«

»Alma, bitte! Ich muss mit dir reden.«

»Ich wüsste nicht, worüber«, antwortete sie und verschränkte ihre Arme vor der Brust, so als wollte sie ihren Worten Nachdruck verleihen.

»Ein Gespräch!«, ließ Alfons nicht locker. »Das seid ihr mir schuldig.«

»Wir dir?«, entfuhr es Alma. »*Du* hast unsere Familie ins Unglück gestürzt.«

»Das ist so nicht wahr!«, antwortete Alfons nachdrücklich.

Alma sah ihn überrascht an, zögerte, doch dann siegte die Neugier. »Wie meinst du das?«

Alfons blickte sich kurz um. Dann deutete er auf zwei Stühle, die am Küchentisch standen. »Können wir uns setzen? Mein Bein macht mir gerade etwas zu schaffen.«

Alma nickte, war aber darauf bedacht, nicht allzu freundlich zu wirken.

Sie setzten sich, und Alma sah Alfons aufmerksam an. Dieser zog schließlich ein Foto aus seiner Hosentasche, auf dem sechs Männer zu sehen waren. Drei von ihnen trugen Uniformen, die von Abzeichen übersät waren. Alma hatte sie noch nie gesehen. Doch die anderen drei erkannte sie sofort. Es waren ihr Vater sowie ihr Onkel Emil und Bürgermeister Konrad Blatter. Das musste das Bild sein, das ihr Vater in einer Holzschachtel unterm Walnussbaum vergraben hatte.

Sich in ihrem Verdacht bestätigt sehend, wollte Alma schon entsetzt aufspringen. Doch Alfons hielt sie am Arm zurück. »Hör mir erst zu!«, sagte er eindringlich, sodass Alma sitzen blieb.

»Ich habe das Foto ausgegraben. Das stimmt. Warum, weiß ich auch nicht so genau. Vielleicht weil ich wirklich etwas gegen deinen Vater in der Hand haben wollte. Nur für den Fall.« Er hielt kurz inne, so als würde er immer noch darüber nachdenken, warum er das getan hatte. Doch dann blickte er sie an und fuhr fort. »Dieser Fall ist aber nie eingetreten. Ich habe das Foto nicht weitergegeben, wie du siehst. Ich habe es immer noch.«

Er reichte ihr das Bild, das Alma grübelnd nahm. Tatsächlich machte es keinen Sinn, dass er die Aufnahme noch besaß, wenn er ihren Vater verraten hatte.

Sie blickte auf. »Und wie bist du dann an Land gekommen? Edith hat erzählt, dass sie dir zuerst keins geben wollten.«

Er lüpfte kurz vieldeutig seine Augenbrauen. Ein kleines Schmunzeln huschte dabei über sein Gesicht, was Alma ein wenig irritierte. »Ein Mitglied der Kreiskommission war mir noch einen Gefallen schuldig«, begann er zu erklären. »Er hat vor ein paar Wochen in einer Kneipe, in der auch die Russen ein und aus gehen, zu tief ins Glas geschaut. Der Schnaps hat jedoch nicht nur seine Laune gehoben, sondern auch seine Zunge gelockert. Ich habe ihn nach Hause gebracht, bevor er etwas sagen konnte, was er später bereut hätte.«

Alma ließ sich Alfons' Erklärung durch den Kopf gehen, die, wenn sie so recht drüber nachdachte, durchaus plausibel klang. Dann stutzte sie aber. »Warum erzählst du das erst jetzt? Warum hast du nicht schon Edith am Tag der Beerdigung die Wahrheit gesagt?«, fragte Alma verwundert. Ihre Wut verflog allmählich.

Alfons überlegte einen Augenblick, bevor er mit belegter Stimme antwortete: »Ich habe die Enttäuschung in ihren Augen gesehen. Ich habe das Foto ausgegraben, ohne dass ich es ihr gesagt habe. Es erschien mir in diesem Moment überflüssig, den Rest aufzuklären.«

»Du solltest mit ihr reden.«

Alfons seufzte, blieb ihr aber eine Antwort schuldig.

Jetzt nahm Alma das Foto noch einmal auf und blickte es lange an. Die drei ihr bekannten Männer standen dicht neben den Generälen. Doch während ihr Onkel und Blatter mit sichtlichem Stolz neben den Nazihoheiten posierten, schien ihr Vater sich unwohl zu fühlen. Sein Gesichtsausdruck war Alma so vertraut, dass sie ihn sogar auf diesem Foto erkennen konnte. Er hatte ihn stets aufgesetzt, wenn Katharina ihn zu Weihnachten gezwungen hatte, eine kleine Festrede vor den Arbeitern zu halten.

Der Anblick ihres Vaters versetzte Alma einen kleinen Stich ins Herz. Warum hatte er sich auf die Nazis eingelassen, wenn er sich doch so unwohl in ihrer Gegenwart gefühlt hatte?

Sie schüttelte sich, versuchte sich die Frage, auf die sie nie eine Antwort bekommen würde, aus dem Kopf zu schlagen.

Da kam ihr plötzlich eine andere, viel dringendere Frage in den Sinn. Sie blickte Alfons an. »Wenn du es nicht gewesen bist, wer hat Blatter und meinen Vater dann verraten?«

Alfons zuckte mit den Schultern. »Offensichtlich jemand, der auch ohne das Foto ganz genau im Bilde war.«

Plötzlich fiel es Alma wie Schuppen von den Augen. Sie sprang auf und lief hastig aus dem Zimmer. Noch an der Tür rief sie Alfons zu. »Danke für das Foto!«

Den verwunderten Blick, den er ihr hinterherwarf, bemerkte sie nicht mehr.

Als Alma wenig später mit dem Rad in Wrede ankam, war sie ganz außer Atem. Doch sie verlangsamte ihr Tempo nicht. Eilig trat sie in die Pedale, fuhr die gepflasterte Straße weiter bis zur Kirche. Erst als sie das Fahrrad an die Kirchenmauer lehnte und die Treppenstufen erreichte, nahm sie sich einen Moment, um durchzuatmen. Dann erst betrat sie das Kirchenschiff.

Wie erwartet stand Pfarrer Wiebusch an seiner Kanzel und bereitete seine Abendandacht vor, die er in ein paar Stunden vor seinen Glaubensgenossen zum Besten geben würde.

Als sie an den langen Holzbänken vorbei Richtung Altar schritt, blickte Wiebusch von seinen Zetteln auf. Auf seinem Gesicht war deutlich die Überraschung zu sehen, die ihr Besuch augenscheinlich in ihm auslöste.

»Alma, mit dir habe ich heute gar nicht gerechnet. Der Gottesdienst beginnt nachher erst. Oder bist du nur wieder gekommen, um dir einen Rat abzuholen?«, fragte er mit einer fast schon übertriebenen Freundlichkeit.

»Von Ihnen werde ich nie wieder einen Rat annehmen!«, antwortete sie mit fester Stimme. »Außer Sie beweisen mir, dass ich falschliege.«

Der Pfarrer sah sie mehr als irritiert an. »Was meinst du?«

»Haben Sie meinen Vater verraten?«, fragte sie nun geradeheraus.

Der Pfarrer schluckte sichtlich. Doch er schwieg, mehrere unerbittliche Sekunden lang.

Alma hielt es kaum aus. »Haben Sie?«, wiederholte sie noch lauter und eindringlicher ihre Frage.

Nun blickte Wiebusch zu Boden. Schließlich seufzte er und nickte. Dabei hob er seinen Kopf nicht. Er mied ihren Blick.

Almas Finger verkrampften sich. Gleichzeitig schossen ihr Tränen in die Augen, die sie jedoch mit aller Macht zu unterdrücken versuchte. Sie wollte in diesem Moment Stärke zeigen, nicht wie ein kleines Kind zu heulen anfangen.

»Wie konnten Sie nur!«, entfuhr es ihr. In jedem einzelnen Wort schwangen die Enttäuschung und Wut mit, die sie spürte.

Da straffte der Pfarrer seinen Rücken, blickte nun auf und sah ihr direkt in die Augen. »Ich habe nur für Gerechtigkeit gesorgt!«, antwortete er überzeugt.

Alma konnte sich einen abschätzigen Jauchzer nicht verkneifen. »Gerechtigkeit?! Sie kannten meinen Vater. Er war ein guter Mann. Er hat das nicht verdient.«

»Das habe nicht ich zu entscheiden.«

»Ihr Vorgesetzter leider Gottes auch nicht. Ihretwegen hätten wir beinahe alles verloren.«

Der Pfarrer schluckte, verkniff sich aber jedes weitere Wort. Alma war das nur recht. Sie machte auf der Stelle kehrt und ging ein allerletztes Mal den langen Weg zwischen den Holzbänken zurück zum Ausgang.

Edith

Einige Monate zuvor

Edith schlug ihre Augen auf, als ein zitronengelber Schmetterling an ihr vorbeiflog. Stutzig setzte sie sich auf. Seit fast zwei Wochen waren sie nun schon unterwegs, und es war Frühling geworden. Doch außer den Nutztieren, die den Flüchtlingstreck begleiteten, hatte Edith noch nicht viele Tiere gesehen. Auch sie waren wohl dem Leid und Unglück entflohen.

Mit ihren Augen verfolgte Edith den Flug des kleinen, hell leuchtenden Zitronenfalters. Er flatterte durch die Scheune, in der unzählige Menschen dicht an dicht schliefen. Die wenigen Männer, die zum Treck gehörten, lagen weiter vorne an der Tür, dahinter die Alten und Kinder. Die Frauen aber schliefen hinter Heuballen, mit Stroh zugedeckt. So waren sie gut versteckt vor nächtlichen Eindringlingen in polnischen oder sowjetischen Uniformen, mit denen man immer rechnen musste.

Es war noch früh am Morgen. Die ersten Sonnenstrahlen lugten nur zögerlich durch die schmalen Schlitze der Bretterwände. Für diese Nacht hatten sie wieder eine verlassene Scheune gefunden. Oft schliefen sie aber auch im Wald unter freiem Himmel oder in kargen Bretterverschlägen, durch die der Wind nur so pfiff. Manchmal, wenn die Gegend ihnen zu unsicher erschien, liefen sie die Nacht auch durch.

Durch das Scheunentor, das sich nicht richtig schließen ließ, flog der Schmetterling schließlich in die Freiheit hinaus. Leise, um ihre Schwester neben sich und die anderen nicht zu wecken, stand Edith auf und folgte dem Flügeltier.

Draußen flatterte der Falter hoch in die Lüfte, tänzelte ein wenig im Schein der aufgehenden Sonne, bevor er schließlich über das Dach der Scheune aus Ediths Blickfeld verschwand.

Unschlüssig blieb sie einen Moment stehen. Sie fuhr sich dabei mit ihrer Zunge über die trockenen Lippen. Es war Stunden her, dass sie etwas getrunken hatte.

Edith blickte sich um, neben einem alten Holzverschlag entdeckte sie einen rund gemauerten Brunnen. Durstig ging sie darauf zu. Doch als sie den schmalen Schacht hinunterblickte, sah sie kein Wasser. Auch einen Eimer, den sie in die Tiefe lassen könnte, um vielleicht doch noch den letzten Tropfen herausschöpfen zu können, entdeckte sie nirgends. Sie fluchte leise.

Da glaubte Edith ein Plätschern zu hören. Ganz leise, aber es war da. Und obwohl die Schwestern sich geschworen hatten, sich nie weiter als zehn Schritte voneinander zu entfernen, folgte sie dem Geräusch.

Sie ließ die Scheune hinter sich, lief quer über eine Wiese und an einer kleinen Baumgruppe vorbei. Hinter einer Trauerweide entdeckte sie tatsächlich einen Bachlauf. Zwischen Steinen floss das Wasser kristallklar hindurch. Eilig ging sie zum Ufer, bückte sich, schöpfte mit ihren Händen gierig etwas Wasser und trank es.

Plötzlich hörte sie hinter sich ein Knacken. Abrupt und mit pochendem Herzen drehte sie sich um. Ein sowjetischer Soldat stand an die Weide gelehnt und blickte sie an. Vom Wegesrand aus musste er sie gesehen haben.

Für einen Augenblick rührte Edith sich nicht, blickte nur den Soldaten an, der sie ebenso musterte. Er war jung, trug ein Gewehr über der Schulter und eine Schiffchenmütze auf dem Kopf, an deren Stirnseite der emaillierte rote Stern gut sichtbar prangte.

Ediths Herz raste, krampfhaft überlegte sie, wie sie der allzu bedrohlichen Situation entfliehen konnte. Schließlich entschied sie sich für das einzig Logische: Sie rannte los.

So schnell ihre Füße sie tragen konnten, lief sie über die Wiese zurück zur Scheune. Sie sprang über hohe Grasbüschel, Steine und Stöcke, immer darauf bedacht, ja nicht zu stolpern. Dabei wagte sie es nicht, sich umzudrehen. Doch das brauchte sie auch nicht. Sie hörte seinen Atem und seine schweren Stiefel, die sich ebenso ihren Weg über den unebenen Wiesenboden bahnten. Er kam immer näher, das spürte sie mit jeder Faser ihres in Panik versetzten Körpers.

Gut hundert Meter vor dem Brunnen stieß ihr plötzlich etwas in den Rücken. Sie spürte einen dumpfen Schmerz, taumelte, versuchte dennoch die letzten Meter bis zur Scheune zurückzulegen. Doch es gelang ihr nicht. Nach einem weiteren kräftigen Schlag mit dem Schaft des Gewehres fiel sie zu Boden.

Sogleich beugte sich der Soldat über sie, drückte ihre Handgelenke zu Boden, während er ihr Kleid hochschob. Edith strampelte wie wild mit den Beinen, versuchte sich zu wehren. Sie schrie, doch ihre Laute verklangen in einem schmutzigen Tuch, das er ihr in den Mund stopfte.

Dafür hörte sie nun ihre Schwester inbrünstig brüllen, und über die Schulter des jungen Mannes hinweg sah sie

sie auf sich zulaufen. Vor Schreck oder womöglich auch nur aus Verwunderung ließ er Edith für einen Moment los. Sie spuckte das Tuch aus und kroch hastig unter seinem Körper hervor.

Doch bereits im nächsten Moment besann der Uniformierte sich wieder, schnappte sich sein Gewehr und richtete den Lauf auf die Schwestern. Abrupt blieb Esther stehen, und auch Edith hob ihre Hände.

Für einen Moment, der Edith grausam lang vorkam, blickte der Soldat sie an. Dann wandte er sich Edith zu.

»Du! Los!«, forderte er sie in gebrochenem Deutsch auf. Edith verstand nicht recht, blickte ihn irritiert an.

Da zeigte der Soldat mit dem geladenen Gewehr auf die Straße, die an der Scheune vorbeiführte, und wiederholte seine Aufforderung. »Du! Los! Schnell!«

Esther verstand nun als Erste, griff die Hand ihrer Schwester und schüttelte vehement den Kopf. Edith hingegen fuhr die Angst bis in die letzte Gliedmaße.

»Meine Schwester geht nirgendwohin!«, entgegnete Esther dem Soldaten.

Dieser wurde jedoch ob Esthers Worten nur ungeduldiger. Edith sah, wie sein Zeigefinger den Abzug suchte. Doch noch immer war sie starr vor Schreck, konnte sich kaum rühren, geschweige denn klar denken.

Esther hingegen, der auch die Anspannung des Soldaten nicht unbemerkt geblieben war, versuchte es weiter: »Dann musst du uns schon beide mitnehmen.«

Doch der Russe schüttelte den Kopf, lehnte Esthers Vorschlag ab. »Nur eine!«

»Dann gehe ich!«, schoss es aus Esther heraus.

Edith blickte ihre Schwester entsetzt an. »Nein!«, entfuhr es ihr.

Doch Esther hatte ihre Hand bereits losgelassen und ging ein paar Schritte auf den Soldaten zu. Dieser nickte und deutete ihr vorauszugehen.

Edith wollte ihrer Schwester schon folgen. Doch Esther drehte sich noch einmal zu ihr um, warf ihr einen flehenden Blick zu, es nicht zu tun.

»Wir sehen uns auf Rügen wieder! Versprochen!«, flüsterte sie ihr noch halblaut zu, bevor sie sich wieder umdrehte und mit dem Soldaten mitging.

Edith

Ende September 1945

Edith stand auf der Wiese hinter dem Bauernhaus. Ein kühler Wind kroch durch die groben Maschen ihrer Strickjacke, die sie sich nur fix über ihr Nachtkleid gezogen hatte. Der feine Morgennebel hing wie ein zarter Schleier zwischen den Gräsern, die in ihrer gebeugten Haltung beinahe schläfrig wirkten. Auch die Sonne tat sich noch schwer, hinter den dichten Kiefern emporzusteigen. Am Himmel war weit und breit keine Wolke zu sehen, hinter der sie sich hätte noch einmal verkriechen können, um den Tag noch etwas hinauszuzögern.

Edith konnte ihr ihre Scheu nicht verdenken. Auch sie wäre am liebsten noch auf ihrer Matratze auf dem Dachboden der Hütte liegen geblieben. Doch der allzu lebhafte Traum von dem sowjetischen Soldaten und Esthers Versprechen hatte sie die letzten Stunden kein Auge mehr zutun lassen. Als sich die tiefschwarze Nacht in ein aschfarbenes Grau verwandelt hatte, war sie schließlich aufgestanden.

Edith blickte sich um, hielt nach einem Schmetterling Ausschau. Doch sie konnte keinen sehen. Dafür entdeckte sie Gänse. Im Gegensatz zum Rest der Welt schienen sie bereits putzmunter zu sein. Schnatternd liefen sie in einer Schar dicht an ihr vorbei.

Edith bewunderte ihre Arglosigkeit. Noch vor ein paar Monaten hatte sie einer von ihnen beinahe an die Gurgel gehen wollen, doch nun ließen sie sich nicht von ihr stören. Warum konnte nicht auch sie ihre traumhaften Erinnerungen an die Flucht wegfegen wie der Wind ein welkes Blatt?

Bevor sie sich jedoch weiter darüber den Kopf zerbrechen konnte, sah sie Alma auf sich zu laufen. Sie wirkte ein wenig außer Atem.

»Ach, hier bist du!«, raunte sie noch im Gehen.

»Wo soll ich denn sonst sein?«, fragte Edith zurück, als Alma vor ihr stehen blieb und noch ein wenig nach Luft rang.

»Weiß nicht. Aber dein Bett war leer, und in der Hütte war nur Viktor. Er schlief noch …«, antwortete Alma, als sie sich beruhigt hatte.

Edith nickte. Viktor erholte sich langsam von seiner Verletzung, doch es würde sicherlich noch etwas dauern, bis er wieder richtig auftreten konnte. Ein paar Tage Zeit hatte Hertha also noch, um sich zu entscheiden, ob sie mit ihm gemeinsam den Hof verlassen oder lieber ohne ihn bleiben würde.

»Was wolltest du denn von mir?«, fragte Edith nun, um das Thema zu wechseln.

»Eigentlich nichts Bestimmtes«, druckste Alma herum. Edith warf ihr einen Blick zu.

»Ich wollte nur fragen, ob wir nachher schwimmen gehen wollen«, plapperte sie munter drauflos. »Du brauchst zwar eigentlich keine Übungsstunden mehr, weil du mittlerweile richtig gut schwimmst. Aber heute soll es noch einmal warm werden, bevor der Sommer dann vermutlich endgültig vorbei ist.«

Edith nickte einverstanden. »Gerne!«

Doch sie ließ ihre Freundin nicht aus den Augen, blickte sie weiter bohrend an. Irgendetwas sagte ihr, dass Alma nicht nur gekommen war, um über ihre sportlichen Fortschritte und das Wetter zu reden.

Alma schien Ediths Blick zu verstehen. Ertappt sah sie zu Boden, stocherte mit ihrem Schuh im Gras herum.

»Hast du schon mit Alfons gesprochen«, fragte sie nun ganz leise und fast nebenbei. Dabei hob sie ihre rechte Braue, um Edith aus dem Augenwinkel besser beobachten zu können.

Edith schluckte. Alma hatte ihr bereits von ihrem Gespräch mit Alfons erzählt. Und auch, dass der Pfarrer es gewesen war, der Lutz und den Bürgermeister verraten hatte. Alma war ziemlich wütend darüber gewesen. Doch allmählich schien sie über den schmerzhaften Verrat hinweggekommen zu sein. Zumindest auf den ersten Blick.

Edith schüttelte knapp den Kopf. »Nach all dem, was ich Alfons unterstellt habe, will er bestimmt nichts mehr mit mir zu tun haben.«

»Du wolltest nur mir und meiner Familie gegenüber ehrlich sein und hast es nicht besser gewusst. Das wird er schon verstehen«, versuchte Alma mitfühlend auf sie einzureden.

Doch Edith blieb skeptisch. »Da bin ich mir nicht so sicher.«

Alma seufzte kurz, blieb aber stumm. Sie schien Ediths Antwort zu akzeptieren. Fürs Erste zumindest. Sie kannte Alma mittlerweile gut genug, um zu wissen, dass ihre Freundin nicht lockerlassen würde.

Alma ließ ihren Blick kurz über die Wiese schweifen. Dann wandte sie sich plötzlich wieder ihrer Freundin zu. Sie sah Edith verdutzt an. »Was hast du hier draußen eigentlich gemacht?«

»Ich habe versucht, meinen Träumen zu entfliehen«, antwortete Edith halb sinnierend und ohne weiter darüber nachzudenken.

Doch Alma blickte sie nun noch verwunderter an. Augenscheinlich verstand sie nicht, was Edith damit meinte.

Edith erwiderte den Blick ihrer Freundin seufzend und überlegte. Auch wenn Alma ihr ans Herz gewachsen war, sie mit ihr in den letzten Wochen so viel erlebt und erfahren hatte, hatte sie doch eine Sache immer vor ihr verborgen. Nun entschied sie sich, endlich ehrlich zu ihr zu sein.

»Ich träume … oft«, antwortete sie deshalb. »Von der Flucht und von meiner Schwester. Die Träume sind so lebendig, als würde ich wieder übers Kopfsteinpflaster laufen. Ich spüre den Hunger im Magen, die Angst im Nacken und die Last auf meinen Schultern, die mich zu erdrücken droht.«

»Welche Last?«, fragte Alma.

»Die Last, dass ich schuld bin an Esthers Verschwinden.«

Alma sah Edith überrascht an. Doch ihr Blick war weder richtend noch missbilligend, weshalb Edith kurz seufzte und dann fortfuhr: »Ich muss dir etwas erzählen. Das hätte ich schon viel früher tun sollen. Damals, als du mich das erste Mal nach Esther gefra…«

Ediths Worte wurden plötzlich durch eine aufgeregte Stimme unterbrochen, die vom Hof her zu ihnen herüberschallte. Es war Magda, die ihren schlesischen Akzent noch immer nicht hatte ablegen können oder wollen.

»Jeronje, was machen Sie denn da? Sie können doch nicht einfach meine Plätzchen essen«, rief sie in derbem Ton, der nur so über die Ställe hinweg hallte.

»Dann lassen Sie sie nicht einfach draußen stehen«, hörten sie eine junge Stimme frech erwidern. »Außerdem ist ja noch nicht mal Weihnachten.«

»Aber Erntedank. Und da gibt es in meiner Familie immer Plätzchen«, konterte Magda garstig. »Muss denn hier jedes dahergelaufene Madla mein Gebäck wegnaschen?!«, hörten sie Magda noch schimpfen.

»Was soll das denn heißen?«, gab die Jüngere patzig fragend zurück.

Im ersten Moment glaubte Edith sich zu täuschen. Doch nach dem letzten Satz war sie sich sicher. Sie kannte die Stimme, auch wenn sie etwas kratziger klang, als sie sie in Erinnerung hatte. Schon tausendmal hatte sie sie gehört, bei sich zu Hause in Groß Spiegel.

Sie hatte die Stimme singen gehört, lachen und weinen, feixen und flüstern, schimpfen und schmunzeln. Auf der Flucht hatte die Stimme ihr Halt gegeben, war ihr Anker und Zufluchtsort gewesen. Ihre Worte hatten sie getröstet und ihr Mut gegeben und sie durch die dunkelsten Stunden getragen. Ohne sie hätte Edith das alles nicht überlebt.

Edith zögerte keine weitere Sekunde. Sie lief los, ohne auf Alma zu achten, die ihr verdutzt hinterhersah. So schnell ihre Füße sie tragen konnten, lief sie über die Wiese, an den aufgeschreckten, wild gackernden Gänsen vorbei um die Ställe und die Scheune herum.

Als sie endlich den Hof erreichte, sah Edith sie. Mit verschränkten Armen stand sie vor Magda und blickte die burschikose Frau angriffslustig an, wie es ihrem Temperament ähnlichsah. Über ihrem Kleid, dessen Saum ganz fransig war, trug sie einen groben, für die Jahreszeit viel zu dicken Wehrmachtsmantel. Ihre Schuhe hingegen wirkten zu dünn und ungeeignet für das herbstlich feuchte Wetter. Vermutlich hatte sie so einige Kilometer mehr hinter sich, als Edith es am Ende ihrer Flucht gehabt hatte.

»Esther!«, rief Edith bereits von Weitem.

Esther ließ ihre Arme nun sinken und drehte sich langsam um. Als sie Edith auf sich zulaufen sah, fand auch sie kein Halten mehr und stürmte an Magda vorbei ihrer Schwester entgegen.

Sie fielen sich in die Arme. Tränen der Freude rannen Edith über die Wangen, tropften auf die Schulterklappen des Wehrmachtsmantels. Auch Esther verbarg ihre Erleichterung nicht, schluchzte laut und hemmungslos in das Ohr ihrer kleinen Schwester.

Während sie sich so in den Armen lagen, spürten Edith und Esther die verwunderten Blicke der anderen kaum, die durch den Lärm angelockt aus dem Bauernhaus und den Ställen gekommen waren. Nur eins war ihnen in diesem Augenblick wichtig: Sie hatten einander endlich wieder.

Alma, die Edith gefolgt war, trat nun kurz an sie heran. Sie legte ihre Hände auf die Schultern von Edith und Esther.

Edith blickte kurz auf. Sie sah, dass Alma sich ehrlich und aufrichtig für sie freute.

»Ich denke, die Geschichte brauchst du mir jetzt nicht mehr zu erzählen«, sagte sie leise lächelnd. »Und vielleicht haben deine Träume jetzt auch endlich ein Ende.«

Dann drehte sie sich um, damit Edith und ihre Schwester Zeit und Ruhe für sich hatten. Auch Magda und die anderen hielt sie dazu an, sich wieder um ihren eigenen Kram zu kümmern.

Später, nachdem Esther sich etwas frisch gemacht und ihren Magen mit etwas Vernünftigem gefüllt hatte, schlenderten die Schwestern über den Hof. Edith erklärte ihr alles, zeigte ihr, wo die Ställe waren, die Gänsewiese, die Gemüsebeete, die Felder, der Hühnerstall und die Scheune. Auch die kleine Hütte, in der sie auf dem Dachboden sicherlich auch ein Plätzchen für Esther finden würden, betraten sie.

Als sie ihren Rundgang beendet hatten, setzten sie sich auf die Bank vor die Hütte.

»Hier hast du also die letzten Monate verbracht?«, fragte Esther, als sie ihren Blick noch einmal über den Hof schweifen ließ. Ihr war anzusehen, dass sie ebenso beeindruckt von dem Gehöft war wie Edith damals bei ihrer Ankunft.

Edith nickte. »Die Familie war gut zu mir. Sie hat mir ein Dach über dem Kopf gegeben, Arbeit und Essen. Alma ist ein liebes Mädchen.«

»Du hast in ihr eine gute Freundin gefunden.«

Erneut nickte Edith.

»Das ist schön. Ich bin froh, dass es dir gut geht.«

»Und ich bin froh, dass du endlich hier bist.«

Esther seufzte und setzte ein zaghaftes Lächeln auf. »Ich habe es dir doch versprochen.«

Edith erwiderte ihr Lächeln. Dann blickte sie ihre Schwester zögerlich von der Seite an. »Wie ist es dir ergangen?«, fragte sie vorsichtig. »Was ist passiert, nachdem …?« Edith beendete ihren Satz nicht. Schon jetzt kämpfte sie mit einem dicken Kloß im Hals, obwohl ihre Schwester noch kein Wort verloren hatte.

»Du meinst, nachdem der Russe mich verschleppt hat?«

Edith nickte schluckend.

Esther blickte geradeaus, überlegte einen Moment, dann begann sie zu erzählen: »Wir sind einen ganzen Tag und eine ganze Nacht gelaufen. Bis zu einem Bauernhof, auf dem es eine große Kuhherde gab. Dort waren noch andere Soldaten. Und Mädchen, die auch verschleppt worden waren. Am nächsten Morgen ging es dann los. Wir sollten die Kühe Richtung Osten treiben. Also sind wir mit Stöcken, die wir am Wegrand gefunden haben, den Kühen hinterhergelaufen. Wir haben aufgepasst, dass sie nicht vom Weg abkommen, während die Männer schön gemütlich in ihren Autos hinter uns herfuhren. Ich weiß nicht, wie viele Tage wir unterwegs waren und wie weit wir gelaufen sind. Irgendwann habe ich die Orientierung verloren. Die Beschriftung der Orts- und Straßenschilder war nur noch auf Kyrillisch. Meine Füße taten mir unendlich weh, und mein Magen knurrte lauter, als die Kühe aufjaulten, wenn wir sie mit den Stöcken schlugen.« Esther seufzte kurz, bevor sie fortfuhr. »Allen Mädchen ging es so. Aber wehe, wir sind langsamer gelaufen. Dann haben die Russen uns ihre Gewehre in den Rücken gestoßen und uns weitergetrieben, als wären wir das Vieh.« Esther hielt kurz inne. Trotz ihrer Stärke schien es ihr schwerzufallen, darüber zu reden. Edith verstand sie und ließ ihr die Zeit, die sie brauchte.

»Auch hier haben sie die Nutztiere mitgenommen. Ich habe nur nicht gewusst, dass sie Deutsche verschleppt haben, um sie nach Russland zu bringen«, fügte Edith hinzu.

Esther nickte zustimmend. »Im Lager habe ich noch mehr Frauen getroffen, denen es genauso ergangen war wie mir.«

Edith blickte ihre Schwester nachdenklich an. »Ich verstehe nur nicht, warum er uns nicht beide mitgenommen hat.«

Esther zuckte die Schultern. »Der Soldat war jung. Und vermutlich hatte er genauso viel Angst vor uns wie wir vor ihm«, grübelte Esther. »Er wollte nicht, dass wir in der Überzahl sind.«

Edith nickte kurz. Dann schluckte sie erschrocken, als sie daran zurückdachte, wie der Soldat über ihr gekniet hatte. »Hat er dich …?«, begann Edith. Doch auch diese Frage blieb ihr im Hals stecken.

Esther jedoch verstand sie genau. Sie blickte kurz weg. Beinahe unwillkürlich kreuzte sie ihre Arme vor ihrem Schoß, so als wollte sie das schützen, was sich dahinter verbarg.

Für Edith war diese Geste Antwort genug. Eine kleine Träne rann ihr übers Gesicht, die sie schnell wegwischte, bevor ihre Schwester sie bemerkte.

Esther straffte nun ihren Rücken und blickte ihre Schwester mit klaren Augen an. »Es spielt keine Rolle, was er getan hat. Oder irgendjemand anderes. Nicht mehr! Ich habe überlebt und dich wiedergefunden. Das ist alles, was zählt.«

Edith nickte und versuchte dabei jede weitere Träne zu unterdrücken.

»Wie konntest du fliehen?«, fragte sie schließlich, um auch den Rest der Geschichte zu erfahren.

»Eines Abends haben die Russen eine Kiste mit Schnaps auftreiben können. Keine Ahnung, woher«, erzählte Esther weiter. »Jedenfalls haben sie sich volllaufen lassen. Als sie schliefen, habe ich die Chance ergriffen.« Esther senkte kurz ihren Kopf. »Ich habe die anderen Mädchen aufgefordert, mit mir mitzukommen. Aber sie hatten zu viel Angst. Sie sind geblieben. Nur ich bin so schnell gerannt, wie ich konnte. Hab mich in den Wäldern versteckt und zu Gott gebetet, dass sie mich nicht finden.«

»Du hast es geschafft«, sagte Edith, stolz auf den Mut ihrer Schwester.

Esther nickte. »Bis nach Greifswald bin ich zurückgelaufen. Da kam ich in ein Aufnahmelager für Vertriebene, wo man sich um mich gekümmert hat.«

Edith schluckte.

»Es hat eine Weile gedauert. Aber mir ging es von Tag zu Tag besser.«

»Und jetzt?«, fragte Edith.

»Geht es mir wieder gut!«, antwortete Esther.

Edith blickte ihre Schwester an, die ein Lächeln aufsetzte. Doch Edith erkannte sofort, dass dieses Lächeln die Leichtigkeit fast gänzlich verloren hatte, die ihr früher entgegengesprudelt war, wenn sie mit ihrer Schwester im Garten herumgetollt war.

Edith wollte gerade etwas sagen, als das Lächeln im Gesicht ihrer Schwester einem seligen Ausdruck wich. »Im Lager haben sie unsere Personalien aufgenommen«, fuhr sie fort. »Sie haben gefragt, wo wir herkommen und ob wir noch Verwandte hätten. Da haben sie mir erzählt, dass du mich suchst. Und dass ich dich hier finden werde.«

»Ich habe jeden Tag auf dich gewartet.«

Nun war es Esther, die ihre Tränen kaum zurückhalten konnte.

Edith nahm sie erneut in den Arm. Nicht nur, um sie zu trösten. Sondern auch, um sie zu halten. Um sicher sein zu können, dass dies keiner ihrer Träume war. Um sich zu bedanken, dass sie ihr ihre Geschichte erzählt hatte. Und zu guter Letzt, um sie nie wieder gehen zu lassen.

Nach einer innigen Ewigkeit löste Esther sich schließlich doch aus der Umarmung. Ihre Tränen waren getrocknet, als sie ihren Rücken straffte.

»Ich habe übrigens auch schon mit Ewald sprechen können«, sagte sie. »Er hat mich im Lager besucht, als er gehört hat, wo ich bin. Ich soll dich schön von ihm grüßen und dir etwas ausrichten. Du hast ihn wohl um irgendeinen Gefallen gebeten …«

Edith nickte etwas überrascht und blickte Esther erwartungsvoll an.

Alma

Ende September 1945

Alma saß mit klopfendem Herzen auf ihrem Bett. Die Schublade ihres Nachttisches war geöffnet. Vor ihr auf der Tagesdecke lagen Friedrichs Briefe fein säuberlich gestapelt. In der Hand hielt sie den Umschlag der Wehrmachtauskunftstelle.

Nachdem Edith ihrer Schwester den Hof gezeigt hatte, waren sie zu ihr gekommen. Edith hatte ganz zerstreut gewirkt, und auch Esther, die sie ja erst kennengelernt hatte, hatte sie so forsch angesehen, dass Alma ganz nervös geworden war.

Viel gesagt hatte Edith nicht. Sie hatte ihr nur erzählt, dass sie damals nach dem Hoffest ihren Nachbarn um einen Gefallen gebeten hatte. Sie hatte ihm von Almas Verlobten erzählt, gesagt, wo er stationiert gewesen war, und ihn gebeten, seine Verbindungen zum westalliierten Militär spielen zu lassen, um etwas über seinen Verbleib herauszufinden. Damals hatte sie ja noch nicht gewusst, dass Alma bereits einen Brief zugeschickt bekommen hatte.

Jedenfalls hatte Edith sie nun darum gebeten, diesen Brief endlich zu lesen. Sie hatte dabei so seltsam geklungen, dass Alma ein kleiner Schauer über den Rücken gelaufen war. Doch bevor sie hatte nachhaken können, was diese Aufforderung zu bedeuten hatte, waren die Schwestern auch schon wieder verschwunden gewesen.

Alma drehte und wendete nun den Brief in ihren Händen. Fuhr noch einmal mit den Fingern über den kreisrunden Stempel.

All die Wochen hatte sie sich nicht überwinden können, den Brief zu lesen, aus Angst, was darin stehen könnte. Doch tief in ihrem Inneren wusste sie nun, dass sie es jetzt konnte. Auch ohne Ediths dringenden Appell. Sie war stärker geworden und selbstbewusster. Egal was für eine Nachricht der Umschlag für sie enthielt, Alma war bereit, sie zu ertragen.

An der bereits geöffneten Seite des Umschlags zog sie deshalb nun das Schreiben heraus. Sie faltete den Brief auf. Ihr Herz begann noch lauter und erbarmungsloser zu pochen. Sie spürte, wie das Blut in ihrem Körper pulsierte und vom Herzschlag getragen bis in die letzte Fingerspitze ihrer zittrigen Hände schoss. Auch ihre Stirn fühlte sich ganz heiß an. Eine kleine Schweißperle bildete sich, rann die Schläfe hinab und verfing sich in einer ihrer vor dem Ohr emporlugenden Haarsträhnen, bevor sie auf das Papier fallen konnte.

Sie brauchte einen Moment, um die mit Schreibmaschine geschriebenen Worte zu entziffern. Es waren nicht viele, sie füllten gerade einmal zwei Zeilen aus. Doch die wenigen Worte genügten, um Almas Herz beinahe zum Explodieren zu bringen. Zum Glück vor Erleichterung. Denn sie sagten, dass Friedrich zwar in französischer Gefangenschaft, jedoch am Leben war. Und das war das Wichtigste.

Rücklings ließ sie sich auf ihr Kopfkissen fallen und den Tränen der neuen Hoffnung und Erleichterung freien Lauf. Den Brief hielt sie mit beiden Händen fest an ihre Brust gedrückt. Sie schloss die Augen, spürte, wie sich ihr Herz langsam beruhigte und nun vor Freude immer wieder einen kleinen Hüpfer zu machen schien.

Später am Tag spazierte Alma zum Strand. Als sie die Dünen überquerte, sah sie bereits Edith und Esther. Während Edith im Sand saß und aufs Meer hinausblickte, stand ihre Schwester weiter vorne am Ufer und ließ sich das Wasser um die nackten Füße spülen. Ihr war anzusehen, dass auch sie das Meer noch nie zuvor gesehen hatte. Doch im Gegensatz zu ihrer jüngeren Schwester schien sie vom ersten Moment an fasziniert von dem endlosen, sich vor ihr weit öffnenden Blau.

Hinter dem Schutzstreifen zog Alma ihre Schuhe aus und stapfte durch den feinen Sand. Neben Edith ließ sie sich nieder, die sie stumm, aber voller Erwartung ansah. Alma nickte kurz, während sie sich ein Grinsen nicht verkneifen konnte. Nun lächelte auch Edith voller Mitgefühl und ehrlicher Freude, während sie kurz den Arm um die Schultern ihrer Freundin legte. »Ich freue mich so für dich!«, sagte sie dabei.

Alma nickte dankbar. »Jetzt muss ich nur noch warten, bis Friedrich nach Hause kommt«, erwiderte sie dann.

»Die Zeit wird auch vergehen«, antwortete Edith, während sie ihrer Schwester einen kurzen Blick zuwarf. Die war immer noch damit beschäftigt, ihre Füße den Wellen entgegenzustrecken.

»Ich weiß!«, erwiderte Alma, wohl wissend, dass die Zeit nicht leicht werden, aber sie es schaffen würde.

Einen Augenblick ließen nun beide ihren Blick übers Meer schweifen.

»Hertha hat sich wohl entschieden«, sagte Edith irgendwann in die einvernehmliche Stille hinein.

Alma sah Edith neugierig an.

»Sie hat mit ihrem Mann geredet. Wenn sein Bein verheilt ist, wird er sich den Besatzern stellen.«

Alma nickte, war sie doch ebenso der Meinung, dass das die richtige Entscheidung war. »Und Hertha?«, schob sie fragend hinterher.

»Sie will bleiben, wenn es dir und deiner Mutter recht ist. So lange, bis sie in Wrede eine Wohnung für sich und ihre Töchter gefunden hat.«

»Sie kann so lange bleiben, wie sie möchte«, antwortete Alma.

Edith nickte.

Doch dann sah Alma sie an. »Und ihr? Ihr bleibt doch auch, oder?« Alma wusste, dass sie den Hof mit ihrer Mutter auch allein führen konnte. Aber mit Edith an ihrer Seite würde es viel mehr Spaß machen.

Zu Almas Überraschung antwortete Edith nicht gleich. Nachdenklich blickte sie weiter aufs Meer hinaus.

»Als ich das erste Mal hier saß, hatte ich sehr gemischte Gefühle«, begann sie. »Einerseits war ich froh, endlich angekommen zu sein. Doch ich wusste ja nicht, was auf mich zukommt. Wo ich wirklich gelandet bin. Der Anblick des Meeres hat mich ziemlich überfordert.«

»Du musstest meinetwegen ja auch gleich reinspringen«, ergänzte Alma etwas reumütig.

»Es war nicht nur das. Ich habe mich eingesperrt gefühlt. Und meine Heimat so sehr vermisst.«

»Und nun?«, fragte Alma. »Vermisst du deine Heimat immer noch?«

Edith blickte zu ihrer Schwester, ein kleines Lächeln huschte nun über ihr Gesicht. »Ein bisschen weniger, jetzt wo Esther hier ist. Ich weiß, dass unsere Heimat nicht mehr das ist, was sie einmal war. Und eingesperrt fühle ich mich auch nicht mehr. Ganz im Gegenteil, du hast mir gezeigt, dass man das Meer respektieren, aber nicht fürchten muss.« Edith zögerte kurz, blickte Alma an, bevor sie fortfuhr. »Esther und ich würden gerne bleiben, wenn wir dürfen.«

»Klar! Meinetwegen für immer!«, antwortete Alma fast überschwänglich. Dann wurde ihre Miene jedoch plötzlich ernst. »… also unter einer Bedingung!«, fügte sie unbeirrt hinzu.

Nun war es Edith, die ihre Freundin irritiert anblickte. Scheinbar wusste sie nicht im Geringsten, was diese Bedingung sein sollte.

»Ihr müsst ins Bauernhaus ziehen!«

Edith stutzte. »Aber … da ist doch gar kein Platz.«

»Max hat auch Land bekommen. Und ein Haus. Er zieht mit seiner Familie aus«, antwortete Alma. »Also, was sagst du?«

Edith nickte lächelnd.

Auch auf Almas Gesicht legte sich ein Lächeln, das beinahe breiter war, als ihre Mundwinkel es zuließen.

»Aber ich sag's dir gleich«, fügte sie warnend hinzu. »Vor uns liegt viel Arbeit. Meine Mutter und ich wollen den Hof auf Vordermann bringen, damit wir es mit den Genossenschaften, die sich sicherlich bald gründen werden, aufnehmen können. Magda meint auch, die schweren Zeiten werden erst noch auf uns zukommen.«

»Wir schaffen das«, antwortete Edith zuversichtlich.

Auch Alma war überzeugt davon, dass sie es schaffen würden, erst recht mit Ediths und Esthers Hilfe.

Da hörten sie plötzlich Schritte hinter sich. Gleichzeitig drehten sich die Freundinnen um. Alfons kam auf sie zu gestapft. Es fiel ihm sichtlich schwer, mit seiner Beinprothese durch den Sand zu laufen.

Alma spürte, wie Edith neben ihr schluckte. Augenscheinlich plagte sie immer noch das schlechte Gewissen, dass sie Alfons so falsch eingeschätzt hatte. Doch sie versuchte sich nichts anmerken zu lassen.

Als Alfons sie erreicht hatte, nickte er Alma zur Begrüßung kurz zu. Doch ihr war klar, dass er nicht ihretwegen gekommen war. Etwas nervös wandte er sich an Edith. »Kann ich dich kurz sprechen? Allein?«, fragte er, während er sich etwas verlegen durchs Haar strich.

Edith warf Alma einen kurzen Blick zu, die aufmunternd, ja fast schon auffordernd nickte. Schließlich erhob Edith sich und folgte Alfons. Sie gingen zum Ufer hinunter, an Esther vorbei, die ihnen kurz zulächelte, und spazierten dort entlang, wo der Sand fester war und Alfons besser auftreten konnte.

»Er sieht nett aus!«, stellte Esther fest, als sie sich neben Alma in den Sand setzte. Ihre Füße waren ganz nass und etwas gerötet. In dicken Klumpen klebte der feine Sand unter ihren Sohlen.

Alma nickte zustimmend, während sie den Blick noch nicht von den beiden Spazierenden lassen konnte.

Sie schienen sich zu unterhalten. Zumindest hoben sie immer wieder ihre Köpfe und blickten einander an. Und ganz nebenbei, so als wäre es das Selbstverständlichste dieser vom Krieg gebeutelten Welt, die nur Stück für Stück zu heilen schien, nahm Alfons Ediths Hand in die seine. Edith ließ es geschehen, wie Alma erleichtert feststellte.

Dann blickte Alma aufs Meer hinaus, das ruhig und erwartungsvoll vor ihnen lag. Aus dem Augenwinkel sah sie, dass Esther es ihr gleichtat.

Alma überlegte einen Augenblick, dabei huschte ein flüchtiges Schmunzeln über ihr Gesicht. Sie wandte sich Esther zu. »Kannst du eigentlich schwimmen?«, fragte sie etwas verschmitzt.

Esther stutzte ein wenig irritiert. Schüttelte dann aber arglos den Kopf. »Nein. Wieso?«

Statt zu antworten, grinste Alma nun breit. Jetzt wusste sie, wie sie sich die Zeit bis zu Friedrichs Entlassung aus der Gefangenschaft vertreiben konnte. Auch mit Esther würde sie sich blendend verstehen, das wusste sie schon jetzt.

Zufrieden blickte sie aufs Meer hinaus. Eine Möwe flog dicht über das Wasser, streifte mit ihren Flügeln die Wellenspitzen, die sich sanft auftürmten. Sie kreischte dabei auf. Während Esther neben ihr kurz zusammenzuckte, klang der Ruf der Möwe für Alma nach Heimat. Einer Heimat, die für Edith und ihre Schwester zwar neu war, aber hoffentlich bald auch die ihrige werden würde.

ENDE